应用型本科信息大类专业"十三五"规划教材

信号与系统

简明教程

主　编　何兆湘　叶念渝　鲁世斌
副主编　傅婉丽　李　莉　白　娜
杨　瑞　刘　玮

華中科技大學出版社
http://www.hustp.com
中国·武汉

内容简介

本书共分8章，主要内容包括：信号与系统的基础知识、连续时间系统的时域分析、连续时间信号的频谱密度函数、傅里叶变换的应用、拉普拉斯变换与连续时间系统的复频域分析、系统函数及其应用、离散时间系统的时域分析、z变换与离散时间系统的z域分析等。

为了方便教学，本书还配有电子课件等教学资源包，任课教师和学生可以登录“我们爱读书”网（www.ibook4us.com）免费注册并浏览，或者发邮件至 hustpeiit@163.com 免费索取。

本书可作为通信工程、电子信息、光电工程、自动化、计算机科学与技术、生物医学工程等专业的大学本科教材，也可供相关专业科技人员阅读参考。

图书在版编目(CIP)数据

信号与系统简明教程/何兆湘，叶念渝，鲁世斌主编. —武汉：华中科技大学出版社，2017.1
应用型本科信息大类专业“十三五”规划教材
ISBN 978-7-5680-2377-1

Ⅰ.①信…　Ⅱ.①何…　②叶…　③鲁…　Ⅲ.①信号系统-高等学校-教材　Ⅳ.①TN911.6

中国版本图书馆CIP数据核字(2016)第278268号

信号与系统简明教程
Xinhao yu Xitong Jianming Jiaocheng
何兆湘　叶念渝　鲁世斌　主编

策划编辑：康　序
责任编辑：康　序
封面设计：原色设计
责任监印：朱　玢
出版发行：华中科技大学出版社(中国·武汉)　　电话：(027)81321913
武汉市东湖新技术开发区华工科技园　　邮编：430223
录　排：武汉正风天下文化发展有限公司
印　刷：武汉鑫昶文化有限公司
开　本：787mm×1092mm　1/16
印　张：15
字　数：388千字
版　次：2017年1月第1版第1次印刷
定　价：35.00元

前言 PREFACE

“信号与系统”是电类专业的一门重要的理论基础课。本课程是使用数学方法来阐明现代通信(包括电话、广播、电视、计算机网络等)的基本原理,讲述现代通信系统的基本单元电路如何传输和处理电信号,从而实现信息的传播和交流。“信号与系统”课程所使用的分析问题的方法以及所得到的结论,对很多学科都是适用的,除电类学科之外,还包括工程、经济、社会、生物等诸多学科,所以在很多大学中,越来越多的专业开设了这门课程。

本书是何兆湘副教授积 20 余年讲授“信号与系统”课程的心得,并参阅国内外相关教材的基础上编写的。其中,有一些公式的计算,是编者首先提出并运用的。例如,信号的平移、倍乘、反褶的联合运用的解析算法,带有奇异函数的信号微分的解析算法及其在图像信号处理中的应用,又如有始信号的卷积计算公式、线性时不变连续(离散)时间系统运算符的提出与运用,这些内容编者在国内外流行的相关教材中均未见到详细的论述,为编者的创新成果(也许在其他的文献中出现过,但编者未曾接触到)。对于线性系统无失真传输的讨论,本书考虑了输出信号与输入信号的比例系数为负数的情况,并根据讨论的结果成功地提出了反相放大器实现无失真传输的频率范围;对于傅里叶变换的频域积分性质,本书也给出了数学证明等,诸如此类,都是其他教材中未给出的,是编者辛勤劳动的成果。

本书的一个特点就是避免了大量的公式推导,而代之以实际的例题计算,这种论述方式特别适合从事工程应用的读者。当然,这种编写方式,有利也有弊,但总体来说还是利大于弊。希望读者自己去推导相关的公式,以提高自身能力。

本书共分为八章,各章内容分别简要介绍如下。

第 1 章为信号与系统的基础知识。其主要内容包括:信号的概念、信号与函数的关系;信号的分类;信号的运算;信号的分解;奇异信号的概念及其运算、系统的概念;系统的分类等。

第 2 章为连续时间系统的时域分析。其主要内容包括:根据电路结构列系统方程，用微分算子表示微分方程，求转移算子式 $H(p)$ 及系统函数 $H(s)$；用时域经典法求解；零输入响应和零状态响应；冲激响应和阶跃响应，用拉普拉斯逆变换求系统的冲激响应 $h(t)$；线性时不变连续时间系统的定义、性质与应用等；用卷积求系统的零状态响应，卷积的一般定义式；有始信号的卷积计算；卷积的性质与常用卷积公式；卷积结果的两种表达式与图形表示等。

第 3 章为连续时间信号的频谱密度函数。其主要内容包括：从周期信号的三角函数形式傅里叶级数到指数形式的傅里叶级数、再到非周期信号的傅里叶变换的演变过程，以及与此有关的公式及系数公式；周期信号展开成三角函数形式傅里叶级数的含义；常用周期信号的三角函数形式傅里叶级数展开式；傅里叶变换及逆变换在信号分析中的物理意义，求信号频谱密度函数的多种方法；傅里叶变换的基本性质；常用非周期信号的傅里叶变换；傅里叶变换的卷积定理的证明与应用等。

第 4 章为傅里叶变换的应用。其主要内容包括：系统的频域分析法及其优缺点；频域系统函数 $H(\mathrm{j}\omega)$；滤波器的概念与理想滤波器；Paley-Wiener 定理；无失真传输的条件；调制与解调。

第 5 章为拉普拉斯变换与连续时间系统的复频域分析。其主要内容包括：单边 0_- 系统的拉普拉斯变换的定义式及逆变换的表达式；按定义求基本函数的拉普拉斯变换并标明收敛域；拉普拉斯变换的基本性质；根据基本函数的拉普拉斯变换与拉普斯变换的性质求复杂函数的拉普拉斯变换；常用函数的拉普拉斯变换；部分分式展开后用查表法求反变换；电路元件的 s 域模型；用电路的 s 域模型图求解电路；连续时间系统的系统模拟，由简单情况到一般情况等。

第 6 章为系统函数及其应用。其主要内容包括：两种系统函数 $H(s)$、$H(\mathrm{j}\omega)$的定义；获取系统函数的方法；系统函数按选取的激励与响应的不同而作出的分类；系统函数的零点、极点的概念；系统函数的极点就是系统微分方程的特征根；系统函数的极点决定了冲激响应、零输入响应、零状态响应中自由响应的函数形式；系统函数的极点在 s 平面上的位置与系统稳定性的对应关系等。

第 7 章为离散时间系统的时域分析。其主要内容包括：离散时间信号与连续时间信号的关系，典型的离散时间信号；离散时间信号的描述方法、基本运算与分解；时域抽样定理的叙述与证明；两种差分方程所描述的离散时间系统的数学模拟，画直接模拟图；根据直接模拟图列写差分方程；用移序算子表示差分方程，转移算子式的获取；求零输入响应，特征方程、特征根的概念，用移序算子表示的特征方程；卷积和的定义式，因果序列、有始序列卷积和的计算，常用序列卷积和的公式及推导；用卷积和求零状态响应；单位样值响应的定义及时域求解法；完全响应的时域求解法；系统的因果性、稳定性时域判定法；用差分方程求解实际问题；线性移不变离散时间系统的定义及其线性性质、移不变性质的描述与应用等。

第 8 章为 z 变换与离散时间系统的 z 域分析。其主要内容包括：从拉普拉斯变换推导出 z 变换的过程；z 变换的定义，收敛域的含义；典型序列的 z 变换；

序列的分类及各类序列 z 变换的收敛域；z 变换的主要性质及其证明；利用 z 变换的性质和典型序列的 z 变换求更多序列的 z 变换；常用序列的 z 变换表；用部分分式展开法求反 z 变换；离散时间系统的系统函数的定义及其应用；系统函数与各个方面的互求关系；用 z 变换解差分方程；系统函数的极点分布与系统特性的关系等。

对于各章教学学时的分配，建议如下：第 1 章 4 学时，第 2 章 8 学时，第 3 章 10 学时，第 4 章 3 学时，第 5 章 10 学时，第 6 章 3 学时，第 7 章 7 学时，第 8 章 7 学时，机动或复习 4 学时，共计 56 学时。

对于"第 2 章　连续时间系统的时域分析"的教学，建议可不讲授"2.4 时域经典法"，这并不影响该章的教学。同样，对于冲激响应的时域求解法，也可以不讲授，而只讲授通过转移算子式用拉普拉斯逆变换来求冲激响应的方法。

对于傅里叶变换、拉普拉斯变换、z 变换等三个变换的讲授，可直接从定义开始讲授，而对于为什么要这样定义，以及各变换之间的关系，都可以不讲授。同样，对于各章难度较大的例题或习题，也都可以不讲或少讲，而留给愿意在这方面深入学习的学生自学。类似的情况不再一一指出。因此，对于目录或书中标注了 * 号标记的内容，建议不讲，留给学生自主选学。

在计算机科学与技术飞速发展，其应用越来越广泛的今天，传统"信号与系统"教材中关于模拟技术的理论确实需要进行适当的、必要的删减和压缩。

本书由文华学院何兆湘和叶念渝、合肥师范学院鲁世斌担任主编，由广东技术师范学院天河学院傅婉丽、武汉华夏理工学院李莉、哈尔滨石油学院白娜、武汉传媒学院杨瑞、西北师范大学知行学院刘玮担任副主编。中，何兆湘编写了第 3 章和习题答案，叶念渝编写了第 6 章，鲁世斌编写了第 8 章，傅婉丽编写了第 2 章，李莉编写了第 5 章，白娜编写了第 7 章，杨瑞编写了第 4 章，刘玮编写了第 1 章，最后由何兆湘审核并统稿。

为了方便教学，本书还配有电子课件等教学资源包，任课教师和学生可以登录"我们爱读书"网（www.ibook4us.com）免费注册并浏览，或者发邮件至 hustpeiit@163.com 免费索取。

本书在编写过程中，得到了文华学院各级领导的大力支持和帮助，在此表示衷心的感谢。还要感谢华中科技大学出版社的相关编辑，没有他们的努力和帮助，本书也不可能及时而顺利地出版。

由于编者学识及水平有限，书中难免有错误和不妥之处，敬请读者批评指正，编者在此致以谢意。

编　者

2016 年 12 月

目录

CONTENTS

第 1 章　信号与系统的基础知识 …… 1

1.1　引言 …… 1

1.2　信号的概念及其分类和运算 …… 1

1.3　系统的概念 …… 12

1.4　系统分析方法概述 …… 13

*1.5　能量信号与功率信号 …… 14

习题 1 …… 16

第 2 章　连续时间系统的时域分析 …… 18

2.1　引　言 …… 18

2.2　微分算子和传输算子 …… 18

2.3　初始条件、0_- 和 0_+ 的区别 …… 20

*2.4　时域经典法 …… 21

2.5　零输入响应和零状态响应 …… 26

2.6　冲激响应和阶跃响应 …… 29

2.7　线性时不变连续时间系统及其性质 …… 32

2.8　卷积与零状态响应 …… 34

习题 2 …… 46

第 3 章　连续时间信号的频谱密度函数 …… 50

3.1　傅里叶级数在信号分析中的应用 …… 50

3.2　常用周期信号的傅里叶级数展开式 …… 55

3.3　抽样函数与信号的带宽 …… 61

3.4　傅里叶变换在信号分析中的应用 …… 62

3.5　常用非周期信号的频谱密度函数 …… 65

3.6　冲激信号和阶跃信号的频谱密度函数 …… 69

3.7　傅里叶变换的性质(上) …… 71

3.8 周期信号的频谱密度函数 …… 78
3.9 傅里叶变换的性质(下) …… 81
习题 3 …… 87
第 4 章 傅里叶变换的应用 …… 90
4.1 系统的频域分析法与频域系统函数 …… 90
4.2 理想滤波器与实际滤波器 …… 92
4.3 无失真传输 …… 95
*4.4 调制与解调 …… 99
习题 4 …… 104
第 5 章 拉普拉斯变换与连续时间系统的复频域分析 …… 106
*5.1 从傅里叶变换推导出拉普拉斯变换 …… 106
5.2 拉普拉斯变换的收敛域 …… 108
5.3 基本函数的拉普拉斯变换 …… 110
5.4 拉普拉斯变换的基本性质 …… 113
5.5 常用函数的拉普拉斯变换 …… 123
5.6 拉普拉斯逆变换 …… 123
5.7 连续时间系统的复频域分析 …… 128
5.8 连续时间系统的系统模拟 …… 134
习题 5 …… 139
第 6 章 系统函数及其应用 …… 142
6.1 系统函数的定义与获取 …… 142
6.2 系统函数的极点与系统方程的特征根 …… 147
6.3 系统函数的极点对系统时域特性的影响 …… 148
6.4 系统函数的极点与系统的稳定性 …… 153
6.5 系统函数与频率响应特性 …… 155
6.6 全通网络及其应用 …… 156
习题 6 …… 157
第 7 章 离散时间系统的时域分析 …… 159
7.1 引 言 …… 159
7.2 离散时间信号的基本知识 …… 160
7.3 抽样信号与时域抽样定理 …… 164
7.4 离散时间系统的数学描述和模拟 …… 167
7.5 差分方程的时域求解方法 …… 174
7.6 线性时不变离散时间系统及零状态响应 …… 178
7.7 卷积和 …… 183
习题 7 …… 187

第8章　z变换与离散时间系统的z域分析 …… 190
*8.1　从拉普拉斯变换推导出z变换 …… 190
8.2　典型序列的z变换 …… 191
8.3　z变换的收敛域 …… 192
8.4　z变换的基本性质 …… 197
8.5　逆z变换 …… 203
8.6　离散时间系统的系统函数 …… 205
8.7　用z变换解差分方程 …… 209
习题8 …… 215
部分习题答案 …… 217
参考文献 …… 229

第1章 信号与系统的基础知识

本章主要内容 信号的概念、信号与函数的关系，信号的分类，信号的运算，信号的分解，奇异信号的概念及其运算，系统的概念，系统的分类。

1.1 引言

如今人们通过固定电话、移动电话、广播电视、计算机互联网来相互交流，获取信息。这些信息是如何传播的呢？如图1.1.1所示为语音广播的传播过程。

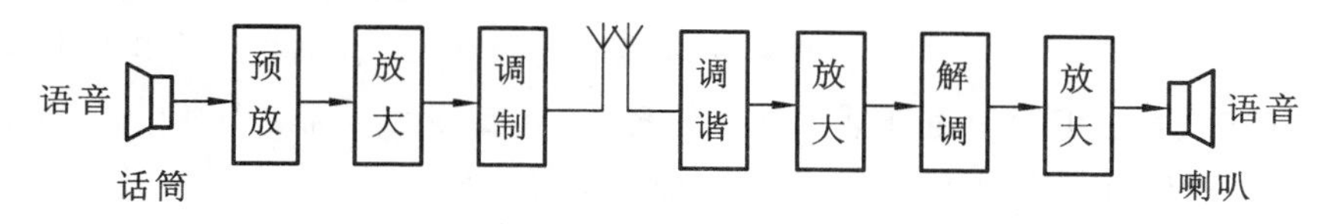

图1.1.1 语音广播的传播过程示意图

播音员的话音通过话筒转变为随话音变化的电压，将这变化的电压进行放大、调制之后，通过天线变成电磁波发射出去，收音机的天线收到电磁波后，将其还原成相应的变化电压，再经过调谐、放大、解调、再放大等一系列处理之后，通过喇叭还原出播音员的语音。图像的传播过程也是类似的，先将需传送的图像按一定顺序转换成随图像的明暗程度不同而不同的电压。将此电压放大，调制后再从天线发送出去。接收机收到后进行相反的过程还原出发送端所发送的图像。

上述广播、电视的例子说明，信息是通过变化着的电压、电流和电磁波来传播的。

“信号与系统”课程是用数学方法来阐明现代通信（包括电话、广播、电视、计算机网络等）的基本原理，介绍现代通信系统的基本单元电路如何传输和处理电信号，从而实现信息的传播和交流。“信号与系统”课程所使用的分析问题的方法以及所得到的结论，对很多学科都是适用的，所以现在越来越多的专业都开设了这门课程。

1.2 信号的概念及其分类和运算

信号是信息的载体，信息通过信号的传输而得到传播。信息通过声音、文字、图像、符号和编码等信号来表达其含义。信号的形式多种多样，如火光、灯光、哨声、手势等都可以作为信号来传播信息。在现代通信中，最常用的信号是电信号。电信号就是变化的电压和变化的电流，它们都是时间的函数。为了方便表达，常用 $f(t)$ 来表示信号，它既可以代表电压，也可以代表电流等。

1.2.1 信号的分类

信号是用函数来表示的，因此信号的分类，其实就是函数的分类。从研究信号传输信息的角度出发，对信号可以有不同的分类方法。如果一个信号对于给定的任一时间 t，都有一个确定的函数值与之对应，那么这个信号就是确定信号。确定信号有确定的表达式或确定的波形。

如果一个信号对于给定的任一时间 t，其函数值并不确定，而只知道其取某些值的概率，那么这个信号就是随机信号。随机信号对应于概率论与数理统计课程中的随机变量或随机过程。一个电阻两端的热噪声电压，是电子线路中常见的典型的随机信号。本书只讨论确定信号。

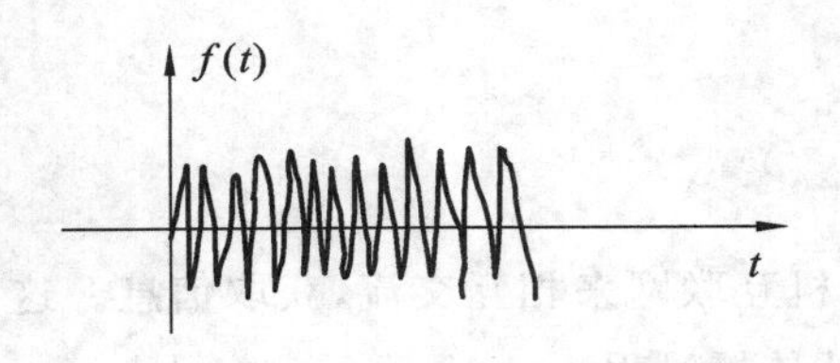

图 1.2.1　录放机喇叭两端的波形

例 1.2.1　试举出两个确定信号的例子。

解答　(1) 例如，$f(t) = \sin t$ 是一个确定信号。这是大家熟知的正弦函数。其波形由读者自己画出。

(2) 又如图 1.2.1 所示的是用示波器观察某录放机喇叭两端得到的波形。这也是一个确定信号。虽然无法写出 $f(t)$ 的表达式，但只要重新播放同样的音乐，其波形就是确定不变的，对于任一时间 t 值，都有确定的函数值与之对应，故其为一个确定信号。

例 1.2.2　试举出两个随机信号的例子。

解答　(1) 用示波器观察一个电阻两端产生的热噪声电压，观察多次，每次得到的结果都不一样，如图 1.2.2(a) 所示。电阻两端的热噪声电压是一个随机过程，在任一时刻观察的结果都是一个随机变量，因此电阻两端的热噪声电压是一个随机信号。

(2) 观察在繁华闹市区设置的分贝测试仪，将其读数绘成曲线，如图 1.2.2(b) 所示。这也是一个随机信号。如果重新再观察一次，得到的结果是完全不一样的，其与电阻两端的热噪声是类似的。

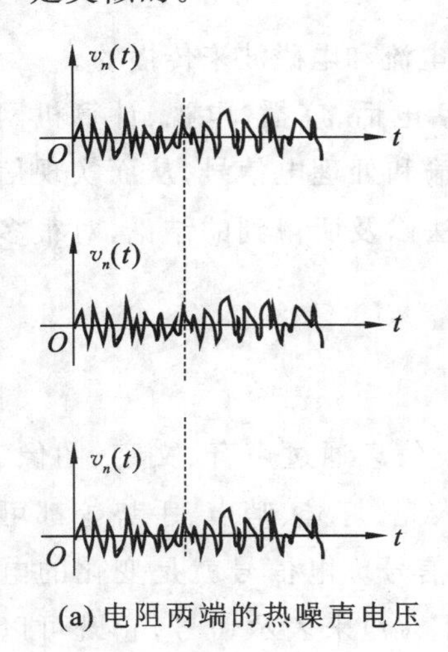

(a) 电阻两端的热噪声电压

f(t)
平均值
t
O

(b) 分贝测试仪的输出

图 1.2.2　随机信号的两个例子

1.2.2　确定信号的分类

对确定信号的分类，也有多种不同的方法，下面介绍几种常用的分类方法。

1）将确定信号分为连续时间信号和离散时间信号

这种分类方法如表 1.2.1 所示。

表 1.2.1　连续时间信号和离散时间信号

确定信号			
连续时间信号（时间连续取值）		离散时间信号（时间离散取值）	
模拟信号 时间连续，幅值连续	阶梯形信号 时间连续，幅值离散，如 D/A 转换器的输出信号	抽样信号 时间离散，幅值连续，可由模拟信号抽样获得	数字信号 时间离散，幅值离散，由抽样信号量化编码获得
$f(t)$, t, O	$f(t)$, t, O	$f(t)$, t, $-T$ 0 T $2T$ $3T$	$f(t)$, t, 0 T $2T$

由表 1.2.1 可以看出，连续时间信号又分为模拟信号和阶梯形信号，而离散时间信号又分为抽样信号和数字信号。

模拟信号是时间连续幅值也连续取值的信号，如声音信号、图像信号等都是模拟信号；阶梯形信号是时间连续，幅值离散取值的信号，如从 D/A 转换器输出的信号；抽样信号是从模拟信号经过一定规律的抽样后获取的信号，其特点是时间离散，但幅值是连续取值的；将抽样信号经过量化、编码可以得到数字信号，数字信号是时间离散，幅值也离散的信号。计算机中传输和处理的就是数字信号。

2）将确定信号分为周期信号与非周期信号

周期信号和非周期信号对应的周期函数和非周期函数的定义在初等数学中就已经学习过了，这里不再重复。

3）按确定信号所具有的能量来分类

按确定信号所具有的能量来分类，可以将信号分为能量信号、功率信号、非能量非功率信号三类。关于这个问题的讨论将在 1.5 节进行。

1.2.3　信号的运算与变换

现代通信系统利用电信号来传输、传播信息时，要对信号进行一定的处理，这些处理是对信号进行一些基本的运算或变换。信号的基本运算包括信号的相加、相乘、微分、积分；信号的变换，这里指的是自变量的变换，包括时移、反褶和倍乘，以及它们的联合运用。

1. 信号的相加、相乘

信号的相加、相乘是指在同一时间区域中进行信号的相加或相乘。由于信号是由函数来表示的，信号的相加、相乘就是其对应函数的相加、相乘，故可按数学中方法进行运算。在本书中除了要掌握运算方法之外，还应注意各种运算和变换在信号传输和处理过程中的物理意义。

2. 自变量的变换 —— 平移、反褶与倍乘

下面通过一个实例来说明信号的平移、反褶与倍乘。

例 1.2.3　已知如图 1.2.3(a) 所示的波形。试分别画出 $f(t-1)$、$f(t+1)$、$f(-t)$、

$f(2t)$、$f\left(\frac{1}{2}\right)$的波形。

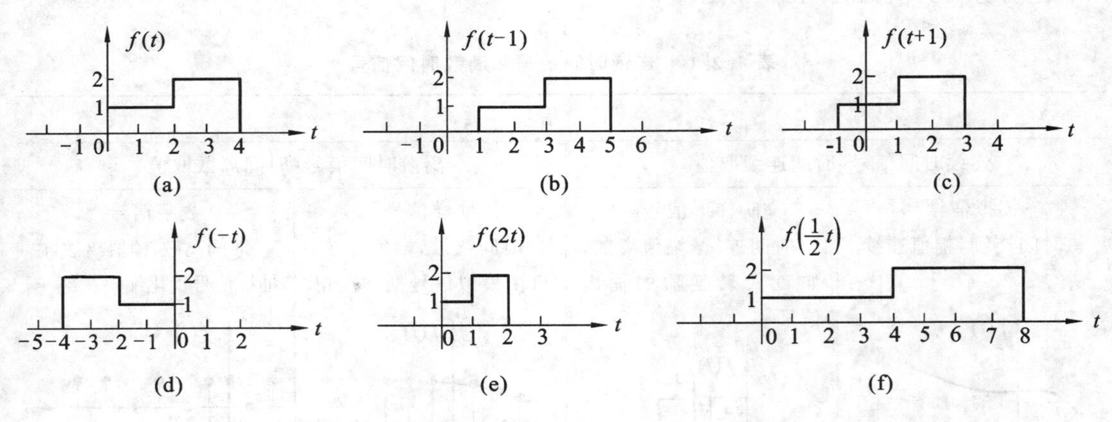

图 1.2.3　例 1.2.3 图

解　(1) 画出 $f(t-1)$ 的波形。

由如图 1.2.3(a) 所示的波形，可以写出其分段表达式如下。

$$f(t)=\begin{cases}1 & (0<t\leqslant 2)\\ 2 & (2<t<4)\end{cases} \quad ①$$

求 $f(t-1)$ 的波形时，是指将上式中 t 的换成$(t-1)$，故可得到如下表达式。

$$f(t-1)=\begin{cases}1 & (0<t-1\leqslant 2)\\ 2 & (2<t-1<4)\end{cases} \quad ②$$

将上式右边的表达式进行运算，化简得到：

$$f(t-1)=\begin{cases}1 & (1<t\leqslant 3)\\ 2 & (3<t<5)\end{cases} \quad ③$$

按照式③作图，得到 $f(t-1)$ 的波形如图 1.2.3(b) 所示。将 $f(t-1)$ 与 $f(t)$ 的波形相比较，可知 $f(t-1)$ 的波形是将 $f(t)$ 的波形沿时间轴向右平移了一个单位。其实际意义表示信号经过传输后的延时。

(2) 画出 $f(t+1)$ 的波形。

采用同样的方法，可以得到：

$$f(t+1)=\begin{cases}1 & (-1<t\leqslant 1)\\ 2 & (1<t<3)\end{cases} \quad ④$$

按照式④作图可得 $f(t+1)$ 的波形如图 1.2.3(c) 所示。由图可知，$f(t+1)$ 的波形是将 $f(t)$ 的波形向左平移一个单位得到的。这种运算的实际意义是用于表示图像信号的倒放，这种功能在分析运动员的动作要领时常采用。

(3) 画出 $f(-t)$ 的波形。

在式①中，用 $-t$ 代替 t 得到：

$$f(-t)=\begin{cases}1 & (0<-t\leqslant 2)\\ 2 & (2<-t<4)\end{cases}=\begin{cases}1 & (0>t\geqslant -2)\\ 2 & (-2>t>-4)\end{cases} \quad ⑤$$

按式⑤作图即得 $f(-t)$ 的波形，如图 1.2.3(d) 所示。由图可知，其波形是由 $f(t)$ 的波形沿纵轴反褶得到的，故这种变换又称为反褶。如果 $f(t)$ 是图像信号，反褶结果是使图像左右颠倒，并且倒退。

(4) 画出 $f(2t)$ 的波形。

将式 ① 中的 t 换成 $2t$,并进行运算,可得:

$$f(2t)=\begin{cases}1 & (0<2t\leqslant 2)\\ 2 & (2<2t<4)\end{cases}=\begin{cases}1 & (0<t\leqslant 1)\\ 2 & (1<t<2)\end{cases} \quad ⑥$$

按照式 ⑥ 作图即得到 $f(2t)$ 的波形,如图 1.2.3(e) 所示。这种变换是将原波形在时间轴上压缩。凡是 t 前面的系数大于1,都是对波形进行压缩。如果 $f(t)$ 原来是图像信号,那么压缩的结果,就是使图像的动作变快了。如果 t 前面加的系数小于1,则是对波形进行扩展,扩展的结果是使图像的动作变慢了。压缩与扩展又统称为尺度变换,扩展的例子见下一面的介绍。

(5) 画出 $f\left(\frac{1}{2}t\right)$的波形。

将式 ① 中的 t 都换成$\frac{1}{2}t$,并进行运算,可得:

$$f\left(\frac{1}{2}t\right)=\begin{cases}0 & \left(0<\frac{1}{2}t\leqslant 2\right)\\ 2 & \left(2<\frac{1}{2}t<4\right)\end{cases}=\begin{cases}0 & (0<t\leqslant 4)\\ 2 & (4<t<8)\end{cases} \quad ⑦$$

按式 ⑦ 作图即得 $f\left(\frac{1}{2}t\right)$的波形,如图 1.2.3(f) 所示。

3. 平移、反褶和倍乘的联合运用

在现代通信中,经常会遇到平移、反褶和倍乘这三种变换,下面通过一个例题来介绍这三种变换的联合运用,来帮助读者进一步熟练地掌握它们。

例 1.2.4 已知 $f(t)$ 的波形如图 1.2.4(a) 所示,试画出 $f(-3t-2)$ 的波形。

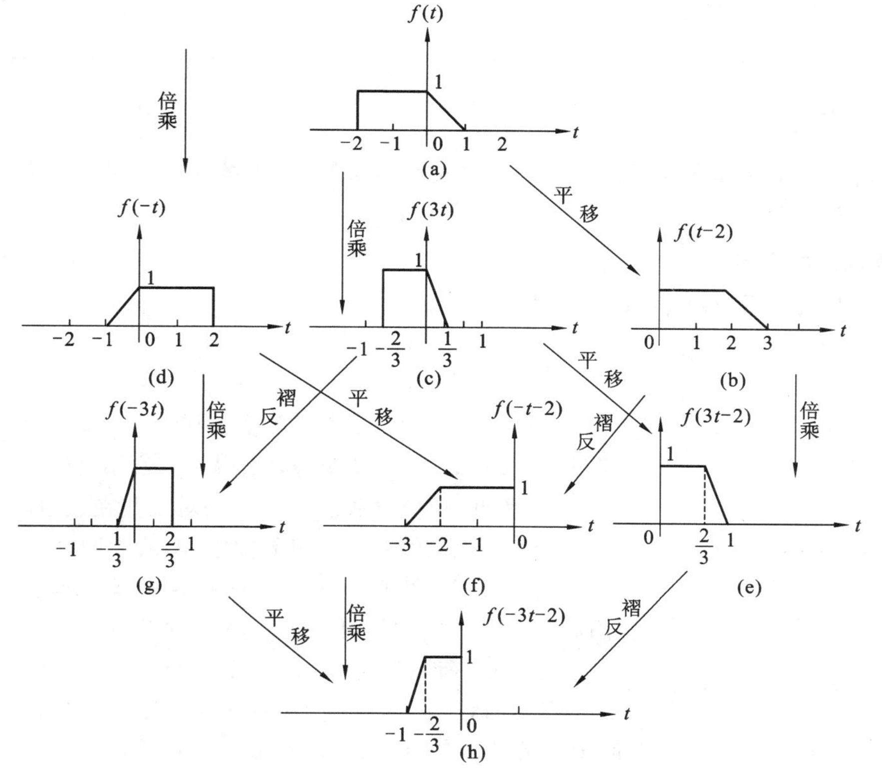

图 1.2.4 例 1.2.4 图

解 (1) 方法一　从 $f(t)$ 的波形到 $f(-3t-2)$ 的波形，自变量经过了平移、反褶、倍乘三种变换，但变换的次序没有规定，每一种不同的变换次序都可以求得 $f(-3t-2)$ 的波形。根据排列知识，可有六种不同的次序，如图 1.2.4 所示。

(2) 方法二　由已知的 $f(t)$ 波形，可以写出 $f(t)$ 的表达式如下。

$$f(t)=\begin{cases}1 & (-2<t\leqslant 0)\\ -t+1 & (0\leqslant t\leqslant 1)\end{cases} \quad ①$$

将上式中的 t 都替换成 $-3t-2$，并对式的右边进行运算和整理：

$$f(-3t-2)=\begin{cases}1 & (-2<-3t-2\leqslant 0)\\ -(-3t-2)+1 & (0\leqslant -3t-2\leqslant 1)\end{cases}$$

$$=\begin{cases}1 & (0<-3t\leqslant 2)\\ 3t+3 & (2\leqslant -3t\leqslant 3)\end{cases}=\begin{cases}1 & \left(0>t\geqslant -\dfrac{2}{3}\right)\\ 3t+3 & \left(-\dfrac{2}{3}\geqslant t\geqslant -1\right)\end{cases} \quad ②$$

按式 ② 画图，即得到 $f(-3t-2)$ 的波形，如图 1.2.4(h) 所示。

方法二又称解析法。对于图 1.2.4 中的八个波形，已知任何一个，求另一个的波形，都可以使用解析法，只是有时求解过程比较烦琐。因此，熟练地掌握波形的三个基本变换很重要，可以较快的求得结果。对于将来从事图像信号处理的读者来说，掌握上述三种基本变换显得尤为重要。

注意：由图 1.2.4(d) 中的 $f(-t)$ 的波形经平移得到 $f(-t-2)$ 的波形，为什么是左移得到图 1.2.4(f)，而不是右移呢？因为将 $f(-t)$ 平移 2 个单位时，是向 $-t$ 方向平移 2 个单位。还可以使用解析法直接由 $f(t)$ 的表达式求出 $f(-t-2)$ 的表达式，再按该表达式作图，其结果如图 1.2.4(f) 所示。这一工作留给读者自己去完成。

1.2.4　奇异信号

奇异信号就是指其导数不能用一般函数表示的信号，在连续时间信号中主要有阶跃信号 $\varepsilon(t)$ 和冲激信号 $\delta(t)$ 等。

1. 单位阶跃信号

单位阶跃信号用 $\varepsilon(t)$ 表示，其表达式如下。

$$\varepsilon(t)=\begin{cases}1 & (t>0)\\ 0 & (t<0)\end{cases} \tag{1.2.1}$$

$\varepsilon(t)$ 在 $t=0$ 时，发生了跳变。因此，$t=0$ 时，$\varepsilon(t)$ 的值是不确定的。然而，在实际情况中，任何跳变，都不可能在 t 为 0 的瞬间完成。因此，单位阶跃信号 $\varepsilon(t)$ 是对某些在极短时间内完成跳变的客观现象的一种理想的抽象。实践表明，关于单位阶跃信号的定义以及由此产生的一系列的运算及理论是正确的，因此得到了人们的认可。$\varepsilon(t)$ 的波形如图 1.2.5 所示。

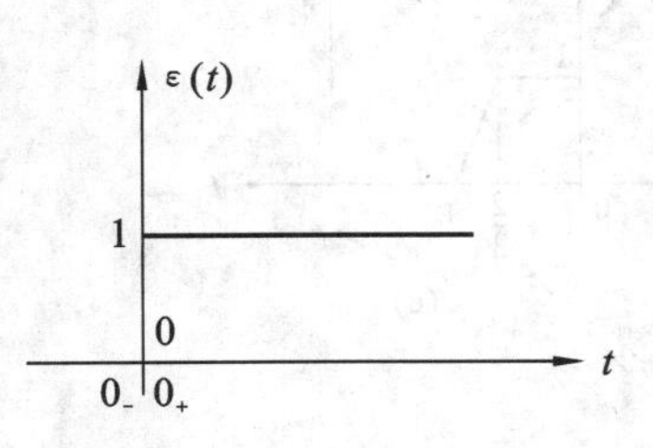

图 1.2.5　$\varepsilon(t)$ 的波形

为了更好地描述信号在跳变点的特性，常将 t 在趋于 0 而小于 0 时记为 0_-，在趋于 0 而大于 0 时记为 0_+，这样一来就有 $\varepsilon(0_-)=0$，$\varepsilon(0_+)=1$。对时间轴上的其他各点，也可以采用类似的区分。

$\varepsilon(t)$ 经过平移、反褶后可以得出 $\varepsilon(t-1)$、$\varepsilon(t+1)$、$\varepsilon(-t)$、$\varepsilon(-t-1)$、$\varepsilon(-t+1)$ 等形式，其波形分别如图 1.2.6 所示。

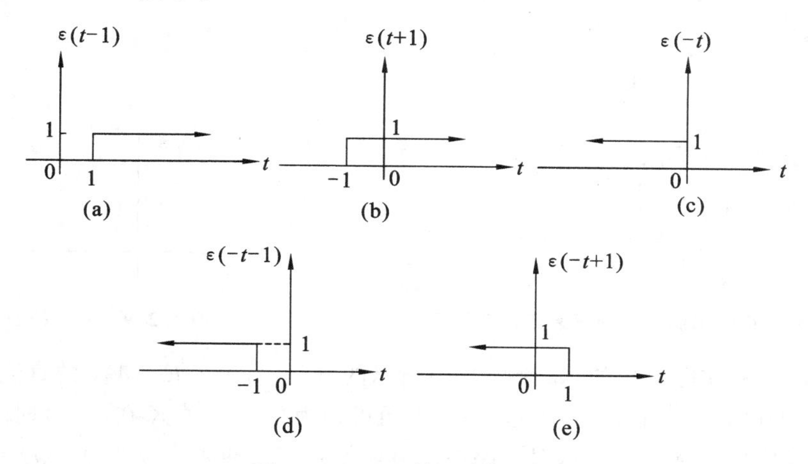

图 1.2.6　$\varepsilon(t)$ 的平移与反褶

根据以下两式：

$$\varepsilon(-t-1) \xlongequal{\text{定义}} \begin{cases} 1 & (-t-1>0) \\ 0 & (-t-1<0) \end{cases} \text{及 } \varepsilon(-t+1) \xlongequal{\text{定义}} \begin{cases} 1 & (-t+1>0) \\ 0 & (-t+1<0) \end{cases}$$

$$\xlongequal{\text{运算}} \begin{cases} 1 & (-t>1) \\ 0 & (-t<1) \end{cases} \qquad \xlongequal{\text{运算}} \begin{cases} 1 & (-t>-1) \\ 0 & (-t<-1) \end{cases}$$

$$\xlongequal{\text{运算}} \begin{cases} 1 & (t<-1) \\ 0 & (t>-1) \end{cases} \qquad \xlongequal{\text{运算}} \begin{cases} 1 & (t<1) \\ 0 & (t>1) \end{cases}$$

可作图如图 1.2.6(d)、(e) 所示，其余的作图方法类似。

有了单位阶跃函数 $\varepsilon(t)$ 之后，便可以方便地表示有始信号和有始有终的信号，也可以将分段表示的信号用一个式子来表达。

如图 1.2.7 表示的有始的正弦信号，可以用 $f(t)=\sin(t)\varepsilon(t)$ 来表示。

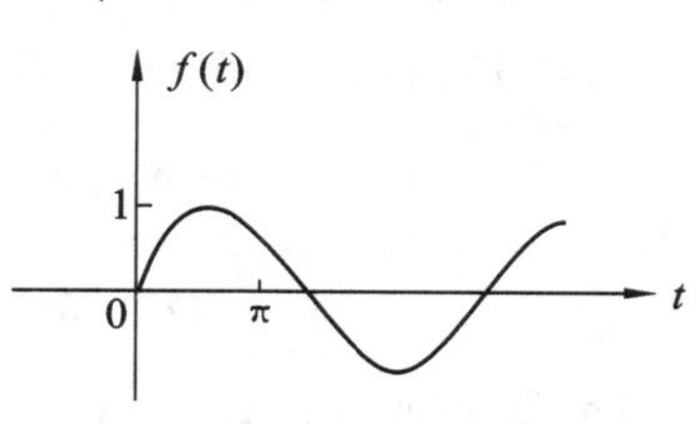

图 1.2.7　有始正弦信号

而图 1.2.3(a) 中的有始有终信号也可以表示为：

$$f(t)=[\varepsilon(t)-\varepsilon(t-2)]+2[\varepsilon(t-2)-\varepsilon(t-4)]$$

其与前述的分段表达式是等价的。

2. 单位冲激信号

单位冲激信号的定义如下。

定义一：

$$\begin{cases} \int_{-\infty}^{\infty} \delta(t)\mathrm{d}t = 1 \\ \delta(t)=0 \quad (t\neq 0) \end{cases} \tag{1.2.2}$$

为了便于理解，可以给出 $\delta(t)$ 的第二种定义。

定义二：

$$\delta(t)=\lim_{\tau\to 0}\frac{1}{\tau}\left[\varepsilon\left(t+\frac{\tau}{2}\right)-\varepsilon\left(t-\frac{\tau}{2}\right)\right] \tag{1.2.3}$$

定义二表示 $\delta(t)$ 是一个高为 $\frac{1}{\tau}$，宽为 τ 的矩形脉冲当 $\tau\to 0$ 时的极限，如图 1.2.8 所示。

$\delta(t)$ 的波形如图 1.2.9 所示。因为当 $\tau \to 0$ 时矩形的宽趋近于 0，而高则趋近于无穷大，但矩形的面积保持为 1 不变，矩形的面积表示冲激信号的强度。冲激信号的强度通常用数字标注在信号旁边。

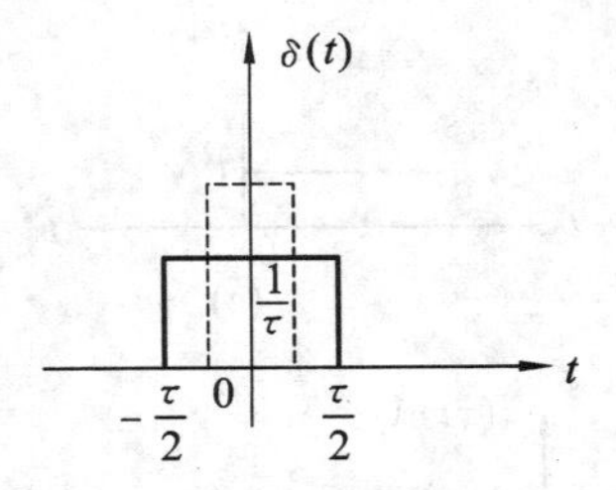

图1.2.8　用矩形脉冲的极限表示冲激信号

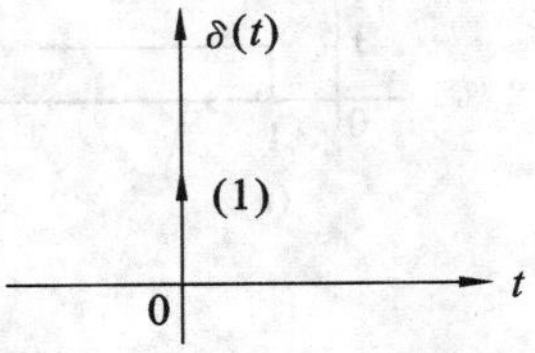

图 1.2.9　$\delta(t)$ 的波形

引入 $\delta(t)$ 是有实际背景的。如图 1.2.10 所示的电路中，一个 $E=1$ V 的直流电源和一个电容量为 $1F$ 的电容相串联，导线很短很粗，电阻可视为 0，当开关 K 在 $t=0$ 时闭合，则电容两端的电压会从 0 跳变到 1 V，这时电路中的电流就是一个冲激信号 $\delta(t)$。$\delta(t)$ 可以平移，得到 $\delta(t-t_0)$ 和 $\delta(t+t_0)$，如图 1.2.11 所示。

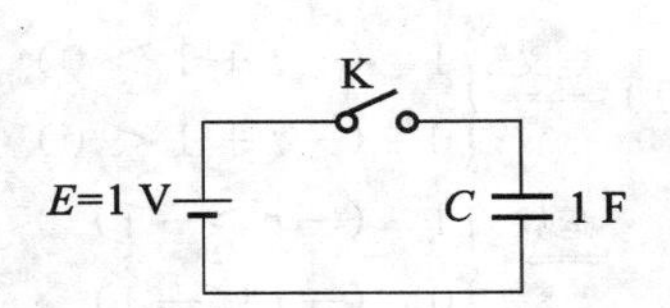

图 1.2.10　电容充电电路

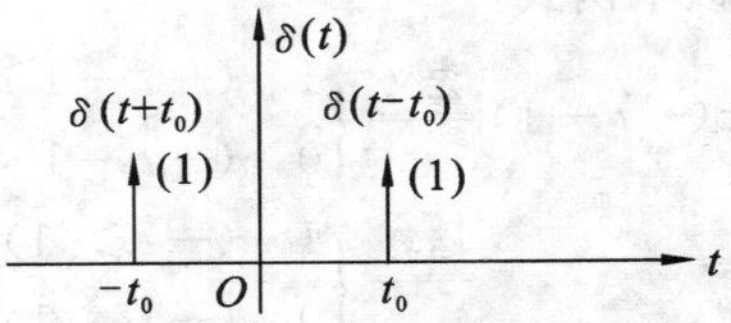

图 1.2.11　$\delta(t)$ 的平移

$\delta(t)$ 的主要性质如下。

(1) 抽样性。$f(t)\delta(t)=f(0)\delta(t)$，而 $0\delta(t)=0$。

$$\int_{-\infty}^{\infty} f(t)\cdot\delta(t)\mathrm{d}t=\int_{-\infty}^{\infty} f(0)\cdot\delta(t)\mathrm{d}t=f(0)\int_{-\infty}^{\infty}\delta(t)\mathrm{d}t=f(0) \tag{1.2.4}$$

$$\int_{-\infty}^{\infty} f(t)\cdot\delta(t-t_0)\mathrm{d}t=\int_{-\infty}^{\infty} f(t_0)\cdot\delta(t-t_0)\mathrm{d}t=f(t_0) \tag{1.2.5}$$

(2) $\delta(t)$ 为偶函数，即 $\delta(t)=\delta(-t)$，这一点可以从 $\delta(t)$ 的图形上看出。也可以从数学上给予证明，证明如下。

由
$$\int_{-\infty}^{\infty}\delta(-t)\cdot f(t)\mathrm{d}t \xlongequal[\text{作变量代换}]{\text{令}\ \tau=-t} \int_{-\infty}^{\infty}\delta(\tau)f(-\tau)\mathrm{d}(-\tau)$$
$$=\int_{-\infty}^{\infty}\delta(\tau)f(0)\mathrm{d}\tau=f(0)$$

将上式与式(1.2.4) 比较，可知 $\delta(-t)=\delta(t)$ 成立。

(3) $\delta(t)$ 与 $\varepsilon(t)$ 的关系如下。

$$\delta(t)=\frac{\mathrm{d}\varepsilon(t)}{\mathrm{d}t},\quad \varepsilon(t)=\int_{-\infty}^{t}\delta(\tau)\mathrm{d}\tau$$

$\delta(t)$ 和 $\varepsilon(t)$ 之间是微分和积分的关系，这一点可以根据各自的定义式来证明。

根据 $\varepsilon(t)$ 的定义式可知，$t\neq 0$ 时，$\dfrac{\mathrm{d}\varepsilon(t)}{\mathrm{d}t}=0$，而：

$$\int_{0_-}^{0_+}\left(\frac{\mathrm{d}\varepsilon(t)}{\mathrm{d}t}\right)\cdot\mathrm{d}t=\int_{0_-}^{0_+}\mathrm{d}\varepsilon(t)=\varepsilon(0_+)-\varepsilon(0_-)=1$$

即可得：

$$\begin{cases}\dfrac{\mathrm{d}\varepsilon(t)}{\mathrm{d}t}=0 & (t\neq 0)\\ \displaystyle\int_{-\infty}^{\infty}\left(\frac{\mathrm{d}\varepsilon(t)}{\mathrm{d}t}\right)\cdot \mathrm{d}t=1 & \end{cases}$$

上述结果表示$\frac{\mathrm{d}\varepsilon(t)}{\mathrm{d}t}$和$\delta(t)$的定义是一致的，因此二者相等。

同样地，根据$\delta(t)$的定义式，计算定积分$\int_{-\infty}^{t}\delta(\tau)\mathrm{d}\tau$可得：

$$\int_{-\infty}^{t}\delta(\tau)\mathrm{d}\tau=\begin{cases}0 & t<0\\ 1 & t>0\end{cases}$$

上述结果表明$\int_{-\infty}^{t}\delta(\tau)\mathrm{d}\tau$和$\varepsilon(t)$的定义式是一致的，因此二者相等。

1.2.5　信号的时域分解

一个复杂的信号可以分解为多个简单信号的和，这样可以更好地了解信号的特性。信号既可以在时域中进行分解，也可以在频域中进行分解。信号的分解必须遵循数学上的恒等原则。

1. 脉冲信号分解为有始信号之和

如图1.2.12所示的门函数$g_\tau(t)$是一个高为1宽为τ的矩形脉冲，并且以纵轴为对称轴。$g_\tau(t)$可以表示为如下两个有始信号之和。

$$g_\tau(t)=\varepsilon\left(t+\frac{\tau}{2}\right)-\varepsilon\left(t-\frac{\tau}{2}\right)\tag{1.2.6}$$

$g_\tau(t)$也可以用分段表达式表示如下。

$$g_\tau(t)=\begin{cases}1 & \left(-\frac{\tau}{2}<t<\frac{\tau}{2}\right)\\ 0 & \left(t>\frac{\tau}{2},t<-\frac{\tau}{2}\right)\end{cases}\tag{1.2.7}$$

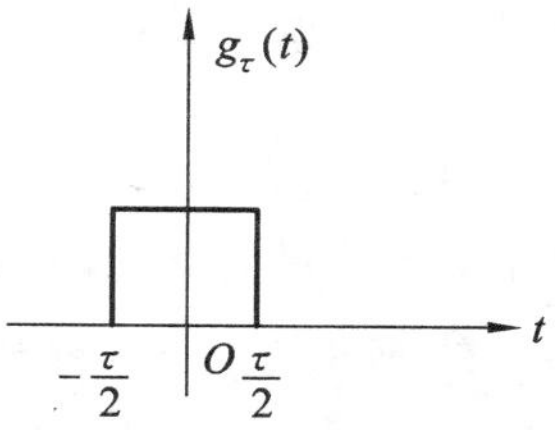

$g_\tau(t)$
t
$-\frac{\tau}{2}$　O　$\frac{\tau}{2}$

图1.2.12　门函数$g_\tau(t)$的图形

2. 任何一个信号都可以分解为偶分量与奇分量之和

偶分量即偶函数，奇分量即奇函数，它们分别满足以下性质。

$$f_e(t)=f_e(-t),f_0(t)=-f_0(-t)$$

任何一个信号$f(t)$可以写成如下形式（使用数学恒等变形）。

$$\begin{aligned}f(t)&=\frac{1}{2}[f(t)+f(t)]\text{（2 倍的 }f(t)\text{ 除以 2）}\\&=\frac{1}{2}[f(t)+f(-t)-f(-t)+f(t)]\text{（加一个再减一个 }f(-t)\text{）}\\&=\frac{1}{2}[f(t)+f(-t)+f(t)-f(-t)]\text{（调换次序）}\\&=\frac{1}{2}[f(t)+f(-t)]+\frac{1}{2}[f(t)-f(-t)]\text{（两两结合）}\end{aligned}$$

上式中，$\frac{1}{2}[f(t)+f(-t)]=f_e(t)$为$f(t)$的偶分量，$\frac{1}{2}[f(t)-f(-t)]=f_0(t)$为$f(t)$的奇分量。

因此，结论正确。

例 1.2.5 已知 $f(t)$ 的波形如图 1.2.13(a) 所示，试画出 $f(t)$ 的偶分量与奇分量的波形。

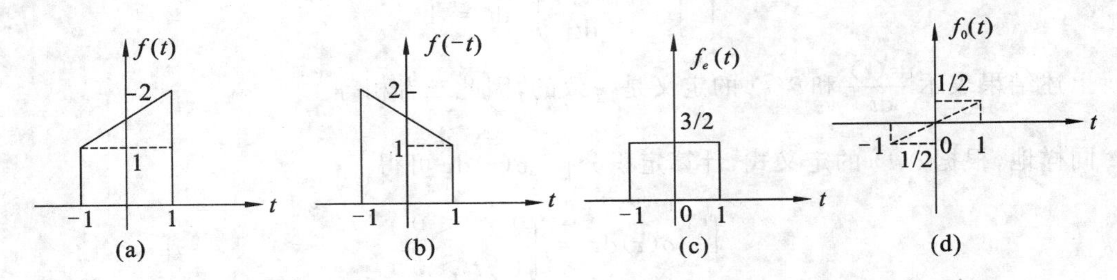

图 1.2.13　$f(t)$、$f(-t)$、$f_e(t)$、$f_0(t)$ 的波形

解 根据已知的 $f(t)$ 的波形，沿纵轴反褶得 $f(-t)$ 的波形如图 1.2.13(b) 所示。

再根据 $f_e(t)$、$f_0(t)$ 与 $f(t)$、$f(-t)$ 的关系可分别求出各自的波形如图 1.2.13(c)、(d) 所示。

3. 将一个信号分解为直流分量与交流分量之和

信号的平均值即信号的直流分量，用 $f_d(t)$ 表示。从原信号 $f(t)$ 中去掉直流分量后，剩下的就是交流分量，用 $f_a(t)$ 表示。因此有：

$$f(t)=f_d(t)+f_a(t)$$

例如，阻容耦合放大器的功能是阻隔直流信号，放大交流信号，因此掌握信号的直流分量和交流分量的概念，对分析阻容耦合放大器的工作原理会有很大的帮助。

例 1.2.6 红外焊缝检测仪的探测器输出信号 $f(t)$ 如图 1.2.14 所示。试求其直流分量 $f_d(t)$ 的大小与交流分量 $f_a(t)$ 的波形。

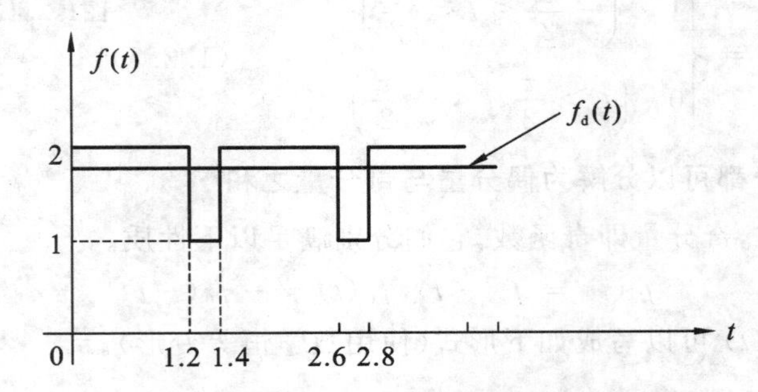

图 1.2.14　红外焊缝检测仪的探测及输出信号

解 由图 1.2.14 可知，$f(t)$ 为周期信号，故可在一个周期内计算其平均值为：

$$f_d(t)=\frac{2\times 1.2+1\times 0.2}{1.4}=\frac{2.6}{1.4}\approx 1.857$$

$$f_a(t)=f(t)-f_a(t)=f(t)-1.857$$

将时间轴向上移到纵坐标为 1.857 处，作为新的时间轴，原波形对于新的时间轴来说，就是交流信号。交流信号波形的特征是其正负面积相等。

4. 将一个信号分解为无数冲激信号的和

将在第 2 章中介绍。

5. 将一个信号分解为无数正弦信号的和

将在第3章中讲述。

1.2.6 信号的微分与积分

信号的微分与积分，是指描述信号的函数的微分与积分。当信号中含有奇异信号时，除了遵循数学中的微积分运算法则外，还必须遵循前述的奇异信号之间的微积分关系，下面举例进行说明。

例 1.2.7 已知如图1.2.15的波形，试画出 $f'(t)$、$f''(t)$ 的波形。

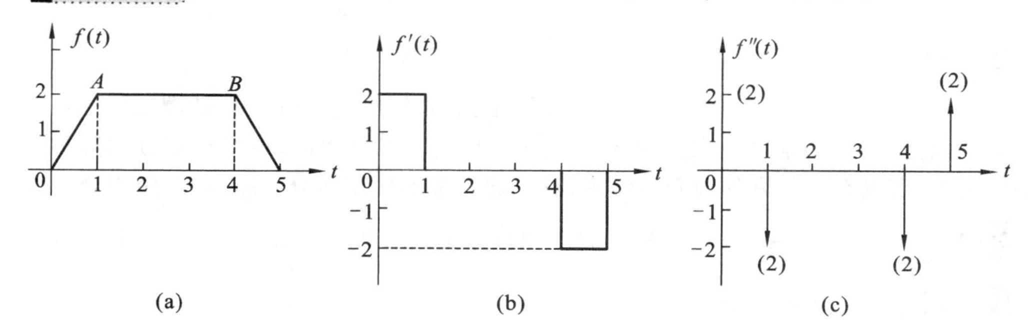

图 1.2.15 $f(t)$、$f'(t)$、$f''(t)$ 的波形

解 解法一 (1) 由已知的波形可写出其表达式为：

$$f(t)=2t[\varepsilon(t)-\varepsilon(t-1)]+2[\varepsilon(t-1)-\varepsilon(t-4)]+(-2t+10)[\varepsilon(t-4)-\varepsilon(t-5)] \quad ①$$

(2) 对式①两边求导，根据乘积的求导法则有：

$$\begin{aligned}f'(t)=&2[\varepsilon(t)-\varepsilon(t-1)]+2t[\delta(t)-\delta(t-1)]+2[\delta(t-1)-\delta(t-4)]\\&-2[\varepsilon(t-4)-\varepsilon(t-5)]+(-2t+10)[\delta(t-4)-\delta(t-5)]\end{aligned} \quad ②$$

因为 $2t\cdot\delta(t)=0$，$2t\delta(t-1)=2\delta(t-1)$，$(-2t+10)\delta(t-4)=2\delta(t-4)$，$(-2t+10)\delta(t-5)=0$，将上述等式代入式②整理后可得：

$$f'(t)=2[\varepsilon(t)-\varepsilon(t-1)]-2[\varepsilon(t-4)-\varepsilon(t-5)] \quad ③$$

按式③作图即得 $f'(t)$ 的波形，如图1.2.15(b)所示。

(3) 对式③两边求导，得：

$$f''(t)=2\delta(t)-2\delta(t-1)-2\delta(t-4)+2\delta(t-5) \quad ④$$

根据式④作图，即得 $f''(t)$ 的波形，如图1.2.15(c)所示。

例 1.2.8 已知两个时间信号 $f_1(t)=\sin t$、$f_2(t)=3$，求两个信号之和；$f(t)=f_1(t)+f_2(t)$，并解释 $f(t)$ 所代表的物理意义。

解 由已知，得：

$$f(t)=f_1(t)+f_2(t)=\sin t+3$$

其波形如图1.2.16所示。信号 $f(t)$ 表示一个正弦信号和一个直流信号的叠加。这种信号可以在晶体三极管构成的单级放大器的集电极上用示波器观察到。$f_1(t)$ 表示的是被放大后的正弦信号，$f_2(t)$ 表示的是三极管集电极的静态工作点。反之，$f_1(t)$ 是 $f(t)$ 的交流分量，$f_2(t)$ 是 $f(t)$ 的直流分量，$f(t)$ 可以分解为直流分量与交流分量之和。

例 1.2.9 已知信号 $f_1(t)=\sin(\omega_1 t)$，求其微分信号 $f_2(t)=\dfrac{\mathrm{d}f_1(t)}{\mathrm{d}t}$。

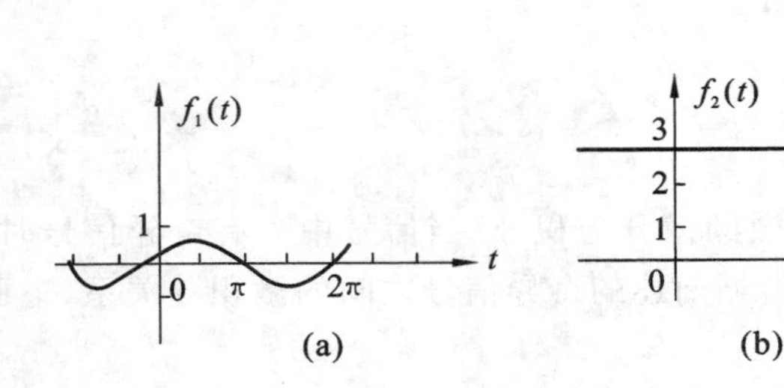

图 1.2.16　例 1.2.9 图

解

$$f_2(t)=\frac{\mathrm{d}f_1(t)}{\mathrm{d}t}=\omega_1\cos(\omega_1 t)$$

由上述计算的结果看到，一个频率为 ω_1 的正弦信号，经过微分运算处理之后，是一个同频率的余弦信号，但是幅度增大为原来的 ω_1 倍。基于上述原理，噪声经过微分运算后，幅度会增大很多，所以在弱信号处理和系统模拟中，通常都不使用微分电路，而采用积分电路。

例 1.2.10　已知直流信号 $f_1(t)=1(t>0)$，求其积分信号 $f_2(t)=\int_0^t f_1(\tau)\mathrm{d}\tau$。

解　由已知，可得：

$$f_2(t)=\int_0^t f_1(\tau)\mathrm{d}\tau=\int_0^t \mathrm{d}t=\tau\Big|_0^t=t$$

其波形如图 1.2.17 所示。由波形图可知，直流信号经过积分运算之后，变成了一个随时间增加而线性增加的斜变信号。其实，$f_1(t)=1(t>0)$ 即为单位阶跃信号 $\varepsilon(t)$。因此有：

$$\int_{-\infty}^t \varepsilon(\tau)\mathrm{d}\tau=\left[\int_0^t \mathrm{d}\tau\right]\cdot\varepsilon(t)=t\varepsilon(t)$$

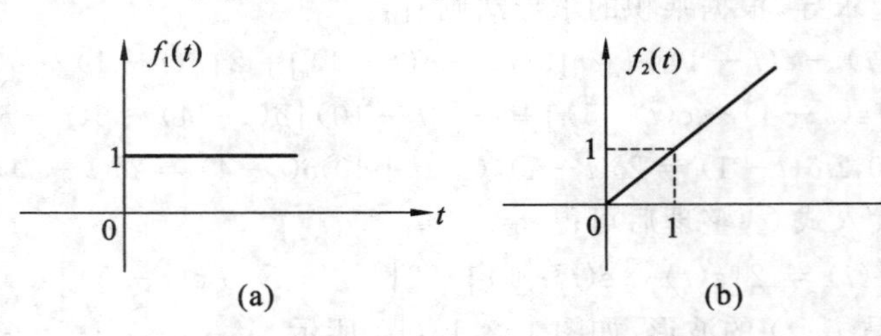

图 1.2.17　直流电平与其积分信号

1.3　系统的概念

“系统”是一个广泛使用的名词，在日常生活中经常遇到。系统的一般含义是指由若干相互联系、相互依赖的部件（或单元、元素等）按一定规则组合而成并能实现一定功能的整体。系统的种类很多、很广，有的很庞大，有的又很微小，如大到银河系，小到 RC 电路等都可以称为系统。

1.3.1　信息传输系统

信号是信息的载体，信号通过广播系统、电视系统、通信系统和计算机网络系统等得到处理和传输，从而实现了信息的传播与交流。上述系统可以统称为信息传输系统。它们的基本组成单元，都是由电阻、电容、电感、晶体管、集成电路等电路元件组成的各种子系统。

本课程主要研究由电路元件构成的电路系统。有时，将这些电路系统又称为网络，或直接简称为电路。因此，在本课程中，系统、网络、电路都具有相同的含义。如图1.3.1所示的就是一个最简单的电路系统，它由一个电阻 R 和一个电容 C 组成的，可称其为 RC 电路，也可称之为两端口网络。

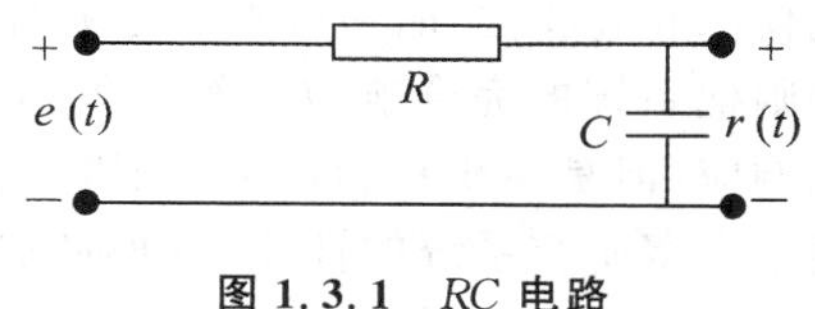

图1.3.1　RC 电路

信号和系统是互相依存的，信号离开了系统，无法得到处理和传输，系统离开了信号，也失去了存在的意义。

1.3.2　系统的分类

从不同的角度来考虑，系统的分类也不相同，下面介绍几个常用的分类。

1. 连续时间系统与离散时间系统

处理连续时间信号的系统称为连续时间系统，连续时间系统又称为模拟系统。“模拟电子技术”课程中所介绍的各类放大器、滤波器、振荡器等，都是模拟系统。

处理离散时间信号的系统称为离散时间系统。处理数字信号的系统称为数字系统，在实际工程中离散时间系统就是指的数字系统，计算机就是典型的数字系统。“数字电子技术”课程中所介绍的各种数字电路都是数字系统。

描述连续时间系统工作特性的数学模型是微分方程，而描述离散时间系统工作特性的数学模型是差分方程。

2. 因果系统与非因果系统

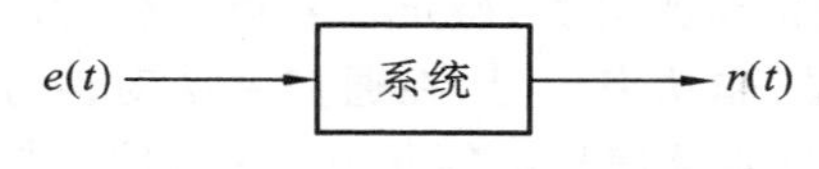

图1.3.2　系统的方框图表示

信号与系统的作用，可以简单地用如图1.3.2所示的方框图来表示。其中，$e(t)$ 是输入信号，又称为激励，也就是待传输和处理的信号；$r(t)$ 是输出信号，又称为响应。实际上，由 R、L、C 组成的物理系统，其响应 $r(t)$ 只能在其激励 $e(t)$ 加入系统的同时或之后产生，而不能产生于 $e(t)$ 加入之前，这一规律称为因果律。遵守因果律的系统称为因果系统，实际的物理系统是因果系统；违反因果律的系统称非因果系统，非因果系统在物理上是不可实现的，但具有理论研究意义。非因果系统将在第4章中讨论。

3. 线性系统与非线性系统

具有叠加性与均匀性（也称齐次性或比例性）的系统称为线性系统，不满足叠加性与均匀性的系统称为非线性系统。关于线性的数学描述以及线性系统的定义和举例将在第2章中介绍。

4. 非时变系统与时变系统

如果系统的参数不随时间变化，则称此系统为非时变系统（或称为时不变系统），否则就是时变系统。关于非时变系统的数学描述及举例也将在第2章中讨论。

本课程主要讨论线性时不变因果系统，包括连续时间系统和离散时间系统。

系统还可以进行其他的多种分类，如可将系统分为即时系统和动态系统，也可分为集中参数系统与分布参数系统，还可以分为可逆系统与不可逆系统等。关于这些系统的详细描述，有兴趣的读者可参阅相关图书或资料。

1.4　系统分析方法概述

系统分析是本课程的主要内容之一。所谓系统分析，就是已知激励信号、系统的结构和元件参数来求解系统响应的过程。系统分析方法有多种，总体来说可分为输入-输出分析法和状态变量分析法。输入-输出分析法又可分为时域法和变换域法。时域法又可分为经典法、现代法和卷积法。时域经典法把系统的完全响应分解为自由响应与强迫响应之和；时域现代法则把系统的完全响应分解为零输入响应与零状态响应之和；卷积法虽然只能用来求零状态响应，但是卷积和卷积定理把时域和变换域联系起来，可以使人们从时域和变换域两个方面来观察研究系统的性质。变换域法则又分为频域法和 s 域法，频域法是利用傅里叶变换来求零状态响应，s 域法则是利用拉普拉斯变换来求系统的响应，s 域法既可以求零输入响应又可求零状态响应，s 域法方便简单，故使用较多。状态变量分析法也可分为时域法和变换域法，因篇幅所限，本教材不讨论状态变量分析法，且系统的各状态变量可以用输入-输出分析法来求解。以上各种分析法的关系可以用图 1.4.1 来表示。

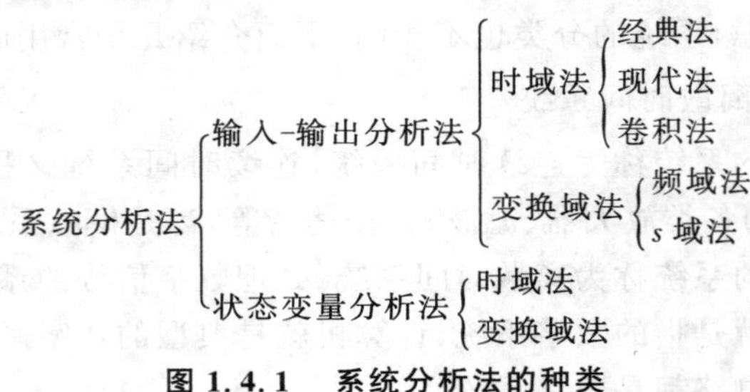

图 1.4.1　系统分析法的种类

对输入-输出分析法中的各种方法，特别是 s 域分析法，将在后续章节中进行详细论述。

*1.5　能量信号与功率信号

如果按信号所具有的能量来分类，确定信号可以分为能量信号、功率信号和非能量、非功率信号。在通信系统对信号进行处理的过程中，经常要涉及信号的能量和功率问题。如图 1.5.1 所示，电阻 R 两端的电压为 $v(t)$，流过的电流为 $i(t)$，则电阻 R 消耗的瞬时功率为：

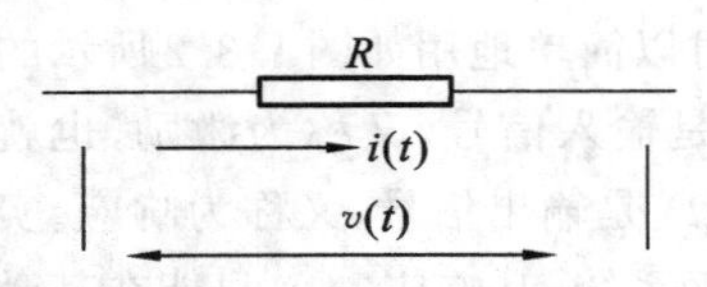

图 1.5.1　电阻 R 上消耗的功率

$$p(t)=v(t)\cdot i(t)=\frac{v^2(t)}{R}=Ri^2(t) \tag{1.5.1}$$

在一定的时间内，电阻 R 所消耗的能量为：

$$E=\int_{t_1}^{t_2}p(t)\mathrm{d}t=\int_{t_1}^{t_2}\frac{v^2(t)}{R}\mathrm{d}t=\int_{t_1}^{t_2}Ri^2(t)\mathrm{d}t \tag{1.5.2}$$

通常为了简单，令电阻 $R=1\ \Omega$，用 $f(t)$ 代替 $v(t)$，$i(t)$，则式(1.5.2) 可变为如下形式。

$$E=\int_{t_1}^{t_2}f^2(t)\mathrm{d}t \tag{1.5.3}$$

称式(1.5.3) 为信号 $f(t)$ 在区间上的能量。$f(t)$ 在区间上的平均功率为：

$$P=\frac{1}{t_2-t_1}\int_{t_1}^{t_2}f^2(t)\mathrm{d}t \tag{1.5.4}$$

信号 $f(t)$ 所具有的能量定义为：

$$E_\infty=\lim_{T\to+\infty}\int_{-T}^{T}f^2(t)\mathrm{d}t \tag{1.5.5}$$

信号 $f(t)$ 的平均功率定义为：

$$P_\infty=\lim_{T\to+\infty}\left[\frac{1}{2T}\int_{-T}^{T}f^2(t)\mathrm{d}t\right] \tag{1.5.6}$$

能量信号、功率信号是定义在区间$(-\infty,+\infty)$上的。根据信号所具有的能量和功率特征，可将信号分为以下三种类型。

(1) 信号的 E_∞ 为有限值，$P_\infty=0$，这类信号称为能量有限信号，简称为能量信号。

(2) 信号的$E_\infty=+\infty$，但P_∞为有限值，这类信号称为功率有限信号，简称为功率信号。

例如：各种单个脉冲信号都是能量信号，而周期信号则是功率信号。

(3) 如果信号的E_∞、P_∞都不是有限值，如$f(t)=t$，$f(t)=e^t$等，则称为非能量、非功率信号。

一个信号的能量和功率特性，可以根据式(1.5.5)、式(1.5.6)的数学计算结果来判定，下面举例说明。

例 1.5.1 计算下列信号的能量和平均功率，并根据计算结果，判定信号的能量或功率特性。

(1) $f(t)=\begin{cases}5\cos(8\pi t) & (t\geqslant 0)\\ 0 & (t<0)\end{cases}$；(2) $f(t)=20e^{-10|t|}\cos(\pi t)\quad(-\infty<t<\infty)$。

解 (1) 根据信号能量的计算式(1.5.5)计算如下。

$$E_\infty=\lim_{T\to+\infty}\int_{-T}^{T}f^2(t)dt=\int_{-\infty}^{+\infty}f(t)^2dt=\int_0^{+\infty}[5\cos(8\pi t)]^2dt=\int_0^{+\infty}25\cos^2(8\pi t)dt$$

由于上述积分不收敛，故$E_\infty=+\infty$，因而是非能量信号，再根据信号平均功率的计算式(1.5.6)计算如下。

$$\begin{aligned}P_\infty&=\lim_{T\to+\infty}\frac{1}{T}\int_{-\frac{T}{2}}^{\frac{T}{2}}f^2(t)dt=\lim_{T\to+\infty}\frac{1}{T}\int_0^{\frac{T}{2}}[5\cos(8\pi t)]^2dt\\&=\lim_{T\to+\infty}\frac{1}{T}\int_0^{\frac{T}{2}}25\cos^2(8\pi t)dt=\lim_{T\to+\infty}\frac{1}{T}\int_0^{\frac{T}{2}}25\left[\frac{1+\cos(16\pi t)}{2}\right]dt\\&=\lim_{T\to+\infty}\frac{1}{T}\int_0^{\frac{T}{2}}\frac{25}{2}dt+\lim_{T\to+\infty}\frac{1}{T}\int_0^{\frac{T}{2}}\frac{25}{2}\cos(16\pi t)dt\\&=\lim_{T\to+\infty}\left[\frac{1}{T}12.5t\Big|_0^{\frac{T}{2}}\right]+0\text{（第二项先求积分，再求极限，可判断其值为零）}\\&=\lim_{T\to+\infty}\frac{1}{T}\frac{12.5}{2}T=6.25\text{ W}\end{aligned}$$

根据上述计算结果可知，该信号为功率信号，其平均功率为6.25 W。

(2) 根据信号能量的计算式(1.5.5)来计算信号的能量如下。

$$\begin{aligned}E_\infty&=\lim_{T\to+\infty}\int_{-T}^{T}f(t)dt=\lim_{T\to\infty}\int_{-T}^{T}[20e^{-10|t|}\cos(\pi t)]^2dt\\&=\lim_{T\to\infty}2\int_0^T400e^{-20t}\cos^2(\pi t)dt\\&=\lim_{T\to\infty}\int_0^T400e^{-20t}[1+\cos(2\pi t)]dt\\&=\lim_{T\to\infty}\int_0^T400e^{-20t}dt+\lim_{T\to\infty}\int_0^T400e^{-20t}\cos(2\pi t)dt\end{aligned}\qquad ①$$

上式中第一项可变换为：$\lim\limits_{T\to\infty}(-20e^{-20t})\Big|_0^T=\lim\limits_{T\to\infty}(-20e^{-20T}+20)=20$

为了求出式①中第2项的结果，首先要证明，或查积分表，得到如下公式。

$$\int_0^\infty e^{-ax}\cos(bx)dx=\frac{a}{a^2+b^2}\qquad ②$$

根据式②，对比式①中的第二项，可知$a=20$，$b=2\pi$前面还有一个系数为400，于是式(1.5.7)中的第二项可变换为：

$$400\int_{0}^{\infty} e^{-20t}\cos(2\pi t)\mathrm{d}t = 400\,\frac{20}{(20)^2+(2\pi)^2} \approx 18.2$$

所以，$E_{\infty} = 20 + 18.2 = 38.2$ J，单位是焦耳，用 J 表示。当信号的能量 E_{∞} 为有限值时，根据式(1.5.6)可以判定其平均功率必定为零，故该信号为能量信号，且能量为 38.2 J。

通过实例计算，可以总结出判断信号能量、功率特征的规律如下。

(1) 脉冲信号都是能量信号，凡收敛函数代表的信号也是能量信号。

(2) 周期信号是功率信号。

(3) 如果函数是发散的，则该信号是非能量非功率信号。

习　题　1

1-1　给出信号的定义，在本课程中，为什么说"信号"是由"函数"来表示的？

1-2　画出电视广播系统的简单方框图，简要说明图像信号在此系统中产生、传输、还原的过程。

1-3　信号是如何分类的？信号的分类和函数的分类有何异同点？

1-4　试举例说明什么是确定信号，什么是随机信号？

1-5　试举例说明什么周期信号，什么是非周期信号？

1-6　信号的运算与函数的运算有何异同点？信号的变换有哪几种？分别举例说明。

1-7　信号的平移所代表的实际意义是什么？

1-8　信号的反褶所代表的实际意义是什么？

1-9　信号的倍乘所代表的实际意义是什么？

1-10　已知 $f(t)$ 的波形如题 1-10 图所示。试求：(1) 写出 $f(t)$ 的两种表达式；(2) 依次画出 $f(-t)$、$f(-2t)$、$f(-2t+2)$ 的波形。

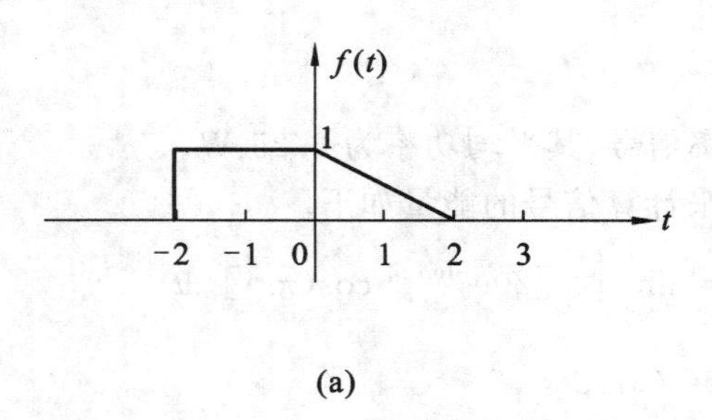

题 1-10 图

1-11　已知 $f(t)$ 的波形如题 1-11 图所示。试求：(1) 利用 $\varepsilon(t)$ 写出 $f(t)$ 的表达式；(2) 求 $f'(t)$、$f''(t)$ 的表达式并画出其波形。

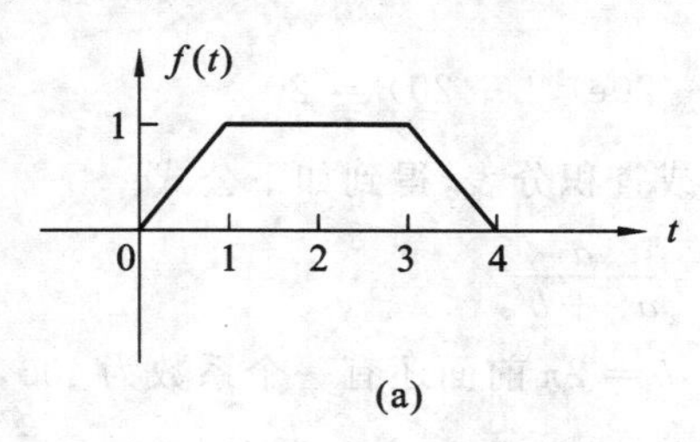

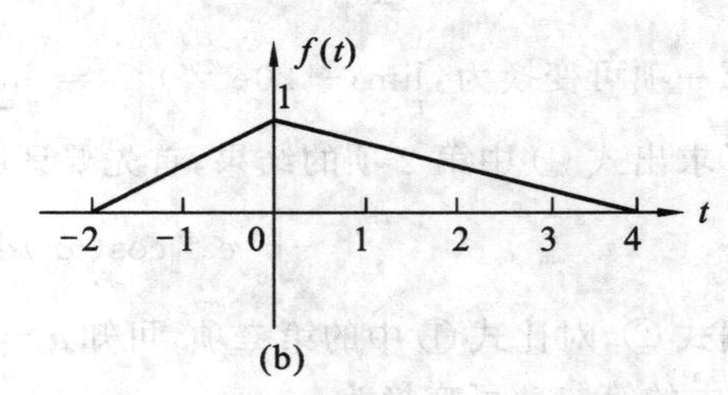

题 1-11 图

1-12　什么是奇异信号？给出两种常用奇异信号 $\delta(t)$ 和 $\varepsilon(t)$ 的定义，并分别说明定义这两种奇异信号的实际背景。

1-13　$\delta(t)$ 有哪些重要性质？分别叙述并证明之。

1-14　$\varepsilon(t)$ 有哪些重要应用？

1-15　$\delta(t)$ 和 $\varepsilon(t)$ 能否互相表示？如何相互表示？试证明之。

1-16　已知 $f(t)=\sin(t)\cdot[\varepsilon(t)-\varepsilon(t-2\pi)]$，画出 $f(t)$、$f'(t)$、$f''(t)$ 的波形。

1-17　已知 $f(t)=2t[\varepsilon(t)-\varepsilon(t-1)]+2[\varepsilon(t-1)-\varepsilon(t-4)]+(-2t+10)[\varepsilon(t-4)-\varepsilon(t-5)]$ 试画出 $f(t)$、$f'(t)$、$f''(t)$ 的波形。

1-18　已知 $f(t)$ 的波形分别如题1-18图(a)、(b)所示，试求：(1) 写出 $f(t)$ 的分段表达式；(2) 利用阶跃函数写出 $f(t)$ 的解析表达式；(3) 分别画出 $f(-t)$、$f(t-1)$、$f(2t)$、$f'(t)$、$f''(t)$ 的波形（不用写出解析过程）。

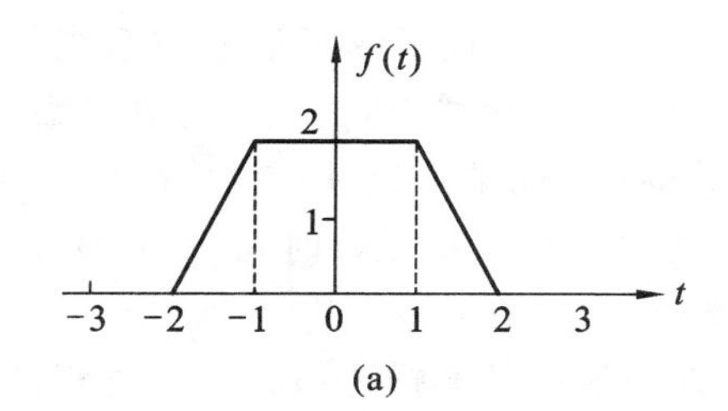

(a)

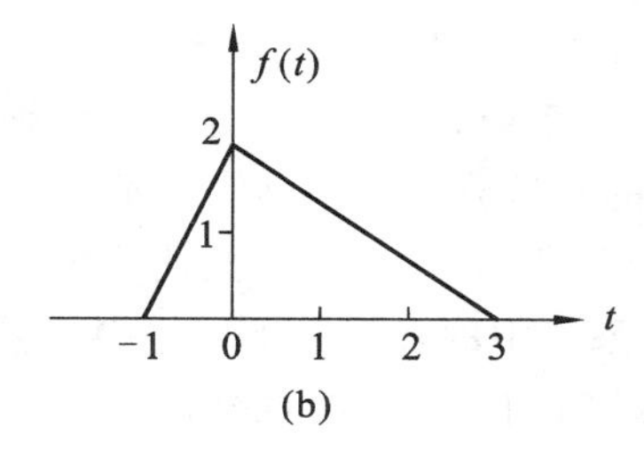

(b)

题 1-18 图

1-19　求下列积分。

(1) $\int_{-\infty}^{+\infty} f(t)\delta(t)\mathrm{d}t$；　(2) $\int_{-\infty}^{+\infty} f(t-t_0)\delta(t)\mathrm{d}t$；　(3) $\int_{-\infty}^{+\infty} f(t)\delta(t-t_0)\mathrm{d}t$；

(4) $\int_{-\infty}^{+\infty} \varepsilon\left(t-\frac{t_0}{2}\right)\delta(t-t_0)\mathrm{d}t$；　(5) $\int_{-\infty}^{+\infty} \varepsilon(t-1)\delta(t-2)\mathrm{d}t$；

(6) $\int_{-\infty}^{+\infty} (t+\sin t)\delta\left(t-\frac{\pi}{6}\right)\mathrm{d}t$；　(7) $\int_{-\infty}^{+\infty} (t+\cos t)\delta\left(t-\frac{\pi}{3}\right)\mathrm{d}t$

1-20　信号的时域分解有几种方法？试进行详细介绍。其中哪种方法应用最为广泛？

1-21　信号的微分有何实际意义？信号的积分有何实际意义？

1-22　系统的定义是怎样的？系统的分类有几种分法，详细地叙述每种分类方法中的各类系统的定义和性质。

1-23　在本课程中，为什么说系统、电路、网络具有相同的含义？

1-24　什么是系统分析？什么是系统综合？系统分析法是如何分类的？

1-25　信号的能量和功率分别是如何定义的？如果按信号所具有的能量来分类，确定信号可以分为哪几类？

1-26　判断下列信号是能量信号、功率信号，还是非能量、非功率信号？若其为能量信号，则求其能量，若其为功率信号，则求其平均功率。

(1) $f(t)=\sin(\omega t)$　　(2) $f(t)=103[\varepsilon(t+2)-\varepsilon(t-2)]$

(3) $f(t)=\mathrm{e}^{-t}$　　(4) $f(t)=\mathrm{e}^{-t}\varepsilon(t)$

第2章 连续时间系统的时域分析

本章主要内容 (1) 根据电路结构列系统方程,用微分算子表示微分方程,求传输算子 $H(p)$ 及系统函数 $H(s)$;(2) 用时域经典法求解;(3) 零输入响应和零状态响应;(4) 冲激响应和阶跃响应,用拉普拉斯逆变换求系统的冲激响应 $h(t)$;(5) 线性时不变连续时间系统的定义、性质与应用;(6) 用卷积求系统的零状态响应,卷积的一般定义式;(7) 有始信号的卷积计算,卷积的性质与常用卷积公式;(8) 卷积结果的两种表达式与图形表示。

2.1 引 言

在第1章中,介绍了信号和系统的有关基础知识,并且了解了信号与系统是互相依存的,信号离开了系统,无法得到处理和传输,系统离开了信号,也失去了存在的意义。所谓连续时间系统的时域分析就是已知激励信号 $e(t)$ 和系统的结构、元件参数,在时域内求响应信号 $r(t)$ 的过程。所谓时域,是指描述系统工作过程的数学模型是以时间 t 为自变量的。响应信号 $r(t)$ 是在系统中的多个输出信号中根据需要人为指定的。

对于连续时间系统的时域分析,最基本的方法就是求解描述系统工作过程的线性常系数常微分方程。对于线性常系数常微分方程的求解方法,在数学课程中有详细的论述。这种方法被称为时域经典法。它把微分方程的完全解 $r(t)$ 分解为齐次方程的通解 $r_h(t)$ 和非齐次方程的特解 $r_p(t)$ 之和。

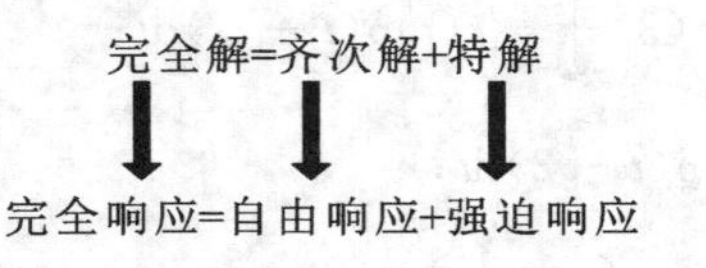

图 2.1.1 时域经典法的两套名词对应关系

在电类课程中常把完全解 $r(t)$ 称为完全响应,而把齐次方程的通解(又称齐次解)$r_h(t)$ 称为自由响应,把非齐次方程的特解 $r_p(t)$ 称为强迫响应。时域经典法的两套名词术语的对应关系如图2.1.1所示。

在电类课程中还把完全响应 $r(t)$ 分解为零输入响应 $r_{zi}(t)$ 和零状态响应 $r_{zs}(t)$ 之和。这种分解方法的物理概念更加清晰,称为时域现代法。重要的是,在研究线性时不变连续时间系统性质的过程中,发明了用卷积计算零状态响应 $r_{zs}(t)$ 的方法。深入研究的结果是:傅里叶变换的卷积定理把时域和变换域联系起来,使得对系统性质的研究更加全面和深入。

2.2 微分算子和传输算子

用时域法求解系统的完全响应时,先要根据系统的结构和参数,列出一组一阶的微分方程,然后用消元法得到描述系统工作过程的输入-输出方程。如果用微分算子来表示方程,则可以使得消元过程简单而规范,故本节先介绍微分算子及其运算规则。

2.2.1 定义

微分算子

$$p=\frac{\mathrm{d}}{\mathrm{d}t},\quad p^n=\frac{\mathrm{d}^n}{\mathrm{d}t^n} \tag{2.2.1}$$

积分算子

$$\frac{1}{p}=\int_{-\infty}^{t}(\quad)\mathrm{d}\tau \tag{2.2.2}$$

运用微分算子和积分算子后,微分方程的表示可以得到简化。例如,有如下微分、积分方程：

$$L\frac{\mathrm{d}i(t)}{\mathrm{d}t}+Ri(t)+\frac{1}{C}\int_{-\infty}^{t}i(\tau)\mathrm{d}\tau=e(t)$$

运用微分、积分算子后可写成：

$$Lpi(t)+Ri(t)+\frac{1}{Cp}i(t)=e(t)$$

提取公因式后，还可写成：

$$\left(Lp+R+\frac{1}{Cp}\right)i(t)=e(t)$$

又如，有如下 n 阶常系数线性微分方程：

$$\begin{aligned}&\frac{\mathrm{d}^n r(t)}{\mathrm{d}t^n}+a_{n-1}\frac{\mathrm{d}^{n-1}r(t)}{\mathrm{d}t^{n-1}}+\cdots+a_1\frac{\mathrm{d}r(t)}{\mathrm{d}t}+a_0r(t)\\&=b_m\frac{\mathrm{d}^m e(t)}{\mathrm{d}t^m}+b_{m-1}\frac{\mathrm{d}^{m-1}e(t)}{\mathrm{d}t^{m-1}}+\cdots+b_1\frac{\mathrm{d}e(t)}{\mathrm{d}t}+b_0e(t)\end{aligned}\tag{2.2.3}$$

运用微分算子后再提公因式可直接写成：

$$\begin{aligned}&(p^n+a_{n-1}p^{n-1}+\cdots+a_1p+a_0)r(t)\\&=(b_mp^m+b_{m-1}p^{n-1}+\cdots+b_1p+b_0)e(t)\end{aligned}\tag{2.2.4}$$

2.2.2 运算规则

微分算子 p 是一种规定的运算符号，必须遵循一定的运算规则，否则就会引起错误。微分算子的运算规则如下。

(1) $px=py$ 中，等号两边的 p 不能消去。因为 $px=py$，代表$\frac{\mathrm{d}x}{\mathrm{d}t}=\frac{\mathrm{d}y}{\mathrm{d}t}$，两边积分后，可得 $x=y+c$ 而不是 $x=y$，所以 p 不能随便消去。

(2) 因为微分、积分的顺序与运算结果密切相关，所以分子与分母中的算子 p 不能随便相消。例如：

$$\frac{1}{p}px=\int_{-\infty}^{t}[\frac{\mathrm{d}x}{\mathrm{d}t}]\mathrm{d}t=\int_{-\infty}^{t}\mathrm{d}x=x(t)-x(-\infty)\neq x(t)$$

这里是先微分后积分，分子与分母中的算子 p 不能相消。但是，如果是先积分后微分，分子与分母中的算子 p 就可以相消。如：

$$p\frac{1}{p}x=\frac{\mathrm{d}}{\mathrm{d}t}[\int_{-\infty}^{t}x(\tau)\mathrm{d}\tau]=x$$

(3) 由微分算子 p 所组成的多项式可以像代数式那样相乘或因式分解。例如：

$$(p+a)(p+b)=p^2+(a+b)p+ab$$

即表示

$$(p+a)(p+b)x(t)=[p^2+(a+b)p+ab]x(t)$$

现证明如下。

左边 $=(p+a)(p+b)x(t)=p^2x(t)+apx(t)+bpx(t)+abx(t)$

$=x^{(2)}(t)+(a+b)x^{(1)}(t)+abx(t)$

而右边 $=[p^2+(a+b)p+ab]x(t)=p^2x(t)+(a+b)x(t)+abx(t)$

$=x^{(2)}(t)+(a+b)x^{(1)}(t)+abx(t)$

所以，左边 = 右边，故结论正确。

2.2.3 传输算子

描述电路系统工作特性的数学模型一般是一个 n 阶的常系数线性常微分方程，这个方程的右边是系统的激励信号 $e(t)$ 及其各阶导数，左边则是响应信号 $r(t)$ 及其各阶导数。其表达式如式(2.2.3) 所示，一般为：

$$\frac{\mathrm{d}^n r(t)}{\mathrm{d}t^n}+a_{n-1}\frac{\mathrm{d}^{n-1} r(t)}{\mathrm{d}t^{n-1}}+\cdots+a_1\frac{dr(t)}{\mathrm{d}t}+a_0 r(t)$$
$$=b_m\frac{\mathrm{d}^m e(t)}{\mathrm{d}t^m}+b_{m-1}\frac{\mathrm{d}^{m-1} e(t)}{\mathrm{d}t^{m-1}}+\cdots+b_1\frac{de(t)}{\mathrm{d}t}+b_0 e(t)$$

用微分算子表示，提取公因式后这个方程可以写成如式(2.2.4) 所示。

$$(p^n+a_{n-1}p^{n-1}+\cdots+a_1 p+a_0)r(t)$$
$$=(b_m p^m+b_{m-1}p^{n-1}+\cdots+b_1 p+b_0)e(t)$$

将此式两边 p 的多项式分别记为 $D(p)$ 和 $N(p)$，则有

$$D(p)r(t)=N(p)e(t)$$

进一步写成：

$$r(t)=\frac{N(p)}{D(p)}e(t)=\frac{b_m p^m+b_{m-1}p^{m-1}+\cdots+b_1 p+b_0}{p^n+a_{n-1}p^{n-1}+\cdots+a_1 p+a_0}e(t)$$

于是，定义：

$$H(p)=\frac{N(p)}{D(p)}=\frac{b_m p^m+b_{m-1}p^{m-1}+\cdots+b_1 p+b_0}{p^n+a_{n-1}p^{n-1}+\cdots+a_1 p+a_0}\tag{2.2.5}$$

为传输算子，也称为传输算子。有了传输算子 $H(p)$，响应信号和激励信号之间的关系便可简单地表示为：

$$r(t)=H(p)e(t)\tag{2.2.6}$$

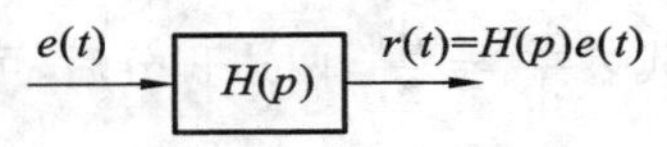

图 2.2.1　传输算子的作用

以后会看到传输算子在系统分析中有着重要的作用。传输算子完全由系统的结构和参数决定，它反映了系统的性质。传输算子如何把系统的激励信号 $e(t)$ 转变为响应信号 $r(t)$，可用图 2.2.1 来表示。传输算子也可称为时域系统函数。

2.3　初始条件、0_- 和 0_+ 的区别

用经典法求解二阶微分方程时(这里以二阶为例，其原理适用于各阶)，为了求出齐次解中的两个待定系数，需要知道两个初始条件 $r(0_+)$ 和 $r'(0_+)$。系统的激励信号 $e(t)$ 是在 $t=0$ 时加入的，为了便于描述系统在激励加入前后的状态变化，把时间轴上的 0 点分为三部分，即 0_-，0 和 0_+。当 $t<0$ 而趋于 0 时为 0_-，当 $t>0$ 而趋于 0 时为 0_+。0_- 和 0_+ 之间为 0。$t=0_-$ 时，刚要加入激励，而还没有加入；$t=0$ 时激励正在加入；$t=0_+$ 时激励已经加入。这个过程和下面的阶跃信号的定义是类似的。

$$\varepsilon(t)=\begin{cases}1 & (t>0)\\ 0 & (t<0)\end{cases}$$

这个定义式表示，$\varepsilon(0_-)=0$，$\varepsilon(0_+)=1$，$\varepsilon(0)$ 的值在 0 和 1 之间而不确定。同样的，在 $t=0_-$ 时，系统处于激励加入之前的状态，$t=0_+$ 时系统则处于激励加入之后的状态。而 $t=0$ 时系统的状态正处于变化中。

因为是以 $r(0_+)$ 和 $r'(0_+)$ 作为 2 个初始条件来确定齐次解中的两个待定系数，所以微分方程的完全解 $r(t)$ 在 $0_+\leqslant t<+\infty$ 时间范围内成立。但在实际的电路系统中，容易获得的是 $u_C(0_-)$、$i_L(0_-)$ 这些电路的起始状态，因此必须把 $u_C(0_-)$、$i_L(0_-)$ 转换为 $r(0_+)$ 和 $r'(0_+)$。其过程是利用如下两条规律。

(1) 在没有冲激电流或阶跃电压的作用时，电容两端电压会保持连续性而不会发生跳

变，即：

$$u_C(0_-) = u_C(0_+) \tag{2.3.1}$$

(2) 在没有冲激电压或阶跃电流的作用时，电感中的电流会保持连续性而不会发生跳变，即：

$$i_L(0_-) = i_L(0_+) \tag{2.3.2}$$

先将 $u_C(0_-)$ 转换成 $u_C(0_+)$，将 $i_L(0_-)$ 转换成 $i_L(0_+)$，然后再把 $u_C(0_+)$，$i_L(0_+)$ 转换成 $r(0_+)$ 和 $r'(0_+)$，这个过程是一件较困难的工作。由此看出电路系统在 0_- 时刻的起始状态和 0_+ 时刻的初始条件是不同的。

*2.4 时域经典法

2.4.1 时域经典法实例

下面通过一个例题来介绍时域经典法的解题步骤。

例 2.4.1 电路及元件参数如图 2.4.1 所示。当 $t<0$ 时，开关 K 处于位置 1 且电路已经达到稳态；当 $t=0$ 时，K 由位置 1 转向位置 2，求 $t\geqslant 0_+$ 时图中电流 $i(t)$ 的完全响应。

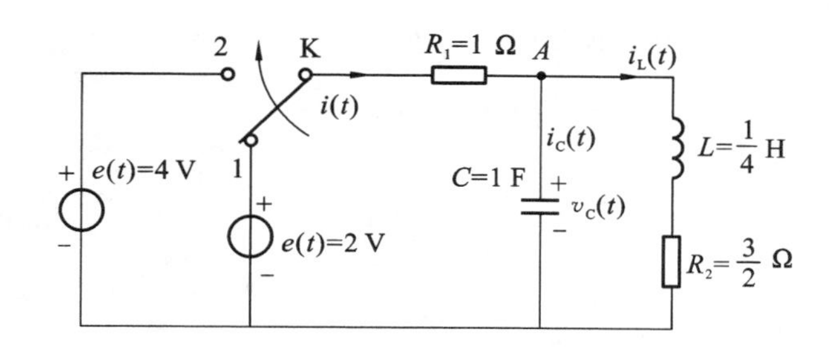

图 2.4.1 例 2.4.1 的电路

解 (1) 求 0_- 时电路的起始状态。

当 $t\leqslant 0_-$ 时，电路已经达到稳态。此时，有：

$$i(0_-) = i_L(0_-) = \frac{2}{1+1.5}\ \text{A} = 0.8\ \text{A}$$

$$v_C(0_-) = R_2 \cdot i_L(0_-) = 1.5\times 0.8\ \text{V} = 1.2\ \text{V}$$

(2) 列系统的一阶微分方程组。

画出 $t\geqslant 0_+$ 时的电路图如图 2.4.2 所示。根据电路图和电路定律，列写描述电路工作过程的数学方程。根据图 2.4.2，对回路 Ⅰ、Ⅱ 分别列出如下的回路方程。

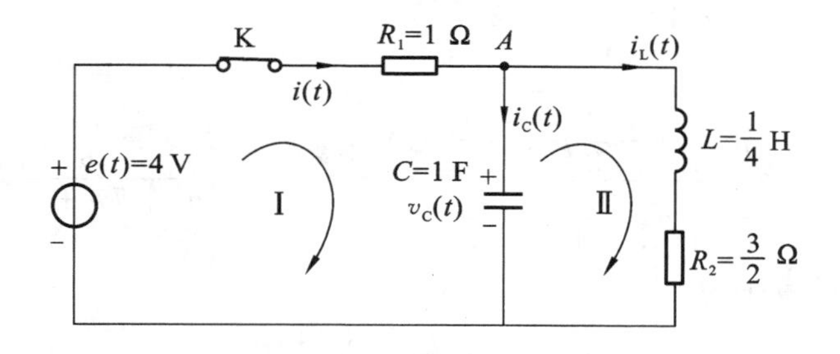

图 2.4.2 开关转向位置 2 后的电路图

$$R_1 i(t) + v_C(t) = e(t) \quad ①$$

$$v_C(t) = L\frac{di_L(t)}{dt} + R_2 i_L(t) \quad ②$$

对节点 A，列出如下的节点方程。

$$i(t) = C\frac{dv_C(t)}{dt} + i_L(t) \quad ③$$

(3) 由一阶方程组求输入-输出方程。这一步求解可以采用多种方法，微分算子法为其中一种。

运用微分算子 p 表示上述方程，并按照 $i(t)$、$v_C(t)$、$i_L(t)$ 的顺序排列：

$$\begin{cases} R_1 i(t) + v_C(t) + 0 = e(t) & ④ \\ 0 + v_C(t) - (Lp + R_2) i_L(t) = 0 & ⑤ \\ i(t) - CPv_C(t) - i_L(t) = 0 & ⑥ \end{cases}$$

代入元件参数后，得：

$$\begin{cases} i(t) + v_C(t) + 0i_L(t) = e(t) & ⑦ \\ 0 + v_C(t) - \left(\frac{1}{4}p + \frac{3}{2}\right) i_L(t) = 0 & ⑧ \\ i(t) - Pv_C(t) - i_L(t) = 0 & ⑨ \end{cases}$$

用行列式法求出 $i(t)$ 为：

$$i(t) = \frac{\Delta_1}{\Delta} \quad ⑩$$

上式中，有

$$\Delta = \begin{vmatrix} 1 & 1 & 0 \\ 0 & 1 & -\left(\frac{1}{4}p + \frac{3}{2}\right) \\ 1 & -p & -1 \end{vmatrix} = -1 - \left(\frac{1}{4}p + \frac{3}{2}\right) - p\left(\frac{1}{4}p + \frac{3}{2}\right)$$

$$= -1 - \frac{1}{4}p - \frac{3}{2} - \frac{1}{4}p^2 - \frac{3}{2}p = -\frac{1}{4}p^2 - \frac{7}{4}p - \frac{5}{2}$$

$$\Delta_1 = \begin{vmatrix} e(t) & 1 & 0 \\ 0 & 1 & -\left(\frac{1}{4}p + \frac{3}{2}\right) \\ 0 & -p & -1 \end{vmatrix} = -e(t) - p\left(\frac{1}{4}p + \frac{3}{2}\right)e(t)$$

$$= -e(t) - \frac{1}{4}p^2 e(t) - \frac{3}{2}pe(t)$$

所以，可得出：

$$i(t) = \frac{-\frac{1}{4}p^2 e(t) - \frac{3}{2}pe(t) - e(t)}{-\frac{1}{4}p^2 - \frac{7}{4}p - \frac{5}{2}} \xlongequal{\text{同乘}(-4)} \frac{p^2 + 6p + 4}{p^2 + 7p + 10} \cdot e(t)$$

于是系统的传输算子为：

$$H(p) = \frac{p^2 + 6p + 4}{p^2 + 7p + 10} \quad ⑪$$

由式 ⑪ 可得

$$(p^2+7p+10)i(t)=(p^2+6p+4)e(t) \tag*{⑫}$$

根据微分算子 p 的定义展开式 ⑫，得：

$$i''(t)+7i'(t)+10i(t)=e''(t)+6e'(t)+4e(t) \tag*{⑬}$$

式 ⑬ 就是使用时域输入-输出法求得的描述系统工作过程的微分方程，这是一个二阶常系数线性常微分方程。

(4) 根据数学知识求解这个微分方程。因为方程的完全解 $i(t)$ 由齐次方程的通解 $i_{\mathrm{h}}(t)$ 和非齐次方程的特解 $i_{\mathrm{p}}(t)$ 构成，即：

$$i(t)=i_{\mathrm{h}}(t)+i_{\mathrm{p}}(t) \tag*{⑭}$$

所以，先求齐次方程的通解，再求非齐次方程的特解，然后根据初始条件求齐次方程的通解中的待定系数，最后根据式 ⑭ 得到完全解。

① 求齐次方程的通解。

根据式 ⑬，微分方程的特征方程为：$\lambda^2+7\lambda+10=0$。

解之，求出特征根为 $\lambda_1-2,\lambda_2=-5$。

故求得微分方程的齐次解为：

$$i_{\mathrm{h}}(t)=c_1\mathrm{e}^{-2t}+c_2\mathrm{e}^{-5t}\,(t\geqslant 0_+) \tag*{⑮}$$

② 求非齐次方程的特解。

对于特解 $i_{\mathrm{p}}(t)$ 应满足式 ⑬ 所示的非齐次方程：

$$i''(t)+7i'(t)+10i(t)=e''(t)+6e'(t)+4e(t)$$

因激励函数 $e(t)=4\varepsilon(t)$，故设特解 $i_{\mathrm{p}}(t)=B\varepsilon(t)$，$B$ 为待定系数，将二者都代入式 ⑬ 得：

$$B\delta'(t)+7B\delta(t)+10B\varepsilon(t)=4\delta'(t)+24\delta(t)+16\varepsilon(t)$$

当上式中 $t\geqslant 0_+$ 时，因为 $\delta'(t)=0,\delta(t)=0$ 则有：

$$10B\varepsilon(t)=16\varepsilon(t)$$

解之 $B=8/5$，即特解 $i_{\mathrm{p}}(t)=(8/5)\varepsilon(t)$。

(5) 求齐次方程通解中的待定系数 c_1,c_2。

微分方程的完全解为：

$$i(t)=i_{\mathrm{h}}(t)+i_{\mathrm{p}}(t)=c_1\mathrm{e}^{-2t}+c_2\mathrm{e}^{-5t}+1.6 \tag*{⑯}$$

对上式两边求导得：

$$i'(t)=-2c_1\mathrm{e}^{-2t}-5c_2\mathrm{e}^{-5t} \tag*{⑰}$$

现在要利用上两式来求出待定系数 c_1,c_2 的值，必须先找到开关由位置 1 转向位置 2 以后，即换路后的 $i(0_+)$ 和 $i'(0_+)$ 的值。而前面已求出换路前的值 $i(0_-)=0.8\ \mathrm{A}$，$v_{\mathrm{C}}(0_-)=1.2\ \mathrm{V}$。下面将换路前的值 $i(0_-)=i_{\mathrm{L}}(0_-)=0.8\ \mathrm{A}$，$v_{\mathrm{C}}(0_-)=1.2\ \mathrm{V}$，转换为换路后 $i(0_+)$ 和 $i'(0_+)$ 的值。在题设条件下，电容两端的电压和电感中的电流不会发生突变，所以有：

$$i(0_+)=i_{\mathrm{L}}(0_+)=i_{\mathrm{L}}(0_-)=0.8\ \mathrm{A},\quad v_{\mathrm{C}}(0_+)=v_{\mathrm{C}}(0_-)=1.2\ \mathrm{V}$$

由图 2.4.2 可知：

$$i(t)=[e(t)-v_{\mathrm{C}}(t)]/R_1 \tag*{⑱}$$

令 $t=0_+$，得：

$$i(0_+)=[e(0_+)-v_{\mathrm{C}}(0_+)]/R_1=(4-1.2)/1=2.8\ \mathrm{A} \tag*{⑲}$$

对式 ⑱ 两边求导得　　$i'(t)=[e'(t)-v'_{\mathrm{C}}(t)]/R_1$

在上式中，令 $t=0_+$，得：

$$i'(0_+)=[e'(0_+)-v'_{\mathrm{C}}(0_+)]/R_1 \tag*{⑳}$$

对于电容来说，有 $v_{\mathrm{C}}(t)=q_{\mathrm{C}}(t)/C$，求导后得：

$$v'_C(t) = q'_C(t)/C = i_C(t)/C = [i(t) - i_L(t)]/C \qquad ㉑$$

上式中，令 $t = 0_+$，得：$v'_C(0_+) = [i(0_+) - i_L(0_+)]/C = (2.8 - 0.8)/1 = 2$

又由于 $e'(0_+) = 0$，将这两个数据代入式 ⑳ 得到：

$$i'(0_+) = [e'(0_+) - v'_C(0_+)]/R_1 = (0-2)/1 = -2\ \mathrm{A} \qquad ㉒$$

对式 ⑯ 有：　　$i(t) = i_h(t) + i_p(t) = c_1 e^{-2t} + c_2 e^{-5t} + 1.6$

令 $t = 0_+$，又根据式 ⑲ 之值，可得：

$$i(0_+) = c_1 + c_2 + 1.6 = 2.8 \qquad ㉓$$

对式 ⑰ 有：　　$i'(t) = -2c_1 e^{-2t} - 5c_2 e^{-5t}$

令 $t = 0_+$，又根据式 ㉒ 之值，可得：

$$i'(0_+) = -2c_1 - 5c_2 = -2 \qquad ㉔$$

联立式 ㉓ 和式 ㉔ 得：　　$c_1 = 4/3, c_2 = -2/15$

(6) 将所得 $c_1 = 4/3, c_2 = -2/15$ 代回式 ⑯，得微分方程的完全解，即电流 $i(t)$ 的完全响应为：

$$i(t) = i_h(t) + i_p(t) = \frac{4}{3}e^{-2t} - \frac{2}{15}e^{-5t} + \frac{8}{5}(t \geqslant 0_+) \qquad ㉕$$

解毕。

2.4.2　对 n 阶系统用时域经典法求解过程和结果的描述

上一节通过一个二阶系统的实例说明了时域经典法求解实际问题的主要步骤，这一节给出对 n 阶系统的时域经典法求解过程和结果的描述。

设对于一个 n 阶的线性时不变连续时间系统，已求得描述其工作特性的微分方程如式(2.4.1)所示：

$$\begin{aligned}&\frac{d^n r(t)}{dt^n} + a_{n-1}\frac{d^{n-1} r(t)}{dt^{n-1}} + \cdots + a_1\frac{dr(t)}{dt} + a_0 r(t)\\&= b_m\frac{d^m e(t)}{dt^m} + b_{m-1}\frac{d^{m-1} e(t)}{dt^{m-1}} + \cdots + b_1\frac{de(t)}{dt} + b_0 e(t)\end{aligned} \qquad (2.4.1)$$

根据时域经典法，求解系统方程式(2.4.1)的步骤是：先求对应的齐次方程的齐次解(自由响应)，再求特解(强迫响应)，最后根据 n 个初始条件 $r^{(k)}(0_+)(k = 0,1,2,\cdots,n-1)$，确定齐次解中的 n 个待定系数。系统方程式(2.4.1)对应的齐次方程是：

$$\frac{d^n r(t)}{dt^n} + a_{n+1}\frac{d^{n-1} r(t)}{dt^{n-1}} + \cdots + a_1\frac{dr(t)}{dt} + a_0 r(t) = 0 \qquad (2.4.2)$$

为了求得上述齐次方程的通解，可令 $r(t) = e^{\alpha t}$，代入上式尝试，得：

$$\alpha^n e^{\alpha t} + a_{n-1}\alpha^{n-1} e^{\alpha t} + \cdots + a_1 \alpha e^{\alpha t} + a_0 e^{\alpha t} = 0$$

从上式中消去 $e^{\alpha t}$ 得到：

$$\alpha^n + a_{n-1}\alpha^{n-1} + \cdots + a_1\alpha + a_0 = 0 \qquad (2.4.3)$$

式(2.4.3)称为系统方程的特征方程，它的根就是系统方程的特征根。特征根又称为系统的特征频率或自由频率。因为它完全取决于系统自身的结构和参数，而与外界的激励无关。

设式(2.4.3)有 n 个单根 $\alpha_i(i = 1,2,3,\cdots,n)$，根据线性方程的理论，则其齐次解为：

$$r_h(t) = \left[\sum_{i=1}^{n} c_i e^{\alpha_i t}\right]\varepsilon(t) \qquad (2.4.4)$$

式(2.4.4)中$c_i(i=1,2,\cdots,n)$为n个待定系数。求出齐次解后，下一步就是求系统方程式(2.4.1)的特解$r_p(t)$(强迫响应)，用经典法求特解时需要根据激励信号的函数形式来确定特解的函数形式，在电路系统中常用的激励函数形式与特解的函数形式对应关系如表2.4.1所示。求特解的过程，只有通过具体的实例来说明，如上一节例2.4.1所示。在求出特解后，就得到完全解(完全响应)的表达式如下。

$$\begin{aligned} r(t) &= r_h(t) + r_p(t) \\ &= \Big[\sum_{i=1}^{n} c_i e^{\alpha_i t}\Big]\varepsilon(t) + r_p(t) \end{aligned} \tag{2.4.5}$$

在求出式(2.4.5)后，就要根据n个初始条件来求n个待定系数c_i。然而在实际问题中，便于获得的是系统在0_-时刻的起始储能，要把起始储能转换成n个初始条件，往往比较困难和烦琐，如例2.4.1所示。第5章介绍的s域分析法则简单而规范，因此常被采用。

表2.4.1　与几种常用激励函数对应的特解

激励函数 $e(t)$	响应函数的特解 $r_p(t)$
E(常数)	B(常数)
t^n	$B_1t^n+B_2t^{n-1}+\cdots+B_nt+B_{n+1}$
e^{at}	Be^{at}
$\cos\omega t$	$B_1\cos\omega t+B_2\sin\omega t$
$\sin\omega t$	同上
$t^n e^{at}\cos\omega t$	$(B_1t^n+B_2t^{n-1}+\cdots+B_nt+B_{n+1})e^{at}\cos\omega t+(B_1t^n+B_2t^{n-1}+\cdots+B_nt+B_{n+1})e^{at}\sin\omega t$
$t^n e^{at}\sin\omega t$	同上

注意：若式(2.4.3)有重根时，则与重根对应的齐次解的形式有所修正。例如，若$\alpha_2=\alpha_3$是二重根时，则其对应的齐次解的形式为$(c_2+c_3t)e^{\alpha_2 t}$；若$\alpha_2=\alpha_3=\alpha_4$是三重根时，则其对应的齐次解的形式为$(c_2+c_3t+c_4t^2)e^{\alpha_2 t}$，其余类推。

小结：现将用时域经典法分析连续时间系统的步骤小结如下。

(1) 根据电路图和电路定律列写一阶微分方程组。

(2) 用微分算子表示一阶微分方程组(在简单的情况下可不用微分算子)，用消元法获得一个只含有激励信号和响应信号的高阶微分方程。

(3) 求微分方程的齐次解。

(4) 求特解。

(5) 确定齐次解中的待定系数。

(6) 写出微分方程的完全解。

第(5)步可能遇到很大的困难。而用s域分析法则可以避免，s域分析法将在第5章中介绍。对时域经典法只需作一定的了解即可，重点是要掌握s域分析法。

2.5 零输入响应和零状态响应

2.5.1 定义

在电路理论课程中已建立了零输入响应和零状态响应的概念，在本节将作进一步的讨论。在上节看到，时域经典法将系统的完全响应分解为自由响应和强迫响应之和。除此之外，系统的完全响应还可以分解为零输入响应和零状态响应之和。在电路系统的分析中常采用这种分解方法，因为其更符合电路系统的实际情况。

● 零输入响应的定义：假定激励信号为零，而由系统的起始状态所产生的响应，称为零输入响应，通常用 $r_{zi}(t)$ 表示。

● 零状态响应的定义：假定系统的起始状态为零，而由激励信号所产生的响应，称为零状态响应，通常用 $r_{zs}(t)$ 表示。

2.5.2 用经典法求 $r_{zi}(t)$ 和 $r_{zs}(t)$

虽然系统的完全响应可以分解为零输入响应和零状态响应之和，并且在电路系统的分析中常采用这种分解方法，但是求解零输入响应和零状态响应仍然是以经典法为基础。在经典法的基础上，人们还研究出卷积法、变换域法等，将在后续章节介绍。

例 2.5.1 电路及元件参数如图 2.5.1 所示。当 $t<0$ 时，开关 K 处于位置 1 且电路已经达到稳态；当 $t=0$ 时，K 由位置 1 转向位置 2。求 $t\geqslant 0_+$ 时，图中电流 $i(t)$ 的零输入响应、零状态响应和完全响应。

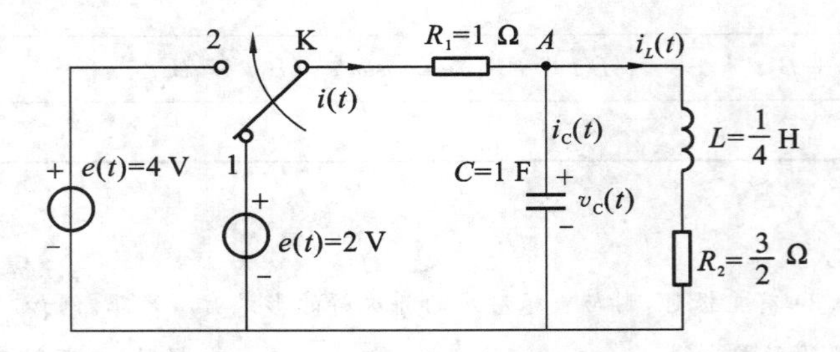

图 2.5.1 例 2.5.1 的电路

解 本例其实是例 2.4.1 加入了求解零输入响应、零状态响应。这样设置是为了便于对完全响应的两种分解方法进行比较，并找出它们之间的关系。

(1) 求零输入响应 $i_{zi}(t)$。

与例 2.4.1 相同，先列出描述系统工作过程的二阶微分方程如下。

$$i''(t)+7i'(t)+10i(t)=e''(t)+6e'(t)+4e(t) \quad ①$$

求零输入响应时，$e(t)=0$，$i(t)=i_{zi}(t)$，所以方程变为：

$$i''_{zi}(t)+7i'_{zi}(t)+10i_{zi}(t)=0 \quad ②$$

这是一个齐次方程，零输入响应 $i_{zi}(t)$ 应满足上式。这说明求零输入响应 $i_{zi}(t)$ 和求齐次解 $i_h(t)$ 的方法相同。

特征方程为： $\lambda^2+7\lambda+10=0$

求出特征根为： $\lambda_1=-2,\lambda_2=-5$

故零输入响应为：

$$i_{zi}(t)=c_1e^{-2t}+c_2e^{-5t}(t\geqslant 0_+) \quad ③$$

对上式求导得：

$$i'_{zi}(t) = -2c_1 e^{-2t} - 5c_2 e^{-5t} \quad ④$$

同样，现在要利用上两式来求得待定系数 c_1，c_2 的值，必须先找到开关由位置1转向位置2以后，即换路后 $i_{zi}(0_+)$ 和 $i'_{zi}(0_+)$ 的值。求零输入响应时，可以利用例2.4.1中求 $i(0_+)$ 和 $i'(0_+)$ 的过程，即从例2.4.1中式⑱到式㉒的求解过程，并注意到 $e(t)=0$，$e'(t)=0$，可求得 $i_{zi}(0_+)=-1.2$ A，$i'_{zi}(0_+)=2$ A，将此值代入式③和式④中，可得：

$$\begin{cases} c_1 + c_2 = -1.2 & ⑤ \\ -2c_1 - 5c_2 = 2 & ⑥ \end{cases}$$

由式⑤和式⑥，可解得：　　$c_1 = -4/3$，　$c_2 = 2/15$

代入式③后即得零输入响应：

$$i_{zi}(t) = -\frac{4}{3}e^{-2t} + \frac{2}{15}e^{-5t}\ (t \geq 0_+) \quad ⑦$$

比较：求齐次解的待定系数应等到求出特解之后，将初始条件代入完全解来获取，而求零输入响应的待定系数时可直接将初始条件代入零输入响应来获取。

(2) 求零状态响应 $i_{zs}(t)$。

求零状态响应 $i_{zs}(t)$ 时，$i_{zs}(t)$ 应满足式①：

$$i''(t) + 7i'(t) + 10i(t) = e''(t) + 6e'(t) + 4e(t)$$

把式①中的 $i(t)$ 换成 $i_{zs}(t)$ 即得：

$$i''_{zs}(t) + 7i'_{zs}(t) + 10i_{zs}(t) = e''(t) + 6e'(t) + 4e(t) \quad ⑧$$

与例2.4.1求完全响应 $i(t)$ 的方法和过程一样，先求零状态响应 $i_{zs}(t)$ 的齐次解 $i_{zsh}(t)$，再求其特解 $i_{zsp}(t)$，最后得零状态响应为：

$$i_{zs}(t) = i_{zsh}(t) + i_{zsp}(t) = c_1 e^{-2t} + c_2 e^{-5t} + 1.6 \quad ⑨$$

对上式求导，得：

$$i'_{zs}(t) = -2c_1 e^{-2t} - 5c_2 e^{-5t} \quad ⑩$$

下面还是用同样的方法来求待定系数 c_1，c_2。

由图2.5.1可知：

$$i_{zs}(t) = [e(t) - v_C(t)]/R_1 \quad ⑪$$

令 $t=0_+$，且考虑到 $v_C(0_+) = v_C(0_-) = 0$，得：

$$i_{zs}(0_+) = [e(0_+) - v_C(0_+)]/R_1 = (4-0)/1 = 4\ \text{A} \quad ⑫$$

对式⑪两边求导得：

$$i'_{zs}(t) = [e'(t) - v'_C(t)]/R_1 \quad ⑬$$

令 $t=0_+$，得：

$$i'_{zs}(0_+) = [e'(0_+) - v'_C(0_+)]/R_1 \quad ⑭$$

对于电容来说，有 $v_C(t) = q_C(t)/C$，求导后得：

$$v'_C(t) = q'_C(t)/C = i_C(t)/C = [i_{zs}(t) - i_L(t)]/C \quad ⑮$$

上式中，令 $t=0_+$，且考虑到 $i_L(0_+) = i_L(0_-) = 0$，得：

$$v'_C(0_+) = [i_{zs}(0_+) - i_L(0_+)]/C = (4-0)/1 = 4\ \text{V}$$

又由于 $e'(0_+)=0$，将这两个数据代入式⑭得到：

$$i'_{zs}(0_+) = [e'(0_+) - v'_C(0_+)]/R_1 = (0-4)/1 = -4\ \text{A} \quad ⑯$$

令式⑨和式⑩中的 $t=0_+$，再将所求得的 $i_{zs}(0_+)=4\ \mathrm{A}$，$i'_{zs}(0_+)=-4\ \mathrm{A}$ 分别代入后，可得到一个关于 c_1,c_2 的二元一次方程组：

$$\begin{cases}c_1+c_2+8/5=4 & ⑰\\ -2c_1-5c_2=-4 & ⑱\end{cases}$$

解得：

$$c_1=8/3,\quad c_2=-4/15$$

将 c_1,c_2 的值代入式⑨即得零状态响应：

$$i_{zs}(t)=\frac{8}{3}e^{-2t}-\frac{4}{15}e^{-5t}+\frac{8}{5} \qquad ⑲$$

比较：用经典法求零状态响应的过程与求完全解的过程一样，先求齐次解，再求特解，然后确定齐次解中的待定系数。只是确定齐次解中的待定系数所用的初始条件不同。注意到这里虽是求零状态响应，但得到的初始条件并不是零，而是 $i_{zs}(0_+)=4\ \mathrm{A}$，$i'_{zs}(0_+)=-4\ \mathrm{A}$，这说明系统的状态在 $t=0$ 的时刻发生了跳变，跳变的原因是在 $t=0$ 时，激励的加入。

(3) 求完全响应。

$$\begin{aligned}i(t)&=i_{zi}(t)+i_{zs}(t)\\&=-\frac{4}{3}e^{-2t}+\frac{2}{15}e^{-5t}+\frac{8}{3}e^{-2t}-\frac{4}{15}e^{-5t}+\frac{8}{5}\\&=\frac{4}{3}e^{-2t}-\frac{2}{15}e^{-5t}+\frac{8}{5}(t\geqslant 0)\end{aligned} \qquad ⑳$$

解毕。

2.5.3 对比和小结

例2.5.1和例2.4.1实际上是同一个问题的求解，即在已知激励信号和系统起始储能的条件下，求系统中某一电量 $i(t)$ 的完全响应。

例2.4.1用时域经典法求解完全响应时，其表达式如下。

$$\begin{aligned}i(t)&=i_h(t)+i_p(t)\\&=\frac{4}{3}e^{-2t}-\frac{2}{15}e^{-5t}+\frac{8}{5}(t\geqslant 0_+)\end{aligned}$$

其中，$i_h(t)=\frac{4}{3}e^{-2t}-\frac{2}{15}e^{-5t}$ 为自由响应；$i_p(t)=\frac{8}{5}$ 为强迫响应。

时域经典法把完全响应分解为自由响应与强迫响应之和。

例2.5.1用时域现代法求解完全响应时，其表达式如下。

$$\begin{aligned}i(t)&=i_{zi}(t)+i_{zs}(t)\\&=-\frac{4}{3}e^{-2t}+\frac{2}{15}e^{-5t}+\frac{8}{3}e^{-2t}-\frac{4}{15}e^{-5t}+\frac{8}{5}\\&=\frac{4}{3}e^{-2t}-\frac{2}{15}e^{-5t}+\frac{8}{5}(t\geqslant 0_+)\end{aligned}$$

其中，$i_{zi}(t)=-\frac{4}{3}e^{-2t}+\frac{2}{15}e^{-5t}$ 为零输入响应；$i_{zs}(t)=\frac{8}{3}e^{-2t}-\frac{4}{15}e^{-5t}+\frac{8}{5}$ 为零状态响应。

时域现代法把完全响应分解为零输入响应与零状态响应之和。两种方法求得的结果完全相同，即有：

$$i(t)=i_h(t)+i_p(t)=i_{zi}(t)+i_{zs}(t)$$

仔细分析，可以发现零输入响应与零状态响应的一部分$\frac{8}{3}e^{-2t}-\frac{4}{15}e^{-5t}$的代数和是自由响应，而零状态响应的另一部分则是强迫响应。这不是巧合，而是普遍规律。下面将 $i(t)$ 的完全响应的两种分解写在一起，以便比较。

$$
\begin{aligned}
i(t) &= \underbrace{-\frac{4}{3}e^{-2t}+\frac{2}{15}e^{-5t}}_{i_{zi}(t)}+\underbrace{\frac{8}{3}e^{-2t}-\frac{4}{15}e^{-5t}+\frac{8}{5}}_{i_{zs}(t)} \\
&= \underbrace{-\frac{4}{3}e^{-2t}+\frac{2}{15}e^{-5t}+\frac{8}{3}e^{-2t}-\frac{4}{15}e^{-5t}}_{i_h(t)}+\underbrace{\frac{8}{5}}_{i_p(t)} \\
&= \frac{4}{3}e^{-2t}-\frac{2}{15}e^{-5t}+\frac{8}{5}
\end{aligned}
$$

虽然时域现代法把完全响应分解为零输入响应与零状态响应之和，与时域经典法有所区别，但时域现代法仍然是以时域经典法为基础的。只有 2.7 节介绍的用卷积求解零状态响应才是全新的方法。

2.6 冲激响应和阶跃响应

2.6.1 定义

冲激响应和阶跃响应分别是两种奇异信号作用下的零状态响应，它们的定义如下。

- 冲激响应：在单位冲激信号 $\delta(t)$ 的作用下，系统的零状态响应称为冲激响应，并以专用符号 $h(t)$ 表示。
- 阶跃响应：在单位阶跃信号 $\varepsilon(t)$ 的作用下，系统的零状态响应称为阶跃响应，并以专用符号 $r_\varepsilon(t)$ 表示。

正如冲激信号 $\delta(t)$ 在信号分析中有着重要作用一样，冲激响应 $h(t)$ 在系统分析和研究系统性质时也有着重要作用。

2.6.2 冲激响应的求解方法

求解冲激响应的方法，有时域法，也有 s 域法，s 域法比较规范而简单，时域法则比较复杂烦琐。本节介绍用时域法求解。根据定义，冲激响应是一种零状态响应，从原理上来说，可用 2.5 节求零状态响应的方法来求冲激响应。但由于$\delta(t)$的特殊性，有时行不通，需要具体问题具体分析，分析过程中要充分利用奇异信号的特殊性，下面通过例题来说明。

例 2.6.1 电路及元件参数如图 2.6.1 所示。当 $t<0$ 时，开关 K 处于位置 1 且电路已经达到稳态；当 $t=0$ 时，K 由位置 1 转向位置 2。求图中电流 $i(t)$ 的冲激响应。

解 * 解法一 (1) 此题已知条件同例 2.4.1，只是求解的问题不同。利用例 2.4.1 已求出的系统方程式 ⑬ 式(见 23 页)：

$$i''(t)+7i'(t)+10i(t)=e''(t)+6e'(t)+4e(t)$$

求图 2.6.1 中电流 $i(t)$ 的冲激响应，令 $e(t)=\delta(t)$，$i(t)=h(t)$，代入上式后，得到求电流 $i(t)$ 的冲激响应 $h(t)$ 的方程为：

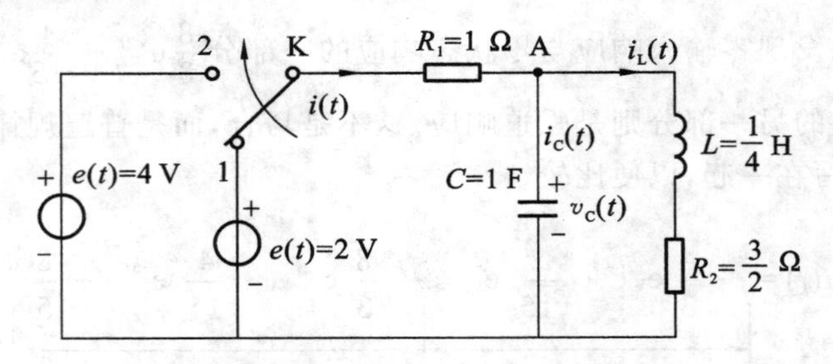

图 2.6.1　例 2.6.1 的电路

$$h''(t)+7h'(t)+10h(t)=\delta''(t)+6\delta'(t)+4\delta(t) \qquad ①$$

当 $t\geqslant 0_+$ 时，方程右边为零，即为：

$$h''(t)+7h'(t)+10h(t)=0$$

这个微分方程的特征方程为：

$$\lambda^2+7\lambda+10=0$$

解得特征根为：　$\lambda_1=-2,\quad \lambda_2=-5$

故求得微分方程的齐次解为：

$$h_h(t)=(c_1e^{-2t}+c_2e^{-5t})\varepsilon(t) \qquad ②$$

(2) 对求非齐次方程的特解的分析。

对于特解 $h_p(t)$ 应满足式①，因为式②右边最高导数项为 $\delta''(t)$，故特解应含有 $\delta(t)$ 项，除此以外，还应含有指数项，否则方程两边无法平衡。

(3) 对冲激响应 $h(t)$ 的组成进行分析与求解。

综合上述分析，冲激响应 $h(t)$ 的组成应为齐次解与特解之和，因此可设：

$$h(t)=\delta(t)+c_1e^{-2t}\varepsilon(t)+c_2e^{-5t}\varepsilon(t) \qquad ③$$

为了求出系数 c_1、c_2，可将式(2.6.3)代入式(2.6.1)式，根据等式两边对应的冲激函数项系数相等的原则可得到：

$$\begin{cases}c_1+c_2=-1\\5c_1+2c_2=-6\end{cases}$$

解得：

$$\begin{cases}c_1=-\dfrac{4}{3}\\[2ex]c_2=\dfrac{1}{3}\end{cases}$$

因此，得：

$$h(t)=\delta(t)-\frac{4}{3}e^{-2t}\varepsilon(t)+\frac{1}{3}e^{-5t}\varepsilon(t) \qquad ④$$

将上述求出的 $h(t)$ 代入式①检验，满足要求，所以式④即为题目所要求的电流 $i(t)$ 的冲激响应。

从上述求解过程可以看出，在时域求冲激响应是比较麻烦的。相对简单的方法是求系统函数 $H(s)$ 的拉普拉斯逆变换。由第5章“拉普拉斯变换与连续时间系统的复频域分析”相关内容可知，系统的冲激响应 $h(t)$ 和系统函数 $H(s)$ 是一对拉普拉斯逆变换。因此，可以对系统函数 $H(s)$ 求逆变换来得到冲激响应 $h(t)$。其求解过程如下。

解法二　利用例 2.4.1 已求出的系统方程式⑬(见 23 页)：

$$i''(t)+7i'(t)+10i(t)=e''(t)+6e'(t)+4e(t)$$

由上式可求出传输算子为：

$$H(p)=\frac{p^2+6p+4}{p^2+7p+10}$$

根据系统函数、传输算子之间的关系式（该式的证明见第5章相关内容）：

$$H(s)=H(p)\big|_{p=s}$$

所以，有：

$$H(s)=\frac{s^2+6s+4}{s^2+7s+10}$$

下面对 $H(s)$ 取拉普拉斯逆变换，先将 $H(s)$ 变成真分式，再进行部分分式分解，得：

$$H(s)=1+\frac{-s-6}{s^2+7s+10}=1+\frac{-\frac{4}{3}}{s+2}+\frac{\frac{1}{3}}{s+5}$$

对上式取反拉普拉斯变换即得冲激响应 $h(t)$：

$$h(t)=\mathscr{L}^{-1}H(s)=\delta(t)-\left(\frac{4}{3}\mathrm{e}^{-2t}-\frac{1}{3}\mathrm{e}^{-5t}\right)\varepsilon(t)$$

所得结果和解法一相同。

有了冲激响应的概念，知道在单位冲激信号 $\delta(t)$ 的作用下，系统的零状态响应就是冲激响应，又知道可以将一个信号分解为无数冲激信号的和，那么求任一信号作用下的零状态响应称就可以通过求无数冲激响应的和来获得，这种方法就是2.8节所要讨论的卷积积分。

还要指出的是，系统的冲激响应只取决于系统的结构与元件参数，或者说只取决于描述系统工作特性的微分方程。加入单位冲激信号，只是对系统特性的一种检验。冲激响应 $h(t)$ 反映了系统的时域特性。若 $t<0$ 时，$h(t)=0$，说明此系统为因果系统，否则为非因果系统。若 $t\to+\infty$ 时，$h(t)\to 0$，则系统是稳定的，否则就是不稳定的或临界稳定的。因此，冲激响应 $h(t)$ 又可称为时域系统函数。冲激响应 $h(t)$ 的性质和作用，在第6章中还会详细讨论。

2.6.3 阶跃响应的求解方法

根据定义，阶跃响应也是一种特殊的零状态响应，因此也可以用前述求零状态响应的方法求解。由于阶跃信号 $\varepsilon(t)$ 也是一种奇异信号，求解时也必须具体分析和采用冲激函数匹配法来确定待定系数。

求阶跃响应的另一种方法是对冲激响应求积分。因为阶跃信号是冲激信号的积分，即：

$$\varepsilon(t)=\int_{-\infty}^{t}\delta(\tau)\mathrm{d}\tau$$

根据线性时不变连续时间系统的性质，可知阶跃响应是冲激响应的积分（详见2.7.2节）。

例 2.6.2 求例2.6.1中电流 $i(t)$ 的阶跃响应。

解 因为例2.6.1已求出了冲激响应，根据上述原理，$i(t)$ 的阶跃响应为：

$$\begin{aligned}i_\varepsilon(t)&=\int_{-\infty}^{t}h(\tau)\mathrm{d}\tau=\int_{-\infty}^{t}\left[\delta(\tau)-\frac{4}{3}\mathrm{e}^{-2\tau}\varepsilon(\tau)+\frac{1}{3}\mathrm{e}^{-5\tau}\varepsilon(\tau)\right]\mathrm{d}\tau\\&=\int_{-\infty}^{t}\delta(\tau)\mathrm{d}\tau-\frac{4}{3}\int_{-\infty}^{t}\mathrm{e}^{-2\tau}\varepsilon(\tau)\mathrm{d}\tau+\frac{1}{3}\int_{-\infty}^{t}\mathrm{e}^{-5\tau}e(\tau)\mathrm{d}\tau\\&=\varepsilon(t)+\frac{2}{3}(\mathrm{e}^{-2t}-1)\varepsilon(t)-\frac{1}{15}(\mathrm{e}^{-5t}-1)\varepsilon(t)\end{aligned}$$

$$=\left(\frac{2}{3}\mathrm{e}^{-2t}-\frac{1}{15}\mathrm{e}^{-5t}+\frac{2}{5}\right)\varepsilon(t)$$

这就是题中所要求的 $i(t)$ 的阶跃响应的表达式。

读者可用例 2.6.1 的解法一相同的方法来验证。

2.7 线性时不变连续时间系统及其性质

2.7.1 定义

在第 1 章中介绍了系统的分类，因为可以从不同的角度来考虑系统的分类，因此分类的方法很多，系统的种类也多，一个系统可以同时有几个名称。本章前面介绍的例题，都是线性时不变连续时间系统。如何判定一个系统是否为线性时不变连续时间系统？线性时不变连续时间系统又有哪些性质？其实可以从不同的方面给出定义，并且这些定义都是等价的。一个系统，只要满足这些定义中的任何一个，它就是线性时不变连续时间系统。下面列举两个例子。

● 定义一：如果描述系统工作过程的数学模型是一个线性常系数常微分方程，那么这个系统就是一个线性时不变连续时间系统。

● 定义二：如果系统的响应可以分解为零输入响应和零状态响应，并且分别具有零输入线性和零状态线性，那么这个系统就是一个线性时不变连续时间系统。

2.7.2 线性时不变连续时间系统的性质

使用方框图表示系统，使用 $H[\cdot]$ 表示线性时不变连续时间系统的功能，线性时不变连续时间系统的性质可以描述如下。

1. 零输入线性和零状态线性

所谓零输入线性是指零输入响应与产生零输入响应的起始状态之间同时具有叠加性和比例性。零输入线性可用如图 2.7.1 所示的方框图表示。

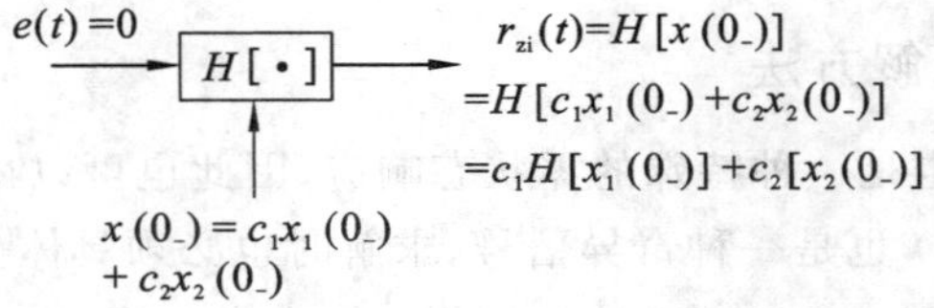

$e(t)=0$ → $H[\cdot]$ → $r_{zi}(t)=H[x(0_-)]$ $=H[c_1x_1(0_-)+c_2x_2(0_-)]$ $=c_1H[x_1(0_-)]+c_2[x_2(0_-)]$

$x(0_-)=c_1x_1(0_-)+c_2x_2(0_-)$

图 2.7.1 零输入线性的方框图表示

所谓零状态线性是指零状态响应与产生零状态响应的激励之间同时具有叠加性和比例性。零状态线性可用如图 2.7.2 所示的方框图表示。

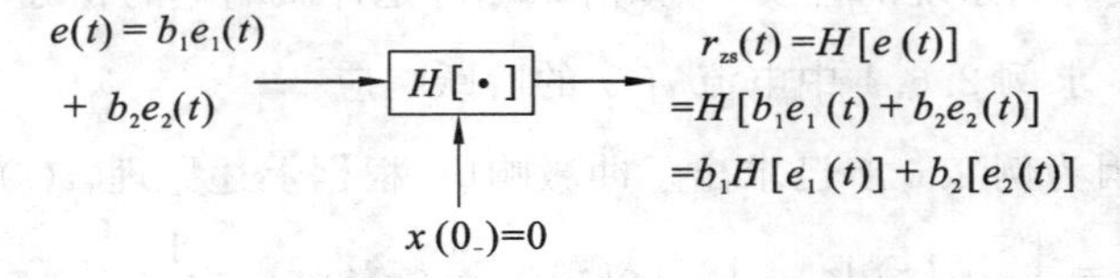

图 2.7.2 零状态线性的方框图表示

2. 线性性质

线性时不变连续时间系统的线性性质可用图 2.7.3 来表示。

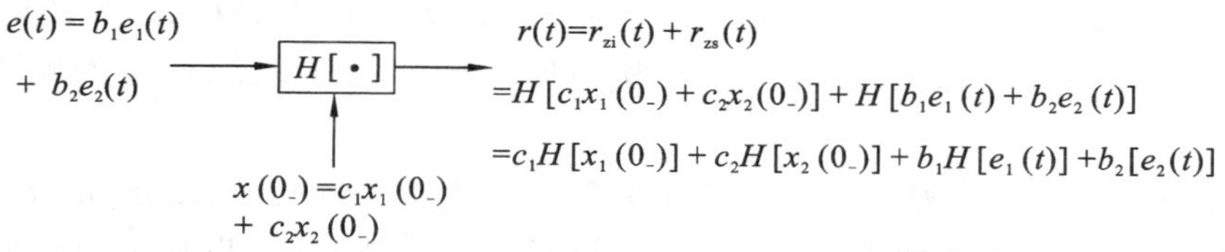

$$e(t)=b_1e_1(t)+b_2e_2(t) \longrightarrow \boxed{H[\cdot]} \longrightarrow \begin{aligned} r(t)&=r_{zi}(t)+r_{zs}(t)\\ &=H[c_1x_1(0_-)+c_2x_2(0_-)]+H[b_1e_1(t)+b_2e_2(t)]\\ &=c_1H[x_1(0_-)]+c_2H[x_2(0_-)]+b_1H[e_1(t)]+b_2[e_2(t)]\end{aligned}$$

$$x(0_-)=c_1x_1(0_-)+c_2x_2(0_-)$$

图 2.7.3 线性时不变连续时间系统的线性性质的方框图表示

图 2.7.3 中，$H[x_1(0_-)]$ 表示系统在起始状态 $x_1(0_-)$ 单独作用下的零输入响应，$H[e_1(t)]$ 表示系统在 $e_1(t)$ 单独激励下的零状态响应。另两项类推，b_1,b_2,c_1,c_2 为常数。系统的完全响应 $r(t)$ 等于零输入响应 $r_{zi}(t)$ 与零状态响应 $r_{zs}(t)$ 之和。而零输入响应和零状态响应分别具有线性性质，如图 2.7.3 中完全响应 $r(t)$ 的表达式所示。

3. 微分性质

系统的微分性质可用图 2.7.4 来表示。

$$\frac{\mathrm{d}e(t)}{\mathrm{d}t} \longrightarrow \boxed{H[\cdot]} \longrightarrow r_{zs}(t)=H\left[\frac{\mathrm{d}e(t)}{\mathrm{d}t}\right]=\frac{\mathrm{d}H[e(t)]}{\mathrm{d}t}$$

图 2.7.4 系统的微分性质

系统的微分性质表明，微分信号作用于系统时产生的零状态响应等于原信号作用于系统时产生的零状态响应的微分。例如，当 $e(t)=\varepsilon(t)$ 时，上述描述如下式：

$$\delta(t)=\frac{\mathrm{d}\varepsilon(t)}{\mathrm{d}t} \longrightarrow \boxed{H[\cdot]} \longrightarrow r_{zs}(t)=H\left[\frac{\mathrm{d}\varepsilon(t)}{\mathrm{d}t}\right]=\frac{\mathrm{d}H[\varepsilon(t)]}{\mathrm{d}t}=\frac{\mathrm{d}r_\varepsilon(t)}{\mathrm{d}t}=h(t)$$

这个结果表明，冲激响应等于阶跃响应的微分。

4. 积分性质

系统的积分性质可用图 2.7.5 来表示。

$$\int_{-\infty}^{t}e(\tau)\mathrm{d}\tau \longrightarrow \boxed{H[\cdot]} \longrightarrow r_{zs}(t)=H\left[\int_{-\infty}^{\tau}e(\tau)\mathrm{d}\tau\right]=\int_{-\infty}^{\tau}H[e(\tau)]\mathrm{d}\tau$$

图 2.7.5 系统的积分性质

系统的积分性质表明，积分信号作用于系统时产生的零状态响应等于原信号作用于系统时产生的零状态响应的积分。

例如，当 $e(t)=\delta(t)$ 时，上述描述如下式：

$$\varepsilon(t)=\int_{-\infty}^{t}\delta(\tau)\mathrm{d}\tau \longrightarrow \boxed{H[\cdot]} \longrightarrow r_{zs}(t)=H\left[\int_{-\infty}^{t}\delta(\tau)\right]\mathrm{d}\tau=\int_{-\infty}^{t}H[\delta(\tau)]\mathrm{d}\tau$$

$$=\int_{-\infty}^{t}h(\tau)\mathrm{d}\tau=r_\varepsilon(t)$$

这个结果表明，阶跃响应等于冲激响应的积分。

5. 时不变特性

系统的时不变特性可以用图 2.7.6 来表示。

若：$$e(t) \longrightarrow \boxed{H[\cdot]} \longrightarrow r(t)=H[e(t)]$$

则：$$e(t-t_0) \longrightarrow \boxed{H[\cdot]} \longrightarrow H[e(t-t_0)]=r(t-t_0)$$

图 2.7.6 系统的时不变特性

系统的时不变特性表明，当一个信号 $e(t)$ 作用于系统产生的响应 $r(t)$ 为已知时，其延时信号 $e(t-t_0)$ 作用于系统产生的响应可利用原信号作用于系统产生的响应求出，为 $r(t-t_0)$。

符号 $H[\cdot]$ 也可以称为线性时不变运算符，它具有上述的线性、微分、积分和时不变多种运算功能。运用这个符号解题，可以使解题过程较为简洁，这可以从下面的例 2.7.1 看出来。

理论和实践均表明：凡是由时不变线性元件 R、L、C 构成的电路系统，描述其工作特性的数学模型是线性常系数常微分方程，因而是线性时不变系统，完全符合上述定义，因而具有上述性质。这种系统是“信号与系统”课程研究的主要对象之一，“模拟电子技术”课程中的放大器在小信号作用下的等效电路，就是一个线性时不变系统，可用本课程介绍的各种方法求解。

例 2.7.1 一个线性时不变连续时间系统，激励为 $e(t)$ 时，全响应 $r_1(t)=(2\mathrm{e}^{-3t}+\sin 2t)\varepsilon(t)$；起始状态不变，激励为 $2e(t)$ 时，全响应 $r_2(t)=(\mathrm{e}^{-3t}+2\sin 2t)\varepsilon(t)$。求：(1) 起始状态不变，激励为 $e(t-t_0)$ 时的全响应 $r_3(t)$；(2) 起始状态增大为原来的 2 倍，激励为 $0.5e(t)$ 时的全响应 $r_4(t)$。

解 设系统原来的起始状态为 $x(0_-)$，依题意有：

$$r_1(t)=H[e(t)+x(0_-)]=H[e(t)]+H[x(0_-)]=(2\mathrm{e}^{-3t}+\sin 2t)\varepsilon(t) \quad ①$$

$$r_2(t)=H[2e(t)+x(0_-)]=2H[e(t)]+H[x(0_-)]=(\mathrm{e}^{-3t}+2\sin 2t)\varepsilon(t) \quad ②$$

上两式中，$H[e(t)]$ 表示 $e(t)$ 作用时，系统的零状态响应 $H[x(0_-)]$ 表示起始状态为 $x(0_-)$ 时，系统的零输入响应。

求解式 ① 和式 ② 关于 $H[e(t)]$、$H[x(0_-)]$ 的二元一次方程组得：

$$\begin{cases} H[e(t)]=(-\mathrm{e}^{-3t}+\sin 2t)\varepsilon(t) \\ H[x(0_-)]=3\mathrm{e}^{-3t}\varepsilon(t) \end{cases}$$

根据线性时不变系统的性质，有：

$$\begin{aligned} r_3(t)&=H[e(t-t_0)]+H[x(0_-)] \\ &=[-\mathrm{e}^{-3(t-t_0)}+\sin 2(t-t_0)]\cdot\varepsilon(t-t_0)+3\mathrm{e}^{-3t}\varepsilon(t) \end{aligned}$$

$$\begin{aligned} r_4(t)&=H[0.5e(t)]+H[2x(0_-)]=0.5H[e(t)]+2H[x(0_-)] \\ &=(-0.5\mathrm{e}^{-3t}+0.5\sin 2t)\varepsilon(t)+6\mathrm{e}^{-3t}\varepsilon(t) \\ &=(5.5\mathrm{e}^{-3t}+0.5\sin 2t)\varepsilon(t) \end{aligned}$$

上述 $r_3(t)$、$r_4(t)$ 即为所求，解毕。

2.8 卷积与零状态响应

2.8.1 信号分解为无数冲激函数的和

在 1.2.5 节讨论信号的时域分解时，曾提出可以将一个信号分解为无数冲激信号的和。根据冲激信号的抽样性（见第 8 页的式(1.2.5)）可以证明这一性质。由式(1.2.5)，有：

$$\int_{-\infty}^{\infty} f(t)\delta(t-t_0)\mathrm{d}t=\int_{-\infty}^{\infty} f(t_0)\delta(t-t_0)\mathrm{d}t=f(t_0)$$

在上式中，用 τ 代替 t，用 t 代替 t_0，同时考虑到 $\delta(t)$ 为偶函数，所以有 $\delta(\tau-t)=\delta(t-\tau)$，于是可将上式变为：

$$\int_{-\infty}^{\infty} f(\tau)\delta(t-\tau)\mathrm{d}\tau = f(t)$$

即

$$f(t) = \int_{-\infty}^{+\infty} f(\tau)\delta(t-\tau)\mathrm{d}\tau \tag{2.8.1}$$

式(2.8.1)在信号分解中的物理意义是：任一信号可以分解为无数冲激信号 $\delta(t-\tau)$ 的和。这个分解的物理过程可用图2.8.1来说明。用 $\delta(t)$ 对信号进行抽样时，当抽样间隔 T 无限变小，参变量 τ 从 $-\infty$ 到 ∞ 按式(2.8.1)积分，就可以得到。

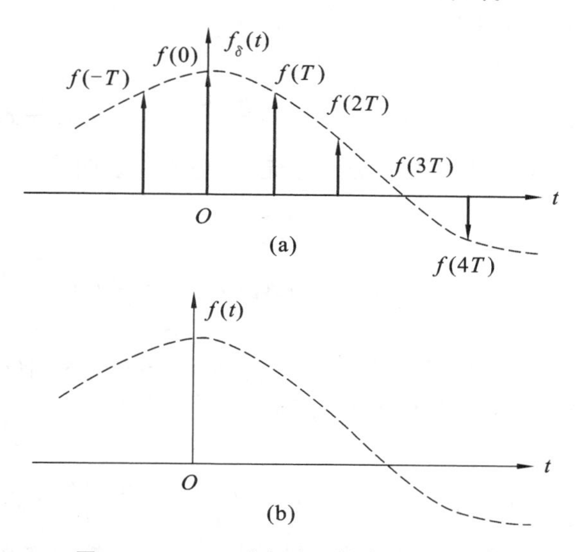

图 2.8.1　$f(t)$ 分解为无数冲激信号的和

2.8.2　用卷积求零状态响应

式(2.8.1)已经证明任一信号可以分解为无数冲激信号的和，即：

$$f(t) = \int_{-\infty}^{+\infty} f(\tau)\delta(t-\tau)\mathrm{d}\tau$$

当 $f(t)=e(t)$ 时，则有：

$$e(t) = \int_{-\infty}^{+\infty} e(\tau)\delta(t-\tau)\mathrm{d}\tau \tag{2.8.2}$$

当激励信号 $e(t)$ 作用于零状态的线性时不变连续时间系统时，由线性时不变连续时间系统的性质，运用线性时不变连续时间系统运算符可求出零状态响应如下。

$$\begin{aligned} r_{\mathrm{zs}}(t) &= H[e(t)] = H[\int_{-\infty}^{+\infty} e(\tau)\delta(t-\tau)\mathrm{d}\tau] \\ &= \int_{-\infty}^{+\infty} e(\tau)H[\delta(t-\tau)]\mathrm{d}\tau \\ &= \int_{-\infty}^{+\infty} e(\tau)h(t-\tau)\mathrm{d}\tau \\ &= e(t) * h(t) \end{aligned} \tag{2.8.3}$$

式(2.8.3)就是求零状态响应的卷积公式。以上根据线性时不变连续时间系统的性质，以及冲激响应的定义，并利用任一信号可以分解为无数冲激函数的和这一规律证明了线性时不变连续时间系统的零状态响应等于激励信号与系统的冲激响应的卷积。

2.8.3 卷积积分的数学定义、性质和常用公式

卷积积分在数学课程中已经学习过了，需要注意的是，在本课程中由于引入了奇异信号 $\delta(t)$ 和 $\varepsilon(t)$，所以卷积积分在本课程中产生了许多新的性质和结论。

数学上对卷积积分的定义为：

$$g(t)=f_1(t)*f_2(t)=\int_{-\infty}^{+\infty}f_1(\tau)f_2(t-\tau)\mathrm{d}\tau \tag{2.8.4}$$

卷积积分的定义表明：两个时间函数的卷积依然是一个时间函数。

卷积积分的性质和常用公式如下。

(1) 交换律。

$$f_1(t)*f_2(t)=f_2(t)*f_1(t)=\int_{-\infty}^{+\infty}f_2(\tau)f_1(t-\tau)\mathrm{d}\tau \tag{2.8.5}$$

交换律表明，两个信号的卷积与积分次序无关。但实践表明，选择适当的积分次序可使积分计算简单一些。

(2) 分配律。

$$f_1(t)*[f_2(t)+f_3(t)]=f_1(t)*f_2(t)+f_1(t)*f_3(t) \tag{2.8.6}$$

(3) 结合律。

$$f_1(t)*[f_2(t)*f_3(t)]=[f_1(t)*f_2(t)]*f_3(t) \tag{2.8.7}$$

选择适当的结合方式，也可使积分计算简单一些。

(4) 卷积的微分。

$$\frac{\mathrm{d}}{\mathrm{d}t}[f_1(t)*f_2(t)]=f_1(t)*\frac{\mathrm{d}f_2(t)}{\mathrm{d}t}=\frac{\mathrm{d}f_1(t)}{\mathrm{d}t}*f_2(t) \tag{2.8.8}$$

上述三个卷积的微分计算结果都相等，但是其中有的计算要简单些，有的则要烦琐一些，应注意选择。

(5) 卷积的积分。

$$\int_{-\infty}^{t}[f_1(\tau)*f_2(\tau)]\mathrm{d}\tau=f_1(t)*\int_{-\infty}^{t}f_2(\tau)\mathrm{d}\tau=[\int_{-\infty}^{t}f_1(\tau)\mathrm{d}\tau]*f_2(t) \tag{2.8.9}$$

同样，上述三个卷积的积分计算结果都相等，但是其中有的计算要简单些，有的则要烦琐一些，应注意选择。

(6) 卷积的微分与积分。

$$f_1(t)*f_2(t)=\frac{\mathrm{d}f_1(t)}{\mathrm{d}t}*\int_{-\infty}^{t}f_2(\tau)\mathrm{d}\tau=[\int_{-\infty}^{t}f_1(\tau)\mathrm{d}\tau]*\frac{\mathrm{d}f_2(t)}{\mathrm{d}t} \tag{2.8.10}$$

以上六条性质，只要根据定义和变量置换即可证明上述公式，由读者自己完成证明。

(7) $\delta(t)$ 与任一信号的卷积。

$$f(t)*\delta(t)=f(t) \tag{2.8.11}$$

证明 $f(t)*\delta(t)=\int_{-\infty}^{\infty}f(\tau)\delta(t-\tau)\mathrm{d}\tau$

上面积分式中自变量是 τ，把 t 看成常数，又称为参变量。因为 $\delta(t-\tau)$ 只在 $\tau=t$ 时不为零，所以 $f(\tau)\cdot\delta(t-\tau)=f(t)\cdot\delta(t-\tau)$，于是有：

$$\begin{aligned}f(t)*\delta(t)&=\int_{-\infty}^{\infty}f(t)\delta(t-\tau)\mathrm{d}\tau\\&=f(t)\int_{-\infty}^{\infty}\delta(t-\tau)\mathrm{d}\tau\quad\text{（将常数 }f(t)\text{ 提到积分号外）}\\&=f(t)\times 1=f(t)\text{（根据 }\delta(t-\tau)\text{ 的定义，其面积为 1）}\end{aligned}$$

(8) $\delta(t-t_0)$ 与任一信号的卷积。

$$f(t)*\delta(t-t_0)=f(t-t_0) \tag{2.8.12}$$

证：
$$\begin{aligned} f(t)*\delta(t-t_0) &= \int_{-\infty}^{\infty} f(\tau)\delta(t-\tau-t_0)\mathrm{d}\tau && \text{（定义）} \\ &= \int_{-\infty}^{\infty} f(\tau)\cdot\delta(t-t_0-\tau)\mathrm{d}\tau && \text{（交换 } \tau \text{ 和 } t_0 \text{ 的次序）} \\ &= \int_{-\infty}^{\infty} f(t-t_0)\cdot\delta(t-t_0-\tau)\mathrm{d}\tau && \text{（将 } (t-t_0) \text{ 看成常数）} \\ &= f(t-t_0)\int_{-\infty}^{\infty}\delta(t-t_0-\tau)\mathrm{d}\tau && \text{（将常数 } f(t-t_0) \text{ 提到积分号外）} \\ &= f(t-t_0)\times 1 && \text{（} \delta(t-t_0-\tau) \text{ 的定义）} \\ &= f(t-t_0) \end{aligned}$$

当 $t_0=0$ 时，性质(7) 就变成了性质(6)。性质(6) 是性质(7) 的特例。

(9) 卷积的延时性质。

若
$$f_1(t)*f_2(t)=f(t)$$
则
$$f_1(t-t_1)*f_2(t-t_2)=f(t-t_1-t_2) \tag{2.8.13}$$

证明 根据性质(7) 知，$\delta(t-t_0)$ 的卷积为：

$$f(t)*\delta(t-t_0)=f(t-t_0)$$

有：
$$f_1(t)*\delta(t-t_1)=f_1(t-t_1),\ f_2(t)*\delta(t-t_2)=f_2(t-t_2)$$

所以

$$\begin{aligned} f_1(t-t_1)*f_2(t-t_2) &= [f_1(t)*\delta(t-t_1)]*[f_2(t)*\delta(t-t_2)] \\ &= f_1(t)*f_2(t)*\delta(t-t_1)*\delta(t-t_2) \\ &= f(t)*\delta(t-t_1)*\delta(t-t_2) \\ &= f(t-t_1-t_2) \end{aligned}$$

故得证。

(10) 阶跃信号 $\varepsilon(t)$ 的自我卷积。

$$\varepsilon(t)*\varepsilon(t)=t\varepsilon(t) \tag{2.8.14}$$

证明
$$\begin{aligned} \varepsilon(t)*\varepsilon(t) &= \int_{-\infty}^{\infty}\varepsilon(\tau)\cdot\varepsilon(t-\tau)\mathrm{d}\tau && \text{（定义）} \\ &= \left(\int_0^t \mathrm{d}\tau\right)\varepsilon(t) && \text{（根据 } \varepsilon(\tau),\varepsilon(t-\tau) \text{ 的定义）} \\ &= \left(\tau\Big|_0^t\right)\cdot\varepsilon(t) && \text{（计算定积分）} \\ &= (t-0)\varepsilon(t) && \text{（计算结果）} \\ &= t\varepsilon(t) && \text{（化简）} \end{aligned}$$

(11) 因果信号的卷积。

在第 1 章中介绍了因果系统的概念，因果系统的激励 $e(t)$ 和响应 $r(t)$ 都是因果信号，因果信号就是从零开始的有始信号，因果信号通常用 $f(t)\varepsilon(t)$ 来表示。

已知系统的激励信号为 $e(t)\varepsilon(t)$，冲激响应为 $h(t)\varepsilon(t)$，则系统的零状态响应 $r_{zs}(t)$ 为：

$$\begin{aligned} r_{zs}(t) &= [e(t)\varepsilon(t)]*[h(t)\varepsilon(t)] \\ &= \int_{-\infty}^{+\infty} e(\tau)\varepsilon(\tau)h(t-\tau)\varepsilon(t-\tau)\mathrm{d}\tau && \text{（卷积定义）} \end{aligned}$$

$$= \int_{0}^{+\infty} e(\tau)h(t-\tau)\varepsilon(t-\tau)\mathrm{d}\tau$$ （去掉 $\varepsilon(\tau)$，积分下限改为 0）

$$= [\int_{0}^{t} e(\tau)h(t-\tau)\mathrm{d}\tau]\varepsilon(t)$$ （去掉 $\varepsilon(t-\tau)$，将积分上限改为 t；乘以 $\varepsilon(t)$，表示该积分上限 t 必须大于 0，否则该积分为 0）

上式就是两个因果信号相卷积的公式，也是因果系统求零状态响应 $r_{zs}(t)$ 的公式。公式表明两个因果信号的卷积，依然是因果信号。

在明确两信号都是因果信号的情况下，两因果信号的卷积可以省去所有的 $\varepsilon(t)$ 不写，将公式简单地写为：

$$r_{zs}(t) = e(t) * h(t) = \int_{0}^{t} e(\tau)h(t-\tau)\mathrm{d}\tau \tag{2.8.15}$$

（12）两个任意的有始信号 $f_1(t)\varepsilon(t-t_1)$，$f_2(t)\varepsilon(t-t_2)$ 的卷积为：

$$\begin{aligned} f_1(t)\varepsilon(t-t_1) * f_2(t)\varepsilon(t-t_2) &= \int_{-\infty}^{+\infty} f_1(\tau)\varepsilon(\tau-t_1)f_2(t-\tau)\varepsilon(t-\tau-t_2)\mathrm{d}\tau \\ &= \int_{t_1}^{+\infty} f_1(\tau)f_2(t-\tau)\varepsilon(t-\tau-t_2)\mathrm{d}\tau \\ &= [\int_{t_1}^{t-t_2} f_1(\tau)f_2(t-\tau)\mathrm{d}\tau]\varepsilon(t-t_2-t_1) \end{aligned} \tag{2.8.16}$$

公式表明：两个任意的有始信号 $f_1(t)\varepsilon(t-t_1)$，$f_2(t)\varepsilon(t-t_2)$ 的卷积，也是有始信号，只是起始点变成了 (t_1+t_2)。积分时，特别要注意根据阶跃函数的跳变点来确定积分的上下限。

（13）两个延时阶跃信号的卷积。

$$\varepsilon(t-t_1) * \varepsilon(t-t_2) = (t-t_1-t_2)\varepsilon(t-t_1-t_2) \tag{2.8.17}$$

证明 由 $\varepsilon(t) * \varepsilon(t) = t\varepsilon(t)$，根据卷积的延时性质，可得：

$$\varepsilon(t-t_1) * \varepsilon(t-t_2) = (t-t_1-t_2)\varepsilon(t-t_1-t_2)$$

（14）因果指数信号的卷积。

$$\mathrm{e}^{-at}\varepsilon(t) * \mathrm{e}^{-bt}\varepsilon(t) = \frac{\mathrm{e}^{-at}-\mathrm{e}^{-bt}}{b-a}\cdot\varepsilon(t) \quad (a \neq b) \tag{2.8.18}$$

证明

$$\mathrm{e}^{-at}\varepsilon(t) * \mathrm{e}^{-bt}\varepsilon(t) = \int_{-\infty}^{\infty} \mathrm{e}^{-a\tau}\varepsilon(\tau)\cdot\mathrm{e}^{-b(t-\tau)}\varepsilon(t-\tau)\mathrm{d}\tau$$ （定义）

$$= [\int_{0}^{t} \mathrm{e}^{-a\tau}\cdot\mathrm{e}^{-bt}\cdot\mathrm{e}^{b\tau}\mathrm{d}\tau]\varepsilon(t)$$ （去掉 $\varepsilon(t)$，$\varepsilon(t-\tau)$，改变上下限且 $t>0$，故乘以 $\varepsilon(t)$）

$$= [\mathrm{e}^{-bt}\int_{0}^{t} \mathrm{e}^{(b-a)\tau}\mathrm{d}\tau]\varepsilon(t)$$ （常数 e^{-bt} 提到积分号外）

$$= \mathrm{e}^{-bt}[\frac{1}{b-a}\mathrm{e}^{(b-a)\tau}-1]\varepsilon(t)$$ （计算定积分）

$$= \mathrm{e}^{-bt}\cdot\frac{1}{b-a}[\mathrm{e}^{(b-a)t}-1]\cdot\varepsilon(t)$$ （运算）

$$= \frac{1}{b-a}(e^{-at} - e^{-bt})\varepsilon(t) \qquad \text{(运算结果整理)}$$

(15) 因果指数信号与阶跃信号的卷积。

$$e^{-at}\varepsilon(t) * \varepsilon(t) = \frac{1}{a}(1 - e^{-at})\varepsilon(t)(a \neq 0) \tag{2.8.19}$$

说明:在上一公式中,令 $b = 0$,则可得到此公式。

(16) 求因果指数信号的自我卷积 $e^{at}\varepsilon(t) * e^{at}\varepsilon(t)$。

解

$$e^{at}\varepsilon(t) * e^{at}\varepsilon(t) \xlongequal{\text{定义}} \int_{-\infty}^{\infty} e^{a\tau}\varepsilon(\tau) \cdot e^{a(t-\tau)}\varepsilon(t-\tau)d\tau$$

$$\xlongequal[\varepsilon(t-\tau)]{\text{去 }\varepsilon(\tau)} [\int_0^t e^{a\tau} \cdot e^{a(t-\tau)}d\tau] \cdot \varepsilon(t) \xlongequal{\text{合并}} [\int_0^t e^{at}d\tau]\varepsilon(t)$$

$$= [e^{at}\int_0^t d\tau]\varepsilon(t) = te^{at}\varepsilon(t) \tag{2.8.20}$$

2.8.4 卷积计算举例

例 2.8.1 已知激励信号 $e(t) = 4\varepsilon(t)$,系统的冲激响应为 $h(t) = \left[\delta(t) + \left(-\frac{4}{3}e^{-2t} + \frac{1}{3}e^{-5t}\right) \cdot \varepsilon(t)\right]$,求系统的零状态响应。

解 此题为例 2.5.1 的第 2 问,下面用卷积来计算系统的零状态响应。

$$i_{zs}(t) = e(t) * h(t) = 4\varepsilon(t) * [\delta(t) + (-\frac{4}{3}e^{-2t} + \frac{1}{3}e^{-5t}) \cdot \varepsilon(t)]$$

$$\xlongequal{\text{分配律}} 4\varepsilon(t) * \delta(t) + 4\varepsilon(t) * \left(-\frac{4}{3}\right)e^{-2t}\varepsilon(t) + 4\varepsilon(t) * \frac{1}{3}e^{-5t}\varepsilon(t)$$

$$\xlongequal{\text{计算}} 4\varepsilon(t) + \left[\int_{-\infty}^{\infty}\left(-\frac{4}{3}\right)e^{-2\tau}\varepsilon(\tau) \cdot 4\varepsilon(t-\tau)d\tau\right] + \left[\int_{-\infty}^{\infty}\frac{1}{3}e^{-5\tau} \cdot \varepsilon(\tau)4\varepsilon(t-\tau)d\tau\right]$$

$$= 4\varepsilon(t) + \left[\int_0^t\left(-\frac{16}{3}e^{-2\tau}d\tau\right)\right] \cdot \varepsilon(t) + [\int_0^t \frac{4}{3}e^{-5\tau}d\tau] \cdot \varepsilon(t)$$

$$= 4\varepsilon(t) + \left[-\frac{16}{3}\left(\frac{1}{-2}\right)e^{-2\tau}\Big|_0^t\right] \cdot \varepsilon(t) + \left[\frac{4}{3}\left(\frac{1}{-5}\right)e^{-5\tau}\Big|_0^t\right] \cdot \varepsilon(t)$$

$$= 4\varepsilon(t) + \left[\frac{8}{3}(e^{-2t} - 1)\right]\varepsilon(t) + \left[\frac{-4}{15}(e^{-5t} - 1)\right] \cdot \varepsilon(t)$$

$$= \left(\frac{8}{3}e^{-2t} - \frac{4}{15}e^{-5t} + 4 - \frac{8}{3} + \frac{4}{15}\right)\varepsilon(t)$$

$$= \left(\frac{8}{3}e^{-2t} - \frac{4}{15}e^{-5t} + \frac{8}{5}\right)\varepsilon(t)$$

故 $t \geqslant 0_+$ 时系统的零状态响应为:

$$i_{zs}(t) = \frac{8}{3}e^{-2t} - \frac{4}{15}e^{-5t} + \frac{8}{5}$$

可见零状态响应中包括暂态响应和稳态响应两项。

其中,暂态响应为 $r_{ts}(t) = \frac{8}{3}e^{-2t} - \frac{4}{15}e^{-5t}(t \geqslant 0_+)$,稳态响应为 $r_{ss}(t) = \frac{8}{5}\ (t \geqslant 0_+)$。

本题用卷积法求得的结果和例 2.5.1 用时域经典法求得的结果完全相同。

例 2.8.2 已知 $e(t)$、$h(t)$ 的波形如图 2.8.2 所示，求卷积 $g(t)=e(t)*h(t)$ 的两种表达式及波形。

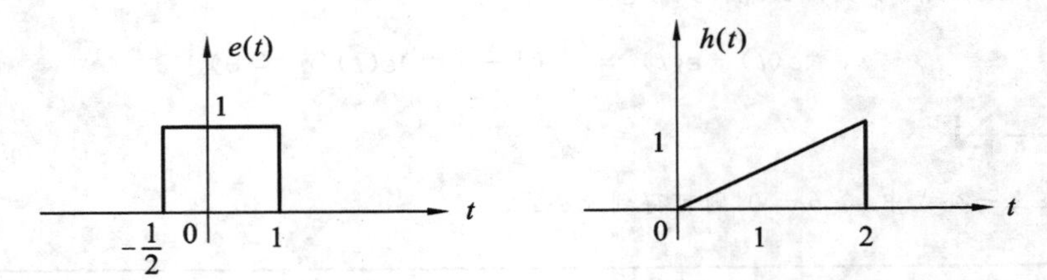

图 2.8.2 $e(t)$、$h(t)$ 的波形

解 (1) 由图 2.8.2，写出 $e(t)$、$h(t)$ 的解析表达式如下。

$$e(t)=\varepsilon\left(t+\frac{1}{2}\right)-\varepsilon(t-1),h(t)=\frac{1}{2}t[\varepsilon(t)-\varepsilon(t-2)]$$

(2) 进行卷积积分。

$$\begin{aligned}g(t)=e(t)*h(t)&=\left[\varepsilon\left(t+\frac{1}{2}\right)-\varepsilon(t-1)\right]*\left[\frac{1}{2}t\varepsilon(t)-\frac{1}{2}t\varepsilon(t-2)\right]\\&=\varepsilon\left(t+\frac{1}{2}\right)*\left[\frac{1}{2}t\varepsilon(t)\right]-\varepsilon\left(t+\frac{1}{2}\right)*\left[\frac{1}{2}t\varepsilon(t-2)\right]\\&\quad-\varepsilon(t-1)*\left[\frac{1}{2}t\varepsilon(t)\right]+\varepsilon(t-1)*\left[\frac{1}{2}t\varepsilon(t-2)\right]\end{aligned}$$

下面分别计算上式中四项卷积，然后求它们的代数和。

第一项卷积为： $\varepsilon\left(t+\frac{1}{2}\right)*\frac{1}{2}t\varepsilon(t)$

$$=\int_{-\infty}^{\infty}\varepsilon\left(\tau+\frac{1}{2}\right)\cdot\left[\frac{1}{2}(t-\tau)\varepsilon(t-\tau)\right]\mathrm{d}\tau \qquad \text{（卷积定义）}$$

$$=\int_{-\infty}^{\infty}\frac{1}{2}(t-\tau)\varepsilon\left(\tau+\frac{1}{2}\right)\cdot\varepsilon(t-\tau)\mathrm{d}\tau \qquad \text{（交换次序）}$$

$$=\left[\int_{-\frac{1}{2}}^{t}\frac{1}{2}(t-\tau)\mathrm{d}\tau\right]\varepsilon\left(t+\frac{1}{2}\right)$$（去掉两个阶跃函数，改变积分限，结果乘以 $\varepsilon\left(t+\frac{1}{2}\right)$，表示要求上限大于下限）

$$=\left[\left(\frac{1}{2}t\cdot\tau-\frac{1}{4}\tau^{2}\right)\bigg|_{-\frac{1}{2}}^{t}\right]\cdot\varepsilon\left(t+\frac{1}{2}\right) \qquad \text{（计算积分）}$$

$$=\left\{\left(\frac{1}{2}t^{2}-\frac{1}{4}t^{2}\right)-\left[\frac{1}{2}t\left(-\frac{1}{2}\right)-\frac{1}{4}\left(-\frac{1}{2}\right)^{2}\right]\right\}\cdot\varepsilon\left(t+\frac{1}{2}\right)$$

（代入上下限）

$$=\left(\frac{1}{4}t^{2}+\frac{1}{4}t+\frac{1}{16}\right)\varepsilon\left(t+\frac{1}{2}\right) \qquad \text{（计算合并）}$$

第二项卷积为： $-\varepsilon\left(t+\frac{1}{2}\right)*\left[\frac{1}{2}t\varepsilon(t-2)\right]$

$$=-\frac{1}{2}t\varepsilon(t-2)*\varepsilon\left(t+\frac{1}{2}\right) \qquad \text{（交换律）}$$

$$=-\int_{-\infty}^{\infty}\frac{1}{2}\tau\varepsilon(\tau-2)\cdot\varepsilon\left(t-\tau+\frac{1}{2}\right)\mathrm{d}\tau \qquad \text{（卷积定义）}$$

$$=-\left[\frac{1}{2}\int_{2}^{t+\frac{1}{2}}\tau\mathrm{d}\tau\right]\cdot\varepsilon\left(t+\frac{1}{2}-2\right) \quad \text{（去掉两个阶跃函数，改变上下限）}$$

$$=\left(-\frac{1}{2}\right)\left(\frac{1}{2}\tau^2\right)\Big|_{2}^{t+\frac{1}{2}}\cdot\varepsilon\left(t-\frac{3}{2}\right) \quad \text{（计算积分）}$$

$$=\left(-\frac{1}{2}\right)\cdot\frac{1}{2}\left[\left(t+\frac{1}{2}\right)^2-(2)^2\right]\cdot\varepsilon\left(t-\frac{3}{2}\right) \quad \text{（计算）}$$

$$=-\frac{1}{4}\left(t^2+t+\frac{1}{4}-4\right)\cdot\varepsilon\left(t-\frac{3}{2}\right)$$

$$=\left(-\frac{1}{4}t^2-\frac{t}{4}+\frac{15}{16}\right)\varepsilon\left(t-\frac{3}{2}\right) \quad \text{（整理、合并）}$$

按上述同样的方法计算后两项卷积积分，可得：

第三项卷积为：$-\varepsilon(t-1)*\left[\frac{1}{2}t\varepsilon(t)\right]=\left(-\frac{1}{4}t^2+\frac{t}{2}-\frac{1}{4}\right)\varepsilon(t-1)$

第四项卷积为：$\varepsilon(t-1)*\left[\frac{1}{2}t\varepsilon(t-2)\right]=\left(\frac{1}{4}t^2-\frac{1}{2}t-\frac{3}{4}\right)\varepsilon(t-3)$

(3) 求上述四项卷积积分的代数和，得：

$$g(t)=e(t)*h(t)=\left(\frac{1}{4}t^2+\frac{t}{4}+\frac{1}{16}\right)\varepsilon\left(t+\frac{1}{2}\right)+\left(-\frac{1}{4}t^2-\frac{1}{4}t+\frac{15}{16}\right)\varepsilon\left(t-\frac{3}{2}\right)$$
$$+\left(-\frac{t^2}{4}+\frac{t}{2}-\frac{1}{4}\right)\varepsilon(t-1)+\left(\frac{t^2}{4}-\frac{t}{2}-\frac{3}{4}\right)\varepsilon(t-3) \quad ①$$

(4) 求分段表达式。

上式的积分结果是用含有阶跃函数 $\varepsilon(t-t_0)$ 的解析式表示的，按解析式不容易画出 $g(t)$ 的波形。可以按照上式中阶跃函数 $\varepsilon(t-t_0)$ 跃变的次序，从左到右按区间展开。因为上式中共有四个阶跃函数，跳变点分别是 $t=-\frac{1}{2},1,\frac{3}{2},3$。因此，展开过程如下。

① 设 $t<-\frac{1}{2}$，此时因为 $\varepsilon\left(t+\frac{1}{2}\right),\varepsilon(t-1),\varepsilon\left(t-\frac{3}{2}\right),\varepsilon(t-3)$ 均等于 0，所以 $g(t)=0$。

② 设 $-\frac{1}{2}<t<1$，此时 $\varepsilon\left(t+\frac{1}{2}\right)=1$，而 $\varepsilon\left(t-\frac{3}{2}\right),\varepsilon(t-1),\varepsilon(t-3)$ 均等于 0，所以有：

$$g(t)=\frac{1}{4}t^2+\frac{1}{4}t+\frac{1}{16}$$

即只取式 ① 中的第一项。

③ 设 $1<t<\frac{3}{2}$，此时，$\varepsilon\left(t+\frac{1}{2}\right)=\varepsilon(t-1)=1$，而 $\varepsilon\left(t-\frac{3}{2}\right)=\varepsilon(t-3)=0$，这时取式 ① 中的第一项和第三项得：

$$g(t)=\frac{1}{4}t^2+\frac{1}{4}t+\frac{1}{16}+\left(-\frac{1}{4}t^2+\frac{t}{2}-\frac{1}{4}\right)=\frac{3}{4}t-\frac{3}{16}$$

④ 设此时 $\varepsilon\left(t+\frac{1}{2}\right)=\varepsilon(t-1)=\left(\varepsilon-\frac{3}{2}\right)=1$，而 $\varepsilon(t-3)=0$，这时取式 ① 的前三项求和，得：

$$g(t)=\frac{3}{4}t-\frac{3}{16}+\left(-\frac{1}{4}t^2-\frac{1}{4}t+\frac{15}{16}\right)=-\frac{1}{4}t^2+\frac{1}{2}t+\frac{3}{4} \quad \text{（利用上述三步的计算结果）}$$

⑤ 设 $\varepsilon(t-t_1)*\varepsilon(t-t_2)=(t-t_1-t_2)\varepsilon(t-t_1-t_2)$，此时 $\varepsilon\left(t+\frac{1}{2}\right)=\varepsilon(t-1)=$

$\varepsilon\left(t-\frac{3}{2}\right)=\varepsilon(t-3)=1$，这时 $g(t)$ 为式①中四项的和，可利用第④步的计算结果，再把第四项加上去，即得：

$$g(t)=-\frac{1}{4}t^2+\frac{1}{2}t+\frac{3}{4}+\left(\frac{1}{4}t^2-\frac{t}{2}-\frac{3}{4}\right)=0$$

将上述五个区间的计算结果写成分段表达式，得：

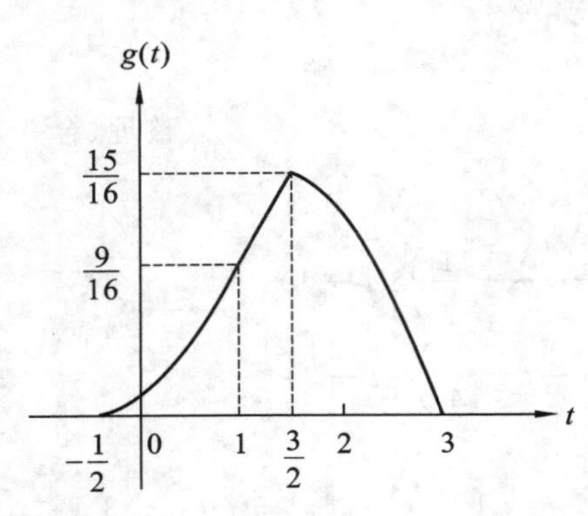

图 2.8.3　卷积 $g(t)$ 的波形

$$g(t)=\begin{cases}0 & \left(t\leqslant-\frac{1}{2},3\leqslant t<+\infty\right)\\ \frac{1}{4}t^2+\frac{1}{4}t+\frac{1}{16} & \left(-\frac{1}{2}\leqslant t\leqslant 1\right)\\ \frac{3}{4}t-\frac{3}{16} & \left(1\leqslant t\leqslant\frac{3}{2}\right)\\ -\frac{1}{4}t^2+\frac{1}{2}t+\frac{3}{4} & \left(\frac{3}{2}\leqslant t\leqslant 3\right)\end{cases}$$

按上述分段表达式画图，即可得卷积 $g(t)$ 的波形如图 2.8.3 所示。

由表达式可以看出，该波形由两条抛物线线段和一条直线线段组成。

例 2.8.3　已知门函数 $g_\tau(t)$ 如图 2.8.4 所示，求卷积 $G(t)=g_\tau(t)*g_\tau(t)$，并画波形。

解　由图 2.8.4 可知：

$$g_\tau(t)=\varepsilon\left(t+\frac{\tau}{2}\right)-\varepsilon\left(t-\frac{\tau}{2}\right)$$

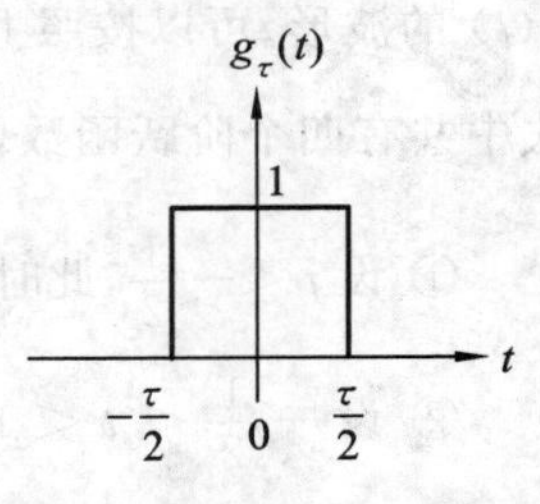

图 2.8.4　时域门函数

于是，有：

$$\begin{aligned}G(t)&=g_\tau(t)*g_\tau(t)\\&=\left[\varepsilon\left(t+\frac{\tau}{2}\right)-\varepsilon\left(t-\frac{\tau}{2}\right)\right]*\left[\varepsilon\left(t+\frac{\tau}{2}\right)-\varepsilon\left(t-\frac{\tau}{2}\right)\right]\\&=\varepsilon\left(t+\frac{\tau}{2}\right)*\varepsilon\left(t+\frac{\tau}{2}\right)-2\varepsilon\left(t+\frac{\tau}{2}\right)*\varepsilon\left(t-\frac{\tau}{2}\right)\\&\quad+\varepsilon\left(t-\frac{\tau}{2}\right)*\varepsilon\left(t-\frac{\tau}{2}\right)\end{aligned}$$

上面等式的获得是利用了卷积的分配律和交换律，并合并了同类项。

再根据 $\varepsilon(t)*\varepsilon(t)=t\varepsilon(t)$ 及卷积延时性质，计算上式中的三项卷积，得：

$$\begin{aligned}G(t)&=\left(t+\frac{\tau}{2}+\frac{\tau}{2}\right)\varepsilon\left(t+\frac{\tau}{2}+\frac{\tau}{2}\right)-2\left(t+\frac{\tau}{2}-\frac{\tau}{2}\right)\varepsilon\left(t+\frac{\tau}{2}-\frac{\tau}{2}\right)\\&\quad+\left(t-\frac{\tau}{2}-\frac{\tau}{2}\right)\varepsilon\left(t-\frac{\tau}{2}-\frac{\tau}{2}\right)\\&=(t+\tau)\varepsilon(t+\tau)-2t\varepsilon(t)+(t-\tau)\varepsilon(t-\tau)\end{aligned}$$

为了将上式写成分段表达式的形式，按 t(自变量) 和 τ(常数) 的关系，分区间计算如下。

(1) $t<-\tau$ 时，$\varepsilon(t+\tau)=\varepsilon(t)=\varepsilon(t-\tau)=0$，故 $G(t)=0$。

(2) $-\tau<t<0$ 时，$\varepsilon(t+\tau)=1$，而 $\varepsilon(t)=\varepsilon(t-\tau)=0$，故 $G(t)=t+\tau$。

(3) $0 < t < \tau$ 时，$\varepsilon(t+\tau)=\varepsilon(t)=1$，而 $\varepsilon(t-\tau)=0$，故 $G(t)=t+\tau-2\tau=-t+\tau$。

(4) $\tau < t$ 时，$\varepsilon(t+\tau)=\varepsilon(t)=\varepsilon(t-\tau)=1$，故 $G(t)=-t+\tau+t-\tau=0$。

综合(1) ~ (4) 得：

$$G(t)=\begin{cases}0 & (t\leqslant -\tau)\\ t+\tau & (-\tau\leqslant t\leqslant 0)\\ -t+\tau & (0\leqslant t\leqslant \tau)\\ 0 & (\tau\leqslant t)\end{cases}$$

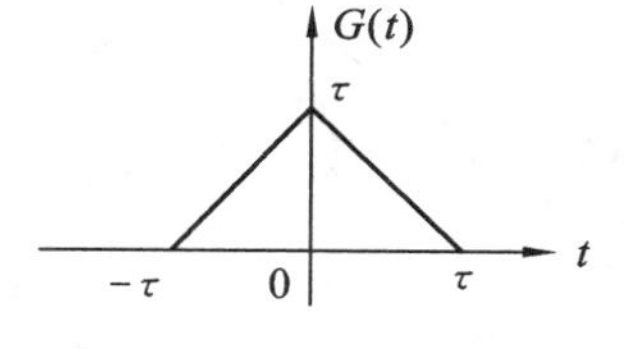

图 2.8.5　$G(t)$ 的波形

按上式画出波形如图 2.8.5 所示。

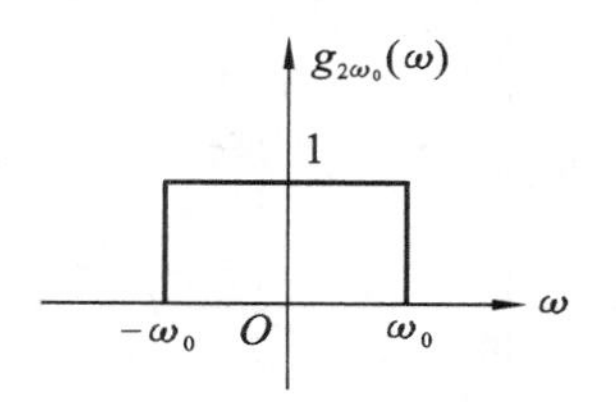

图 2.8.6　频域门函数

例 2.8.4　频域门函数 $g_{2\omega_0}(\omega)$ 如图 2.8.6 所示，试求频域卷积 $G(\omega)=g_{2\omega_0}(\omega)*g_{2\omega_0}(\omega)$ 的两种表达式及波形。

解　两个时间函数的卷积，依然是一个时间函数。同样地，两个频域函数的卷积，依然是一个频域函数。其计算方法与时域卷积相同，只是用 ω 代替了 t，用 ω_0 代替了 $\frac{\tau}{2}$。

由图 2.8.6，可以写出频域门函数的表达式为：

$$g_{2\omega_0}(\omega)=\varepsilon(\omega+\omega_0)-\varepsilon(\omega-\omega_0)$$

因此，有：

$$\begin{aligned}G(\omega)&=g_{2\omega_0}(\omega)*g_{2\omega_0}(\omega)\\&=[\varepsilon(\omega+\omega_0)-\varepsilon(\omega-\omega_0)]*[\varepsilon(\omega+\omega_0)-\varepsilon(\omega-\omega_0)]\\&=\varepsilon(\omega+\omega_0)*\varepsilon(\omega+\omega_0)-\varepsilon(\omega+\omega_0)*\varepsilon(\omega-\omega_0)-\varepsilon(\omega-\omega_0)*\varepsilon(\omega+\omega_0)\\&\quad+\varepsilon(\omega-\omega_0)*\varepsilon(\omega-\omega_0)\end{aligned}\qquad ①$$

由于 $\varepsilon(t)*\varepsilon(t)=t\varepsilon(t)$，故 $\varepsilon(\omega)*\varepsilon(\omega)=\omega\varepsilon(\omega)$。

又由于：

$$\varepsilon(t-t_1)*\varepsilon(t-t_2)=(t-t_1-t_2)\varepsilon(t-t_1-t_2)$$

故：

$$\varepsilon(\omega-\omega_1)*\varepsilon(\omega-\omega_2)=(\omega-\omega_1-\omega_2)\varepsilon(\omega-\omega_1-\omega_2)$$

根据上述性质，可以由式 ① 得到：

$$\begin{aligned}G(\omega)&=(\omega+2\omega_0)\varepsilon(\omega+2\omega_0)-2(\omega+\omega_0-\omega_0)\varepsilon(\omega+\omega_0-\omega_0)\\&\quad+(\omega-2\omega_0)\varepsilon(\omega-2\omega_0)\\&=(\omega+2\omega_0)\varepsilon(\omega+2\omega_0)-2\omega\varepsilon(\omega)+(\omega-2\omega_0)\varepsilon(\omega-2\omega_0)\end{aligned}\qquad ②$$

下面分析如何将式 ② 改写为分段表达式。

(1) $\omega < -2\omega_0$ 时，$\varepsilon(\omega+2\omega_0)=\varepsilon(\omega)=\varepsilon(\omega-2\omega_0)=0$，故 $G(\omega)=0$。

(2) $-2\omega_0 < \omega < 0$ 时，$\varepsilon(\omega+2\omega_0)=1$，$\varepsilon(\omega)=\varepsilon(\omega-2\omega_0)=0$，故 $G(\omega)=\omega+2\omega_0$。

(3) $0 < \omega < 2\omega_0$ 时，$\varepsilon(\omega+2\omega_0)=\varepsilon(\omega)=1$，$\varepsilon(\omega-2\omega_0)=0$，故 $G(\omega)=\omega+2\omega_0-2\omega=-\omega+2\omega_0$。

(4) $2\omega_0 < \omega$ 时，$\varepsilon(\omega+2\omega_0)=\varepsilon(\omega)=\varepsilon(\omega-2\omega_0)=1$，故 $G(\omega)=-\omega+2\omega_0+\omega-2\omega_0=0$。

根据上述各区间的计算结果，可得 $G(\omega)$ 的分段表达式为：

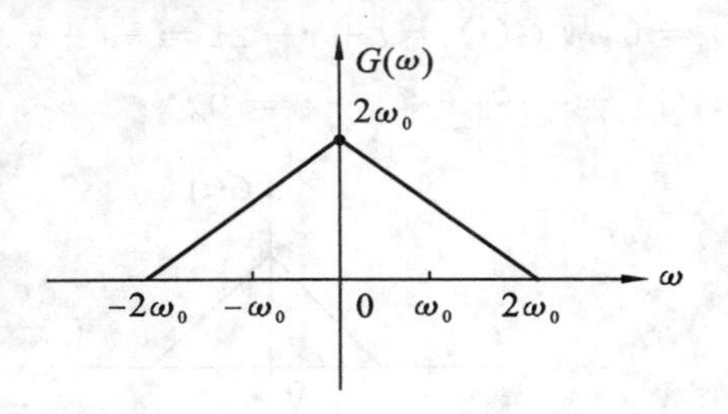

图 2.8.7　$G(\omega)$ 的波形

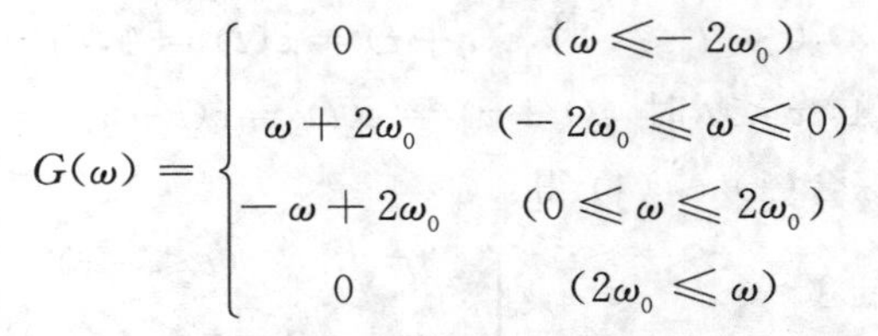

$$G(\omega)=\begin{cases}0 & (\omega\leqslant -2\omega_0)\\ \omega+2\omega_0 & (-2\omega_0\leqslant\omega\leqslant 0)\\ -\omega+2\omega_0 & (0\leqslant\omega\leqslant 2\omega_0)\\ 0 & (2\omega_0\leqslant\omega)\end{cases}$$

按上式画出波形图如图 2.8.7 所示。

例 2.8.5　已知 $f_1(t)$，$f_2(t)$ 的波形如图 2.8.8 所示，试求卷积 $g(t)=f_1(t)*f_2(t)$ 的波形。

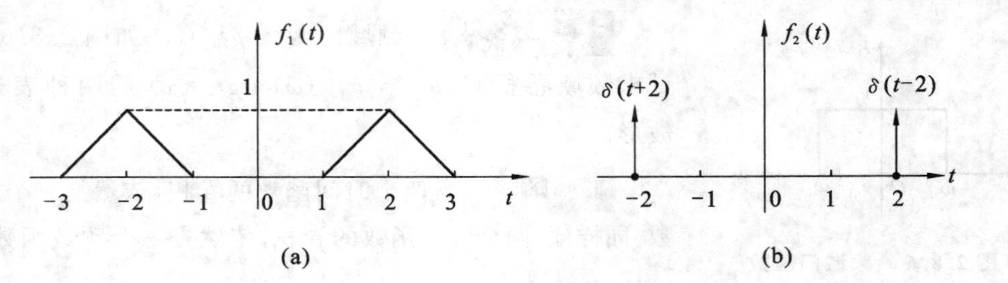

图 2.8.8　$f_1(t)$、$f_2(t)$ 的波形

解　此题可以像例 2.8.2 那样，先利用阶跃函数 $\varepsilon(t)$ 写出 $f_1(t)$ 的表达式，再与 $f_2(t)$ 做卷积，将卷积结果再写成分段表达式，然后按分段表达式画出其波形，这样做比较烦琐。在此题的特殊情况下，因为 $f_2(t)=\delta(t+2)+\delta(t-2)$，可以利用 $\delta(t)$ 的卷积性质，用图解法比较简便。具体解答过程如下。

$$\begin{aligned}g(t)&=f_1(t)*f_2(t)=f_1(t)*[\delta(t+2)+\delta(t-2)]\\&=f_1(t)*\delta(t+2)+f_1(t)*\delta(t-2)\\&=f_1(t+2)+f_1(t-2)\end{aligned}$$

根据上式，将 $f_1(t)$ 左移 2 个单位得 $f_1(t+2)$，再将 $f_1(t)$ 右移 2 个单位得 $f_1(t-2)$，将 $f_1(t+2)$，$f_1(t-2)$ 波形叠加即得 $g(t)$ 的波形，如图 2.8.9 所示。如果题目还要求写出 $g(t)$ 的表达式，则可按图 2.8.9 的波形写出，这一工作留给读者完成。

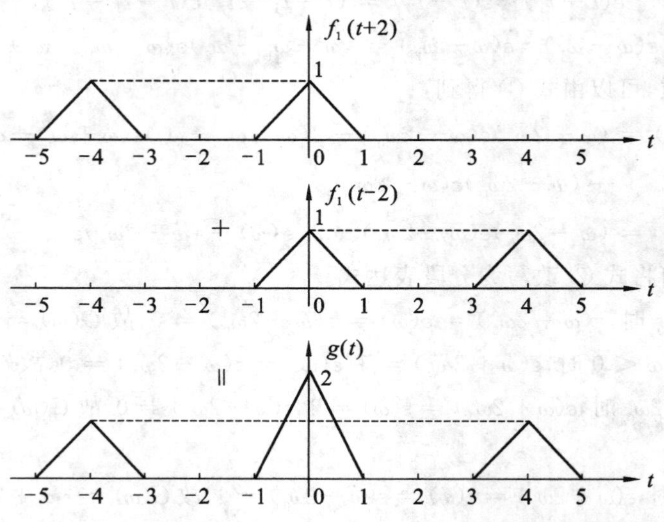

图 2.8.9　卷积 $g(t)=f_1(t+2)+f_1(t-2)$ 的波形的获取

小结：通过此例可见掌握 $\delta(t)$ 的卷积性质可以简化运算，故要牢记如下两个基本公式并能灵活应用。

$$\delta(t) * f(t) = f(t) * \delta(t) = f(t)$$

$$f(t) * \delta(t-t_0) = \delta(t-t_0) * f(t) = f(t-t_0)$$

卷积的计算，除了上面介绍的解析计算法外，还有几何图形法，有兴趣的读者可参看有关资料。

例 2.8.6 已知 $f_1(t)$，$f_2(t)$ 的波形如图 2.8.10 所示，求卷积 $g(t) = f_1(t) * f_2(t)$ 的表达式和波形。

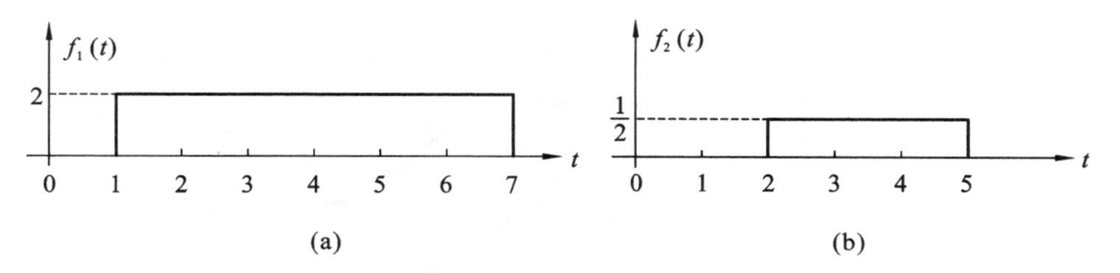

图 2.8.10 $f_1(t)$、$f_2(t)$ 的波形

解 由图 2.8.10，可以写出 $f_1(t)$，$f_2(t)$ 之解析表达式如下。

$$f_1(t) = 2[\varepsilon(t-1) - \varepsilon(t-7)], f_2(t) = \frac{1}{2}[\varepsilon(t-2) - \varepsilon(t-5)]$$

求卷积 $g(t) = f_1(t) * f_2(t)$ 时，可利用如下的卷积性质。

$$f_1(t) * f_2(t) = \frac{\mathrm{d}f_1(t)}{\mathrm{d}t} * \int_{-\infty}^{t} f_2(\tau)\mathrm{d}\tau \qquad ①$$

利用此性质计算卷积的条件是 $\frac{\mathrm{d}f_1(t)}{\mathrm{d}t}$ 是冲激函数，而另一个积分 $\int_{-\infty}^{t} f_2(\tau)\mathrm{d}\tau$ 也比较方便计算，此题正好符合这两个条件。先分别计算 $\frac{\mathrm{d}f_1(t)}{\mathrm{d}t}$，$\int_{-\infty}^{t} f_2(\tau)\mathrm{d}\tau$ 如下。

$$\frac{\mathrm{d}f_1(t)}{\mathrm{d}t} = 2\delta(t-1) - 2\delta(t-7) \qquad ②$$

$$\begin{aligned}\int_{-\infty}^{t} f_2(\tau)\mathrm{d}\tau &= \int_{-\infty}^{t} \frac{1}{2}[\varepsilon(\tau-2) - \varepsilon(\tau-5)]\mathrm{d}\tau \\ &= \int_{-\infty}^{t} \frac{1}{2}\varepsilon(\tau-2)\mathrm{d}\tau - \int_{-\infty}^{t} \frac{1}{2}\varepsilon(\tau-5)\mathrm{d}\tau \\ &= \left[\int_{2}^{t} \frac{1}{2}\mathrm{d}\tau\right] \cdot \varepsilon(t-2) - \left[\int_{5}^{t} \frac{1}{2}\mathrm{d}\tau\right]\varepsilon(t-5) \\ &= \frac{1}{2}(t-2)\varepsilon(t-2) - \frac{1}{2}(t-5)\varepsilon(t-5)\end{aligned} \qquad ③$$

这一步根据 $\varepsilon(\tau-2)$，$\varepsilon(\tau-5)$ 的含义，以及积分上限必须大于下限。将式 ② 和式 ③ 两式代入式 ① 得：

$$g(t) = f_1(t) * f_2(t) = [2\delta(t-1) - 2\delta(t-7)] * [\frac{1}{2}(t-2)\varepsilon(t-2) - \frac{1}{2}(t-5)\varepsilon(t-5)]$$

根据卷积的分配律和卷积延时性质计算上式，得：

$$g(t)=(t-3)\varepsilon(t-3)-(t-6)\varepsilon(t-6)-(t-9)\varepsilon(t-9)+(t-12)\varepsilon(t-12) \tag{2.8.27}$$

再按例 2.8.2，例 2.8.3 所介绍的方法分析，将上式改写成分段表达式如下。

$$g(t)=\begin{cases}0 & (t\leqslant 3,t\geqslant 12)\\ t-3 & (3\leqslant t\leqslant 6)\\ 3 & (6\leqslant t\leqslant 9)\\ -t+12 & (9\leqslant t\leqslant 12)\end{cases}$$

按上式画图即得 $g(t)=f_1(t)*f_2(t)$ 的波形，如图 2.8.11 所示。解毕。

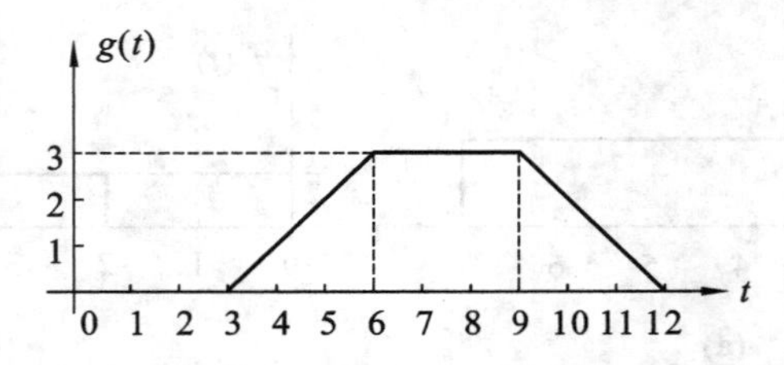

图 2.8.11　$g(t)$ 的波形

小结：此题也可以用按例 2.8.2 的方法来解答，并将这两种方法对比，哪一种更好，这个工作由读者自己完成。

本章小结

本章在介绍了用时域经典法求解连续时间系统的基础上，重点论述了线性时不变连续时间系统的性质及用卷积求系统的零状态响应的方法，并对卷积进行了深入的讨论，给出了较多的卷积计算的例题，这是因为卷积和卷积定理在本课程占有重要地位。本章重点是卷积和用卷积求系统的零状态响应。卷积在后续各章以及在后续多门课程中均有重要应用。本章介绍的卷积是线卷积，后续课程中还会遇到圆卷积。

对于时域经典法求解连续时间系统，读者只要有个大致的了解即可，因为求解电路系统最好的方法是 s 域分析法，第 5 章将会详细讨论。

习　题　2

2-1　对于连续时间系统的时域分析，数学课程中所使用的方法被称为时域经典法。它把微分方程的完全解 $r(t)$ 分解为齐次方程的通解 $r_h(t)$ 和非齐次方程的特解 $r_p(t)$ 之和，在本课程中，与完全解、通解和特解所对应的名称是什么？

2-2　给出微分算子的定义，它有哪些运算规则？

2-3　给出传输算子的定义，传输算子的另一个名称是什么？

2-4　已知系统方程分别为下列各式，试分别求其传输算子。

(1) $r'(t)+2r(t)=3e(t)$

(2) $r''(t)+3r'(t)+2r(t)=e'(t)+3e(t)$

(3) $r'''(t)+3r''(t)+3r'(t)+r(t)=e''(t)+2e'(t)+e(t)$

2-5　分别给出 0_- 和 0_+ 的定义，将时间轴上的原点 0 分成 0_-、0 和 0_+ 三部分有何实际意义?时间轴上的其他各点是否也可照此分解?

2-6　电路如题 2-6 图所示,分别写出求解电压 $v_0(t)$ 的微分方程及系统的传输算子 $H(p)$。

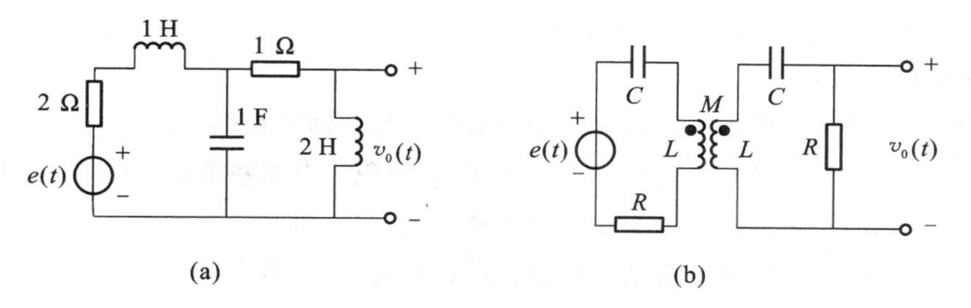

题 2-6 图

2-7　写出题 2-7 图中输入 $e(t)$ 和输出 $i_1(t)$ 之间的微分方程,并求传输算子。

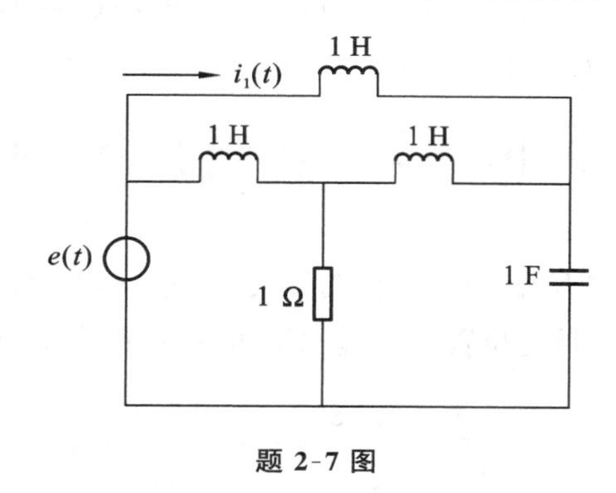

题 2-7 图

2-8　分别给出零输入响应和零状态响应的定义,举例说明完全响应与自由响应、强迫响应、零输入响应、零状态响应之间的关系。

2-9　已知系统的微分方程和未加激励时的初始条件如下:

$$r'''(t)+2r''(t)+r'(t)=3e'(t)+e(t),\quad r(0_-)=r'(0_-)=0,\quad r''(0_-)=1$$

求其零输入响应,并指出自然频率。

2-10　分别给出冲激响应和阶跃响应的定义,二者之间有什么关系?

2-11　在时域中如何求冲激响应?求冲激响应的简便方法是什么方法?

2-12　已知某线性系统单位阶跃响应为 $r_\varepsilon(t)=(2\mathrm{e}^{-2t}-1)\varepsilon(t)$,试求激励信号为题 2-12 图所示波形时的零状态响应。

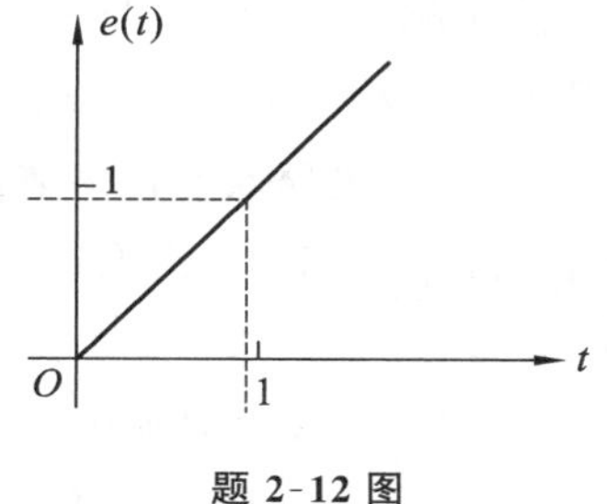

题 2-12 图

2-13　给出线性时不变连续时间系统的定义,叙述其重要性质。

2-14　一个线性时不变连续时间系统,当激励为 $e(t)$ 时,全响应 $r_1(t)=2\mathrm{e}^{-2t}\varepsilon(t)$;起始状态不变,激励为 $2e(t)$ 时,全响应 $r_2(t)=5\mathrm{e}^{-2t}\varepsilon(t)$。求:(1) 起始状态不变,激励为 $e(t-t_0)$ 时的全响应 $r_3(t)$;(2) 起始状态增大为原来的 2 倍,激励为 $0.5e(t)$ 时的全响应 $r_4(t)$。

2-15　某线性非时变系统具有两个初始状态 $x_1(0)$、$x_2(0)$,其激励为 $e(t)$ 时输出响应为 $r(t)$,已知:

(1) 当 $e(t)=0, x_1(0)=3, x_2(0)=2$ 时，$r(t)=e^{-t}(5t+3)\varepsilon(t)$；

(2) 当 $e(t)=0, x_1(0)=1, x_2(0)=5$ 时，$r(t)=e^{-t}(6t+1)\varepsilon(t)$；

(3) 当 $e(t)=2\varepsilon(t), x_1(0)=1, x_2(0)=1$ 时，$r(t)=e^{-t}(t+1)\varepsilon(t)$。

求：$e(t)=4\varepsilon(t)$ 时的零状态响应。

2-16 试证明系统的零状态响应等于冲激响应与激励的卷积积分。

2-17 给出数学上卷积积分的一般定义式，卷积积分有哪些重要性质，分别证明之。

2-18 给出两个有始信号的卷积积分计算公式，并证明之。

2-19 给出两个有因果信号的卷积积分计算公式，并证明之。

2-20 给出两个阶跃信号的卷积积分计算公式，并证明之。

2-21 求信号 $f_1(t)$ 与 $f_2(t)$ 的卷积 $f_1(t)*f_2(t)$：

(1) $f_1(t)=\varepsilon(-t+1)+2\varepsilon(t-1), f_2(t)=e^{-(t+1)}\cdot\varepsilon(t+1)$；

(2) $f_1(t)=2[\varepsilon(t)-\varepsilon(t-1)], f_2(t)=\sin(t)[\varepsilon(t)-\varepsilon(t-\pi)]$。

2-22 已知 $f(t)=\sqrt{\frac{2E}{\tau}}\left[\varepsilon\left(t+\frac{\tau}{4}\right)-\varepsilon\left(t-\frac{\tau}{4}\right)\right]$，求卷积 $f(t)*f(t)$ 的表达式及波形。

2-23 电路如题 2-23 图所示，$t=0$ 以前开关 S_1、S_2 均位于位置 1，电路已进入稳态；$t=0$ 时刻，S_1 与 S_2 同时由位置 1 转到位置 2，求输出电压 $v_0(t)$ 的完全响应（其中，i_s，E 均为常数）。

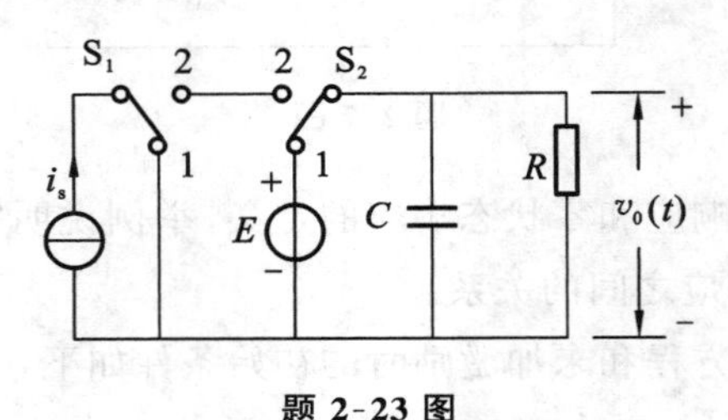

题 2-23 图

2-24 已知系统的冲激响应 $h(t)$ 和激励信号 $e(t)$ 如下，分别求出各自的零状态响应：

(1) $h(t)=e^{2t}\varepsilon(t), e(t)=\varepsilon(t)$

(2) $h(t)=e^{2t}\varepsilon(t), e(t)=\varepsilon(t)-\varepsilon(t-1)$

(3) $h(t)=\varepsilon(t-2)-\varepsilon(t-5), e(t)=\varepsilon(t)$

(4) $h(t)=\varepsilon(t)-\varepsilon(t-3), e(t)=\varepsilon(t)-\varepsilon(t-5)$

2-25 电路及元件参数如题 2-25 图所示。$t<0$ 时，开关 K 处于位置 1 且电路已经达到稳态；当 $t=0$ 时，K 由位置 1 转向位置 2。求 $t\geqslant 0_+$ 时，图中电阻 R_1 两端电压 $V_{R1}(t)$ 的完全响应。

2-26 电路及直流电源电压如题 2-26 图所示。$t<0$ 时，开关 K 处于位置 1，电路已经达到稳态；当 $t=0$ 时，K 由位置 1 转向位置 2。求 $t\geqslant 0$ 时，图中电流 $i(t)$ 的零输入响应 $i_{zi}(t)$、零状态响应 $i_{zs}(t)$ 及完全响应。已知激励源 $e(t)=V_m\sin(\omega t)\varepsilon(t)$，且设 $\omega=1$（弧度/s），$R=1\ \Omega, C=1\ \mathrm{F}, V_m=1\ \mathrm{V}$。

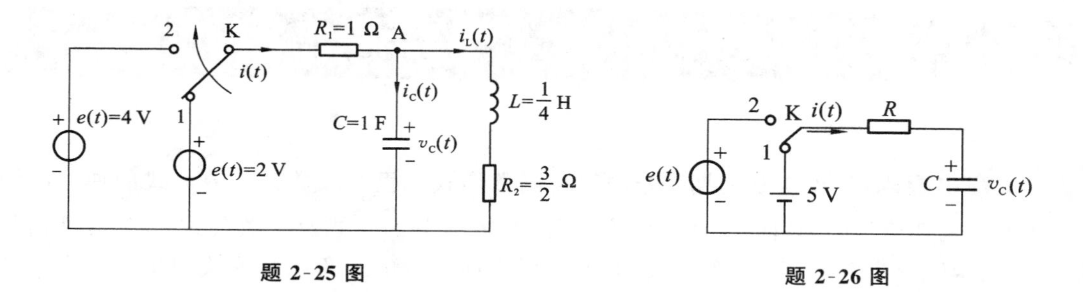

题 2-25 图　　　　题 2-26 图

2-27　如题 2-27 图所示，$h(t)$ 为三角形脉冲，而 $x(t)$ 为冲激序列，即 $x(t)=\sum_{k=-\infty}^{+\infty}\delta(t-kT)$，求当 T 为：① $T=4$；② $T=3/2$ 时，卷积的表达式及波形。

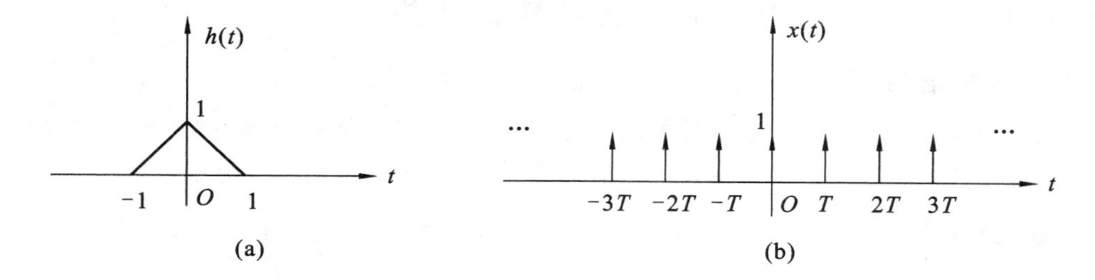

题 2-27 图

2-28　信号 $f_1(t)$ 和 $f_2(t)$ 的波形如题 2-28 图所示，求卷积 $g(t)=f_1(t)*f_2(t)$，并绘出波形图，计算 $g(2)$ 之值。

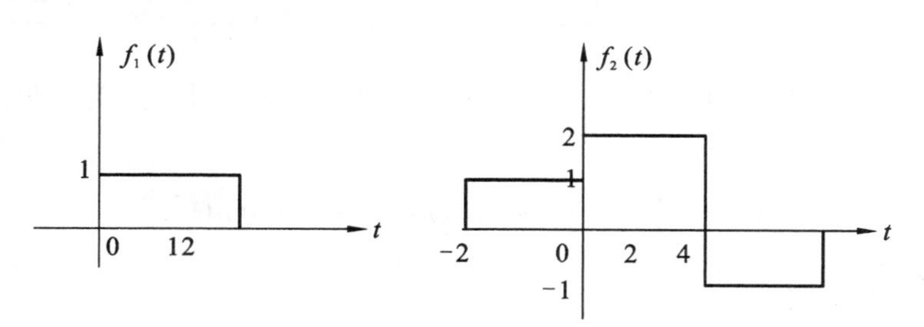

题 2-28 图

第3章 连续时间信号的频谱密度函数

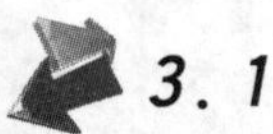

(1) 从周期信号的三角函数形式傅里叶级数到指数形式的傅里叶级数、再到非周期信号的傅里叶变换的演变过程，与此有关的公式及系数公式；(2) 周期信号展成三角函数形式傅里叶级数的含义；(3) 常用周期信号的三角函数形式傅里叶级数展开式；(4) 傅里叶变换及逆变换在信号分析中的物理意义，求信号频谱密度函数的多种方法；(5) 傅里叶变换的基本性质；(6) 常用非周期信号的傅里叶变换；(7) 傅里叶变换的卷积定理的证明与应用。

3.1 傅里叶级数在信号分析中的应用

3.1.1 周期信号展开为三角函数形式的傅里叶级数

在第1章的1.2.5节讨论了信号的时域分解，指出信号有多种分解方法。本章将讨论第5种分解方法：将一个信号分解为无数正弦信号的和，先讨论周期信号的分解。

根据数学知识，若周期函数 $f(t)$ 的周期为 T，角频率 $\Omega=\dfrac{2\pi}{T}$，且满足狄利克雷条件。

狄利克雷(Dirichlet)条件：在一个周期内只有有限个间断点；在一个周期内只有有限个极值点；在一个周期内函数绝对可积，即

$$\int_{0}^{t_0+T} |F(T)| \mathrm{d}t<\infty$$

一般的周期信号都能满足狄利克雷条件，则周期信号 $f(t)$ 可展开为三角函数形式的傅里叶级数：

$$f(t)=\frac{a_0}{2}+\sum_{n=1}^{\infty}[a_n\cos(n\Omega t)+b_n\sin(n\Omega t)] \tag{3.1.1}$$

上式中，各系数的公式为：

$$a_0=\frac{2}{T}\int_{-\frac{T}{2}}^{\frac{T}{2}}f(t)\mathrm{d}t \tag{3.1.2}$$

$$a_n=\frac{2}{T}\int_{-\frac{T}{2}}^{\frac{T}{2}}f(t)\cos(n\Omega t)\mathrm{d}t \tag{3.1.3}$$

$$b_n=\frac{2}{T}\int_{-\frac{T}{2}}^{\frac{T}{2}}f(t)\sin(n\Omega t)\mathrm{d}t \tag{3.1.4}$$

为了把式(3.1.1)变成所需要的形式，可以构造一个如图3.1.1所示的系数直角三角形。

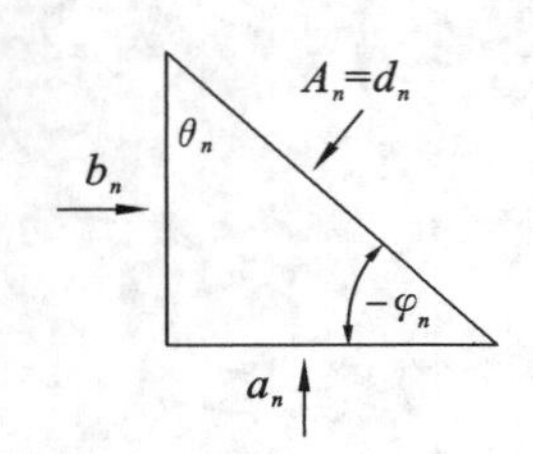

图3.1.1 系数直角三角形

则有：

$$A_n=d_n=\sqrt{a_n^2+b_n^2}$$
$$a_n=A_n\cos\varphi_n=d_n\sin\theta_n$$
$$b_n=A_n\sin(-\varphi_n)=d_n\cos\theta_n$$
$$\tan(-\varphi_n)=\frac{b_n}{a_n}\tan\theta_n=\frac{a_n}{b_n}$$

利用上述关系式，经过恒等变形，则式(3.1.1)可以变换为：

$$
\begin{aligned}
f(t) &= \frac{a_0}{2} + \sum_{n=1}^{\infty}[a_n\cos(n\Omega t) + b_n\sin(n\Omega t)] \\
&= \frac{a_0}{2} + \sum_{n=1}^{\infty}A_n\left[\frac{a_n}{A_n}\cos(n\Omega t) + \frac{b_n}{A_n}\sin(n\Omega t)\right] \\
&= \frac{a_0}{2} + \sum_{n=1}^{\infty}A_n[\cos\varphi_n\cos(n\Omega t) - \sin\varphi_n\sin(n\Omega t)] \\
&= \frac{a_0}{2} + \sum_{n=1}^{\infty}A_n\cos(n\Omega t + \varphi_n) \qquad (3.1.5)
\end{aligned}
$$

及

$$
f(t) = \frac{a_0}{2} + \sum_{n=1}^{\infty}d_n\sin(n\Omega t + \theta_n) \qquad (3.1.6)
$$

在信号分析中常用到式(3.1.5)，该式说明：周期信号可以分解为直流分量$\left(\frac{a_0}{2}\right)$与无数余弦分量 $A_n\cos(n\Omega t + \varphi_n)$ 之和。这些余弦分量的角频率 ω 只能是基频 $\Omega = \frac{2\pi}{T}$ 的整数倍。

- $n = 1$ 时，余弦分量 $A_1\cos(\Omega t + \varphi_1)$ 称为基波；
- $n = 2$ 时，余弦分量 $A_2\cos(2\Omega t + \varphi_2)$ 称为二次谐波；
- $n = 3$ 时，余弦分量 $A_3\cos(3\Omega t + \varphi_3)$ 称为三次谐波；

…… 其余依此类推。

各次谐波的振幅为：

$$
\begin{aligned}
A_n &= \sqrt{a_n^2 + b_n^2} \\
&= \sqrt{\left[\frac{2}{T}\int_{-\frac{T}{2}}^{\frac{T}{2}}f(t)\cos(n\Omega t)\mathrm{d}t\right]^2 + \left[\frac{2}{T}\int_{-\frac{T}{2}}^{\frac{T}{2}}f(t)\sin(n\Omega t)\mathrm{d}t\right]^2} \qquad (3.1.7)
\end{aligned}
$$

是自变量 $\omega = n\Omega$ 的函数，$A_n \sim \omega(n\Omega)$ 的图像称为幅度谱。各次谐波的相位为：

$$
\varphi_n = -\arctan\frac{b_n}{a_n} = -\arctan\frac{\int_{-\frac{T}{2}}^{\frac{T}{2}}f(t)\sin(n\Omega t)\mathrm{d}t}{\int_{-\frac{T}{2}}^{\frac{T}{2}}f(t)\cos(n\Omega t)\mathrm{d}t} \qquad (3.1.8)
$$

也是自变量 $\omega = n\Omega$ 的函数，$\varphi_n \sim \omega(n\Omega)$ 的图像称为相位谱。由于自变量 ω 只能取离散值 $n\Omega$，所以幅度谱和相位谱都是离散谱。周期信号频谱的最大特点就是离散谱。如果已知周期信号 $f(t)$ 在一个周期内的表达式，就可以通过系数公式求出 A_n，φ_n 的表达式，从而画出幅度谱和相位谱。以上所述就是三角函数形式的傅里叶级数在信号分析中的物理意义。

例 3.1.1 周期矩形脉冲信号 $f(t)$ 如图 3.1.2 所示，试画出 $f(t)$ 的幅度谱和相位谱。

解 由图 3.1.2 写出 $f(t)$ 在一个周期内的表达式如下：

$$
f(t) = \begin{cases} A & \left(-\frac{\tau}{2} < t < \frac{\tau}{2}\right) \\ 0 & \left(\frac{\tau}{2} < |t| \leqslant \frac{T}{2}\right) \end{cases} \qquad ①
$$

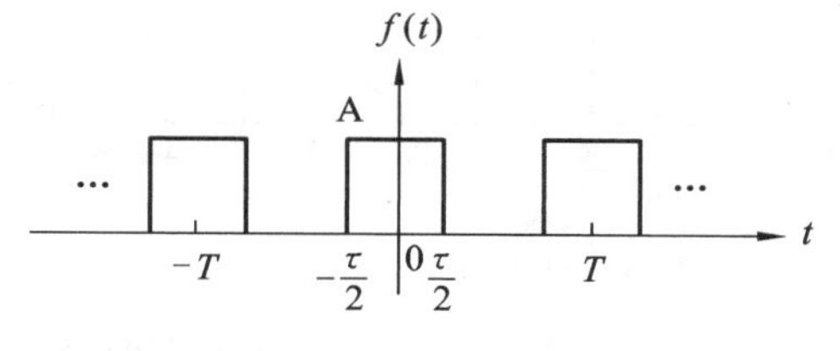

图 3.1.2 周期矩形脉冲信号

根据系数公式(3.1.2)、(3.1.3)、(3.1.4)计

算各系数为：

$$a_0 = \frac{2}{T}\int_{-T/2}^{T/2} f(t)\mathrm{d}t = \frac{2}{T}\int_{-\tau/2}^{\tau/2} A\mathrm{d}t = \frac{2A\tau}{T} \qquad ②$$

$$a_n = \frac{2}{T}\int_{-T/2}^{T/2} f(t)\cos(n\omega t)\mathrm{d}t = \frac{4}{T}\int_{0}^{\tau/2} A\cos(n\frac{2\pi}{T}t)\mathrm{d}t$$

$$= \frac{2A}{n\pi}\sin\left(\frac{n\pi\tau}{T}\right) = \frac{2A\tau}{T}\frac{\sin\left(\frac{n\pi\tau}{T}\right)}{\frac{n\pi\tau}{T}} = \frac{2A\tau}{T}\mathrm{Sa}\left(\frac{n\pi\tau}{T}\right) \qquad ③$$

$$= \frac{2A\tau}{T}\mathrm{Sa}\left(\frac{n\Omega\tau}{2}\right)$$

因为 $f(t)$ 为偶函数，所以 $b_n = 0$。

根据系数公式计算的结果，周期矩形脉冲信号 $f(t)$ 的展开式为：

$$f(t) = \frac{A\tau}{T} + \sum_{n=1}^{\infty}\frac{2A\tau}{T}\mathrm{Sa}\left(\frac{n\Omega\tau}{2}\right)\cdot\cos(n\Omega t) \qquad ④$$

在上式中，$\frac{a_0}{2} = \frac{A\tau}{T}$ 为直流分量，因为 $b_n = 0$，所以有：

$$A_n = \sqrt{a_n^2 + b_n^2} = |a_n| = \left|\frac{2A\tau}{T}\mathrm{Sa}\left(\frac{n\Omega\tau}{2}\right)\right|$$

其为幅度谱，$\Omega = \frac{2\pi}{T}$。若知道 A,T,τ 的数值，即可画出 $A_n \sim \omega$ 的图形。

在式 ④ 中未出现 φ_n，实际上，由于 $b_n = 0$，$\varphi_n = -\arctan\frac{b_n}{a_n} = 0$。所以 φ_n 的取值只有两种情况，要么为 0，要么为 π。当 $a_n = \frac{2A\tau}{T}\mathrm{Sa}\left(\frac{n\Omega\tau}{2}\right)$ 为正时，$\varphi_n = 0$，当 a_n 为负时，$\varphi_n = \pi$。

令 $A = 2, \tau = 1, T = 4$，则 $\Omega = \frac{\pi}{2}, \frac{a_0}{2} = \frac{1}{2}$，则：

$$A_n = |a_n| = \left|\frac{2A\tau}{T}\mathrm{Sa}\left(\frac{n\Omega t}{2}\right)\right| = \left|\mathrm{Sa}\left(\frac{n\pi}{4}\right)\right| = \left|\frac{\sin\left(\frac{n\pi}{4}\right)}{\left(\frac{n\pi}{4}\right)}\right|$$

而 $\dot{A}_n = \frac{\sin\left(\frac{n\pi}{4}\right)}{n\pi/4}$，计算 $n = 1,2,3,\cdots$ 时的值，并列表如表 3.1.1 所示。根据表 3.1.1 中的数据，可画出 $A_n \sim \omega, \varphi_n \sim \omega$ 的图形如图 3.1.3 所示。

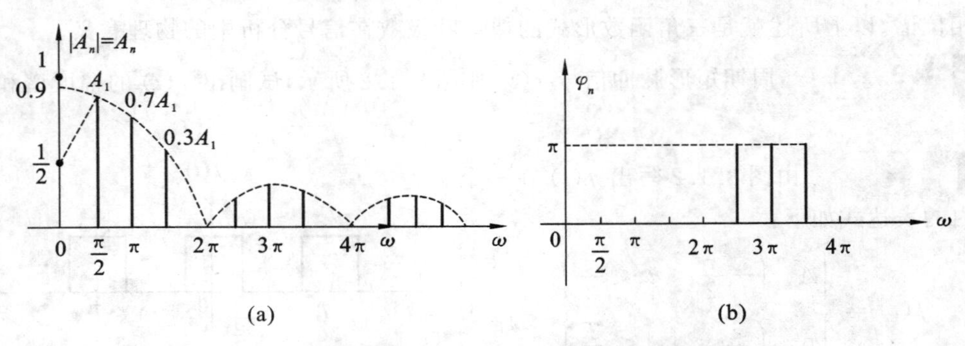

图 3.1.3　周期矩形脉冲信号的幅度谱与相位谱

表 3.1.1 A_n，φ_n 的计算表格 $\dot{A}_n = \dfrac{\sin\left(\frac{n\pi}{4}\right)}{n\pi/4}$

n	1	2	3	4	5	6	7	8	……
$\omega = n\omega$	$\frac{\pi}{2}$	π	$\frac{3\pi}{2}$	2π	$2\frac{1}{2}\pi$	3π	$3\frac{1}{2}\pi$	4π	
$\dot{A}_n$	0.900	$0.707A_1$	$0.333A_1$	0	$-0.2A_1$	$-0.236A_1$	$-0.143A_1$	0	
φ_n	0	0	0		π	π	π		

注意：表 3.1.1 中各次谐波振幅的大小，是以基波振幅 A_1 的大小来表示的，这种表示方法称为归一化。这样做既可以减小计算工作量，又可以比较各次谐波的相对大小。

在频谱图中，通常用虚线将各条谱线的顶点连接起来，称为包络线。周期矩形脉冲信号幅度谱的包络线具有抽样函数曲线的形状。关于抽样函数，在 3.3 节中将会介绍。

3.1.2　周期信号展开为复指数形式的傅里叶级数

周期信号除了可以展开成三角函数形式的傅里叶级数外，还可以展开成复指数形式的傅里叶级数。对于同一个周期信号，这两种形式的傅里叶级数可以通过数学恒等变形相互转化。

若周期信号 $f(t)$ 的周期为 T，角频率 $\Omega = \dfrac{2\pi}{T}$，且满足狄利克雷条件，则可以展开成如下的复指数形式的傅里叶级数。

$$f(t) = \sum_{n=-\infty}^{+\infty} F_n e^{jn\Omega t} = \sum_{n=-\infty}^{+\infty} F(n\Omega) e^{jn\Omega t} = \sum_{n=-\infty}^{+\infty} C_n e^{jn\Omega t} \tag{3.1.9}$$

为了求出复指数形式傅里叶级数的系数（F_n 或 C_n），可在上式两边同时乘以 $e^{jn\Omega t}$，且两边同时在一个周期内积分，由复指数形式傅里叶级数的特性，可得如下系数公式：

$$F_n = F(n\Omega) = \frac{\int_0^T f(t) f(t) e^{-jn\Omega t} dt}{\int_0^T e^{jn\Omega T} e^{-jn\Omega t}} = \frac{1}{T}\int_0^T f(t) e^{-jn\Omega t} dt \quad (n = 0, \pm 1, \pm 2, \cdots) \tag{3.1.10}$$

积分周期也可选为 $-T/2$ 到 $T/2$，则系数公式为（三个系数符号 F_n、$F_n(n\Omega)$、C_n 是等效的）：

$$F_n = \frac{1}{T}\int_{-T/2}^{T/2} f(t) e^{-jn\Omega t} dt (n = 0, \pm 1, \pm 2, \pm 3, \cdots) \tag{3.1.11}$$

下面通过数学恒等变形，找出两种级数系数表达式之间的关系。

根据欧拉公式，有：

$$\begin{cases} \cos n\Omega t = \dfrac{1}{2}(e^{jn\Omega t} + e^{-jn\Omega t}) \\ \sin n\Omega t = \dfrac{1}{2j}(e^{jn\Omega t} - e^{-jn\Omega t}) \end{cases}$$

对于周期为 T 的周期信号 $f(t)$，由展开式(3.1.5)，进行如下的数学恒等变形：

$$f(t) = \frac{a_0}{2} + \sum_{n=1}^{\infty} A_n \cos(n\Omega t + \varphi_n)$$

$$= \frac{a_0}{2} + \sum_{n=1}^{\infty} \frac{A_n}{2}[\mathrm{e}^{\mathrm{j}(n\Omega t+\varphi_n)} + \mathrm{e}^{-\mathrm{j}(n\Omega t+\varphi_n)}]$$

$$= \frac{a_0}{2} + \sum_{n=1}^{\infty} \frac{A_n}{2}\mathrm{e}^{\mathrm{j}(n\omega_0 t+\varphi_n)} + \sum_{n=1}^{\infty} \frac{A_n}{2}\mathrm{e}^{-\mathrm{j}(n\omega_0 t+\varphi_n)} \quad (令后面等式\ n=-m)$$

$$= \frac{a_0}{2} + \sum_{n=1}^{\infty} \frac{A_n}{2}\mathrm{e}^{\mathrm{j}(n\Omega t+\varphi_n)} + \sum_{m=-1}^{-\infty} \frac{A_{-m}}{2}\mathrm{e}^{-\mathrm{j}(-m\Omega t+\varphi_{-m})}$$

$$= \frac{a_0}{2} + \sum_{n=1}^{\infty} \frac{A_n}{2}\mathrm{e}^{\mathrm{j}(n\Omega t+\varphi_n)} + \sum_{m=-1}^{-\infty} \frac{A_{-m}}{2}\mathrm{e}^{-\mathrm{j}(-m\Omega t-\varphi_m)} \quad (A_n\ 为偶函数,\varphi_n\ 为奇函数)$$

$$= \frac{a_0}{2} + \sum_{n=1}^{\infty} \frac{A_n}{2}\mathrm{e}^{\mathrm{j}(n\Omega t+\varphi_n)} + \sum_{m=-1}^{-\infty} \frac{A_m}{2}\mathrm{e}^{\mathrm{j}(m\Omega t+\varphi_m)}$$

$$= \frac{a_0}{2} + \sum_{n=1}^{\infty} \frac{A_n}{2}\mathrm{e}^{\mathrm{j}(n\Omega t+\varphi_n)} + \sum_{n=-1}^{-\infty} \frac{A_n}{2}\mathrm{e}^{\mathrm{j}(n\Omega t+\varphi_n)} \quad (将\ m\ 换成\ n)$$

$$= \sum_{n=-\infty}^{+\infty} \frac{A_n}{2}\mathrm{e}^{\mathrm{j}(n\Omega t+\varphi_n)} = \sum_{n=-\infty}^{+\infty} \frac{A_n}{2}\mathrm{e}^{\mathrm{j}\varphi_n}\mathrm{e}^{\mathrm{j}n\Omega t} \tag{3.1.12}$$

式(3.1.9)是由周期信号 $f(t)$ 直接展开得到的复指数形式的傅里叶级数,而式(3.1.12)则是先将周期信号 $f(t)$ 展开成三角函数形式的傅里叶级数,再恒等变形得到的复指数形式的傅里叶级数。式(3.1.9)和式(3.1.12)表示的是同一个周期信号的复指数形式的傅里叶级数,因此,它们应该相等。比较两式即得到:

$$F_n = C_n = \frac{1}{2}A_n\mathrm{e}^{\mathrm{j}\varphi_n} \tag{3.1.13}$$

式(3.1.13)说明复指数形式的傅里叶级数的系数(F_n 有时用 C_n 表示)是一个复数,它的模为 $|F_n| = \frac{1}{2}A_n$,相角为 φ_n。

F_n 是 $\omega(=n\Omega)$ 的函数,其与 $\omega(=n\Omega)$ 的关系称为复数频谱,是离散谱。

$|F_n|$ 和 $\omega(=n\Omega)$ 的关系称为复数幅度频谱,是偶函数,是离散谱。

因为 $|F_n| = \frac{1}{2}A_n$,这说明复数幅度频谱是把三角函数形式的傅里叶级数的幅度频谱的每一根谱线平分得到的,欧拉公式明确地表示了这一点。只有 $n=0$ 时是例外,此时 $|F_0| = \frac{1}{2}A_0 = \frac{a_0}{2}$ 就是直流分量。

φ_n 和 $\omega(=n\Omega)$ 的关系称为复数相位频谱,是奇函数。从推导过程可以看出,两种级数的相位谱的表达式是相同的,二者的区别在于三角函数形式的傅里叶级数的相位谱中的 n 只能取正整数,而复数形式的傅里叶级数的相位频谱中的 n 可取正整数,也可取负整数。

注意:要指出的是:在周期信号的复指数形式的傅里叶级数展开式中出现了负频率,在实际的信号中并不存在负频率,负频率的出现完全是引用欧拉公式运算的结果。在信号的理论分析中需要进行大量的数学运算,用复指数函数进行数学运算比三角函数要简单方便得多,因而在信号的理论分析中,一开始就引入了复指数。实践表明,在信号分析中引用复指数进行数学运算所得出的基本理论都是正确的。因此,在信号分析中引用复指数函数是必要且可行的,并取得了巨大的成功。

复指数形式的傅里叶级数的引入,为非周期信号的频谱分析——傅里叶变换的引入打下了基础。可以认为，复指数形式的傅里叶级数是一种过渡性的理论。信号分析的基本理论是三角函数形式的傅里叶级数和傅里叶变换。

例 3.1.2 例 3.1.1 中的周期矩形脉冲信号 $f(t)$ 如图 3.1.4 所示，试画出 $f(t)$ 的复数幅度谱和复数相位谱。

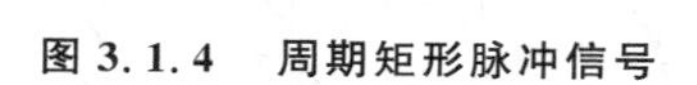

图 3.1.4 周期矩形脉冲信号

解 将周期信号 $f(t)$ 展开成复指数的形式，此时有：

$$f(t) = \sum_{n=-\infty}^{\infty} c_n \mathrm{e}^{\mathrm{j}n\Omega t} \qquad ①$$

而系数为：

$$\begin{aligned} c_n &= \frac{1}{T}\int_{-\frac{T}{2}}^{\frac{T}{2}} f(t)\mathrm{e}^{-\mathrm{j}n\Omega t}\,\mathrm{d}t = \frac{1}{T}\int_{-\frac{\tau}{2}}^{\frac{\tau}{2}} A\mathrm{e}^{-\mathrm{j}n\Omega t}\,\mathrm{d}t \\ &= \frac{A\tau}{T}\mathrm{Sa}\left(\frac{n\Omega\tau}{2}\right) = \frac{1}{2}\dot{A}_n \end{aligned} \qquad ②$$

现在，在 $f(t)$ 的展开式中，n 可以取负整数，从而出现了负频率。负频率并没有任何实际意义，而是由于引用欧拉公式，将每一个正弦分量一分为二，分解为一对正负频率的复指数分量的结果。由欧拉公式可以得出，也可以另行证明。

$$\begin{cases} |c_n| = |c_{-n}| = \dfrac{1}{2}|\dot{A}_n| \\ \varphi_n = -\varphi_{-n} \end{cases} \qquad ③$$

由于一般情况下，c_n 为复数，故称 $c_n \sim \omega(n\Omega)$ 的关系为复数频谱，$|c_n| \sim \omega$ 为复数幅度谱，$\varphi_n \sim \omega$ 的关系为复数相位谱。当 c_n 为实数时，可以只画出 $c_n \sim \omega$ 的关系即可。此时的复数频谱可以同时反映 $|c_n| \sim \omega$ 及 $\varphi_n \sim \omega$ 的关系，当幅度 c_n 为正时，相位为零，当幅度为负时，相位为 π。根据 $c_n = \frac{1}{2}\dot{A}_n$ 和表 3.1.1 的参数，可以画出周期矩形脉冲信号 $f(t)$ 的复数频谱如图 3.1.5 所示。

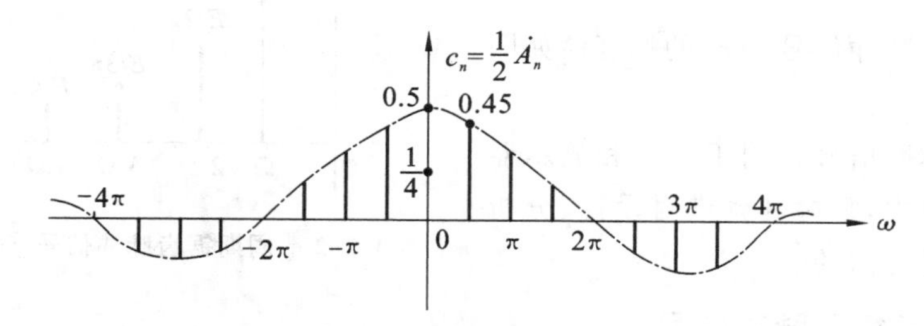

图 3.1.5 周期矩形脉冲信号的复数频谱

 3.2 常用周期信号的傅里叶级数展开式

对于电子工程师来说，掌握一些常用周期信号的傅里叶级数展开式会给工作带来极大的方便。从原理上来说，只要按系数公式积分，就可以得到所需要的周期信号的傅里叶级数展开式。除了例 3.1.1 中的周期矩形脉冲信号之外，还有下列几个常用周期信号，分别介绍如下。

3.2.1 周期锯齿脉冲信号

周期锯齿脉冲信号 $f(t)$ 如图 3.2.1 所示。

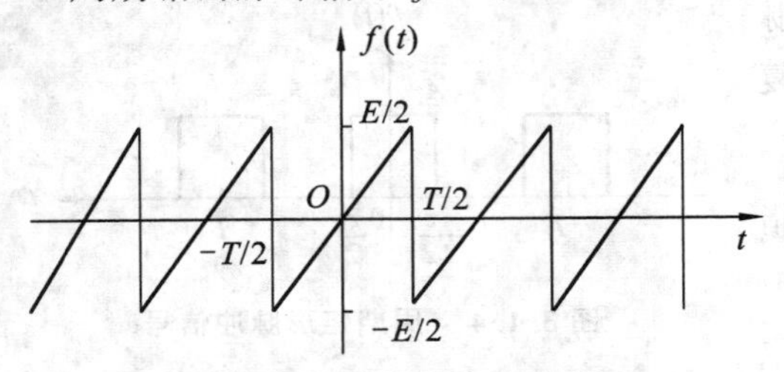

图 3.2.1 周期锯齿脉冲信号

由图 3.2.1 写出 $f(t)$ 在一个周期内的表达式如下：

$$f(t)=\frac{E}{T}t\left(-\frac{T}{2}<t<\frac{T}{2}\right) \tag{3.2.1}$$

显然，$f(t)$ 是奇函数，根据三角函数形式的傅里叶级数系数公式(3.1.2)和(3.1.3)可以看出，$a_0=0$，$a_n=0$，因为它们的被积函数为奇函数。同理，所有的奇函数的三角函数形式的傅里叶级数都不包括直流分量和余弦项，只含有正弦项。

下面根据式(3.1.4)计算其正弦项的系数(应注意到 $\Omega=2\pi/T$)：

$$\begin{aligned}
b_n&=\frac{2}{T}\int_{-\frac{T}{2}}^{\frac{T}{2}}f(t)\sin(n\Omega t)\,\mathrm{d}t=\frac{2}{T}\int_{-\frac{T}{2}}^{\frac{T}{2}}\frac{E}{T}t\sin(n\Omega t)\,\mathrm{d}t\\
&=\frac{4}{T}\int_{0}^{\frac{T}{2}}\frac{E}{T}t\sin(n\Omega t)\,\mathrm{d}t=\frac{4}{T}\left(-\frac{1}{n\Omega}\right)\frac{E}{T}t\cos(n\Omega t)\Bigg|_{0}^{\frac{T}{2}}+\frac{4}{T}\frac{1}{n\Omega}\int_{0}^{\frac{T}{2}}\frac{E}{T}\cos(n\Omega t)\,\mathrm{d}t\\
&=-\frac{E}{n\pi}\cos(n\pi)+0 \qquad (\text{因为}\cos(n\pi)=(-1)^n)\\
&=(-1)^{n+1}\frac{E}{n\pi}
\end{aligned} \tag{3.2.2}$$

于是得到周期锯齿脉冲信号 $f(t)$ 的三角函数形式的傅里叶级数展开式为：

$$\begin{aligned}
f(t)&=\sum_{n=1}^{+\infty}(-1)^{n+1}\frac{E}{n\pi}\sin(n\Omega t)\\
&=\frac{E}{\pi}\left[\sin(\Omega t)-\frac{1}{2}\sin(2\Omega t)+\frac{1}{3}\sin(3\Omega t)-\cdots\right]
\end{aligned} \tag{3.2.3}$$

根据关系式 $A_n=\sqrt{a_n^2+b_n^2}=|b_n|=\dfrac{E}{n\pi}$ 可画出周期锯齿脉冲信号 $f(t)$ 的幅度谱如图 3.2.2 所示。

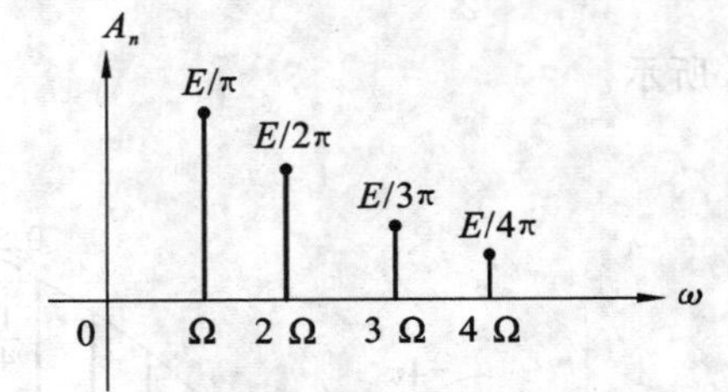

图 3.2.2 周期锯齿脉冲信号 $f(t)$ 的幅度谱

周期锯齿脉冲信号常用于电视和显示器的行场扫描电路中，掌握其频谱对设计、分析行场扫描电路是必需的。

3.2.2 周期三角形脉冲信号

周期三角形脉冲信号 $f(t)$ 如图 3.2.3 所示。

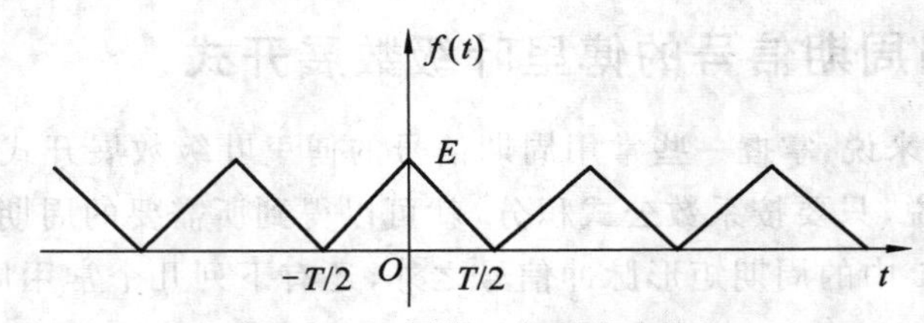

图 3.2.3 周期三角形脉冲信号

由图 3.2.3 可写出 $f(t)$ 在一个周期内的表达式如下：

$$f(t)=\begin{cases}E\left(\frac{2}{T}t+1\right) & \left(-\frac{T}{2}\leqslant t\leqslant 0\right)\\ E\left(-\frac{2}{T}t+1\right) & \left(0<t\leqslant\frac{T}{2}\right)\end{cases}\tag{3.2.4}$$

由于 $f(t)$ 是偶函数，根据三角函数形式的傅里叶级数系数公式可以看出 $b_n=0$，因为当 $f(t)$ 为偶函数时，b_n 的被积函数为奇函数。同理，所有偶函数的三角函数形式的傅里叶级数都不包括正弦项，只含有直流分量和余弦项，如例 3.1.1 中的周期矩形脉冲信号也是偶函数。

下面计算其直流分量和余弦项的系数(应注意到 $\Omega=2\pi/T$)。

$$\begin{aligned}a_0&=\frac{2}{T}\int_{-T/2}^{T/2}f(t)\mathrm{d}t=\frac{4}{T}\int_0^{T/2}\left(-\frac{2E}{T}t+E\right)\mathrm{d}t\\&=\frac{4}{T}\left(-\frac{2E}{T}\frac{1}{2}t^2+Et\right)\Big|_0^{T/2}=E\end{aligned}\tag{3.2.5}$$

$$\begin{aligned}a_n&=\int_{-T/2}^{T/2}f(t)\cos(n\Omega t)\mathrm{d}t=\frac{4}{T}\int_0^{T/2}\left(-\frac{2E}{T}t+E\right)\cos(n\Omega t)\mathrm{d}t\\&=\frac{4}{T}\int_0^{T/2}\left(-\frac{2E}{T}t\right)\cos(n\Omega t)\mathrm{d}t+\frac{4}{T}\int_0^{T/2}E\cos(n\Omega t)\mathrm{d}t\\&=\frac{4}{T}\int_0^{T/2}\left(-\frac{2E}{T}t\frac{1}{n\Omega}\right)\mathrm{d}[\sin(n\Omega t)]+0\\&=-\frac{8Et}{T^2n\Omega}\sin(n\Omega t)\Big|_0^{T/2}+\frac{8E}{T^2n\Omega}\int_0^{T/2}\sin(n\Omega t)\mathrm{d}t\\&=0+\frac{8E}{T^2n\Omega}\int_0^{T/2}\sin(n\Omega t)\mathrm{d}t=\frac{2E}{(n\pi)^2}[1-\cos(n\pi)]\\&=\frac{4E}{(n\pi)^2}\sin^2\left(\frac{n\pi}{2}\right)\end{aligned}\tag{3.2.6}$$

将计算结果代入式(3.1.1)即得周期三角形脉冲信号的三角函数形式的傅里叶级数展开式如下。

$$\begin{aligned}f(t)&=\frac{a_0}{2}+\sum_{n=1}^{\infty}[a_n\cos(n\Omega t)+b_n\sin(n\Omega t)]\\&=\frac{E}{2}+\sum_{n=1}^{\infty}\frac{4E}{(n\pi)^2}\sin^2\left(\frac{n\pi}{2}\right)\cos(n\Omega t)\\&=\frac{E}{2}+\frac{4E}{\pi^2}\left[\cos(\Omega t)+\frac{1}{3^2}\cos(3\Omega t)+\frac{1}{5^2}\cos(5\Omega t)+\cdots\right]\end{aligned}\tag{3.2.7}$$

由上式可以看出，周期三角形脉冲信号 $f(t)$ 的频谱只含有直流分量和余弦分量的奇次谐波。根据关系式 $A_n=\sqrt{a_n^2+b_n^2}=|a_n|=\frac{4E}{(n\pi)^2}\sin^2\left(\frac{n\pi}{2}\right)$ 可画出周期三角形脉冲信号 $f(t)$ 的幅度谱如图 3.2.4 所示。因为 a_n 为正实数，故其相位谱恒为零。

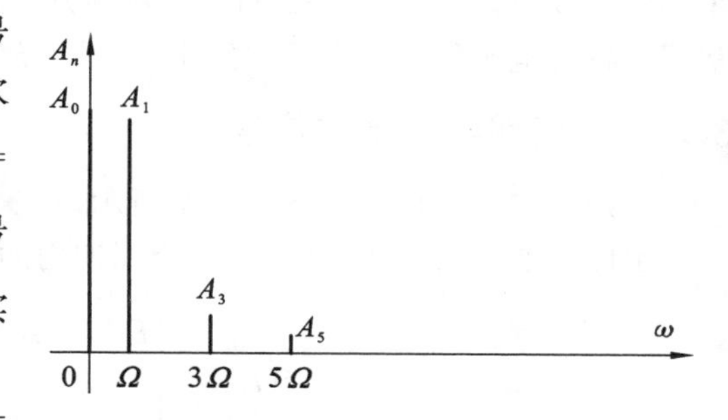

图 3.2.4　周期三角形脉冲信号 $f(t)$ 的幅度谱

图 3.2.3 中，$A_0=E/2$，$A_1=0.811A_0$，$A_3=0.09A_0$，$A_5=0.03A_0$……

3.2.3　周期奇对称方波信号

周期奇对称方波信号如图 3.2.5 所示。

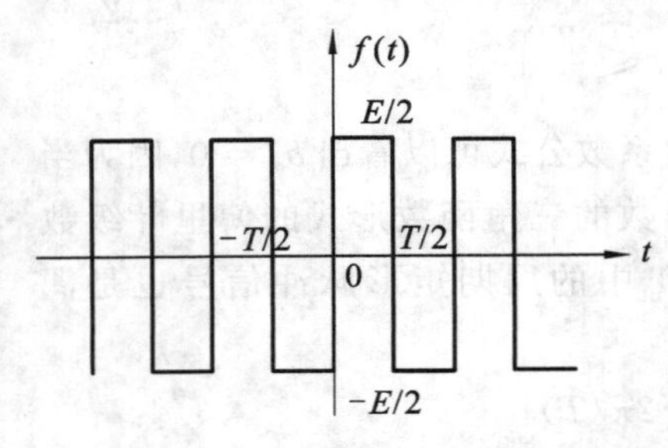

图 3.2.5　周期奇对称方波信号

由图 3.2.5 可写出 $f(t)$ 在一个周期内的表达式如下。

$$f(t)=\begin{cases}-\dfrac{E}{2} & \left(-\dfrac{T}{2}<t<0\right)\\ \dfrac{E}{2} & \left(0<t<\dfrac{T}{2}\right)\end{cases}\tag{3.2.8}$$

显然，$f(t)$ 是奇函数，根据三角函数形式的傅里叶级数系数公式(3.1.2)和(3.1.3)可以看出，$a_0=0$，$a_n=0$，因为它们的被积函数为奇函数。如前所述，所有的奇函数的三角函数形式的傅里叶级数都不包括直流分量和余弦项，只含有正弦项。

下面根据式(3.1.4)计算其正弦项的系数(应注意到 $\Omega=2\pi/T$)如下。

$$\begin{aligned}b_n&=\frac{2}{T}\int_{-\frac{T}{2}}^{\frac{T}{2}}f(t)\sin(n\Omega t)\mathrm{d}t=\frac{4}{T}\int_{0}^{\frac{T}{2}}\frac{E}{2}\sin(n\Omega t)\mathrm{d}t\\&=\frac{E}{n\pi}[1-\cos(n\pi)]=\frac{2E}{n\pi}\sin^2\left(\frac{n\pi}{2}\right)\end{aligned}\tag{3.2.9}$$

将计算结果代入式(3.1.1)即得周期对称方波信号的三角函数形式的傅里叶级数展开式如下。

$$\begin{aligned}f(t)&=\frac{a_0}{2}+\sum_{n=1}^{\infty}[a_n\cos(n\Omega t)+b_n\sin(n\Omega t)]\\&=\sum_{n=1}^{\infty}\frac{2E}{n\pi}\sin^2\left(\frac{n\pi}{2}\right)\sin(n\Omega t)\\&=\frac{2E}{\pi}\left[\sin(\Omega t)+\frac{1}{3}\sin(3\Omega t)+\frac{1}{5}\sin(5\Omega t)+\cdots\right]\end{aligned}\tag{3.2.10}$$

由上式可以看出，周期奇对称方波信号 $f(t)$ 的频谱只含有正弦分量的奇次谐波，这是因为周期奇对称方波信号不仅是奇函数，而且还是奇谐函数(见习题 3-4)。根据关系式 $A_n=\sqrt{a_n^2+b_n^2}=|b_n|=\dfrac{2E}{n\pi}\sin^2\left(\dfrac{n\pi}{2}\right)$可画出周期三角形脉冲信号 $f(t)$ 的幅度谱如图 3.2.6 所示，图中 $A_1=2E/\pi$，$A_3=A_1/3$，$A_5=A_1/5$…… 周期奇对称方波信号常用于各种电子仪器的电子线路中，如锁定放大器中开关乘法器的开关控制信号。

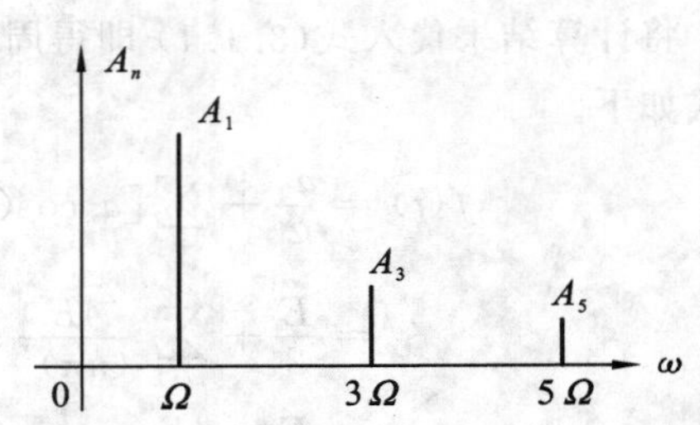

图 3.2.6　周期对称方波信号的幅度谱

3.2.4　周期半波余弦信号

周期半波余弦信号如图 3.2.7 所示。

由图 3.2.6 可写出 $f(t)$ 在一个周期内的表达式如下($\Omega=2\pi/T$)。

$$f(t)=\begin{cases}E\cos(\Omega t) & \left(|t|\leqslant\dfrac{T}{4}\right)\\ 0 & \left(\dfrac{T}{4}<|t|\leqslant\dfrac{T}{2}\right)\end{cases}\tag{3.2.11}$$

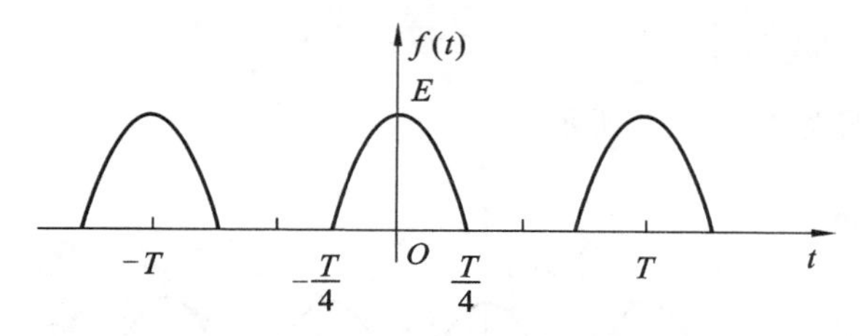

图 3.2.7 周期半波余弦信号

由图 3.2.6 可知，$f(t)$ 是偶函数，根据三角函数形式的傅里叶级数系数的公式(3.1.1)可以看出 $b_n=0$，因为 $f(t)$ 是偶函数，b_n 的被积函数为奇函数。如前所述，所有的偶函数的三角函数形式的傅里叶级数都不包含正弦项，而只含有直流分量和余弦项。

下面根据式(3.1.2)和(3.1.3)计算其直流分量和余弦项的系数(应注意到 $\Omega=2\pi/T$)。

$$a_0=\frac{2}{T}\int_{-\frac{T}{2}}^{\frac{T}{2}}f(t)\mathrm{d}t=\frac{2}{T}\int_{-\frac{T}{4}}^{\frac{T}{4}}E\cos(\Omega t)\mathrm{d}t=\frac{4}{T}\int_{0}^{\frac{T}{4}}E\cos(\Omega t)\mathrm{d}t=\frac{2E}{\pi}\tag{3.2.12}$$

$$\begin{aligned}a_1&=\frac{2}{T}\int_{-\frac{T}{2}}^{\frac{T}{2}}f(t)\cos(\Omega t)\mathrm{d}t=\frac{4}{T}\int_{0}^{\frac{T}{4}}E\cos(\Omega t)\cos(\Omega t)\mathrm{d}t\\&=\frac{2}{T}\int_{0}^{\frac{T}{4}}E[1+\cos(\Omega t)]\mathrm{d}t=\frac{E}{2}\end{aligned}\tag{3.2.13}$$

当 $n\geqslant 2$ 时，有：

$$\begin{aligned}a_n&=\frac{2}{T}\int_{-\frac{T}{2}}^{\frac{T}{2}}f(t)\cos(n\Omega t)\mathrm{d}t=\frac{2}{T}\int_{-\frac{T}{2}}^{\frac{T}{2}}E\cos(n\Omega t)\cos(n\Omega t)\mathrm{d}t\\&=\frac{4}{T}\int_{0}^{\frac{T}{2}}E\cos(n\Omega t)\cos(n\Omega t)\mathrm{d}t=\frac{2}{T}\int_{0}^{\frac{T}{2}}E[\cos(n+1)\Omega t+\cos(n-1)\Omega t]\mathrm{d}t\\&=\frac{-2E}{\pi(n^2-1)}\cos\left(\frac{n\pi}{2}\right)\end{aligned}\tag{3.2.14}$$

在计算余弦项的系数 a_n 时，其表达式(3.2.14)的分母中含有(n^2-1)项，故 a_1 要单独计算，如式(3.2.13)所示。将计算结果代入式(3.1.1)即得到如下的周期半波余弦信号的三角函数形式的傅里叶级数展开式。

$$\begin{aligned}f(t)&=\frac{a_0}{2}+\sum_{n=1}^{\infty}[a_n\cos(n\Omega t)+b_n\sin(n\Omega t)]\\&=\frac{E}{\pi}+\frac{E}{2}\cos(\Omega t)-\frac{2E}{\pi}\sum_{n=2}^{\infty}\left[\frac{1}{n^2-1}\cos\left(\frac{n\pi}{2}\right)\cos(n\Omega t)\right]\\&=\frac{E}{\pi}+\frac{E}{2}\cos(\Omega t)+\frac{2E}{3\pi}\cos(2\Omega t)-\frac{2E}{15\pi}\cos(4\Omega t)+\frac{2E}{35\pi}\cos(6\Omega t)-\cdots\end{aligned}$$

由 $A_0=\frac{E}{\pi}$，$A_1=\frac{E}{2}$，当 $n\geqslant 2$ 时，有：

$$A_n=|a_n|=\left|\frac{-2E}{\pi(n^2-1)}\cos\left(\frac{n\pi}{2}\right)\right|$$

可画出周期半波余弦信号 $f(t)$ 的幅度谱如图 3.2.8所示。图中 $A_0=E/\pi$，$A_1=1.57A_0$，$A_2=2A_0/3$，$A_4=2A_0/15$，$A_6=2A_0/35$。周期半波余弦信号常出现在半波整流电路中。

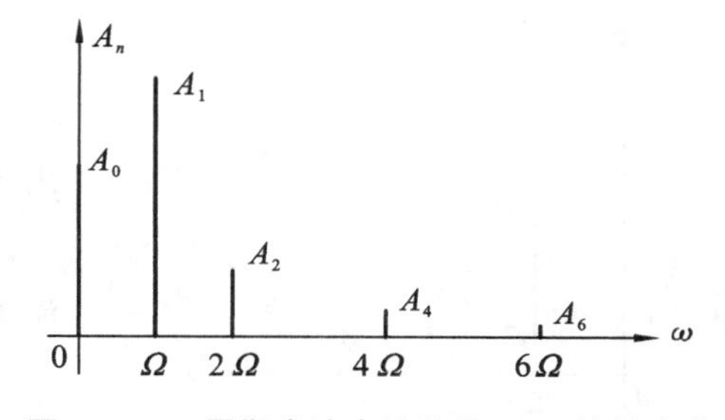

图 3.2.8 周期半波余弦信号 $f(t)$ 的幅度谱

3.2.5 周期全波余弦信号

周期全波余弦信号如图 3.2.9 所示。

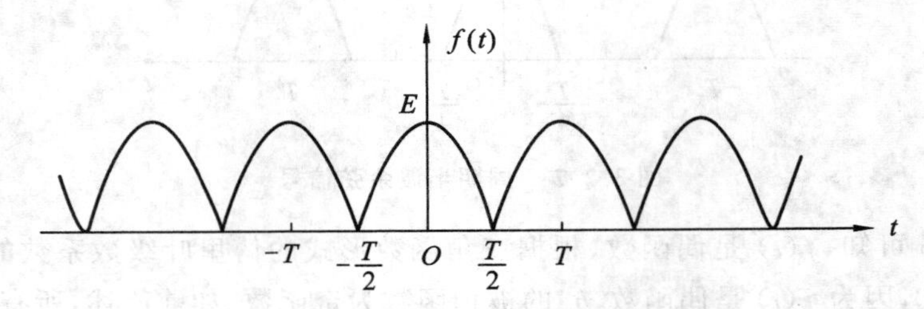

图 3.2.9 周期全波余弦信号

由图 3.2.8 可写出 $f(t)$ 在一个周期内的表达式如下($\Omega=2\pi/T$)。

$$f(t)=E\cos\left(\frac{\Omega t}{2}\right)\quad\left(-\frac{T}{2}\leqslant t\leqslant\frac{T}{2}\right)\tag{3.2.15}$$

由图 3.2.8 可知,$f(t)$ 是偶函数,如前所述,所有的偶函数的三角函数形式的傅里叶级数都不包含正弦项,而含有直流分量和余弦项。

下面根据式(3.1.2) 和式(3.1.3) 计算其直流分量和余弦项的系数(应注意到 $\Omega=2\pi/T$)。

$$a_0=\frac{2}{T}\int_{-\frac{T}{2}}^{\frac{T}{2}}f(t)\mathrm{d}t=\frac{2}{T}\int_{-\frac{T}{2}}^{\frac{T}{2}}E\cos\left(\frac{\Omega t}{2}\right)\mathrm{d}t=\frac{4E}{\pi}\tag{3.2.16}$$

$$\begin{aligned}a_n&=\frac{2}{T}\int_{-\frac{T}{2}}^{\frac{T}{2}}f(t)\cos(n\Omega t)\mathrm{d}t=\frac{2}{T}\int_{-\frac{T}{2}}^{\frac{T}{2}}E\cos\left(\frac{\Omega t}{2}\right)\cos(n\Omega t)\mathrm{d}t\\&=\frac{E}{T}\int_{-\frac{T}{2}}^{\frac{T}{2}}\left\{\cos\left[\left(n+\frac{1}{2}\right)\Omega t\right]+\cos\left[\left(n-\frac{1}{2}\right)\Omega t\right]\right\}\mathrm{d}t\\&=\frac{(-1)^n 2E}{(2n+1)\pi}+\frac{(-1)^{n+1}}{(2n-1)\pi}=\frac{(-1)^{n+1}4E}{(4n^2-1)\pi}\end{aligned}\tag{3.2.17}$$

将计算结果代入式(3.1.1) 即得周期全波余弦信号的三角函数形式的傅里叶级数展开式如下。

$$\begin{aligned}f(t)&=\frac{2E}{\pi}+\frac{4E}{\pi}\sum_{n=1}^{\infty}(-1)^{n+1}\frac{1}{4n^2-1}\cos(n\Omega t)\\&=\frac{2E}{\pi}+\frac{4E}{3\pi}\cos(\Omega t)-\frac{4E}{15\pi}\cos(2\Omega t)+\\&\quad\frac{4E}{35\pi}\cos(3\Omega t)+\cdots\end{aligned}\tag{3.2.18}$$

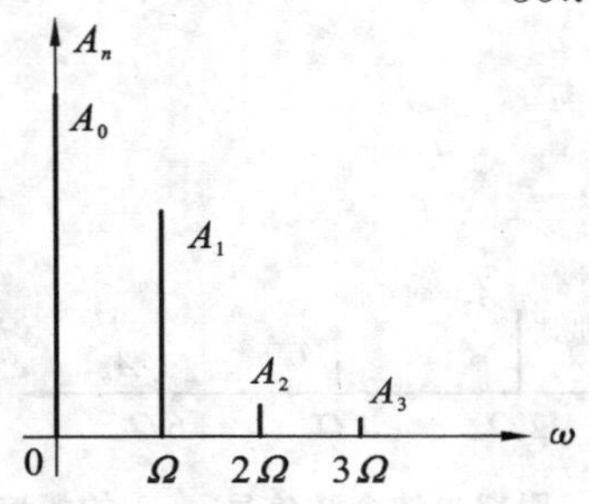

图 3.2.10 周期全波余弦信号的幅度谱

根据 $A_0=\left|\frac{a_0}{2}\right|$,$A_n=\sqrt{a_n^2+b_n^2}=|a_n|$,可画出周期全波余弦信号 $f(t)$ 的幅度谱如图 3.2.10 所示。周期全波余弦信号常出现在全波整流及桥式整流电路中,设计各种电源电路时会用到。

图 3.2.10 中,$A_0=2E/\pi$,$A_1=2A_0/3$,$A_2=2A_0/15$,$A_3=2A_0/35$……

3.3 抽样函数与信号的带宽

3.3.1 抽样函数

在例 3.1.1 中曾提到,周期矩形脉冲信号幅度谱的包络线具有抽样函数曲线的形状。在本课程中经常要用到抽样函数,现将其定义和性质介绍如下。

定义:函数 $\mathrm{Sa}(t)=\dfrac{\sin t}{t}$ 称为抽样函数,其具有如下性质。

(1) 当 $t\to 0$ 时,$\lim\limits_{t\to 0}\mathrm{Sa}(t)=\lim\limits_{t\to 0}\dfrac{\sin t}{t}=1$。

(2) $\mathrm{Sa}(-t)=\dfrac{\sin(-t)}{(-t)}=\dfrac{-\sin t}{-t}=\dfrac{\sin t}{t}=\mathrm{Sa}(t)$,因此 $\mathrm{Sa}(t)$ 是偶函数。

(3) 可以证明:$\int_0^{\infty}\mathrm{Sa}(t)\mathrm{d}t=\int_0^{\infty}\dfrac{\sin t}{t}\mathrm{d}t=\dfrac{\pi}{2}$,$\int_{-\infty}^{\infty}\mathrm{Sa}(t)\mathrm{d}t=\int_{-\infty}^{\infty}\dfrac{\sin t}{t}\mathrm{d}t=\pi$。

(4) 其波形如图 3.3.1 所示。它在正负两方向的振幅都逐渐衰减而逼近于零。当 $t=\pm\pi$,$\pm 2\pi$,$\pm 3\pi$,$\cdots$ 时,函数值等于零,称为零点。

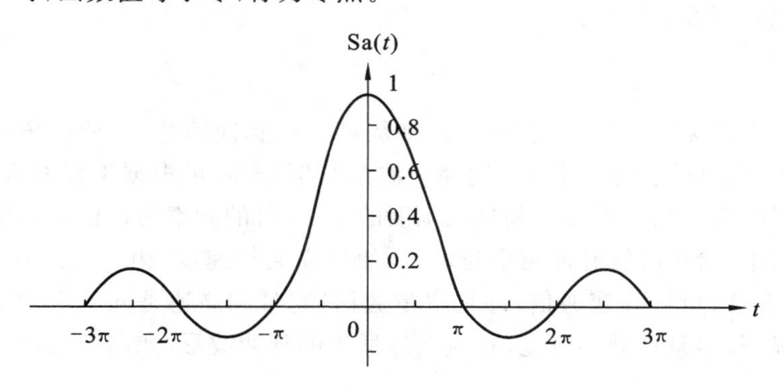

图 3.3.1 Sa(t) 的波形

3.3.2 周期矩形脉冲信号的带宽

带宽是指频率轴上两点之间的距离。如图 3.3.2 所示,ω_1,ω_2 之间的带宽 $B_\omega=\omega_2-\omega_1$,而 0 和 ω_1 之间的带宽 $B_\omega=\omega_1$。带宽也可以用普通频率 f 来表示。如上述两个带宽可分别表示为 $B_f=f_2-f_1$ 和 $B_f=f_1$。

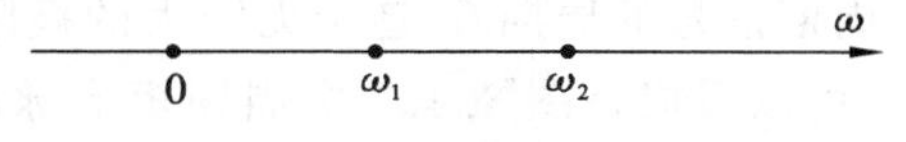

图 3.3.2 带宽示意图

在 3.1 节已指出周期信号 $f(t)$ 可展开为三角函数形式的傅里叶级数如式(3.1.5)所示。

$$f(t)=\frac{a_0}{2}+\sum_{n=1}^{\infty}A_n\cos(n\Omega t+\varphi_n)\tag{3.3.1}$$

上式表示周期为 T 的周期信号,可以分解为无数正弦信号的和,这些正弦信号的频率只能是基频 $\Omega=2\pi/T$ 的整数倍。但是从展开式(3.1.5)还可看出,因为 n 的取值是由 1 到 ∞ 的正整数,所以这些正弦信号的频率最大可以达到无穷大。这样一来,周期信号的频谱虽然是离散谱,但其所占据的频带范围却是从零频(直流)到无穷大,即带宽为无穷大。

在实际的电子工程中,不可能要求系统放大和处理带宽为无穷大的信号。实际上,当 n

的取值到足够大时，正弦分量的振幅已足够小，可以忽略不计。根据周期信号正弦分量的振幅随频率的增大而衰减的形式和速率的不同，对周期信号带宽的规定也不同。

对于例 3.1.1 所示的周期矩形脉冲信号，其幅度谱的包络线具有抽样函数曲线的形状，但其主要能量集中在包络线的第一个零点以内，因此把其幅度谱的包络线的第一个零点的坐标作为周期矩形脉冲信号的带宽。下面来求这这个坐标。

因为周期矩形脉冲信号各次谐波的幅度为：

$$A_n = \sqrt{a_n^2 + b_n^2} = |a_n| = \left|\frac{2A\tau}{T}\mathrm{Sa}\left(\frac{n\Omega\tau}{2}\right)\right|$$

令 $A_n = 0$，即可求得第一个零点的坐标，此时 $\left|\frac{2A\tau}{T}\mathrm{Sa}\left(\frac{n\Omega\tau}{2}\right)\right| = 0$，也即 $\left|\mathrm{Sa}\left(\frac{n\Omega\tau}{2}\right)\right| = 0$。其零点应满足 $\frac{n\Omega\tau}{2} = \pi, 2\pi, 3\pi\cdots\cdots$ 第一个零点应满足 $\frac{n\Omega\tau}{2} = \pi$，由此得 $\omega = n\Omega = \frac{2\pi}{\tau}$，这就是周期矩形脉冲信号的带宽 B_ω。

即
$$B_\omega = \frac{2\pi}{\tau} \tag{3.3.2}$$

也可用普通频率表示带宽：

$$B_f = \frac{1}{\tau} \tag{3.3.3}$$

对于那些零点在无穷大处的周期信号，如周期锯齿脉冲信号、周期三角形脉冲信号、周期对称方波信号、周期半波余弦信号、周期全波余弦信号等，可根据工程的实际需要来定义它们的带宽。例如，定义当幅度衰减到最大幅度的 1/10 时的频率为该信号的带宽。

在数字通信中，希望时钟脉冲越窄越好，以便提高通信速度，由(3.2.1)式可知，脉宽变窄，会导致带宽变宽，所以高速通信，即是宽带通信，宽带和高速是同一个含义。若要在保持高速不变的情况下，尽量地减小带宽，就应选择适当的脉冲波形，如高斯脉冲。

3.4 傅里叶变换在信号分析中的应用

3.4.1 傅里叶正变换在信号分析中的物理意义

如果周期信号可以展开成三角函数形式的傅里叶级数，则说明该信号可以分解为无数正弦信号的和，在此基础上建立了周期信号的频谱概念。非周期信号能否分解为无数正弦信号的和呢?能否建立起非周期信号的频谱的概念呢?下面就来讨论这个问题。

非周期信号可以看成是周期信号的周期 T 趋于无穷大的极限。如图 3.4.1 所示的单个矩形脉冲信号是非周期信号，可以看成是图 3.4.2 中周期矩形脉冲信号的周期 T 趋于无穷大的极限。

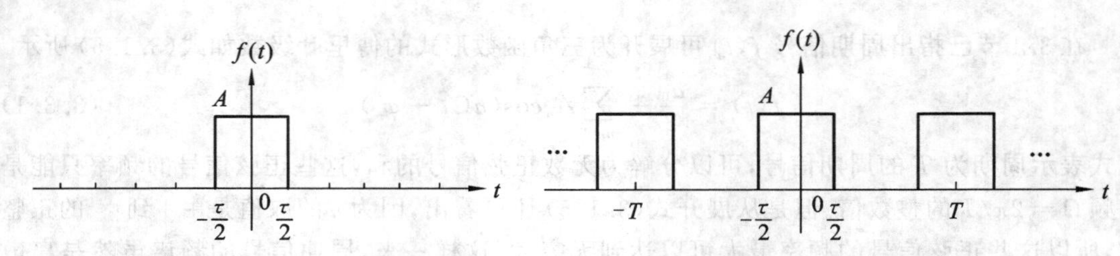

图 3.4.1 单个矩形脉冲信号　　图 3.4.2 周期矩形脉冲信号

既然非周期信号可以看成是周期信号的周期 T 趋于无穷大的极限，那就有可能通过求周期信号频谱的极限来获得非周期信号的频谱。在 3.1.2 节已指出，若周期信号 $f(t)$ 的周期为 T，角频率 $\Omega=\frac{2\pi}{T}$，且满足狄利克雷条件，则可以展开成如下的复指数形式的傅里叶级数。

$$f(t)=\sum_{n=-\infty}^{\infty}F_n\mathrm{e}^{\mathrm{j}n\Omega t} \tag{3.1.9}$$

上式中，有：

$$F_n=\frac{1}{T}\int_{-\frac{T}{2}}^{\frac{T}{2}}f(t)\mathrm{e}^{-\mathrm{j}n\Omega t}\mathrm{d}t \tag{3.1.11}$$

为周期信号的复数振幅。当 $T\to\infty$ 时，$f(t)$ 成为非周期信号，这时原周期信号的复数振幅 $F_n\to 0$，即非周期信号的频谱不复存在。为了找到非周期信号的频谱，对式(3.1.15) 两边同乘以 T，并取 $T\to+\infty$ 的极限，则 $n\Omega\to\omega$，得：

$$\begin{aligned}\lim_{T\to\infty}TF_n&=\lim_{T\to\infty}\int_{-\frac{T}{2}}^{\frac{T}{2}}f(t)\mathrm{e}^{-\mathrm{j}n\Omega t}\mathrm{d}t\\&=\int_{-\infty}^{\infty}f(t)\mathrm{e}^{-\mathrm{j}\omega t}\mathrm{d}t=F(\omega)\end{aligned} \tag{3.4.1}$$

式(3.4.1) 的右边表示对非周期信号 $f(t)$ 求傅里叶变换，而左边则是一个极限，将此式左右交换并进行恒等变形有：

$$F(\omega)=\int_{-\infty}^{+\infty}f(t)\mathrm{e}^{-\mathrm{j}\omega t}\mathrm{d}t=\lim_{T\to\infty}\frac{F_n}{(1/T)}=\lim_{\Delta f\to 0}\left(\frac{F_n}{\Delta f}\right) \tag{3.4.2}$$

式(3.4.2) 的含义如下。

(1) 第一个等号表示对非周期信号 $f(t)$ 求傅里叶变换的公式，即：

$$F(\omega)=\int_{-\infty}^{+\infty}f(t)\mathrm{e}^{-\mathrm{j}\omega t}\mathrm{d}t \tag{3.4.3}$$

(2) 第三个等号表示信号 $f(t)$ 的傅里叶变换就是该信号单位频率间隔内的复数振幅。

因此，称 $F(\omega)$ 为非周期信号 $f(t)$ 的频谱密度函数，简称频谱函数。信号的傅里叶变换就是该信号的频谱密度函数。这也就是傅里叶正变换在信号分析中的物理意义。傅里叶变换是有单位的，如果 $f(t)$ 表示电压信号，且其单位为 V，则其傅里叶变换的单位就是 V/Hz；如果 $f(t)$ 表示电流信号，且其单位为 A，则其傅里叶变换的单位就是 A/Hz。

3.4.2 傅里叶逆变换在信号分析中的物理意义

上面通过对周期信号复指数形式傅里叶级数的系数 F_n 与周期 T 的乘积 F_nT 取 T 趋于无穷大的极限得到了非周期信号的傅里叶变换。下面分析当取 T 趋于无穷大的极限时，周期信号 $f(t)$ 的展开式(3.1.9) 会如何变化。

$$\lim_{T\to\infty}f(t)=\lim_{T\to\infty}\Big[\sum_{n=-\infty}^{\infty}F_n\mathrm{e}^{\mathrm{j}n\Omega t}\Big]=\lim_{T\to\infty}\Big[\frac{1}{2\pi}\sum_{n=-\infty}^{\infty}TF_n(\frac{2\pi}{T})\mathrm{e}^{\mathrm{j}n\Omega t}\Big] \tag{3.4.4}$$

当取 T 趋于无穷大的极限时，上式右边求和变成了积分，$\sum\limits_{n=\infty}^{+\infty}\to\int_{-\infty}^{+\infty}$，且 $TF_n\to F(\omega)$，$\left(\frac{2\pi}{T}\right)\to\mathrm{d}\omega$，$n\Omega\to\omega$，于是式(3.4.4) 变为：

$$f(t)=\frac{1}{2\pi}\int_{-\infty}^{+\infty}F(\omega)\mathrm{e}^{\mathrm{j}\omega t}\mathrm{d}\omega \tag{3.4.5}$$

式(3.4.4) 左边求极限符号后面的 $f(t)$ 表示的是周期信号，取极限后，式(3.4.5) 的左边变成了与原周期信号对应的非周期信号，本应换一个函数符号来表示，在不会引起误解的情况下，这里仍以 $f(t)$ 来表示。式(3.4.5) 称为傅里叶逆变换。由式(3.4.3) 可知 $F(\omega)$ 为复数，用极坐标表示此复数，可设：

$$F(\omega)=|F(\omega)|\mathrm{e}^{\mathrm{j}\varphi(\omega)} \tag{3.4.6}$$

将式(3.4.6) 代入式(3.4.5) 得：

$$\begin{aligned}f(t)&=\frac{1}{2\pi}\int_{-\infty}^{+\infty}|F(\omega)|\mathrm{e}^{\mathrm{j}\varphi(\omega)}\mathrm{e}^{\mathrm{j}\omega t}\mathrm{d}\omega=\frac{1}{2\pi}\int_{-\infty}^{+\infty}|F(\omega)|\mathrm{e}^{\mathrm{j}[\omega t+\varphi(\omega)]}\mathrm{d}\omega\\&=\frac{1}{2\pi}\int_{-\infty}^{+\infty}|F(\omega)|\{\cos[\omega t+\varphi(\omega)]+j\sin[\omega t+\varphi(\omega)]\}\mathrm{d}\omega\\&=\frac{1}{\pi}\int_{0}^{+\infty}|F(\omega)|\cos[\omega t+\varphi(\omega)]\mathrm{d}\omega\end{aligned} \tag{3.4.7}$$

上式表明，一个非周期信号 $f(t)$，只要其傅里叶变换存在，它就可以分解为无数正弦分量 $\cos[\omega t+\varphi(\omega)]$ 的和，这些正弦分量的频率从 0 到 $+\infty$ 连续分布，而振幅是 $\frac{|F(\omega)|\mathrm{d}\omega}{\pi}$，为无穷小量，这就是傅里叶逆变换在信号分析中的物理意义。

后面还会把非周期信号的傅里叶变换推广到周期信号。也就是说，任何一个信号，只要其傅里叶变换存在，它就可以被分解为无数正弦信号的和。信号的傅里叶变换就是其频谱密度函数。

如果信号 $f(t)$ 的傅里叶变换为 $F(\omega)$，即式(3.4.3) 和式(3.4.5) 同时成立，则它们之间的关系可简记为：

$$f(t)\leftrightarrow F(\omega) \tag{3.4.8}$$

因为 $F(\omega)=\int_{-\infty}^{+\infty}f(t)\mathrm{e}^{-\mathrm{j}\omega t}\mathrm{d}t=\int_{-\infty}^{+\infty}f(t)\cos(\omega t)\mathrm{d}t-\mathrm{j}\int_{-\infty}^{+\infty}f(t)\sin(\omega t)\mathrm{d}t$

在上式中，令：

$$R(\omega)=\int_{-\infty}^{+\infty}f(t)\cos(\omega t)\mathrm{d}t \tag{3.4.9}$$

$$X(\omega)=-\int_{-\infty}^{+\infty}f(t)\sin(\omega t)\mathrm{d}t \tag{3.4.10}$$

则：

$$F(\omega)=R(\omega)+\mathrm{j}X(\omega) \tag{3.4.11}$$

$$|F(\omega)|=\sqrt{R^2(\omega)+X^2(\omega)} \tag{3.4.12}$$

$$\varphi(\omega)=\arctan^{-1}\left[\frac{X(\omega)}{R(\omega)}\right] \tag{3.4.13}$$

式(3.4.12) 表明是 $|F(\omega)|$ 是 ω 的偶函数，$|F(\omega)|$ 与 ω 的关系称为信号 $f(t)$ 的幅度谱。式(3.4.13) 表明 $\varphi(\omega)$ 是 ω 的奇函数，$\varphi(\omega)$ 与 ω 的关系称为信号 $f(t)$ 的相位谱。

非周期信号的幅度谱和相位谱都是连续谱。由于知道了幅度谱和相位谱的奇偶特性，所以在画频谱图时，可只画 $\omega\geqslant 0$ 的部分。

傅里叶变换的符号有时也用 $F(\mathrm{j}\omega)$ 表示，它和 $F(\omega)$ 是等价的，一般可以互换使用，但在某些场合习惯于用某一符号。例如，在讨论系统的频域特性时，习惯于用 $F(\mathrm{j}\omega)$。

求信号 $f(t)$ 的傅里叶变换，常用 $\mathscr{F}[f(t)]$ 来表示，而求傅里叶逆变换时，则常用 $\mathscr{F}^{-1}[F(\omega)]$ 来表示。

3.5　常用非周期信号的频谱密度函数

根据 3.4 节所述傅里叶正变换在信号分析中的物理意义，求信号的频谱密度函数，就是求其傅里叶变换。

3.5.1　单个矩形脉冲信号

单个矩形脉冲信号的解析表达式为：

$$f(t)=A\left[\varepsilon\left(t+\frac{\tau}{2}\right)-\varepsilon\left(t-\frac{\tau}{2}\right)\right] \tag{3.5.1}$$

也可用分段表达式，为

$$f(t)=\begin{cases}A & \left(|t|<\dfrac{\tau}{2}\right)\\ 0 & \left(\dfrac{\tau}{2}<|t|\right)\end{cases} \tag{3.5.2}$$

其波形如图 3.5.1 所示。根据傅里叶变换的定义，有：

$$\begin{aligned}F(\omega)&=\int_{-\infty}^{+\infty}f(t)\mathrm{e}^{-\mathrm{j}\omega t}\mathrm{d}t=\int_{-\frac{\tau}{2}}^{+\frac{\tau}{2}}A\mathrm{e}^{-\mathrm{j}\omega t}\mathrm{d}t\\&=\frac{A}{\mathrm{j}\omega}\left(\mathrm{e}^{\mathrm{j}\frac{\omega\tau}{2}}-\mathrm{e}^{-\mathrm{j}\frac{\omega\tau}{2}}\right)=\frac{2A}{\omega}\sin\frac{\omega\tau}{2}=A\tau\left[\frac{\sin\left(\dfrac{\omega\tau}{2}\right)}{\dfrac{\omega\tau}{2}}\right]=A\tau\mathrm{Sa}\left(\frac{\omega\tau}{2}\right)\end{aligned} \tag{3.5.3}$$

上式表明，单个矩形脉冲信号的频谱密度函数 $F(\omega)$ 是一个实偶函数，因此只要画出 $F(\omega)-\omega$ 的图形即可，它既可表示幅度谱 $|F(\omega)|$，又表示了相位谱 $\varphi(\omega)$。当 $F(\omega)>0$ 时，表示相位谱 $\varphi(\omega)=0$；当 $F(\omega)<0$ 时，表示 $\varphi(\omega)=\pi$，如图 3.5.2 所示。

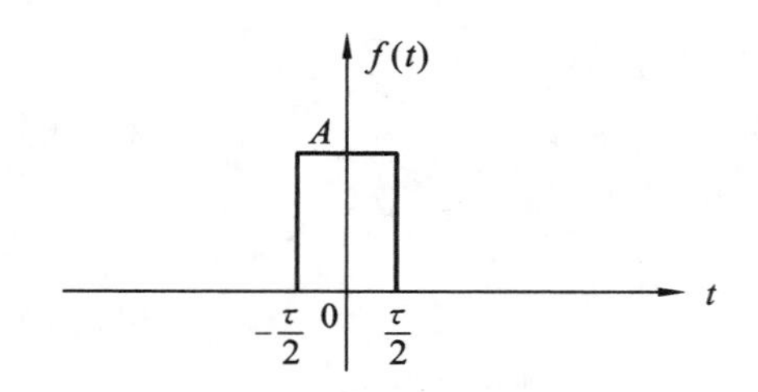

图 3.5.1　单个矩形脉冲信号的波形

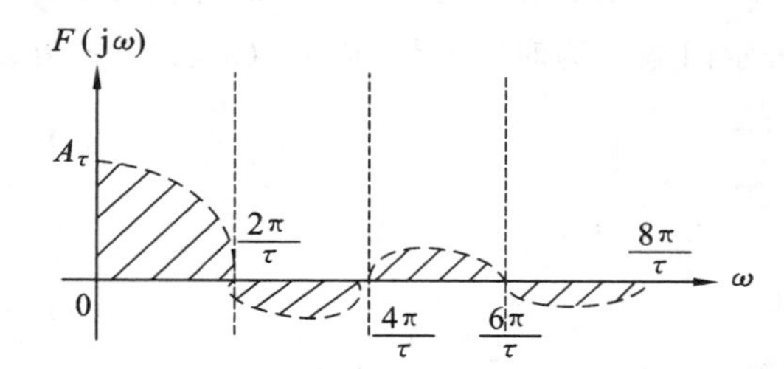

图 3.5.2　单个矩形脉冲信号的频谱密度函数

因为单个矩形脉冲信号是实偶函数，所以其傅里叶变换也是实偶函数。凡是实偶函数的傅里叶变换都是实偶函数。具体证明如下。

根据(3.4.11)式，有：

$$F(\omega)=R(\omega)+\mathrm{j}X(\omega)$$

而由(3.4.10)式，有：

$$X(\omega)=-\int_{-\infty}^{+\infty}f(t)\sin(\omega t)\mathrm{d}t$$

可知，当 $f(t)$ 为实偶函数时，上式的积分为零。所以有：

$$F(\omega)=R(\omega)=\int_{-\infty}^{+\infty}f(t)\cos(\omega t)\mathrm{d}t$$

上式是以 ω 为自变量的实偶函数。由上式积分，同样可得(3.5.3)式

$$F(\omega)=A\tau\mathrm{Sa}\left(\frac{\omega\tau}{2}\right)$$

其模为：

$$|F(\omega)|=A\tau\left|\mathrm{Sa}\left(\frac{\omega\tau}{2}\right)\right| \tag{3.5.4}$$

式(3.5.4)即为单个矩形脉冲信号的幅度谱，按上式画图如图 3.5.3 所示。

对(3.5.3)式进行深入分析，根据正弦函数的取正负值的区间，可得其相频特性表达式为：

$$\varphi(\omega)=\begin{cases}0 & \dfrac{4n\pi}{\tau}<\omega<\dfrac{2(2n+1)\pi}{\tau}\\ \pi & \dfrac{2(2n+1)\pi}{\tau}<\omega<\dfrac{4(n+1)\pi}{\tau}\end{cases}\quad(n=0,1,2,\cdots) \tag{3.5.5}$$

根据上式可画出单个矩形脉冲信号的相位谱如图 3.5.4 所示。

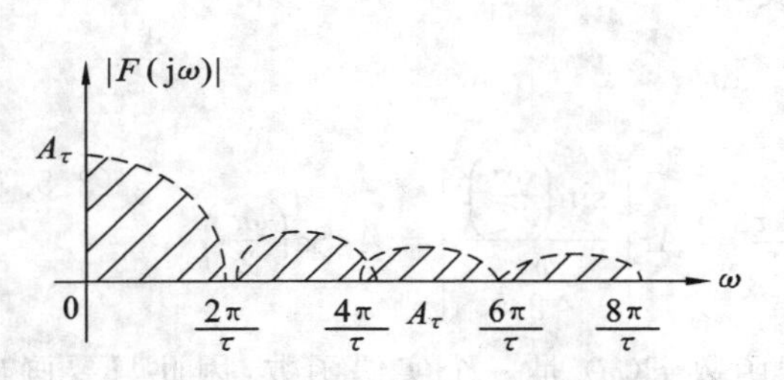

图 3.5.3 单个矩形脉冲信号的幅度谱

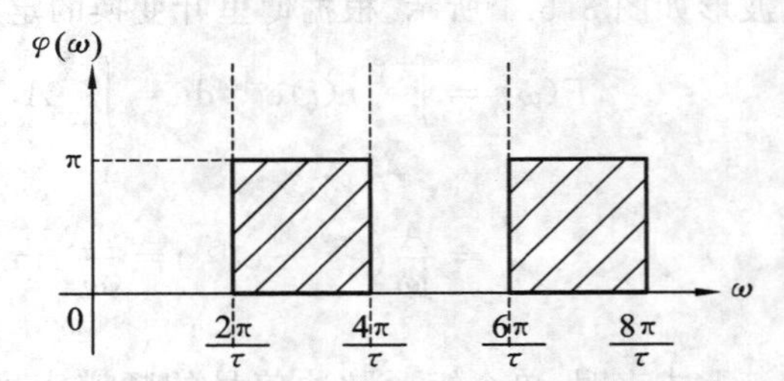

图 3.5.4 单个矩形脉冲信号的相位谱

图 3.5.1 所示的单个矩形脉冲信号又称为门函数，并简记为 $Ag_\tau(t)$，A 表示门的高度，τ 表示门宽，t 为时间变量。因此，(3.5.3)式可以简记为：

$$Ag_\tau(t)\leftrightarrow A\tau\mathrm{Sa}\left(\frac{\omega\tau}{2}\right) \tag{3.5.6}$$

若 $A=1$，则有：

$$g_\tau(t)\leftrightarrow \tau\mathrm{Sa}\left(\frac{\omega\tau}{2}\right) \tag{3.5.7}$$

根据 3.3.2 小节所述的关于信号的带宽的定义规则，也可定义单个矩形脉冲信号的带宽为幅度谱的第一个零点，即：

$$B_\omega=\frac{2\pi}{\tau}\ \text{或}\ B_f=\frac{1}{\tau}$$

将单个矩形脉冲信号的频谱密度函数的表达式

$$F(\omega)=A\tau\mathrm{Sa}\left(\frac{\omega\tau}{2}\right) \tag{3.5.3}$$

和周期矩形脉冲信号的三角函数形式的傅里叶级数的系数表达式

$$a_n=\frac{2A\tau}{T}\mathrm{Sa}\left(\frac{n\Omega\tau}{2}\right) \quad \text{(见例 3.1.1)}$$

进行比较，可以发现它们之间存在一定的内在联系和演变规律，这个问题的深入探讨留给读者完成。

3.5.2 单边指数信号

单边指数信号的分段表达式为：

$$f(t)=\begin{cases}e^{-at} & (t\geqslant 0)\\ 0 & (t<0)\end{cases}\quad (a\text{ 为正实数})\tag{3.5.8}$$

其解析表达式为：

$$f(t)=e^{-at}\varepsilon(t)\quad (a\text{ 为正实数})\tag{3.5.9}$$

其傅里叶变换，即频谱密度函数为：

$$\begin{aligned}F(\omega)&=\int_{-\infty}^{+\infty}f(t)e^{-j\omega t}dt=\int_{0}^{+\infty}e^{-at}e^{-j\omega t}dt=\int_{0}^{+\infty}e^{-(a+j\omega)t}dt\\&=\frac{1}{a+j\omega}\end{aligned}\tag{3.5.10}$$

其幅度谱为：

$$|F(\omega)|=\frac{1}{\sqrt{\alpha^2+\omega^2}}\tag{3.5.11}$$

相位谱为：

$$\varphi(\omega)=-\arctan\left(\frac{\omega}{\alpha}\right)\tag{3.5.12}$$

单边指数信号的时域波形、幅度谱、相位谱如图 3.5.5 所示。

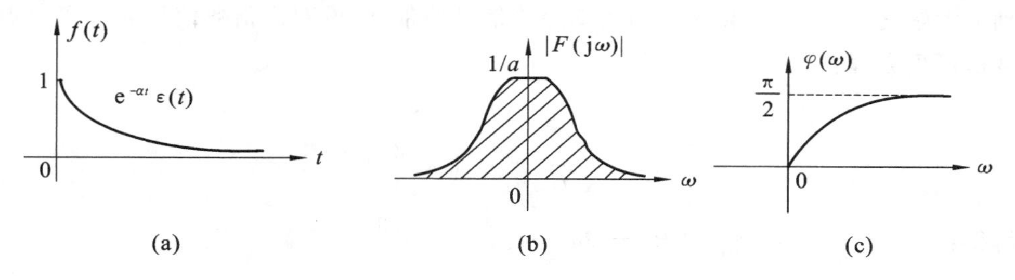

图 3.5.5 单边指数信号的时域波形、幅度谱、相位谱

注意：单边指数信号常常出现在电路系统中有大型电动机或感性元件起动及停止时。掌握单边指数信号的频谱特性，对设计电子产品的电源滤波器是十分必要的。

3.5.3 双边指数信号

双边指数信号的表达式为：

$$f(t)=e^{-\alpha|t|}\quad (-\infty<t<+\infty)\tag{3.5.13}$$

式中，α 为正实数。

双边指数信号的频谱密度函数，按定义计算如下：

$$\begin{aligned}F(\omega)&=\int_{-\infty}^{+\infty}f(t)e^{-j\omega t}dt=\int_{-\infty}^{+\infty}e^{-|\alpha t|}e^{-j\omega t}dt\\&=\int_{-\infty}^{0}e^{(\alpha-j\omega)t}dt+\int_{0}^{+\infty}e^{-(\alpha+j\omega)t}dt==\frac{1}{\alpha-j\omega}+\frac{1}{\alpha+j\omega}\end{aligned}$$

于是得到：

$$F(\omega)=\frac{2\alpha}{\alpha^2+\omega^2}\tag{3.5.14}$$

幅度谱为：

$$|F(\omega)| = \left|\frac{2\alpha}{\alpha^2+\omega^2}\right| = \frac{2\alpha}{\alpha^2+\omega^2} \tag{3.5.15}$$

因为$F(\omega)$在ω的取值范围内恒为正实数，在复平面上正实数的相角为零。所以，相位谱为：

$$\varphi(\omega) = 0 \tag{3.5.16}$$

双边指数信号的时域波形、幅度谱如图 3.5.6 所示。

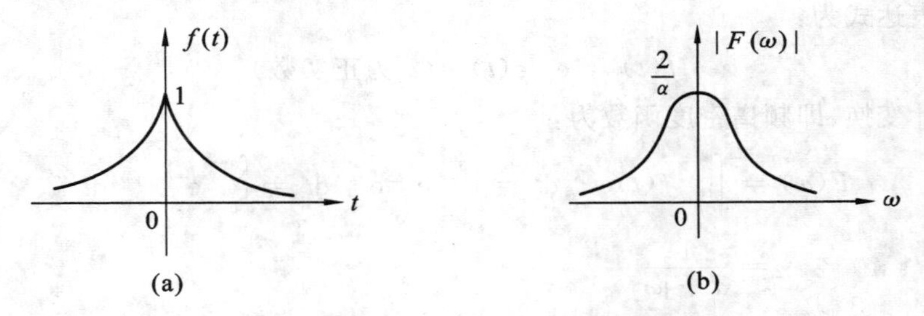

图 3.5.6　双边指数信号的时域波形、幅度谱

前面已经证明，凡是实偶函数的傅里叶变换都是实偶函数。因为双边指数信号$f(t)$是实偶函数，所以其频谱密度函数$F(\omega)$也是实偶函数。

因为双边指数信号的幅度谱的零点在$\omega=+\infty$处，故可按 3.3.2 小节所述，定义当幅度衰减到最大幅度的 1/10 时频率点的频率为该信号的带宽。设双边指数信号的带宽为B_ω，则由幅度谱可列方程：

$$|F(B_\omega)| = 0.1|F(0)|$$

即：

$$\frac{2\alpha}{\alpha^2+B_\omega^2} = 0.1\times\frac{2}{\alpha}$$

解得：

$$B_\omega = 3\alpha \quad 或 \quad B_f = \frac{3\alpha}{2\pi}。$$

3.5.4　三角形脉冲信号

三角形脉冲信号的波形如图 3.5.7 所示，其分段表达式为：

$$f(t) = \begin{cases} E\left(1-\dfrac{|t|}{\tau}\right) & (|t|\leqslant\tau) \\ 0 & (|t|>\tau) \end{cases} \tag{3.5.17}$$

其解析表达式可简记为$E\Delta_{2\tau}(t)$，即有：

$$f(t) = E\Delta_{2\tau}(t) = \left(\frac{E}{\tau}t+E\right)[\varepsilon(t+\tau)-\varepsilon(t)] + \left(-\frac{E}{\tau}t+E\right)[\varepsilon(t)-\varepsilon(t-\tau)]$$

式中，E为等腰三角形的高；2τ为三角形底边的宽；t为时间变量。

其频谱密度函数为：

$$F(\mathrm{j}\omega) = \int_{-\infty}^{+\infty} f(t)\mathrm{e}^{-\mathrm{j}\omega t}\mathrm{d}t = \int_{-\tau}^{0} E\left(1+\frac{t}{\tau}\right)\mathrm{e}^{-\mathrm{j}\omega t}\mathrm{d}t + \int_{0}^{\tau} E\left(1-\frac{t}{\tau}\right)\mathrm{e}^{-\mathrm{j}\omega t}\mathrm{d}t$$

利用分部积分法，得：

$$\begin{aligned} F(\omega) &= \frac{E}{\tau}\left[\frac{t\mathrm{e}^{-\mathrm{j}\omega t}}{-\mathrm{j}\omega} - \frac{1}{(\mathrm{j}\omega)^2}\mathrm{e}^{-\mathrm{j}\omega t}\right]\Bigg|_{-\tau}^{0} + \frac{E\mathrm{e}^{-\mathrm{j}\omega t}}{-\mathrm{j}\omega}\Bigg|_{-\tau}^{0} \\ &\quad - \frac{E}{\tau}\left[\frac{t\mathrm{e}^{-\mathrm{j}\omega t}}{-\mathrm{j}\omega} - \frac{1}{(\mathrm{j}\omega)^2}\mathrm{e}^{-\mathrm{j}\omega t}\right]\Bigg|_{0}^{\tau} + \frac{E\mathrm{e}^{-\mathrm{j}\omega t}}{-\mathrm{j}\omega}\Bigg|_{0}^{\tau} = E\tau\mathrm{Sa}^2\left(\frac{\omega\tau}{2}\right) \end{aligned} \tag{3.5.18}$$

也可以简记为：

$$E\Delta_{2\tau}(t)\leftrightarrow E\tau\mathrm{Sa}^2\left(\frac{\omega\tau}{2}\right) \tag{3.5.19}$$

若 $E=1$，则得到：

$$\Delta_{2\tau}(t)\leftrightarrow \tau\mathrm{Sa}^2\left(\frac{\omega\tau}{2}\right) \tag{3.5.20}$$

因为三角形脉冲信号是实偶函数，其傅里叶变换也是实偶函数，这是在预料之中的，且由于 $F(\omega)=E\tau\mathrm{Sa}^2\left(\frac{\omega\tau}{2}\right)$ 恒为一正数，故其幅度谱为：

$$|F(\omega)|=|F(\mathrm{j}\omega)|=F(\omega)=E\tau\mathrm{Sa}^2\left(\frac{\omega\tau}{2}\right) \tag{3.5.21}$$

其相位谱为：

$$\varphi(\omega)=0 \tag{3.5.22}$$

三角形脉冲信号的幅度谱如图 3.5.7 所示。

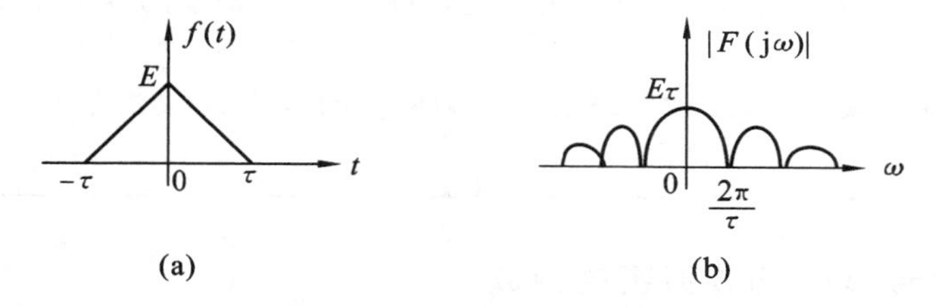

图 3.5.7　三角形脉冲信号的时域波形和幅度谱

以上介绍了按傅里叶变换的定义来求几种常用信号的频谱密度函数的过程。凡是代表信号的时间函数满足绝对可积条件的，都可按定义积分来求解。所谓满足绝对可积条件，即下式成立。

$$\int_{-\infty}^{+\infty}|f(t)|\,\mathrm{d}t<+\infty \tag{3.5.23}$$

上述的单个矩形脉冲信号、单个三角形脉冲信号都是在有限区间内取有限值的函数；而单边指数信号、双边指数信号虽是在无穷区间内取值，但当 $t\to\infty$ 时 $f(t)\to 0$，故其傅里叶变换积分为有限值。

满足绝对可积，是傅里叶变换存在的充分条件而不是必要条件，由于引入了冲激函数 $\delta(t)$，使得某些不可积的函数，如周期函数、阶跃函数、符号函数等，也可以求出它们的傅里叶变换。

3.6　冲激信号和阶跃信号的频谱密度函数

为了理论分析的需要，提出了两个理想化的信号，即冲激信号 $\delta(t)$ 和阶跃信号 $\varepsilon(t)$。这两个信号在信号和系统的分析中起着很重要的作用。

3.6.1　冲激信号 $\delta(t)$ 的频谱密度函数

单位冲激信号 $\delta(t)$ 的频谱密度函数可根据傅里叶变换的定义及单位冲激信号 $\delta(t)$ 的抽样性质求出：

$$\begin{aligned}F(\omega)&=\int_{-\infty}^{\infty}\delta(t)\mathrm{e}^{-\mathrm{j}\omega t}\,\mathrm{d}t=\int_{-\infty}^{\infty}\delta(t)\mathrm{e}^{-\mathrm{j}\omega 0}\,\mathrm{d}t\\&=\int_{-\infty}^{+\infty}\delta(t)\,\mathrm{d}t=1\end{aligned}$$

即：

$$\delta(t)\leftrightarrow 1 \tag{3.6.1}$$

其时域及频域波形如图 3.6.1 所示。

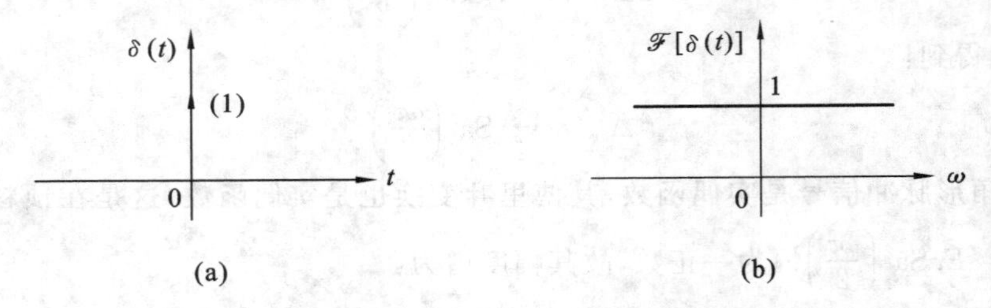

图 3.6.1　冲激信号 $\delta(t)$ 的时域及频域波形图

单位冲激信号 $\delta(t)$ 可以看成面积为 1 保持不变的单个矩形脉冲，当其脉宽趋于零、脉冲高度趋于无穷大的极限，这是一个理想化的变化极快的信号。上述计算结果表明，其所占频带宽度为无穷大，且信号能量均匀分布。实际上，目前已知的最窄的脉冲宽度为 10^{-15} 秒。

注意：如果电视机或电子仪器受到极窄脉冲，如闪电的干扰时，几乎是没有办法用滤波器来滤除干扰的。

3.6.2　阶跃信号 $\varepsilon(t)$ 的频谱密度函数

单位阶跃信号 $\varepsilon(t)$ 也是一个从实际中抽象出来的理想化的信号，它既包含了变化极快的部分，也包含了变化极慢的部分，即直流分量部分。由于单位阶跃信号 $\varepsilon(t)$ 不满足绝对可积的条件，故无法根据傅里叶变换的定义求其频谱密度函数。但可以用其他的方法来求其傅里叶变换。例如，用下述求极限的方法。

因为：

$$\varepsilon(t)=\lim_{\alpha\to 0}e^{\alpha t}\varepsilon(t)$$

所以：

$$\mathscr{F}[\varepsilon(t)]=\mathscr{F}[\lim_{\alpha\to 0}e^{\alpha t}\varepsilon(t)]=\lim_{\alpha\to 0}\mathscr{F}[e^{\alpha t}\varepsilon(t)]=\lim_{\alpha\to 0}\left[\frac{1}{\alpha+j\omega}\right]$$

$$=\lim_{\alpha\to 0}\left[\frac{\alpha-j\omega}{\alpha^2+\omega^2}\right]=\lim_{\alpha\to 0}\left[\frac{\alpha}{\alpha^2+\omega^2}\right]-\lim_{\alpha\to 0}\left[\frac{j\omega}{\alpha^2+\omega^2}\right]$$

上式中的第二个极限连同前面的负号等于 $\frac{-j}{\omega}$。而第一个极限，当 $\omega=0$ 时，为 ∞；当 $\omega\neq 0$ 时为 0。这表明第一个极限是在 $\omega=0$ 处的一个冲激，冲激强度由曲线的面积决定，曲线的面积为：

$$\int_{-\infty}^{+\infty}\frac{\alpha d\omega}{\alpha^2+\omega^2}=\arctan\left(\frac{\omega}{\alpha}\right)\Bigg|_{-\infty}^{+\infty}=\pi \tag{3.6.2}$$

将上述两个极限的结果代回原式，即得：

$$\mathscr{F}[\varepsilon(t)]=\pi\delta(\omega)+\frac{1}{j\omega} \tag{3.6.3}$$

式(3.6.3)就是单位阶跃信号的频谱密度函数。其第一项是在 $\omega=0$ 处的冲激函数，这是因 $t\geqslant 0_+$ 时 $\varepsilon(t)=1$，含有直流分量；第二项是因为阶跃信号在 $t=0$ 时有跳变，从而含有其他频率分量。其时域和频域波形分别如图 3.6.2 所示。

3.6.3　符号函数的傅里叶变换

符号函数也是信号与系统分析过程中有时会用到的一个奇异函数，其定义为：

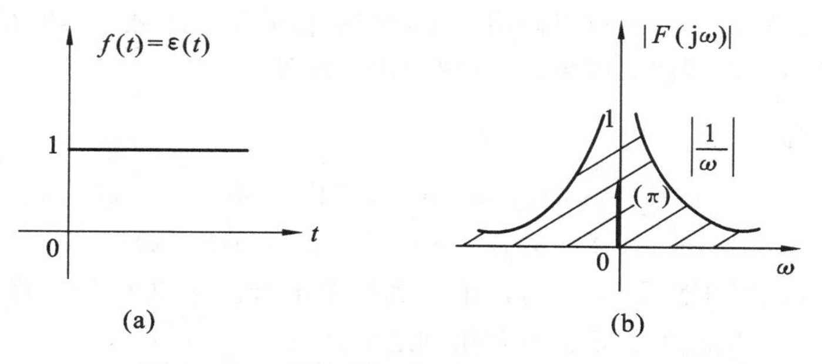

图 3.6.2　单位阶跃信号的时域和频域波形

$$\operatorname{sgn}(t)=\begin{cases}1 & (t\geqslant 0_+)\\ -1 & (t\leqslant 0_-)\end{cases}\tag{3.6.4}$$

要指出的是，$t=0$ 时，函数值不确定，在由 -1 向 1 的跳变过程中，视实际情况而定。符号函数不满足绝对可积的条件，因而不能用积分来求其傅里叶变换。但可以通过其和阶跃函数的关系来求得其傅里叶变换。

因为：
$$\operatorname{sgn}(t)=\varepsilon(t)-\varepsilon(-t)$$

所以：

$$\begin{aligned}\mathscr{F}(\omega)&=\mathscr{F}[\operatorname{sgn}(t)]=\mathscr{F}[\varepsilon(t)]-\mathscr{F}[\varepsilon(-t)]\\&=\pi\delta(\omega)+\frac{1}{\mathrm{j}\omega}-\left[\pi\delta(-\omega)+\frac{1}{\mathrm{j}(-\omega)}\right]=\frac{2}{\mathrm{j}\omega}\end{aligned}\tag{3.6.5}$$

或简记为：

$$\operatorname{sgn}(t)\leftrightarrow\frac{2}{\mathrm{j}\omega}\tag{3.6.6}$$

其幅度谱为：

$$|F(\omega)|=\frac{2}{\omega}\tag{3.6.7}$$

相位谱为：

$$\varphi(\omega)=\begin{cases}-\dfrac{\pi}{2} & (\omega>0)\\[2ex] \dfrac{\pi}{2} & (0>\omega)\end{cases}\tag{3.6.8}$$

其时域波形、幅度谱、相位谱如图 3.6.3 所示。

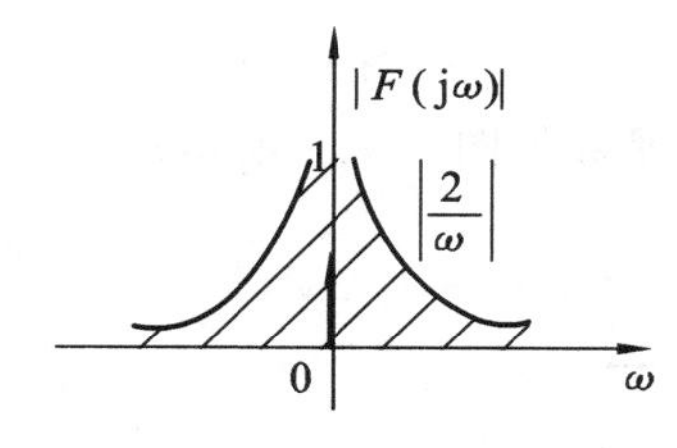

图 3.6.3　符号函数的时域波形、幅度谱、相位谱

3.7　傅里叶变换的性质(上)

傅里叶变换的性质揭示了信号的时域特性和频域特性之间的一些内在联系。利用傅里叶变换的性质，可以由一些已知信号的傅里叶变换求得一些复杂信号的傅里叶变换。

利用傅里叶变换的性质，还可以阐明许多现代通信的基本原理。例如：调制与解调、无失真传输的条件、理想滤波器的非因果性、时域抽样定理等。

3.7.1 线性性质

若 $f_1(t)\leftrightarrow F_1(\omega)$，$f_2(t)\leftrightarrow F_2(\omega)$，且 a_1、a_2 为常数，则有：

$$a_1 f_1(t)+a_2 f_2(t)\leftrightarrow a_1 F_1(\omega)+a_2 F_2(\omega) \tag{3.7.1}$$

根据定义即可证明此性质，并且可以推广到多个信号。3.6.3 小节求符号函数的傅里叶变换时就是利用了此性质。后面还会经常用到这个性质。

3.7.2 对称性

若 $f(t)\leftrightarrow F(\omega)$，则有：

$$F(t)\leftrightarrow 2\pi f(-\omega) \tag{3.7.2}$$

证明 因为：

$$f(t)\leftrightarrow F(\omega)$$

所以：

$$f(t)=\frac{1}{2\pi}\int_{-\infty}^{+\infty}F(\omega)\mathrm{e}^{\mathrm{j}\omega t}\,\mathrm{d}\omega$$

两边同乘 2π，有：

$$2\pi f(t)=\int_{-\infty}^{+\infty}F(\omega)\mathrm{e}^{\mathrm{j}\omega t}\,\mathrm{d}\omega$$

再将上式的 t 换成 $-\omega$，而原来的 ω 换成 t，公式依然成立，即得：

$$2\pi f(-\omega)=\int_{-\infty}^{+\infty}F(t)\mathrm{e}^{-\mathrm{j}\omega t}\,\mathrm{d}t \tag{3.7.3}$$

按傅里叶变换的定义，上式表明 $F(t)$ 的傅里叶变换就是 $2\pi f(-\omega)$，得证。

特别地，若 $f(t)$ 为偶函数，则对称性的结论成为：

若 $f(t)\leftrightarrow F(\omega)$，则有：

$$F(t)\leftrightarrow 2\pi f(\omega) \tag{3.7.4}$$

利用对称性，可以很容易地求得一些函数的傅里叶变换，而按定义积分则是很困难的。

例 3.7.1 求直流信号 $f(t)=1$ 的频谱密度函数。

解 因为 $f(t)=1$ 不满足绝对可积的条件，故不能通过定义积分来求。考虑到 $\delta(t)$ 的傅里叶变换是 1，根据对称性，1 的傅里叶变换应为 $\delta(\omega)$。下面给出求解过程。

因为：

$$\delta(t)\leftrightarrow 1$$

根据对称性，所以有：

$$1\leftrightarrow 2\pi\delta(-\omega)$$

又因为：

$$\delta(-\omega)=\delta(\omega)$$

故得：

$$1\leftrightarrow 2\pi\delta(\omega) \tag{3.7.5}$$

直流信号的时域波形和频谱密度函数如图 3.7.1 所示。

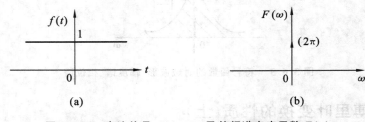

图 3.7.1 直流信号 $f(t)=1$ 及其频谱密度函数 $F(\omega)$

计算结果表明，直流信号 $f(t)=1$ 的频谱密度函数 $F(\omega)$ 是在零频处的冲激函数，这也是在情理之中的。因为直流信号的频率就是零，现在因为频率间隔为零，所以频谱密度函数就成了冲激函数 $\delta(\omega)$。至于为何冲激强度为 2π，则是由频率转换造成的。

例 3.7.2 求抽样函数 $f(t)=\text{Sa}(\omega_C t)$ 的频谱密度函数。

解 显然按上述定义来进行积分将比较烦琐。考虑到 3.5.1 小节已求得门函数的傅里叶变换是抽样函数，根据对称性，可判断抽样函数的傅里叶变换一定是门函数。

由(3.5.6)式 $$g_\tau(t)\leftrightarrow\tau\text{Sa}\left(\frac{\omega\tau}{2}\right)$$

因为门函数为偶函数，所以有： $$\tau\text{Sa}\left(\frac{t\tau}{2}\right)\leftrightarrow 2\pi g_\tau(\omega)$$

两边除以 τ 得： $$\text{Sa}\left(\frac{t\tau}{2}\right)\leftrightarrow\frac{2\pi}{\tau}g_\tau(\omega)$$

在上式中令 $\tau=2\omega_C$ 得 $\text{Sa}(\omega_C t)\leftrightarrow\dfrac{\pi}{\omega_C}g_{2\omega_C}(\omega)$，此式成立，即表示：

$$F[\text{Sa}(\omega_C t)]=\frac{\pi}{\omega_C}g_{2\omega_C}(\omega)=\frac{\pi}{\omega_C}[\varepsilon(\omega+\omega_C)-\varepsilon(\omega-\omega_C)] \tag{3.7.6}$$

这正是前面所判断的结果。抽样函数 $f(t)=\text{Sa}(\omega_C t)$ 的时域波形和频谱密度函数如图 3.7.2 所示。

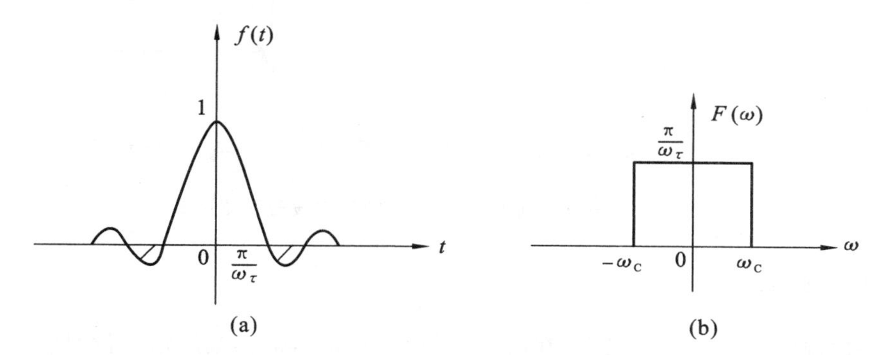

图 3.7.2 抽样函数 $f(t)=\text{Sa}(\omega_C t)$ 的时域波形和频谱密度函数

3.7.3 奇偶虚实性

由于 $$F(\omega)=\int_{-\infty}^{+\infty}f(t)\text{e}^{-\text{j}\omega t}\text{d}t=\int_{-\infty}^{+\infty}f(t)\cos(\omega t)\text{d}t-\text{j}\int_{-\infty}^{+\infty}f(t)\sin(\omega t)\text{d}t$$

在上式中，由 3.4.2 小节相关内容可得：

$$R(\omega)=\int_{-\infty}^{+\infty}f(t)\cos(\omega t)\text{d}t \tag{3.4.9}$$

$$X(\omega)=-\int_{-\infty}^{+\infty}f(t)\sin(\omega t)\text{d}t \tag{3.4.10}$$

则： $$F(\omega)=R(\omega)+\text{j}X(\omega) \tag{3.4.11}$$

由上述各式可知，当 $f(t)$ 为实偶函数时，则 $X(\omega)=0$，而 $F(\omega)=R(\omega)$ 为 ω 的实偶函数。例如，单个矩形脉冲信号、单个三角形脉冲信号、冲激函数、直流信号都是属于这种类型。当 $f(t)$ 为实奇函数时，则 $R(\omega)=0$，而 $F(\omega)=-\text{j}X(\omega)$ 为 ω 的虚奇函数。例如，符号函数就是属于这种类型。掌握了奇偶虚实性的规律，就可以对一个信号 $f(t)$ 的傅里叶变换 $F(\omega)$ 是何种函数做出初步判断。

例 3.7.3 求奇双边指数信号 $f(t)=\begin{cases} e^{-\alpha t} & (t>0) \\ -e^{\alpha t} & (t<0) \end{cases}$ 的傅里叶变换，式中 α 为大于零的实数。

解 画出奇双边指数信号 $f(t)$ 的波形如图 3.7.3(a) 所示，由图可知 $f(t)$ 为实奇函数，因此，可判断其 $F(\omega)$ 为虚奇函数。对其求傅里叶变换，按定义进行积分：

$$F(\omega)=F[f(t)]=\int_{-\infty}^{+\infty} f(t)e^{-j\omega t}dt=\int_{-\infty}^{0}-e^{\alpha t}e^{-j\omega t}dt+\int_{0}^{+\infty}e^{-\alpha t}e^{-j\omega t}dt$$

$$=\frac{-1}{\alpha-j\omega}+\frac{1}{\alpha+j\omega}=\frac{-2j\omega}{\alpha^2+\omega^2} \tag{3.7.7}$$

$$\varphi(\omega)=-\frac{\pi}{2} \tag{3.7.8}$$

由结果可知 $F(\omega)$ 的确为虚奇函数，其幅度谱 $|F(\omega)|$ 的波形如图 3.7.3(b) 所示。

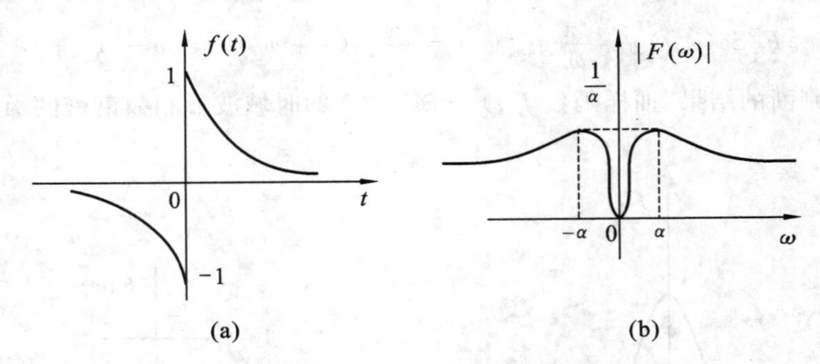

图 3.7.3 奇双边指数信号 $f(t)$ 的时域波形和幅度谱

3.7.4 时移特性

时移特性说明信号经过传输后，在时间上虽然滞后了，但其幅度谱并没有改变，只是在原频谱上乘以一个相位因子。具体表述及其证明如下。

时移特性 若：
$$\mathscr{F}[f(t)]=F(\omega)$$
则有：
$$\mathscr{F}[f(t-t_0)]=F(\omega)e^{-j\omega t_0} \tag{3.7.9}$$

证明
$$\mathscr{F}[f(t-t_0)]=\int_{-\infty}^{+\infty} f(t-t_0)e^{-j\omega t}dt$$

进行变量置换，令 $\tau=t-t_0$，则 $t=\tau+t_0$，代入上式后可得：

$$\mathscr{F}[f(t-t_0)]=\left[\int_{-\infty}^{+\infty} f(\tau)e^{-j\omega\tau}d\tau\right]e^{-j\omega t_0}$$
$$=F(\omega)e^{-j\omega t_0}$$

得证。

同理可证：
$$\mathscr{F}[f(t+t_0)]=F(\omega)e^{j\omega t_0} \tag{3.7.10}$$

在复数运算中，$e^{j\omega t_0}$ 是一个相位因子，其与复数相乘不会改变复数的模而只是使该复数的幅角增加 ωt_0。

例 3.7.4 已知 $f_1(t)$ 的波形如图 3.7.4 所示，求其频谱密度函数、幅度谱和相位谱。

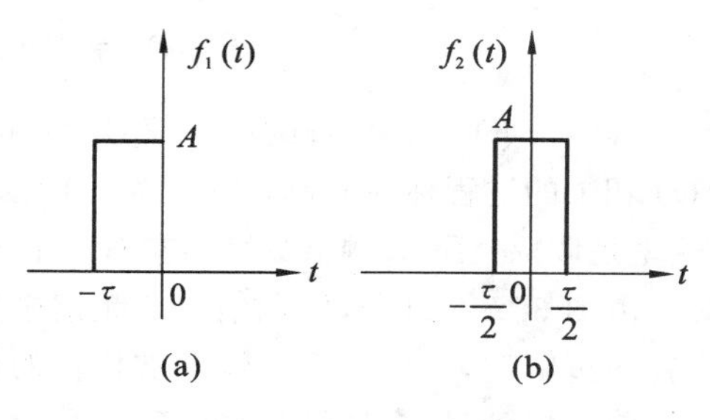

图 3.7.4　$f_1(t)$ 和 $f_2(t)$ 的波形

解　$f_1(t)$ 是单个矩形脉冲 $f_2(t)$ 的时移波形，由图可知 $f_1(t)=f_2\left(t+\frac{\tau}{2}\right)$，根据时移特性和 3.5.1 小节求得的单个矩形脉冲的傅里叶变换的结果可得：

$$F_1(\omega)=F_2(\omega)\mathrm{e}^{\mathrm{j}\omega\frac{\tau}{2}}=A\tau\mathrm{Sa}\left(\frac{\omega\tau}{2}\right)\mathrm{e}^{\mathrm{j}\omega\frac{\tau}{2}}$$

$$|F_1(\omega)|=A\tau\left|\mathrm{Sa}\left(\frac{\omega\tau}{2}\right)\right|$$

$$\varphi_1(\omega)=\varphi_2(\omega)-\omega t_0=\varphi_2(\omega)+\frac{\omega\tau}{2}$$

$f_1(t)$ 的幅度谱和相位谱如图 3.7.5 所示。

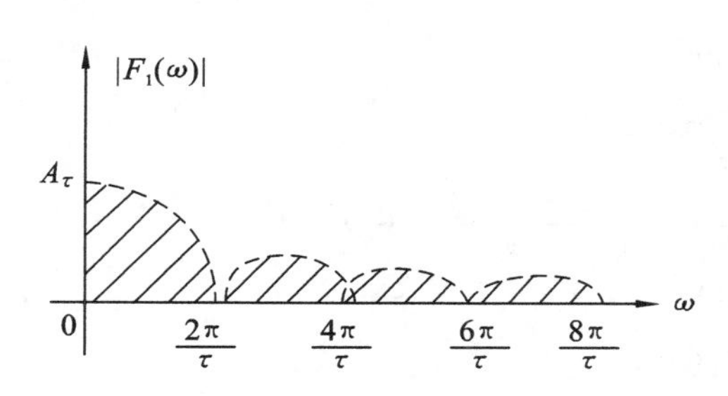

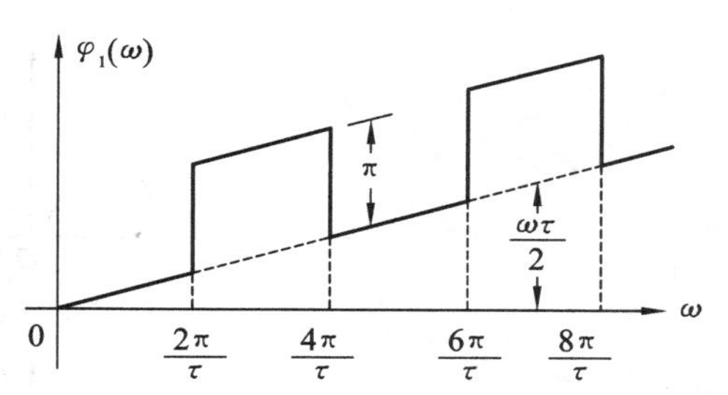

图 3.7.5　$f_1(t)$ 的幅度谱和相位谱

3.7.5　频移特性

频移特性在通信领域有着重要的应用，下面先描述再证明该特性。

频移特性　若：
$$\mathscr{F}[f(t)]=F(\omega)$$
则：
$$\mathscr{F}[f(t)\mathrm{e}^{\mathrm{j}\omega_C t}]=F(\omega-\omega_C)$$

证明　根据傅里叶变换的定义有：

$$\begin{aligned}\mathscr{F}[f(t)\mathrm{e}^{\mathrm{j}\omega_C t}]&=\int_{-\infty}^{+\infty}[f(t)\mathrm{e}^{\mathrm{j}\omega_C t}]\mathrm{e}^{-\mathrm{j}\omega t}\mathrm{d}t\\&=\int_{-\infty}^{+\infty}f(t)\mathrm{e}^{-\mathrm{j}(\omega-\omega_C)t}\mathrm{d}t=F(\omega-\omega_C)\end{aligned}$$

即得：
$$\mathscr{F}[f(t)\mathrm{e}^{\mathrm{j}\omega_C t}]=F(\omega-\omega_C)\tag{3.7.11}$$

同理可得：
$$\mathscr{F}[f(t)\mathrm{e}^{-\mathrm{j}\omega_C t}]=F(\omega+\omega_C)\tag{3.7.12}$$

广播电台为了把声音传播出去，必须对声音信号进行调制。设声音信号为 $f(t)$，其频谱为 $F(\omega)$。用一个高频余弦信号 $\cos(\omega_0 t)$ 与 $f(t)$ 相乘，有：

$$f_1(t)=f(t)\cos(\omega_0 t)$$

因为 $\cos(\omega_0 t)=\frac{\mathrm{e}^{\mathrm{j}\omega_0 t}+\mathrm{e}^{-\mathrm{j}\omega_0 t}}{2}$，代入上式后得到：

$$f_1(t)=\frac{f(t)\mathrm{e}^{\mathrm{j}\omega_0 t}}{2}+\frac{f(t)\mathrm{e}^{-\mathrm{j}\omega_0 t}}{2}$$

对上式两边取傅里叶变换得：

$$F_1(\omega)=\frac{1}{2}F(\omega-\omega_0)+\frac{1}{2}F(\omega+\omega_0) \tag{3.7.13}$$

其中，$f(t)$ 为待传输的声音信号，其频谱为 $F(\omega)$；$\cos(\omega_0 t)$ 为载波（ω_0 为载波频率），其与 $f(t)$ 相乘的过程称为调制；$f_1(t)$ 为已调信号。式(3.7.11)和(3.7.12)表明，$f(t)$ 被载波调制（这里是调幅）后，其频谱分别向左右产生了迁移，但其形状并没有改变，如图 3.7.6 所示。

由图 3.7.6 可知，已调信号的频谱中包含了被传输信号的全部频谱信息，因此在接收端只要通过解调，就可以完全恢复被传输的信号 $f(t)$。

前面提到过，在周期信号的复指数形式的傅里叶级数展开式中出现了负频率，在实际的信号中并不存在负频率，负频率的出现完全是引用欧拉公式运算的结果。在信号的理论分析中需要进行大量的数学运算，用复指数函数进行数学运算比三角函数要简单方便得多，因而在信号的理论分析中，一开始就引入了复指数。实践表明，在信号分析中引用复指数进行数学运算所得出的基本理论都是正确的。因此，在信号分析中引用复指数函数是必要且可行的，并取得了巨大的成功。

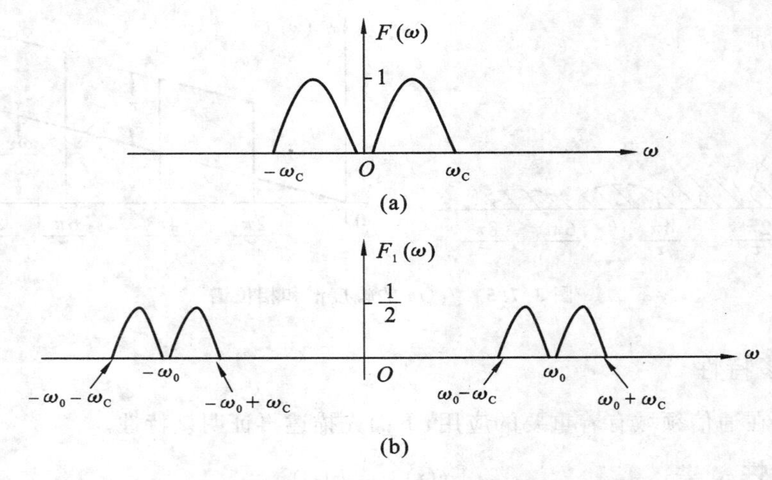

图 3.7.6　声音信号 $f(t)$ 的频谱和已调信号 $f_1(t)$ 的频谱

在信号的频谱密度函数中出现负频率的原因如上所述。对于实际的幅度谱，只要考虑 $\omega>0$ 的部分即可，但其幅度要乘以 2。

例 3.7.5　分别求复指数信号 $e^{j\omega_C t}$、$e^{-j\omega_C t}$，正弦 $\sin(\omega_C t)$，余弦信号 $\cos(\omega_C t)$ 的频谱密度函数。

解　上述 4 个信号都是周期信号，不满足绝对可积的条件，不能由积分求出其频谱密度函数，但是可以利用已知信号的傅里叶变换和傅里叶变换的性质来求取。

因为：

$$1\leftrightarrow 2\pi\delta(\omega)$$

根据频移特性有：

$$e^{j\omega_C t}\leftrightarrow 2\pi\delta(\omega-\omega_C) \tag{3.7.14}$$

$$e^{-j\omega_C t}\leftrightarrow 2\pi\delta(\omega+\omega_C) \tag{3.7.15}$$

因为：

$$\cos(\omega_C t)=\frac{1}{2}(e^{j\omega_C t}+e^{-j\omega_C t})$$

根据线性性质可得：

$$\cos(\omega_C t)\leftrightarrow\pi[\delta(\omega+\omega_C)+\delta(\omega-\omega_C)] \tag{3.7.16}$$

因为：

$$\sin(\omega_C t)=\frac{1}{2j}(e^{j\omega_C t}-e^{-j\omega_C t})$$

根据线性性质可得：

$$\sin(\omega_C t) \leftrightarrow j\pi[\delta(\omega+\omega_C)-\delta(\omega-\omega_C)] \tag{3.7.17}$$

3.7.6　尺度变换特性

尺度变换特性可分两种情况来讨论。同时，尺度变换特性还可以和时移特性联合应用。

1. a 为大于零的实数

若 $\mathscr{F}[f(t)]=F(\omega)$，则有：

$$\mathscr{F}[f(at)]=\frac{1}{a}F\left(\frac{\omega}{a}\right) \tag{3.7.18}$$

证明　根据定义：$\mathscr{F}[f(at)]=\int_{-\infty}^{+\infty}f(at)e^{-j\omega t}dt$

进行变量置换，令 $\tau=at$，则 $t=\frac{1}{a}\tau$，$dt=\frac{1}{a}d\tau$；$t=-\infty$ 时，$\tau=-\infty$；$t=+\infty$ 时，$\tau=+\infty$；代入原式后得：

$$\mathscr{F}[f(at)]=\int_{-\infty}^{+\infty}f(\tau)e^{-j\omega\left(\frac{\tau}{a}\right)}\frac{1}{a}d\tau=\frac{1}{a}\int_{-\infty}^{+\infty}f(\tau)e^{-j\left(\frac{\omega}{a}\right)\tau}d\tau=\frac{1}{a}F\left(\frac{\omega}{a}\right)$$

得证。

在第1章讨论信号的自变量的变换时，讨论过倍乘，倍乘又分为压缩和扩展。当 $a>1$ 时 $f(at)$ 是由 $f(t)$ 压缩而成；当 $0<a<1$ 时，$f(at)$ 是由 $f(t)$ 扩展而成。根据尺度变换特性可知：当时域发生压缩或扩展变化时，其频域波形会发生相反的变化。简单来说，就是时域压缩，频域扩展；时域扩展，频域压缩。例如，若 $f(t)\leftrightarrow F(\omega)$，则有：

$$f(2t)\leftrightarrow\frac{1}{2}F\left(\frac{\omega}{2}\right),\ f\left(\frac{1}{2}t\right)\leftrightarrow 2F(2\omega)$$

相应的波形如图 3.7.7 所示。

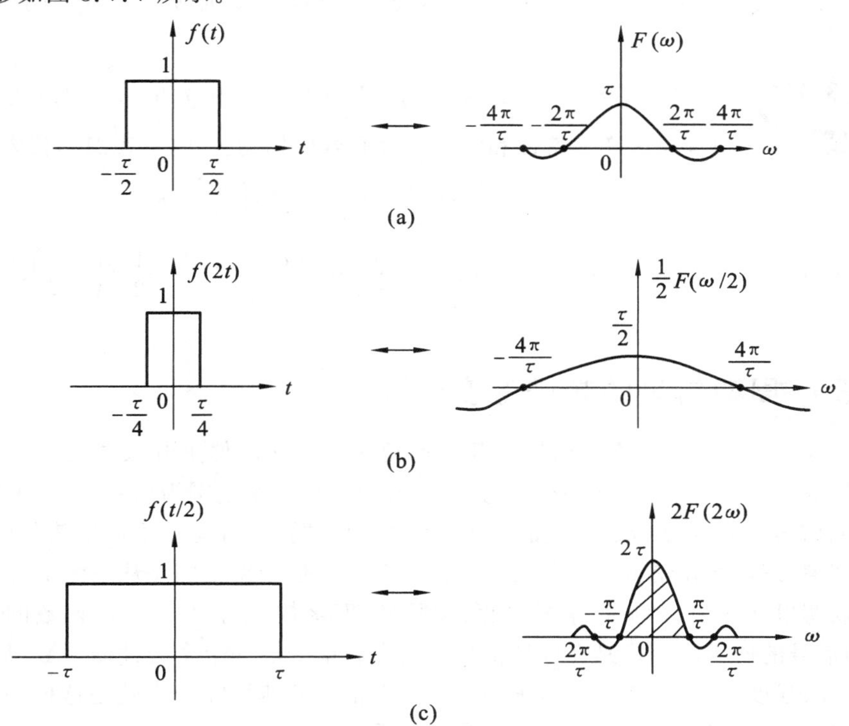

图 3.7.7　尺度变换特性

2. a 为小于零的实数

若 $\mathscr{F}[f(t)]=F(\omega)$，则有：

$$\mathscr{F}[f(at)]=\frac{1}{-a}F\left(\frac{\omega}{a}\right) \tag{3.7.19}$$

【证明】 根据定义，有：$\mathscr{F}[f(at)]=\int_{-\infty}^{+\infty}f(at)\mathrm{e}^{-\mathrm{j}\omega t}\mathrm{d}t$

进行变量置换，令 $\tau=at$，则 $t=\frac{1}{a}\tau$，$\mathrm{d}t=\frac{1}{a}\mathrm{d}\tau$；$t=-\infty$ 时，$\tau=+\infty$；$t=+\infty$ 时，$\tau=-\infty$；代入原式后得：

$$\mathscr{F}[f(at)]=\int_{-\infty}^{+\infty}f(\tau)\mathrm{e}^{-\mathrm{j}\omega\left(\frac{\tau}{a}\right)}\ \frac{1}{a}\mathrm{d}\tau=\frac{1}{-a}\int_{-\infty}^{+\infty}f(\tau)\mathrm{e}^{-\mathrm{j}\left(\frac{\omega}{a}\right)\tau}\mathrm{d}\tau=\frac{1}{-a}F\left(\frac{\omega}{a}\right)$$

得证。

当 $a=-1$ 时，则由(3.7.17)式可得 $\mathscr{F}[f(-t)]=F(-\omega)$。

a 为小于零的实数时，视 $|a|>1$ 或 $|a|<1$ 同样也有波形的压缩或扩展的问题，不过在压缩或扩展之前先要将波形反褶。这里不再详细讨论。

综合上述两种情况，尺度变换特性可表述为：

若 $\mathscr{F}[f(t)]=F(\omega)$，且 a 为非零实数，则有：

$$\mathscr{F}[f(at)]=\frac{1}{|a|}F\left(\frac{\omega}{a}\right) \tag{3.7.20}$$

3. 尺度变换特性和时移特性的联合应用

若 a、b 为非零的实数，且 $\mathscr{F}[f(t)]=F(\omega)$，则有：

$$\mathscr{F}[f(at+b)]=\frac{1}{|a|}F\left(\frac{\omega}{a}\right)\mathrm{e}^{\mathrm{j}\omega\frac{b}{a}} \tag{3.7.21}$$

上式分为 a 大于零和 a 小于零两种情况，用变量置换法可以证明该式，这项工作留给读者自己完成。

例 3.7.6 已知 $\mathscr{F}[f(t)]=F(\omega)$，求信号 $f(2t-5)$ 和 $f(5-2t)$ 的傅里叶变换。

解 根据尺度变换特性和时移特性联合应用的公式(3.7.21)，代入参数得

$$\mathscr{F}[f(2t-5)]=\frac{1}{2}F\left(\frac{\omega}{2}\right)\mathrm{e}^{\mathrm{j}\omega\frac{-5}{2}}=\frac{1}{2}F\left(\frac{\omega}{2}\right)\mathrm{e}^{-\mathrm{j}\omega\frac{5}{2}}$$

$$\mathscr{F}[f(5-2t)]=\mathscr{F}[f(-2t+5)]=\frac{1}{|-2|}F\left(\frac{\omega}{-2}\right)\mathrm{e}^{\mathrm{j}\omega\frac{5}{-2}}=\frac{1}{2}F\left(\frac{\omega}{-2}\right)\mathrm{e}^{-\mathrm{j}\omega\frac{5}{2}}$$

解毕。

3.8 周期信号的频谱密度函数

在本章 3.1 节已讨论了周期信号展开为三角函数形式的傅里叶级数的问题，并且建立了周期信号的幅度谱和相位谱的概念，它们都是离散谱，频率范围为 0 到 $+\infty$。在 3.2 节中又讨论了周期信号展开为复指数形式的傅里叶级数的问题，并且建立了周期信号的复数频谱和复数幅度谱、复数相位谱的概念，它们也都是离散谱，但频率范围是从 $-\infty$ 到 $+\infty$。周期信号也可以取傅里叶变换，即周期信号也存在频谱密度函数。根据频谱密度函数的意义，可以发现，周期信号的傅里叶变换是在周期信号的复数频谱处的一个个的冲激函数，原频谱的复系数即为冲激强度。在例 3.7.5 中所求的几个周期信号的傅里叶变换就是这样的。下面就来求一般周期信号的傅里叶变换，也即频谱密度函数。

设周期信号 $f(t)$ 的周期为 T,角频率 $\Omega=\frac{2\pi}{T}$,则其可展开为如下复指数形式的傅里叶级数。

$$f(t)=\sum_{n=-\infty}^{+\infty}C_n e^{jn\Omega t} \tag{3.8.1}$$

而系数

$$C_n=\frac{1}{T}\int_{-\frac{T}{2}}^{\frac{T}{2}}f(t)e^{-jn\Omega t}dt \tag{3.8.2}$$

对(3.8.1)式取傅里叶变换,得:

$$\begin{aligned}\mathscr{F}[f(t)]&=\mathscr{F}\left[\sum_{n=-\infty}^{+\infty}C_n e^{jn\Omega t}\right]=\sum_{n=-\infty}^{+\infty}\{C_n F[e^{jn\Omega t}]\}\\&=\sum_{n=-\infty}^{+\infty}C_n 2\pi\delta(\omega-n\Omega)\end{aligned}$$

即得:

$$\mathscr{F}[f(t)]=2\pi\sum_{n=-\infty}^{+\infty}C_n\delta(\omega-n\Omega) \tag{3.8.3}$$

式(3.8.3)即为一般周期信号的频谱密度函数,和之前的结果基本相同,只是多了一个系数 2π,这个系数的出现,是由于两种频率 ω 和 f 之间转换的结果。因为 $\omega=2\pi f$,推导傅里叶逆变换时,要将 f 换成ω,因此在傅里叶逆变换式中就出现了系数$(1/2\pi)$,利用对称性求直流信号的傅里叶变换时,在 $\delta(\omega)$ 前就有了系数 2π。现在利用直流信号的傅里叶变换来求一般周期信号的傅里叶变换时,出现系数 2π 是自然的。

例 3.8.1 求例 3.1.1 中的周期矩形脉冲信号 $f(t)$ 的频谱密度函数。

解 由例 3.1.1 可知周期矩形脉冲信号 $f(t)$ 的时域波形如图 3.8.1 所示。

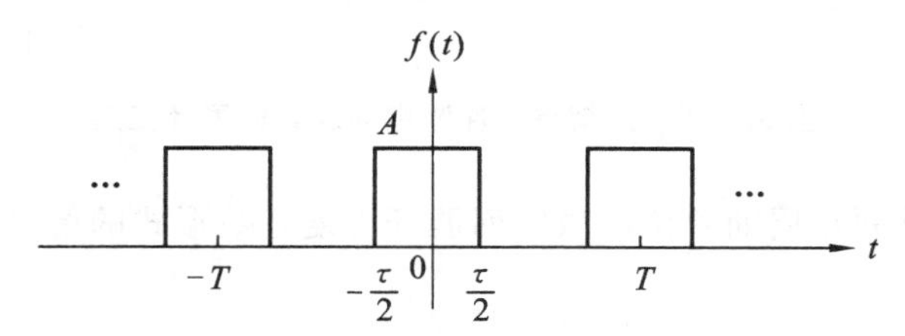

图 3.8.1 周期矩形脉冲信号 $f(t)$ 的时域波形图

又由例 3.1.2 可知,$f(t)$ 可展开成复指数形式的傅里叶级数为:

$$f(t)=\sum_{n=-\infty}^{+\infty}C_n e^{jn\Omega t} \tag{3.1.18}$$

而其系数为:

$$\begin{aligned}C_n&=\frac{1}{T}\int_{-\frac{T}{2}}^{\frac{T}{2}}f(t)e^{-jn\Omega t}dt=\frac{1}{T}\int_{-\frac{T}{2}}^{\frac{T}{2}}Ae^{-jn\Omega t}dt\\&=\frac{A\tau}{T}\mathrm{Sa}\left(\frac{n\Omega\tau}{2}\right)\end{aligned} \tag{3.8.4}$$

将式(3.8.4)代入式(3.8.3)即得周期矩形脉冲信号 $f(t)$ 的频谱密度函数为:

$$\begin{aligned}F(\omega)&=2\pi\sum_{n=-\infty}^{+\infty}C_n\delta(\omega-n\Omega)\\&=\Omega A\tau\sum_{n=-\infty}^{+\infty}\mathrm{Sa}\left(\frac{n\Omega\tau}{2}\right)\delta(\omega-n\Omega)\end{aligned} \tag{3.8.5}$$

令 $A=2,\tau=1,T=4$，可画出 $F(\omega)-\omega$ 的波形如图 3.8.2 所示。

读者可以将例 3.1.1、例 3.1.2 和例 3.8.1 进行比较，看同一周期矩形脉冲信号的三角函数形式的傅里叶级数展开式、复指数形式的傅里叶级数展开式和傅里叶变换之间的联系与差别，它们之间是如何演变的。

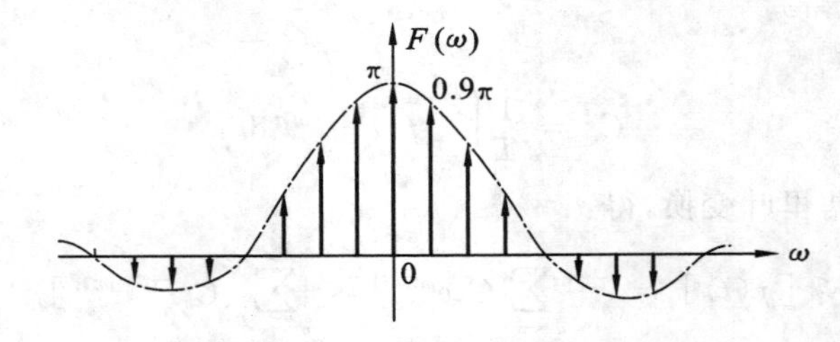

图 3.8.2　周期矩形脉冲信号的频谱密度函数波形图

例 3.8.2　周期单位冲激序列如图 3.8.3 所示，它向 t 的正负方向以 T 为间隔无限延伸，周期单位冲激序列可表示为：

$$\delta_T(t)=\cdots+\delta(t+T)+\delta(t)+\delta(t-T)+\cdots=\sum_{n=-\infty}^{+\infty}\delta(t-nT) \tag{3.8.6}$$

求周期单位冲激序列 $\delta_T(t)$ 的傅里叶变换。

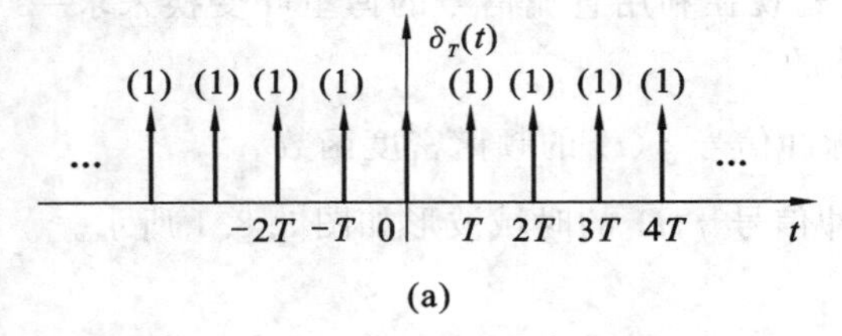

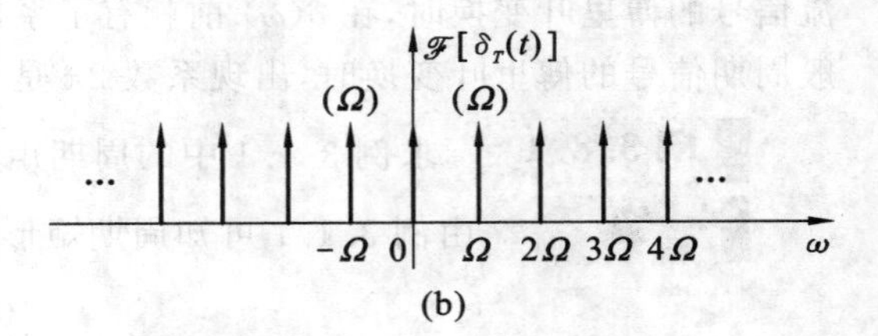

图 3.8.3　周期单位冲激序列及其傅里叶变换

解　首先将周期单位冲激序列展开为复指数形式的傅里叶级数，有：

$$\delta_T(t)=\sum_{n=-\infty}^{+\infty}C_n\mathrm{e}^{\mathrm{j}n\Omega t} \tag{3.8.7}$$

上式中的系数为：

$$C_n=\frac{1}{T}\int_{-\frac{T}{2}}^{\frac{T}{2}}\delta_T(t)\mathrm{e}^{-\mathrm{j}n\Omega t}\mathrm{d}t=\frac{1}{T}\int_{-\frac{T}{2}}^{\frac{T}{2}}\delta(t)\mathrm{e}^{-\mathrm{j}n\Omega t}\mathrm{d}t=\frac{1}{T} \tag{3.8.8}$$

$$\Omega=\frac{2\pi}{T} \tag{3.8.9}$$

对式(3.8.7)取傅里叶变换，并考虑式(3.8.3)得：

$$\begin{aligned}\mathscr{F}[\delta_T(t)]&=\sum_{n=-\infty}^{+\infty}\frac{2\pi}{T}\delta(\omega-n\Omega)\\&=\sum_{n=-\infty}^{+\infty}\Omega\delta(\omega-n\Omega)=\Omega\delta_\Omega(\omega)\end{aligned} \tag{3.8.10}$$

式(3.8.10)即为周期单位冲激序列的傅里叶变换，其波形如图 3.8.3(b) 所示。

符号 $\delta_T(t)$ 表示自变量为 t、周期为 T 的周期单位冲激序列；符号 $\Omega\delta_\Omega(\omega)$ 表示自变量为 ω，周期为 Ω 且冲激强度也为 Ω 的周期冲激序列。

3.9 傅里叶变换的性质(下)

3.9.1 微分特性

微分特性包括时域微分特性和频域微分特性。

1. 时域微分特性

若 $f(t)\leftrightarrow F(\omega)$,则有:

$$\frac{\mathrm{d}f(t)}{\mathrm{d}t}\leftrightarrow \mathrm{j}\omega F(\omega) \tag{3.9.1}$$

$$\frac{\mathrm{d}^n f(t)}{\mathrm{d}t^n}\leftrightarrow (\mathrm{j}\omega)^n F(\omega) \tag{3.9.2}$$

证明 因为 $f(t)\leftrightarrow F(\omega)$,所以有:

$$f(t)=\frac{1}{2\pi}\int_{-\infty}^{+\infty}F(\omega)\mathrm{e}^{\mathrm{j}\omega t}\mathrm{d}\omega \tag{3.9.3}$$

上式两边对 t 求微分,右边微分时先交换积分微分次序,再对 $\mathrm{e}^{\mathrm{j}\omega t}$ 求微分,即得:

$$\frac{\mathrm{d}f(t)}{\mathrm{d}t}=\frac{1}{2\pi}\int_{-\infty}^{+\infty}\mathrm{j}\omega F(\omega)\mathrm{e}^{\mathrm{j}\omega t}\mathrm{d}\omega$$

根据傅里叶逆变换公式的含义,$\frac{\mathrm{d}f(t)}{\mathrm{d}t}\leftrightarrow \mathrm{j}\omega F(\omega)$ 成立。对(3.9.3)式两边对 t 求微分 n 次后即得:

$$\frac{\mathrm{d}^n f(t)}{\mathrm{d}t^n}\leftrightarrow (\mathrm{j}\omega)^n F(\omega)$$

得证。

例 3.9.1 已知 $\varepsilon(t)\leftrightarrow \pi\delta(\omega)+\frac{1}{\mathrm{j}\omega}$,利用时域微分特性求 $\delta(t)$ 及 $\delta'(t)$ 的傅里叶变换。

解 因为 $\varepsilon(t)\leftrightarrow \pi\delta(\omega)+\frac{1}{\mathrm{j}\omega}$,根据时域微分特性有:

$$\frac{\mathrm{d}\varepsilon(t)}{\mathrm{d}t}\leftrightarrow \mathrm{j}\omega[\pi\delta(\omega)+\frac{1}{\mathrm{j}\omega}]=0+1=1$$

即 $\delta(t)\leftrightarrow 1$,这与前面用定义积分的结果是一致的。再使用一次微分性质有 $\delta'(t)\leftrightarrow \mathrm{j}\omega$,解毕。

2. 频域微分特性

若 $f(t)\leftrightarrow F(\omega)$,则有:

$$(-\mathrm{j}t)f(t)\leftrightarrow \frac{\mathrm{d}F(\omega)}{\mathrm{d}\omega} \tag{3.9.4}$$

$$(-\mathrm{j}t)^n f(t)\leftrightarrow \frac{\mathrm{d}^n F(\omega)}{\mathrm{d}\omega^n} \tag{3.9.5}$$

证明 因为 $$f(t)\leftrightarrow F(\omega)$$

所以 $$F(\omega)=\int_{-\infty}^{+\infty}f(t)\mathrm{e}^{-\mathrm{j}\omega t}\mathrm{d}t \tag{3.9.6}$$

上式两边对 ω 求微分,右边微分时先交换积分微分次序,再对 ω 求微分后,即得:

$$\frac{\mathrm{d}F(\omega)}{\mathrm{d}\omega}=\int_{-\infty}^{+\infty}(-\mathrm{j}t)f(t)\mathrm{e}^{-\mathrm{j}\omega t}\mathrm{d}t \tag{3.9.7}$$

根据傅里叶变换公式的含义,上式即表示:

$$(-\mathrm{j}t)f(t)\leftrightarrow \frac{\mathrm{d}F(\omega)}{\mathrm{d}\omega}$$

成立。

对式(3.9.6)两边对 ω 求微分 n 次后即得:

$$(-\mathrm{j}t)^n f(t)\leftrightarrow \frac{\mathrm{d}^n F(\omega)}{\mathrm{d}\omega^n}$$

得证。

例 3.9.2 求指数脉冲信号 $f(t)=t\mathrm{e}^{-at}\varepsilon(t)(a>0)$ 的频谱密度函数。

解 因为:

$$\mathrm{e}^{-at}\varepsilon(t)\leftrightarrow \frac{1}{a+\mathrm{j}\omega}$$

应用频域微分特性得:

$$(-\mathrm{j}t)\mathrm{e}^{-at}\varepsilon(t)\leftrightarrow \frac{\mathrm{d}}{\mathrm{d}\omega}\left[\frac{1}{a+\mathrm{j}\omega}\right]$$

微分后有:

$$(-\mathrm{j}t)\mathrm{e}^{-at}\varepsilon(t)\leftrightarrow \frac{-j}{(a+\mathrm{j}\omega)^2}$$

两边同乘 j 得:

$$t\mathrm{e}^{-at}\varepsilon(t)\leftrightarrow \frac{1}{(a+\mathrm{j}\omega)^2}$$

此式即表明:

$$F(\omega)=\mathscr{F}[t\mathrm{e}^{-at}\varepsilon(t)]=\frac{1}{(a+\mathrm{j}\omega)^2} \tag{3.9.8}$$

上式就是题目所要求的频谱密度函数。解毕。

读者可自行求其幅度谱和相位谱。

3.9.2 积分特性

积分特性包括时域积分特性和频域积分特性。

1. 时域积分特性

若 $f(t)\leftrightarrow F(\omega)$,则有:

$$\mathscr{F}\left[\int_{-\infty}^{t} f(\tau)\mathrm{d}\tau\right]=\frac{F(\omega)}{\mathrm{j}\omega}+\pi F(0)\delta(\omega) \tag{3.9.9}$$

证明

$$\mathscr{F}\left[\int_{-\infty}^{t} f(\tau)\mathrm{d}\tau\right]=\int_{-\infty}^{+\infty}\left[\int_{-\infty}^{t} f(\tau)\mathrm{d}\tau\right]\mathrm{e}^{-\mathrm{j}\omega t}\mathrm{d}t$$

$$=\int_{-\infty}^{+\infty}\left[\int_{-\infty}^{+\infty} f(\tau)\varepsilon(t-\tau)\mathrm{d}\tau\right]\mathrm{e}^{-\mathrm{j}\omega t}\mathrm{d}t \quad \text{(为了改变积分上限,进行恒等变形)}$$

$$=\int_{-\infty}^{+\infty} f(\tau)\left[\int_{-\infty}^{+\infty}\varepsilon(t-\tau)\mathrm{e}^{-\mathrm{j}\omega t}\mathrm{d}t\right]\mathrm{d}\tau \quad \text{(交换积分次序)}$$

$$=\int_{-\infty}^{+\infty} f(\tau)\left[\pi\delta(\omega)+\frac{1}{\mathrm{j}\omega}\right]\mathrm{e}^{-\mathrm{j}\omega\tau}\mathrm{d}\tau \quad \text{(给出 }\varepsilon(t-\tau)\text{ 的傅里叶变换)}$$

$$=\left[\pi\delta(\omega)+\frac{1}{\mathrm{j}\omega}\right]\int_{-\infty}^{+\infty} f(\tau)\mathrm{e}^{-\mathrm{j}\omega\tau}\mathrm{d}\tau \quad \text{(把与 }\tau\text{ 无关的变量提到积分号外)}$$

$$=\left[\pi\delta(\omega)+\frac{1}{\mathrm{j}\omega}\right]F(\omega) \quad \text{(由已知和傅里叶变换的定义)}$$

$$= \pi\delta(\omega)F(\omega) + \frac{F(\omega)}{\mathrm{j}\omega} = \frac{F(\omega)}{\mathrm{j}\omega} + \pi\delta(\omega)F(0)$$

得证。

例 3.9.3 已知 $f(t) = \delta(t)$，$\delta(t) \leftrightarrow 1$，利用积分特性求信号 $\varepsilon(t)$ 的傅里叶变换。

解 因为 $\varepsilon(t) = \int_{-\infty}^{t} \delta(\tau)\mathrm{d}\tau$，根据积分特性和已知条件，有：

$$\mathscr{F}[\varepsilon(t)] = \pi\delta(\omega)F(0) + \frac{F(\omega)}{\mathrm{j}\omega} = \pi\delta(\omega) + \frac{1}{\mathrm{j}\omega}$$

其中，$F(\omega) = 1$。

这与前面用求极限的方法得到的结果是一样的，因此两种方法得到相互验证。

***2. 频域积分特性**

若 $f(t) \leftrightarrow F(\omega)$，则有：

$$\mathscr{F}^{-1}\left[\int_{-\infty}^{\omega} F(\Omega)\mathrm{d}\Omega\right] = \mathrm{j}\frac{f(t)}{t} + \pi f(0)\delta(t) = \pi f(0)\delta(t) - \frac{f(t)}{\mathrm{j}t} \tag{3.9.10}$$

证明：$\mathscr{F}^{-1}\left[\int_{-\infty}^{\omega} F(\Omega)\mathrm{d}\Omega\right] = \frac{1}{2\pi}\int_{-\infty}^{+\infty}\left[\int_{-\infty}^{\omega} F(\Omega)\mathrm{d}\Omega\right]\mathrm{e}^{\mathrm{j}\omega t}\mathrm{d}\omega$ （傅里叶逆变换定义）

$= \frac{1}{2\pi}\int_{-\infty}^{+\infty}\left[\int_{-\infty}^{+\infty} F(\Omega)\varepsilon(\omega-\Omega)\mathrm{d}\Omega\right]\mathrm{e}^{\mathrm{j}\omega t}\mathrm{d}\omega$ （为改变积分数限而进行的恒等变形）

$= \frac{1}{2\pi}\int_{-\infty}^{+\infty} F(\Omega)\left[\int_{-\infty}^{+\infty} \varepsilon(\omega-\Omega)\mathrm{e}^{\mathrm{j}\omega t}\mathrm{d}\omega\right]\mathrm{d}\Omega$ （交换积分次序）

$= \frac{1}{2\pi}\int_{-\infty}^{+\infty} F(\Omega)\left[\int_{-\infty}^{+\infty} \varepsilon(\omega-\Omega)\mathrm{e}^{-\mathrm{j}(-t)\omega}\mathrm{d}\omega\right]\mathrm{d}\Omega$ （恒等变形）

$= \frac{1}{2\pi}\int_{-\infty}^{+\infty} F(\Omega)\left[\pi\delta(-t) + \frac{1}{j(-t)}\right]\mathrm{e}^{-\mathrm{j}(-t)\Omega}\mathrm{d}\Omega$ （详见下面括号内证明）

注意：将 $\left[\int_{-\infty}^{+\infty} \varepsilon(\omega-\Omega)\mathrm{e}^{-\mathrm{j}(-t)\omega}\mathrm{d}\omega\right]$ 式中的字母进行如下变换：将 ω 换成 t，Ω 换成 τ，t 换成 $-\omega$，得到：

$$\left[\int_{-\infty}^{+\infty} \varepsilon(\omega-\Omega)\mathrm{e}^{-\mathrm{j}(-t)\omega}\mathrm{d}\omega\right] = \left[\int_{-\infty}^{+\infty} \varepsilon(t-\tau)\mathrm{e}^{-\mathrm{j}\omega t}\mathrm{d}t\right]$$

因为 $\int_{-\infty}^{+\infty} \varepsilon(t-\tau)\mathrm{e}^{-\mathrm{j}\omega t}\mathrm{d}t = \left[\pi\delta(\omega) + \frac{1}{\mathrm{j}\omega}\right]\mathrm{e}^{-\mathrm{j}\omega\tau}$

再将此式中的字母 ω 和 τ 按上面的变换，反向变回去，即得：

$$\left[\int_{-\infty}^{+\infty} \varepsilon(\omega-\Omega)\mathrm{e}^{-\mathrm{j}(-t)\omega}\mathrm{d}\omega\right] = \left[\pi\delta(-t) + \frac{1}{\mathrm{j}(-t)}\right]\mathrm{e}^{-\mathrm{j}(-t)\Omega}$$

于是，

$$\mathscr{F}^{-1}\left[\int_{-\infty}^{\omega} F(\Omega)\mathrm{d}\Omega\right] = \left[\pi\delta(t) - \frac{1}{\mathrm{j}t}\right]\frac{1}{2\pi}\int_{-\infty}^{+\infty} F(\Omega)\mathrm{e}^{\mathrm{j}\Omega t}\mathrm{d}\Omega$$

$= [\pi\delta(t) - \frac{1}{\mathrm{j}t}]f(t)$ （逆变换的定义）

$= \pi f(0)\delta(t) - \frac{f(t)}{\mathrm{j}t}$ （运算）

得证。

＊例 3.9.4 求 $\mathscr{F}^{-1}[\varepsilon(\omega)]$。

解 解法一 考虑到冲激函数的积分是阶跃函数，即 $\varepsilon(\omega)=\int_{-\infty}^{\omega}\delta(\Omega)\mathrm{d}\Omega$，故可用频域积分特性来求解。

因为
$$1\leftrightarrow 2\pi\delta(\omega)$$
根据频域积分特性式(3.9.10)有：
$$\pi f(0)\delta(t)-\frac{f(t)}{\mathrm{j}t}\leftrightarrow\int_{-\infty}^{\omega}F(\Omega)\mathrm{d}\Omega$$
现在 $f(t)=1, F(\omega)=2\pi\delta(\omega)$，代入上式两边分别运算后，再除以 2π 可得：
$$\frac{1}{2}\delta(t)+\frac{\mathrm{j}}{2\pi t}\leftrightarrow\varepsilon(\omega) \tag{3.9.11}$$
上式表明 $\mathscr{F}^{-1}[\varepsilon(\omega)]=\frac{1}{2}\delta(t)+\frac{\mathrm{j}}{2\pi t}$。解毕。

解法二 也可以用对称性来求解。

因为
$$\varepsilon(t)\leftrightarrow\pi\delta(\omega)+\frac{1}{\mathrm{j}\omega}$$
根据尺度变换性质得
$$\varepsilon(-t)\leftrightarrow\pi\delta(-\omega)+\frac{1}{-\mathrm{j}\omega}$$
运算后可得
$$\varepsilon(-t)\leftrightarrow\pi\delta(\omega)+\frac{\mathrm{j}}{\omega}$$
根据对称性得
$$\pi\delta(t)+\frac{\mathrm{j}}{t}\leftrightarrow 2\pi\varepsilon(\omega)$$
两边同除以 2π 后得：$\frac{1}{2}\delta(t)+\frac{\mathrm{j}}{2\pi t}\leftrightarrow\varepsilon(\omega)$，与解法一的结果相同。

3.9.3 卷积定理

卷积和卷积定理在“信号与系统”中起着重要的作用，它把时域和频域联系起来。使人们可以从时域和频域两个不同的方面来进行研究。卷积定理分为时域卷积定理和频域卷积定理。

1. 时域卷积定理

若
$$f_1(t)\leftrightarrow F_1(\omega), f_2(t)\leftrightarrow F_2(\omega)$$
则
$$\mathscr{F}[f_1(t)*f_2(t)]=F_1(\omega)F_2(\omega) \tag{3.9.12}$$

证明
$$\begin{aligned}\mathscr{F}[f_1(t)*f_2(t)]&=\int_{-\infty}^{+\infty}\left[\int_{-\infty}^{+\infty}f_1(\tau)f_2(t-\tau)\mathrm{d}\tau\right]\mathrm{e}^{-\mathrm{j}\omega t}\mathrm{d}t &&\text{（根据两个定义）}\\&=\int_{-\infty}^{+\infty}f_1(\tau)\left[\int_{-\infty}^{+\infty}f_2(t-\tau)\mathrm{e}^{-\mathrm{j}\omega t}\mathrm{d}t\right]\mathrm{d}\tau &&\text{（交换积分次序）}\\&=\left[\int_{-\infty}^{+\infty}f_1(\tau)\mathrm{e}^{-\mathrm{j}\omega\tau}\mathrm{d}\tau\right]F_2(\omega) &&\text{（由已知及延时性质）}\\&=F_1(\omega)F_2(\omega) &&\text{（由已知）}\end{aligned}$$
得证。

例 3.9.5 已知门函数 $g_\tau(t)$ 如图 3.9.1 所示，求卷积 $f(t)=g_\tau(t)*g_\tau(t)$ 的傅里叶变换。

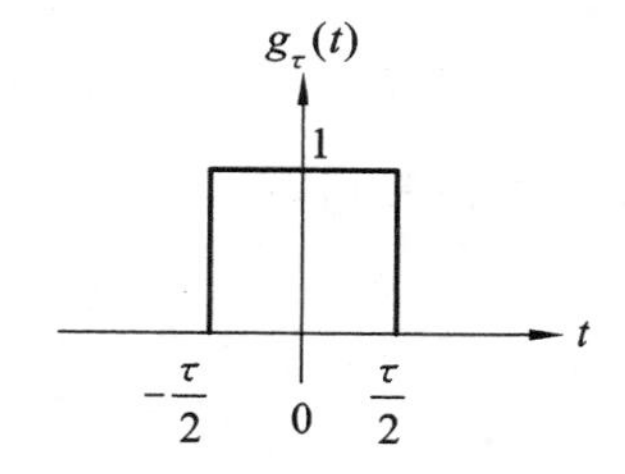

图 3.9.1　时域门函数

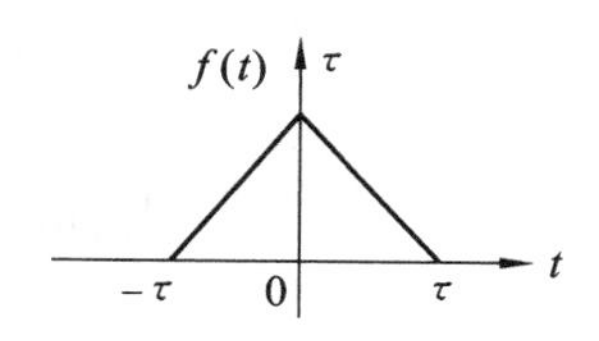

图 3.9.2　卷积 $f(t)=g_\tau(t)*g_\tau(t)$ 的波形

解　解法一　由 3.5.1 小节式(3.5.3)可得门函数 $g_\tau(t)$ 的傅里叶变换为：

$$G(\omega)=\tau\mathrm{Sa}\left(\frac{\omega\tau}{2}\right)$$

根据时域卷积定理有

$$F(\omega)=G(\omega)G(\omega)=\left[\tau\mathrm{Sa}\left(\frac{\omega\tau}{2}\right)\right]^2。$$

解法二　先求出卷积 $f(t)=g_\tau(t)*g_\tau(t)$ 的波形如图 3.9.2 所示。再根据三角形脉冲的傅里叶变换公式同样可得 $F(\omega)=\left[\tau\mathrm{Sa}\left(\frac{\omega\tau}{2}\right)\right]^2$。具体运算由读者自己完成。

2. 频域卷积定理

若
$$f_1(t)\leftrightarrow F_1(\omega),\quad f_2(t)\leftrightarrow F_2(\omega)$$

则
$$\mathscr{F}[f_1(t)f_2(t)]=\frac{1}{2\pi}F_1(\omega)*F_2(\omega)$$
$$=\frac{1}{2\pi}\int_{-\infty}^{+\infty}F_1(u)F_2(\omega-u)\mathrm{d}u\tag{3.9.13}$$

证明
$$\mathscr{F}[f_1(t)f_2(t)]=\int_{-\infty}^{+\infty}[f_1(t)f_2(t)]\mathrm{e}^{-\mathrm{j}\omega t}\mathrm{d}t\quad（傅里叶变换定义）$$
$$=\int_{-\infty}^{+\infty}\left[\frac{1}{2\pi}\int_{-\infty}^{+\infty}F_1(u)\mathrm{e}^{\mathrm{j}ut}\mathrm{d}u\right]f_2(t)\mathrm{e}^{-\mathrm{j}\omega t}\mathrm{d}t\quad（将 f_1(t) 按逆变换的定义写出）$$
$$=\frac{1}{2\pi}\int_{-\infty}^{+\infty}F_1(u)\left[\int_{-\infty}^{+\infty}f_2(t)\mathrm{e}^{-\mathrm{j}(\omega-u)t}\mathrm{d}t\right]\mathrm{d}u\quad（交换积分次序，恒等变形）$$
$$=\frac{1}{2\pi}\int_{-\infty}^{+\infty}F_1(u)F_2(\omega-u)\mathrm{d}u\quad（根据正变换的定义和已知）$$
$$=\frac{1}{2\pi}F_1(\omega)*F_2(\omega)\quad（卷积定义）$$

得证。

由上述卷积定理可知：时域相卷，则频域相乘；频域相卷，则时域相乘。时域卷积定理和频域卷积定理从表达式来看，既是对称的，又是不完全对称的，这是因为傅里叶变换和逆变换从表达式来看，既是对称的，又是不完全对称的。

例 3.9.6　求单边正弦信号 $f(t)=\sin(\omega_C t)\varepsilon(t)$ 的傅里叶变换。

解　设 $f_1(t)=\sin(\omega_C t)$，$f_2(t)=\varepsilon(t)$，则可知

$$F_1(\omega)=\mathrm{j}\pi[\delta(\omega+\omega_C)-\delta(\omega-\omega_C)],\quad F_2(\omega)=\pi\delta(\omega)+\frac{1}{\mathrm{j}\omega}$$

根据频域卷积定理可得：

$$F(\omega)=\frac{1}{2\pi}F_1(\omega)*F_2(\omega)$$
$$=\frac{1}{2\pi}\left\{\mathrm{j}\pi[\delta(\omega+\omega_C)-\delta(\omega-\omega_C)]*\left[\pi\delta(\omega)+\frac{1}{\mathrm{j}\omega}\right]\right\}$$
$$=\frac{-\omega_C}{\omega^2-\omega_C^2}+\frac{\mathrm{j}\pi}{2}[\delta(\omega+\omega_C)-\delta(\omega-\omega_C)]$$

解毕。

此题结果可简单地表示为：

$$\sin(\omega_C t)\varepsilon(t)\leftrightarrow\frac{-\omega_C}{\omega^2-\omega_C^2}+\frac{\mathrm{j}\pi}{2}[\delta(\omega+\omega_C)-\delta(\omega-\omega_C)] \tag{3.9.14}$$

用同样的方法可求得单边余弦信号的傅里叶变换为：

$$\cos(\omega_C t)\varepsilon(t)\leftrightarrow\frac{\pi}{2}[\delta(\omega+\omega_C)+\delta(\omega-\omega_C)]-\frac{\mathrm{j}\omega}{\omega^2-\omega_C^2} \tag{3.9.15}$$

例 3.9.7 求下面的单边减幅正弦信号的傅里叶变换。

$$f(t)=\mathrm{e}^{-at}\sin(\omega_C t)\varepsilon(t)\quad(a>0)$$

解 设 $f_1(t)=\mathrm{e}^{-at}\varepsilon(t)$，$f_2(t)=\sin(\omega_C t)$，则有：

$$f(t)=f_1(t)f_2(t)\quad F_1(\omega)=\frac{1}{a+\mathrm{j}\omega}$$
$$F_2(\omega)=\mathrm{j}\pi[\delta(\omega+\omega_C)-\delta(\omega-\omega_C)]$$

由频域卷积定理得：

$$F(\omega)=\frac{1}{2\pi}F_1(\omega)*F_2(\omega)$$
$$=\frac{1}{2\pi}\{\frac{1}{a+\mathrm{j}\omega}*\mathrm{j}\pi[\delta(\omega+\omega_C)-\delta(\omega-\omega_C)]\}$$
$$=\frac{\mathrm{j}}{2}[\frac{1}{a+\mathrm{j}(\omega+\omega_C)}-\frac{1}{a+\mathrm{j}(\omega-\omega_C)}]=\frac{\omega_C}{(a+\mathrm{j}\omega)^2+\omega_C^2}$$

解毕。

由此题可得：

$$\mathrm{e}^{-at}\sin(\omega_C t)\varepsilon(t)\leftrightarrow\frac{\omega_C}{(a+\mathrm{j}\omega)^2+\omega_C^2} \tag{3.9.16}$$

用同样的方法可求得单边减幅余弦信号的傅里叶变换为：

$$\mathrm{e}^{-at}\cos(\omega_C t)\varepsilon(t)\leftrightarrow\frac{a+\mathrm{j}\omega_C}{(a+\mathrm{j}\omega)^2+\omega_C^2} \tag{3.9.17}$$

例 3.9.8 求乘积信号 $f(t)=\mathrm{Sa}(2t)\mathrm{Sa}(3t)$ 的频谱密度函数并画频谱图。

解 令 $f_1(t)=\mathrm{Sa}(2t)$，$f_2(t)=\mathrm{Sa}(3t)$，则用例 3.7.2 的方法可求得：

$$F_1(\omega)=\frac{\pi}{2}g_4(\omega)=\frac{\pi}{2}[\varepsilon(\omega+2)-\varepsilon(\omega-2)]$$
$$F_2(\omega)=\frac{\pi}{3}g_6(\omega)=\frac{\pi}{3}[\varepsilon(\omega+3)-\varepsilon(\omega-3)]$$

根据频域卷积定理可得：$F(\omega)=\frac{1}{2\pi}F_1(\omega)*F_2(\omega)$

再用例 2.8.4 的计算方法可求得：

$$F(\omega)=\frac{\pi}{12}[(\omega+5)\varepsilon(\omega+5)-(\omega+1)\varepsilon(\omega+1)-(\omega-1)\varepsilon(\omega-1)+(\omega-5)\varepsilon(\omega-5)]$$

$$=\begin{cases}0 & (\omega\leqslant-5,5\leqslant\omega)\\ \frac{\pi}{12}(\omega+5) & (-5\leqslant\omega\leqslant-1)\\ \frac{\pi}{3} & (-1\leqslant\omega\leqslant1)\\ \frac{\pi}{12}(-\omega+5) & (1\leqslant\omega\leqslant5)\end{cases}$$

其幅度谱如图 3.9.3 所示，其相位谱由读者自己完成。解毕。

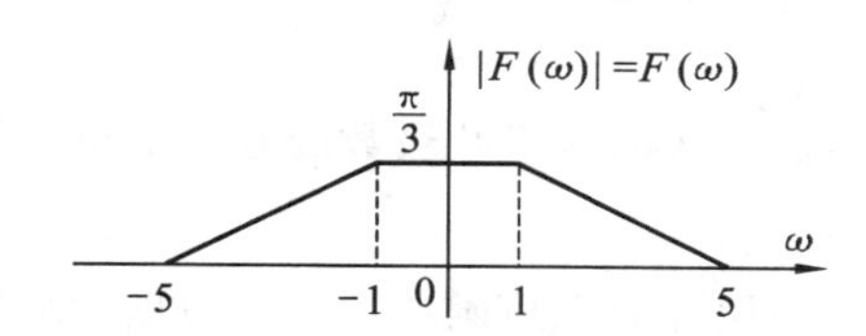

图 3.9.3　乘积信号的幅度谱

本章小结

本章从讨论周期信号展开为三角函数形式的傅里叶级数开始，继而讨论周期信号展开为复指数形式的傅里叶级数，并利用非周期信号可以看成是周期信号的周期趋于无穷大的极限，得到了对非周期信号取傅里叶变换，即求非周期信号的频谱密度函数的结论。反过来，对周期信的复指数形式的傅里叶级数展开式取傅里叶变换，又得到了周期信号的频谱密度函数。因此，傅里叶变换的理论就是信号分析的基本理论。利用傅里叶变换，既可以对非周期信号，也可以对周期信号进行频谱分析。

具体的内容，要掌握常用周期信号的三角函数形式的傅里叶级数展开式，常用非周期信号的傅里叶变换式；要掌握傅里叶变换的基本性质及其应用。

需指出的是，在傅里叶变换中出现了负频率，负频率并没有任何实际意义，而是由于引用欧拉公式，将每一个正弦分量一分为二，分解为一对正负频率的复指数分量的结果。实际信号的幅度谱应该只考虑 $\omega\geqslant0$ 的部分，而将幅度乘以 2，以还原每个正弦分量的实际幅度。

习　题　3

3-1　导出周期信号的三角函数形式傅里叶级数的系数公式，分别说明它们的奇偶性和条件。

3-2　如果周期信号是偶函数，其三角函数形式傅里叶级数有何特点？为什么？

3-3　如果周期信号是奇函数，其三角函数形式傅里叶级数有何特点？为什么？

3-4　如果周期信号是奇谐函数，其三角函数形式傅里叶级数有何特点？为什么？

定义：若周期为 T 的周期信号 $f(t)$ 满足 $f(t)=-f\left(t\pm\frac{T}{2}\right)$，则称该信号为奇谐函数。

3-5　试分析题 3-5 图所示的周期信号是否满足奇谐函数的定义。

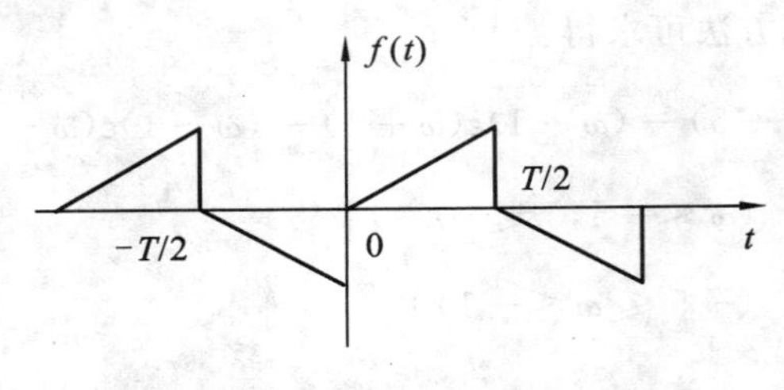

题 3-5 图　周期信号 $f(t)$

3-6　如果周期信号既是奇函数,又是奇谐函数,其三角函数形式傅里叶级数有何特点?为什么?试举一例。

3-7　如果周期信号既是偶函数,又是奇谐函数,其三角函数形式傅里叶级数有何特点?为什么?试举一例。

3-8　在周期信号的复指数形式的傅里叶级数展开式中出现了负频率,负频率有何实际意义?为什么会出现负频率?

3-9　在将周期信号成功地展开为三角函数形式的傅里叶级数后,为什么又要将其展开成复指数形式的傅里叶级数?

3-10　周期矩形脉冲信号如 3.1 节图 3.1.2 所示,设图中 $\tau = 20\ \mu s$,$T = 0.2\ ms$,脉冲幅度 $A = 10\ V$。求直流分量的大小以及基波、二次谐波的有效值。

3-11　周期对称方波信号如题 3-11 图所示,求其三角函数形式傅里叶级数展开式,分析其三角函数形式傅里叶级数展开式有何特点,为什么有这样的特点?

3-12　周期锯齿波信号如题 3-12 图所示,求其三角函数形式傅里叶级数展开式,分析其三角函数形式傅里叶级数展开式有何特点,为什么有这样的特点?

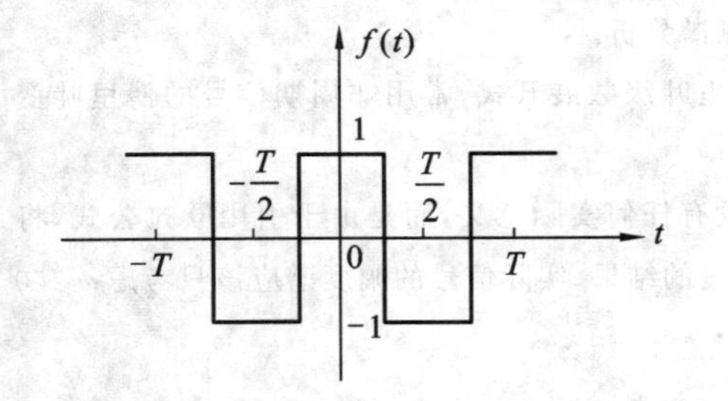

题 3-11 图　周期对称方波信号

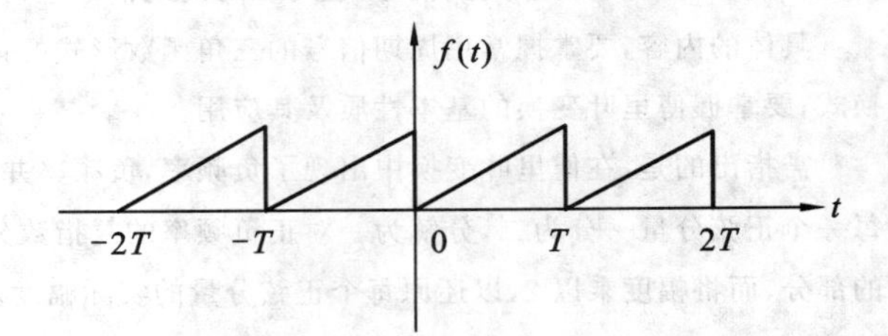

题 3-12 图　周期锯齿波信号

3-13　周期三角波信号如题 3-13 图所示,求其三角函数形式傅里叶级数展开式,分析其三角函数形式傅里叶级数展开式有何特点,为什么有这样的特点?

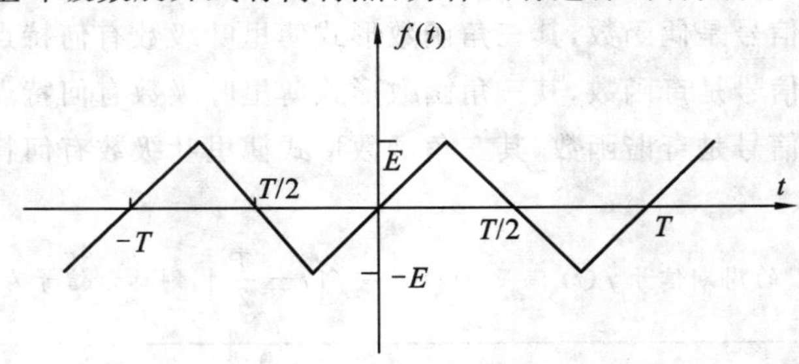

题 3-13 图　周期三角波信号

3-14　确定信号的带宽的方法有几种？为什么要确定信号的带宽？

3-15　试确定周期三角形脉冲信号的带宽。

3-16　试确定周期全波余弦信号的带宽。

3-17　设 $f(t)$ 是周期为 T 的偶函数，且只包含奇次谐波，已知在区间 $(0,T/4)$ 上，$f(t)=-t+(T/4)$，试画出 $f(t)$ 在一个周期内的波形。

3-18　抽样函数 $\mathrm{Sa}(t)=\dfrac{\sin t}{t}$ 具有哪些性质？

3-19　傅里叶变换在信号分析中的物理意义是什么？

3-20　傅里叶逆变换在信号分析中的物理意义是什么？

3-21　三角函数形式的傅里叶级数在信号分析中的物理意义是什么？

3-22　复指数形式的傅里叶级数在信号分析中的物理意义是什么？

3-23　傅里叶变换有没有单位？傅里叶变换的单位是什么？

3-24　求信号的频谱密度函数，即求傅里叶变换有哪几种方法？

3-25　求下列信号的傅里叶变换：

(1) $\mathrm{e}^{-2(t-1)}\varepsilon(t-1)$；(2) $\mathrm{e}^{-2(t-1)}\varepsilon(t)$。

3-26　已知 $x_0(t)=\begin{cases}\mathrm{e}^{-t} & (0\leqslant t\leqslant 1)\\ 0 & (t<0,t>1)\end{cases}$

求其频谱密度函数 $X_0(\omega)$，并求题 3-26 图所示信号 $x_1(t)$ 的傅里叶变换，要求用 $X_0(\omega)$ 表示。

3-27　用求极限的方法来求直流信号 $f(t)=1$ 的傅里叶变换。

3-28　用两种方法求题 3-28 图所示信号 $f(t)$ 的傅里叶变换。

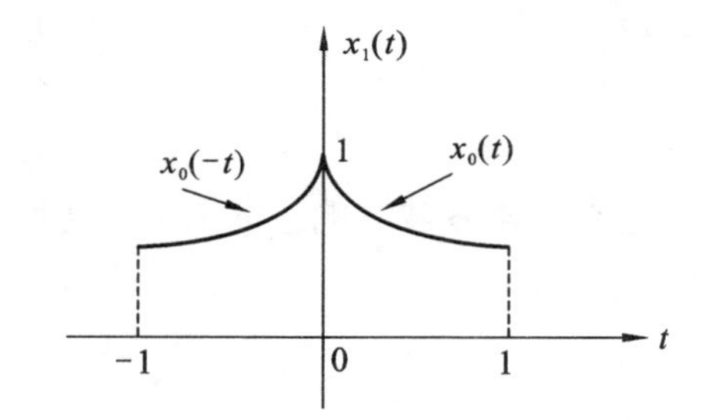

题 3-26 图　题 3-26 的信号 $x_1(t)$

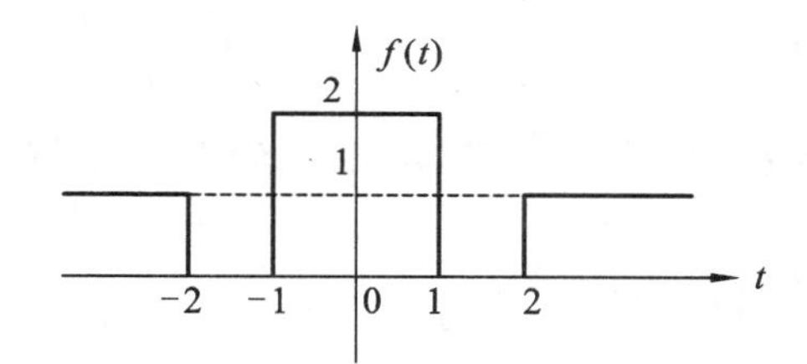

题 3-27 图　题 3-27 的信号 $f(t)$

3-29　设单位阶跃信号 $\varepsilon(t)$ 的傅里叶变换为已知，利用直流信号 $f(t)=1$ 和单位阶跃信号之间的关系来求直流信号 $f(t)=1$ 的傅里叶变换。

3-30　已知 $\mathscr{F}[f(t)]=F(\omega)$，求下列信号的频谱密度函数。

(1) $tf(-2t)$；　(2) $(t-3)f(-2t)$；　(3) $f(3t-7)$；　(4) $tf'(t)$。

3-31　试求下列两个信号的频谱密度函数。

(1) $f_1(t)=\mathrm{e}^{-3|t|}$；　(2) $f_2(t)=\dfrac{6}{t^2+9}$。

3-32　求抽样信号 $\mathrm{Sa}(2t)$ 的频谱密度函数。

3-33　已知信号 $f(t)=\mathrm{Sa}^2(2t)=\mathrm{Sa}(2t)\mathrm{Sa}(2t)$，求其频谱密度函数及幅度谱波形。

3-34　在 3.1 节已经讨论了周期信号的频谱问题，并且得到了明确的结论，为什么还要研究和讨论周期信号的傅里叶变换，即频谱密度函数？

3-35　求 3.2.2 小节的周期三角形脉冲信号的傅里叶变换。

第4章 傅里叶变换的应用

本章主要内容 (1) 系统的频域分析法及其优缺点;(2) 频域系统函数 $H(j\omega)$;(3) 滤波器的概念与理想滤波器;(4) Paley-Wiener 准则;(5) 无失真传输的条件;(6) 调制与解调。

4.1 系统的频域分析法与频域系统函数

4.1.1 频域分析法

傅里叶变换在力学、热力学、电子技术、无线电及通信等诸多学科都有重要的应用，本章仅介绍系统的频域分析法与频域系统函数、理想滤波器、无失真传输、调制与解调等几个基本应用，后续章节还会介绍其更多的应用。

在 1.4 节系统分析方法概述中曾提及频域分析法(见图 1.4.1)，现在简单介绍如下。

对于一个以线性时不变元件 R、L、C 构成的线性时不变连续时间系统，当激励为 $e(t)$ 时，设系统的冲激响应为 $h(t)$，零状态响应为 $r_{zs}(t)$，则由第 2 章(2.8.3) 式可知：

$$r_{zs}(t) = e(t) * h(t)$$

对上式两边取傅里叶变换，根据时域卷积定理得：

$$R(j\omega) = E(j\omega)H(j\omega) \tag{4.1.1}$$

上式中

$$R(j\omega) = \mathscr{F}[r_{zs}(t)] \tag{4.1.2}$$

$$E(j\omega) = \mathscr{F}[e(t)] \tag{4.1.3}$$

$$H(j\omega) = \mathscr{F}[h(t)] \tag{4.1.4}$$

系统的频域分析法，就是对式(4.1.1) 取傅里叶逆变换求零状态响应 $r_{zs}(t)$ 的过程：

$$r_{zs}(t) = \mathscr{F}^{-1}[E(j\omega)H(j\omega)] \tag{4.1.5}$$

由(4.1.1) 式可得：

$$H(j\omega) = \frac{R(j\omega)}{E(j\omega)} \tag{4.1.6}$$

式(4.1.6) 就是频域系统函数 $H(j\omega)$ 的定义式，即频域系统函数 $H(j\omega)$ 等于零状态响应 $r_{zs}(t)$ 的傅里叶变换 $R(j\omega)$ 与激励 $e(t)$ 的傅里叶变换 $E(j\omega)$ 之比。并且由式(4.1.4) 可知，频域系统函数 $H(j\omega)$ 和系统的冲激响应 $h(t)$ 是一对傅里叶变换，即：

$$h(t) \leftrightarrow H(j\omega) \tag{4.1.7}$$

用频域分析法求解系统时只能求零状态响应，而不能求零输入响应。并且求零状态响应时要进行傅里叶逆变换，而这往往是一件很麻烦且困难的工作，所以通常不用频域分析法来求解系统，而是用 s 域分析法即拉普拉斯变换来求解系统。频域分析法在理论研究中有着重要的应用，如对理想滤波器因果性的分析，以及系统实现无失真传输的条件等。

4.1.2 频域系统函数

式(4.1.6) 已给出了频域系统函数 $H(j\omega)$ 的定义，频域系统函数反映了系统在频域的性质。

设：

$$R(j\omega) = |R(j\omega)| e^{j\varphi_r(\omega)} \tag{4.1.8}$$

$$H(\mathrm{j}\omega)=|H(\mathrm{j}\omega)|\mathrm{e}^{\mathrm{j}\varphi_{\mathrm{h}}(\omega)} \tag{4.1.9}$$

$$E(\mathrm{j}\omega)=|E(\mathrm{j}\omega)|\mathrm{e}^{\mathrm{j}\varphi_{\mathrm{e}}(\omega)} \tag{4.1.10}$$

将上述三式代入(4.1.1)式得：

$$|R(\mathrm{j}\omega)|\mathrm{e}^{\mathrm{j}\varphi_{\mathrm{r}}(\omega)}=|H(\mathrm{j}\omega)|\mathrm{e}^{\mathrm{j}\varphi_{\mathrm{h}}(\omega)}|E(\mathrm{j}\omega)|\mathrm{e}^{\mathrm{j}\varphi_{\mathrm{e}}(\omega)}$$

比较上式两边，根据两复数相等的原则，可得：

$$|R(\mathrm{j}\omega)|=|H(\mathrm{j}\omega)||E(\mathrm{j}\omega)| \tag{4.1.11}$$

$$\varphi_{\mathrm{r}}(\omega)=\varphi_{\mathrm{h}}(\omega)+\varphi_{\mathrm{e}}(\omega) \tag{4.1.12}$$

式(4.1.11)说明，零状态响应各频率分量的振幅$|R(\mathrm{j}\omega)|$等于输入信号相应的各频率分量的振幅$|E(\mathrm{j}\omega)|$乘以频域系统函数的模$|H(\mathrm{j}\omega)|$。因此，把$|H(\mathrm{j}\omega)|$与ω的关系称为系统的幅频特性，它表示系统对输入信号中不同频率正弦分量振幅的加权系数。

式(4.1.12)说明，零状态响应各频率分量的相位$\varphi_{\mathrm{r}}(\omega)$等于输入信号相应各频率分量的相位$\varphi_{\mathrm{e}}(\omega)$与$\varphi_{\mathrm{h}}(\omega)$的和，因此，把$\varphi_{\mathrm{h}}(\omega)$与$\omega$的关系称为系统的相频特性，它表示系统对输入信号中不同频率正弦分量相位的增量。

由以上分析可知，若已知频域系统函数，则可求出系统的幅频特性和相频特性，从而知道信号通过系统传输时其各频率分量的幅度和相位将会如何变化，这也是频域分析法的优点。因此，频域系统函数在许多学科，尤其在电子线路分析方面得到了重要的应用。例如，在研究放大器的频率响应特性时，就是应用了频域系统函数、幅频特性和相频特性的基本知识。又例如，根据滤波器的幅频特性可对滤波器来进行分类，可分为低通、高通、带通、带阻、全通等五种类型的滤波器。

求频域系统函数$H(\mathrm{j}\omega)$的方法有多种。可以按定义式(4.1.6)来求解；也可以按式(4.1.4)对冲激响应$h(t)$取傅里叶变换来求解，还可以用下一章要介绍的通过s域系统函数$H(s)$来求解。

下面举例说明如何用相量法来求频域系统函数。

例 4.1.1 系统的电路图如图4.1.1所示，求以$u(t)$为激励，$u_{\mathrm{R}}(t)$为响应的频域系统函数$H(\mathrm{j}\omega)$。

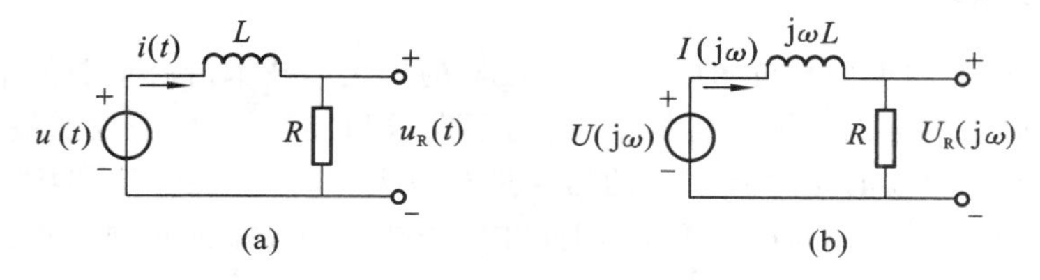

图 4.1.1 例 4.1.1 的时域电路图和频域电路图

解 画出与时域电路图对应的频域电路图(又称相量形式表示的电路图)，由图可得：

$$U_{\mathrm{R}}(\mathrm{j}\omega)=\frac{U(\mathrm{j}\omega)R}{\mathrm{j}\omega L+R}$$

于是，$H(\mathrm{j}\omega)=\dfrac{U_{\mathrm{R}}(\mathrm{j}\omega)}{U(\mathrm{j}\omega)}=\dfrac{R}{\mathrm{j}\omega L+R}$。

解毕。

例 4.1.2 系统的电路图如图4.1.2所示，求以$i(t)$为激励、$i_2(t)$为响应的频域系统函数$H(\mathrm{j}\omega)$。

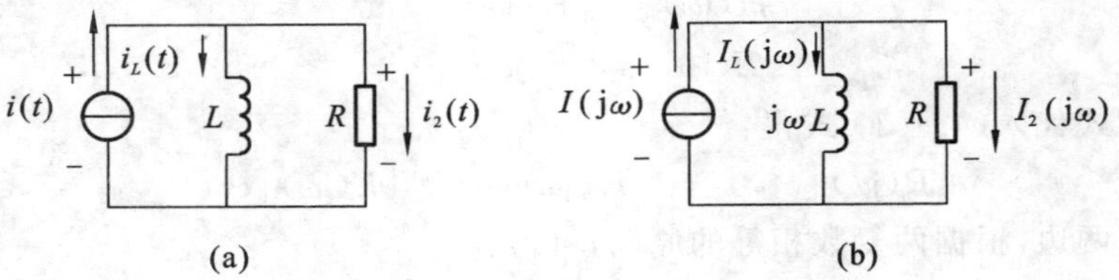

图 4.1.2　例 4.1.2 的时域电路图和相量形式的电路图

解　画出相量形式的电路原理图，如图 4.1.2(b) 所示。由图可得：

$$I(\mathrm{j}\omega)=I_{\mathrm{L}}(\mathrm{j}\omega)+I_2(\mathrm{j}\omega) \quad ①$$

又

$$RI_2(\mathrm{j}\omega)=\mathrm{j}\omega L I_{\mathrm{L}}(\mathrm{j}\omega)$$

所以

$$I_{\mathrm{L}}(\mathrm{j}\omega)=\frac{RI_2(\mathrm{j}\omega)}{\mathrm{j}\omega L} \quad ②$$

将式 ② 代入式 ① 得：

$$I(\mathrm{j}\omega)=\frac{RI_2(\mathrm{j}\omega)}{\mathrm{j}\omega L}+I_2(\mathrm{j}\omega)=\left(\frac{R}{\mathrm{j}\omega L}+1\right)I_2(\mathrm{j}\omega) \quad ③$$

由式 ③ 可得：

$$H(\mathrm{j}\omega)=\frac{I_2(\mathrm{j}\omega)}{I(\mathrm{j}\omega)}=\frac{\dfrac{\mathrm{j}\omega L}{R+\mathrm{j}\omega L}\times I(\mathrm{j}\omega)}{I(\mathrm{j}\omega)}=\frac{\mathrm{j}\omega L}{R+\mathrm{j}\omega L}$$

解毕。

上述两例都是已知系统结构和元件参数求频域系统函数，此过程也属于系统分析的范畴。如果已知频域系统函数求系统结构和元件参数，此过程则称为系统综合或系统设计。本书不讨论系统综合或系统设计的问题。

4.2　理想滤波器与实际滤波器

4.2.1　滤波器概述

在现代信号处理的理论与技术中，关于滤波器的理论与技术占有重要的地位。信号是信息的载体，人们通过信号的传输来传播信息。为了发送和传输信号，在发送端必须对信号进行放大和调制；在接收端必须对接收到的信号进行放大和解调。在发送和接收的过程中，不可避免地会产生和混入许多噪声和干扰。因此在发送端和接收端都必须设置滤波器，对信号进行滤波。

滤波器的理论和技术是信号传输及处理的一个较大的分支，滤波器的分类大致地可用图 4.2.1 来表示。

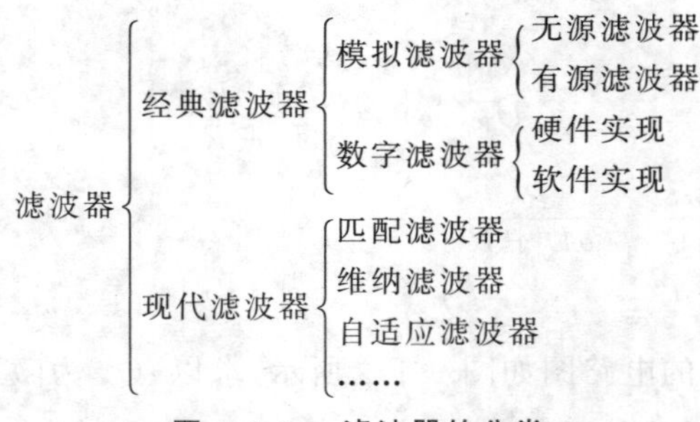

图 4.2.1　滤波器的分类

本节仅讨论模拟滤波器中的无源滤波器，即由线性元件 R、L、C 组成的具有滤波功能的线性系统。由无源滤波器按一定规律配以运算放大器即构成有源滤波器。

4.2.2 理想滤波器

由 R、L、C 构成的具有滤波功能的线性系统，描述其工作特性的数学模型是常系数线性常微分方程。可以根据系统的结构和元件参数，求出其频域系统函数 $H(\mathrm{j}\omega)$。进一步可求出其幅频特性，即 $|H(\mathrm{j}\omega)|\sim\omega$ 的关系图，这种关系可以有如图 4.2.2 所示的五种情况。具有图 4.2.2(a) 所示的幅频特性的系统称为低通滤波器，具有图 4.2.2(b) 所示幅频特性的系统称为高通滤波器，具有图 4.2.2(c) 所示幅频特性的系统称为带通滤波器，具有图 4.2.2(d) 所示幅频特性的系统称为带阻滤波器，具有图 4.2.2(e) 所示幅频特性的系统称为全通滤波器。图 4.2.2(e) 实际上没有滤波功能，故也称为全通器，全通器可用来改变信号的相位特性。以频率为划分，滤波器一般都有三个频带。以图 4.2.2(a) 所示的低通滤波器为例，$\omega<\omega_{\mathrm{p}}$ 时称为通带，频率小于 ω_{p} 的正弦波都能顺利通过；$\omega>\omega_{\mathrm{s}}$ 称为阻带，频率大于 ω_{s} 的正弦波都不能通过或受到很大的衰减；而 ω_{p} 到 ω_{s} 的频率范围称为过渡带。频率落在过渡带范围内的正弦波通过该滤波器时，幅度会受到不同程度的衰减。ω_{p} 称为通带截止频率，其物理意义是：因低通滤波器的增益随频率的增大而下降，当低通滤波器的增益下降了 3 dB 时所对应的频率就是通带截止频率。若不用增益来表示，也可以说，通常截止频率是当低通滤波器的放大倍数下降到原来的 0.707 时所对应的频率。对于低通滤波器，该频率通常又称为上限截止频率。$\omega_{\mathrm{s}}=10\omega_{\mathrm{p}}$，称为阻带的起始频率；当 $\omega>\omega_{\mathrm{s}}$ 时，低通滤波器的增益下降 20 dB 以上，说明低通滤波器对高频信号有很强的衰减作用。

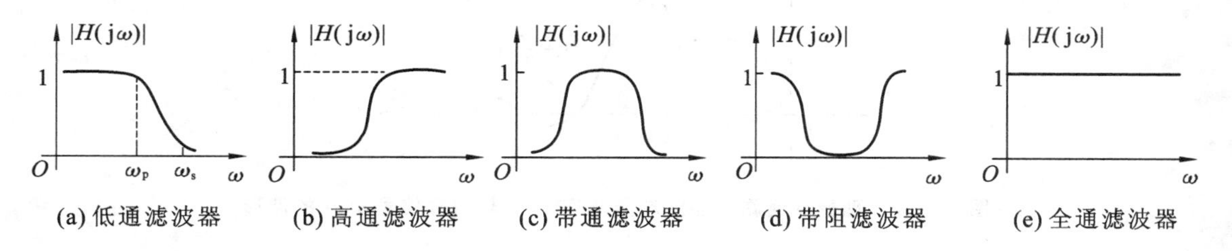

图 4.2.2 五种不同的滤波器

有一类滤波器称为理想滤波器，理想滤波器的特点是没有过渡带，只有通带和阻带，通带和阻带之间是截止频率。例如，理想低通滤波器的幅频特性和相频特性如图 4.2.3 所示。

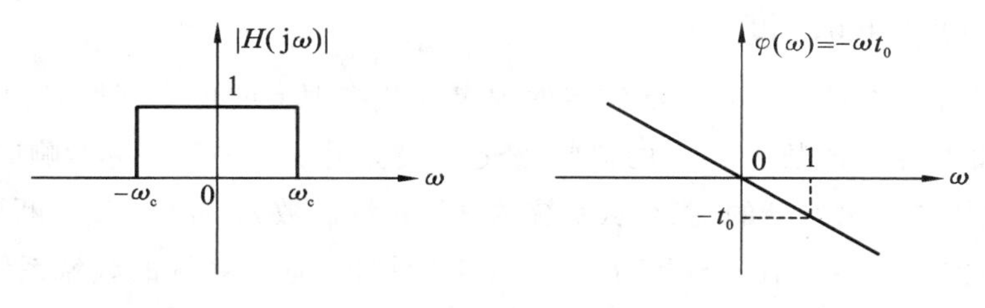

图 4.2.3 理想低通滤波器的幅频特性与相频特性

下面利用傅里叶变换来分析理想低通滤波器的因果性及物理上的可实现性。根据图 4.2.3 可以写出理想低通滤波器的频域系统函数 $H(\mathrm{j}\omega)$ 的表达式为：

$$H(\mathrm{j}\omega) = |H(\mathrm{j}\omega)| \cdot \mathrm{e}^{\mathrm{j}\omega t} = \begin{cases} 1 \times \mathrm{e}^{-\mathrm{j}\omega t_0} & |\omega| < \omega_c \\ 0 & |\omega| > \omega_c \end{cases} \tag{4.2.1}$$

于是,可以求出理想低通滤波器的冲激响应 $h(t)$ 为:

$$\begin{aligned} h(t) &= \frac{1}{2\pi}\int_{-\infty}^{\infty} H(\mathrm{j}\omega) \cdot \mathrm{e}^{\mathrm{j}\omega t}\mathrm{d}\omega = \frac{1}{2\pi}\int_{-\omega_c}^{\omega_c} \mathrm{e}^{-\mathrm{j}\omega t_0} \cdot \mathrm{e}^{\mathrm{j}\omega t}\mathrm{d}\omega \\ &= \frac{1}{2\pi}\int_{-\omega_c}^{\omega_c} \mathrm{e}^{\mathrm{j}\omega(t-t_0)}\mathrm{d}\omega = \frac{1}{2\pi} \cdot \left.\frac{\mathrm{e}^{\mathrm{j}\omega(t-t_0)}}{\mathrm{j}(t-t_0)}\right|_{-\omega_c}^{\omega_c} \\ &= \frac{\omega_c}{\pi} \cdot \frac{\sin[\omega_c(t-t_0)]}{\omega_c(t-t_0)} = \frac{\omega_c}{\pi}\mathrm{Sa}[\omega_c(t-t_0)] \end{aligned} \tag{4.2.2}$$

下面将理想低通滤波器的激励信号 $\delta(t)$、冲激响应 $h(t)$ 的波形一起画在同一个图中,如图 4.2.4 所示。由图可以看出,理想低通滤波器的冲激响应 $h(t)$ 是一个抽样函数,它的两端都延伸到无穷远处。这说明冲激响应 $h(t)$ 在 $t<0$ 时就已经产生,而系统的激励信号是在 $t=0$ 时刻加入的。以上的理论分析表明,理想低通滤波器是违背因果律的,是非因果系统。非因果系统在物理上是不可以实现的,因而也就是不能用 R、L、C 元件构成一个理想低通波器。

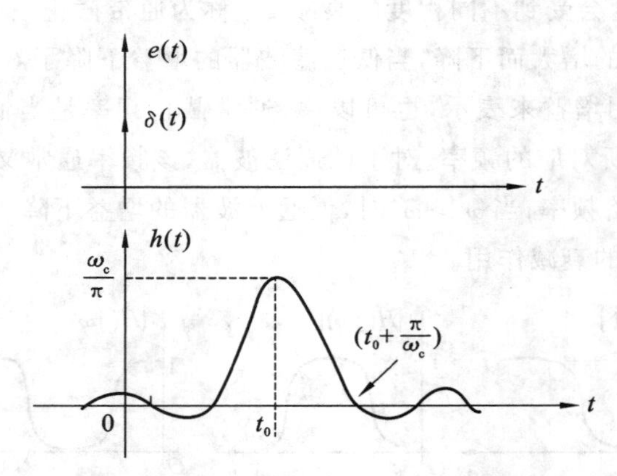

图 4.2.4　理想低通滤波器的冲激响应 $h(t)$ 与激励信号 $\delta(t)$ 的波形

类似地,可以分别给出理想高通滤波器、理想带通滤波器、理想带阻滤波器的幅频特性,用同样的方法可以证明它们都是违背因果律的,是非因果系统。因而也是不能用 R、L、C 元件来构成。

*4.2.3　Paley-Wiener 准则

在 4.2.2 小节中分析理想低通滤波器的因果性及物理上的可实现性时,是在已知理想低通滤波器的频域系统函数 $H(\mathrm{j}\omega)$ 的情况,经过求傅里叶逆变换得到冲激响应 $h(t)$ 的表达式之后,再根据因果律来判断的。能否从系统的频域系统函数 $H(\mathrm{j}\omega)$ 直接判断该系统是否在服从因果律呢?实际上,我们已经研究出了直接在频域内,通过系统的频域系统函数 $H(\mathrm{j}\omega)$ 就可以判断该系统是否服从因果律的准则。首先,$|H(\mathrm{j}\omega)|$ 必须满足平方可积,即:

$$\int_{-\infty}^{\infty} |H(\mathrm{j}\omega)|^2\mathrm{d}\omega < \infty \tag{4.2.3}$$

其次,要满足下面的条件:

$$\int_{-\infty}^{\infty}\frac{|[\ln|H(\mathrm{j}\omega)|]|}{1+\omega^2}\mathrm{d}\omega<\infty \tag{4.2.4}$$

式(4.2.4)所示的条件称为 Paley-Wiener 准则，式(4.2.4)还只是系统服从因果律的必要条件而不是充分条件。显然，凡是理想滤波器都不满足 Paley-Wiener 准则，因此在物理上都是不可实现的。Paley-Wiener 准则表明，对于物理上可实现的系统，可以允许幅频特性在某些不连续的频率点上为零，但不允许在一个有限频带内为零。如果为零，即 $|H(\mathrm{j}\omega)|=0$，这时，$\ln|H(\mathrm{j}\omega)|\to\infty$，于是式(4.2.4)的积分不收敛，这样的系统在物理上是不可实现的。

4.2.4 实际滤波器

虽然理想滤波器在物理上是不可实现的，即不能用 R、L、C 元件构成。但是可以设计出幅频特性逼近理想滤波器的各类由 R、L、C 元件构成的实际滤波器。因为由 R、L、C 元件构成的实际滤波器都是线性时不变系统，所以，对于这类模拟滤波器的设计，首先是按照对幅频特性的要求设计出频域系统函数 $H(\mathrm{j}\omega)$，然后根据频域系统函数用特定的方法来决定系统结构和元件参数。已经研究出几种常用的逼近函数，如巴特沃思(Butterworth)滤波器，切比雪夫(Chebyshev)滤波器等。

巴特沃思低通滤波器的频域系统函数为：

$$H(\mathrm{j}\omega)=\frac{1}{\sqrt{1+\left(\dfrac{\omega}{\omega_c}\right)^{2n}}} \tag{4.2.5}$$

其幅频特性为：

$$|H(\mathrm{j}\omega)|=\frac{1}{\sqrt{1+\left(\dfrac{\omega}{\omega_c}\right)^{2n}}} \tag{4.2.6}$$

上式中，ω_c 为截止频率，n 为低通滤波器的阶数。阶数越高，在截止频率处下降就越陡峭，巴特沃思低通滤波器的幅频特性就越接近理想的低通滤波器的幅频特性，如图 4.2.5 所示。

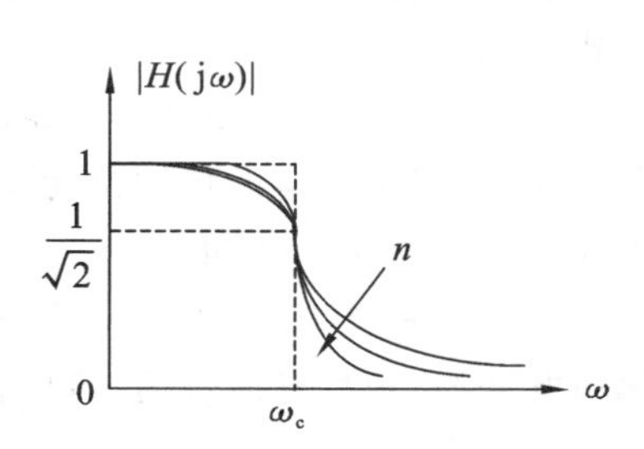

图 4.2.5 巴特沃思低通滤波器与理想低通滤波器的幅频特性比较

从图 4.2.5 可以看出巴特沃思低通滤波器有如下特点：① 在 $\omega=0$ 处幅频特性是平坦的，随后缓慢下降，在截止频率 ω_c 附近，下降速率急剧增加；② 无论在通带内还是在阻带内都是单调下降，没有起伏；③ 无论 n 为多大，幅频特性曲线都要经过 -3 dB 点(又称半功率点)。上述特点都可以用数学知识予以证明。

目前在电子工程中大多采用有源滤波器，因为有源滤波器不但有滤波功能，同时还有放大功能，而且不使用电感元件。

4.3 无失真传输

4.3.1 失真的分类

信号是信息的载体，信号通过系统实现传输。信号在传输的过程中不可避免地会受到来自系统内部或外部的某些因素的影响而产生失真。来自外部的因素如闪电、电网的波动等称为干扰，而来自系统内部的因素有组成系统的各种元器件的各种噪声，如热噪声、散粒噪声等。本书不讨论这些因素。下面要讨论的是由系统元件的电学外特性而引起的失真。如果系统元件的电学外特性具有非线性，当信号通过该系统时就会产生非线性失真；若系统元件的电学外特性是线性的，即信号传输系统是线性系统，则可能产生线性失真。非线性失真包括饱和失真、截止失真和交越失真，线性失真则包括幅度失真和相位失真。由系统元件的电学外特性而引起的失真，其分类如图 4.3.1 所示。

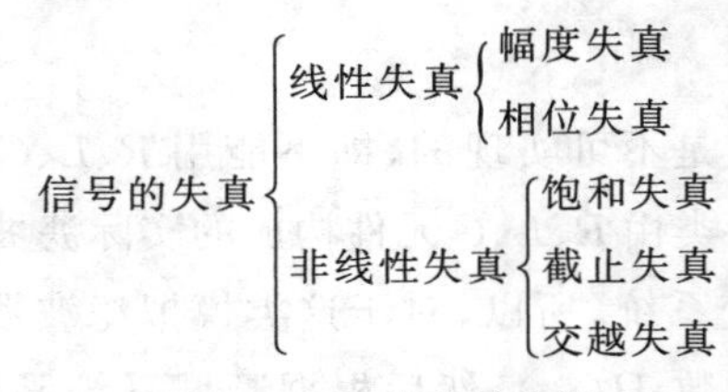

图 4.3.1　失真的分类

非线性失真已在“模拟电子技术”课程中讨论过了，这里仅讨论线性失真。线性失真是由于电抗元件对不同频率的信号分量所呈现的电抗不同和延时时间不同而导致的幅度失真和相位失真。下面就来讨论线性系统要满足怎样的条件才能避免线性失真而实现无失真传输。

4.3.2　无失真传输的条件

在现代通信中，为了提高通信质量，应使语音、图像在传输、交流过程中保持原来的真实形状，不发生走样和变形，也就是要求通信系统能实现无失真传输。无失真传输必须有严格的数学意义上的描述，仅用文字表达是不够的。

设待传输的信号是 $e(t)$，通过系统传输和处理后响应信号为 $r(t)$，如果它们之间满足下式

$$r(t)=Ke(t-t_0)\quad (K\text{ 为常数}, t_0\text{ 为延迟时间}) \tag{4.3.1}$$

那么，就说这样的传输是无失真传输。下面分两种情况证明线性系统需要满足怎样的条件才能实现无失真传输。

(1) 设 K 为正数，且 $r(t)$、$e(t)$ 的傅里叶变换分别为 $R(\mathrm{j}\omega)$，$E(\mathrm{j}\omega)$，对式(4.3.1)两边取傅里叶变换，根据延时性质，可以得出：

$$R(\mathrm{j}\omega)=KE(\mathrm{j}\omega)\cdot \mathrm{e}^{-\mathrm{j}\omega t_0} \tag{4.3.2}$$

因此，有：

$$H(\mathrm{j}\omega)=\frac{R(\mathrm{j}\omega)}{E(\mathrm{j}\omega)}=K\mathrm{e}^{-\mathrm{j}\omega t_0} \tag{4.3.3}$$

为了实现无失真传输，系统的频域系统函数必须满足上式。由上式可知，系统的幅频特性和相频特性分别为：

$$\begin{cases}|H(\mathrm{j}\omega)|=K\\ \varphi(\omega)=-\omega t_0\end{cases} \tag{4.3.4}$$

它们的图形分别如图 4.3.1(a)、(b) 所示。由图可知，能实现无失真传输的系统其幅频特性是平行于频率轴的一条直线，而相频特性则是过原点的一条直线。

(2) 若 K 为负数，可设 $K=-|K|$，代入(4.3.2) 式得：

$$R(\mathrm{j}\omega)=-|K|E(\mathrm{j}\omega)\mathrm{e}^{-\mathrm{j}\omega t_0} \tag{4.3.5}$$

因为 $-1=\mathrm{e}^{-\mathrm{j}\pi}$，此时，由上式可得系统的频域系统函数为：

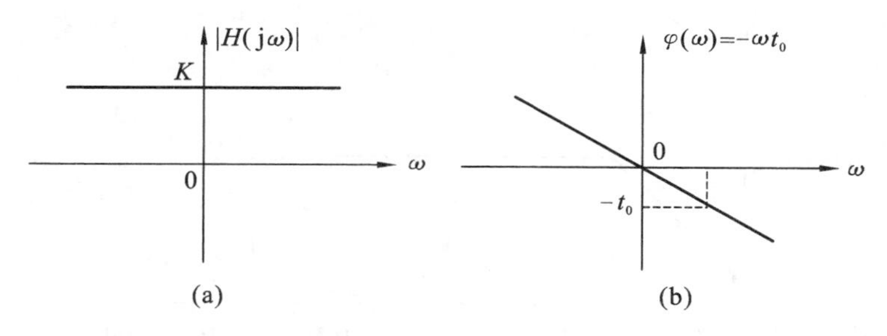

图 4.3.1　K 为正数时，无失真传输系统的幅频特性与相频特性

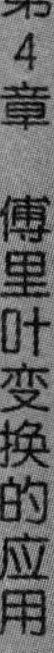

$$H(\mathrm{j}\omega)=\frac{R(\mathrm{j}\omega)}{E(\mathrm{j}\omega)}=-\left|K\right|\mathrm{e}^{-\mathrm{j}\omega t_0}=\left|K\right|\mathrm{e}^{\mathrm{j}(-\omega t_0-\pi)} \tag{4.3.6}$$

为了实现无失真传输，系统的频域系统函数必须满足上式。由上式可知，系统的幅频特性和相频特性分别为：

$$\begin{cases}\left|H(\mathrm{j}\omega)\right|=\left|K\right|\\ \varphi(\omega)=-\omega t_0-\pi\end{cases} \tag{4.3.7}$$

由式(4.3.7)可知，此时系统的幅频特性还是平行于 ω 轴的一条直线，而相频特性则是一条斜率为 $-t_0$，截距为 $-\pi$ 的直线。系统的幅频特性和相频特性分别如图 4.3.2(a)、(b) 所示。要指出的是，当 $t_0=0$ 时，相频特性 $\varphi(\omega)=-\pi$，也是平行于 ω 轴的一条直线。当 $t_0=0$ 时，该系统为即时系统，系统中不含电抗元件，如反相放大器等。

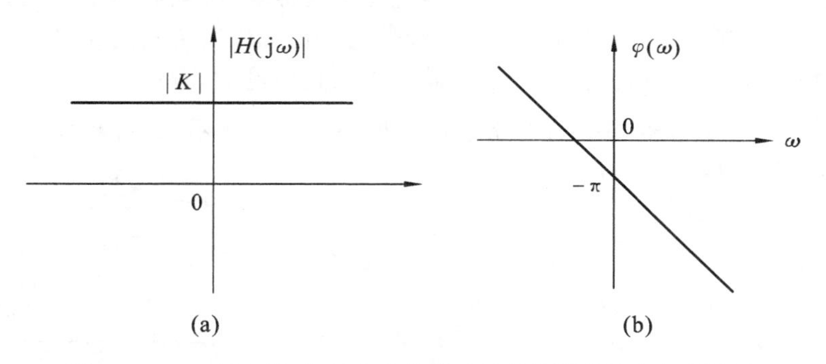

图 4.3.2　K 为负数时，无失真传输系统的幅频特性与相频特性

4.3.3　阻容耦合放大器能实现无失真传输的频率范围

由晶体三极管构成的阻容耦合放大器，是常用的单元电路。由模拟电子技术可知其在小信号输入的情况下，等效电路为线性系统，并且已经求得电压传输函数(即系统函数)用波特图绘制的幅频特性和相频特性如图 4.3.3 所示。

图 4.3.3 中，f_{H} 为上限频率，f_{L} 为下限频率。由图可以看出，在 $0\sim100f_{\mathrm{H}}$ 的频率范围内，幅频特性和相频特性都不满足上述的无失真传输的条件。在 $10f_{\mathrm{L}}\sim0.1f_{\mathrm{H}}$ 的频率范围内，幅频特性和相频特性都满足上述的第(2)条 K 为负数，且 $t_0=0$ 时无失真传输的条件，即幅频特性还是平行于 ω 轴的一条直线，相频特性 $\varphi(\omega)=-\pi$，也是平行于 ω 轴的一条直线。此时的阻容耦合放大器为一个反相放大器，要实现无失真传输，所放大的信号的频率必须在 $10f_{\mathrm{L}}\sim0.1f_{\mathrm{H}}$ 的频率范围内，这为选择元件参数提供了依据。在上述频率范围(也称为中频范围)内，阻容耦合放大器的小信号等效电路是一个纯电阻电路，即一个即时系统。即时系统的输出信号只决定于同时刻的激励信号，与它过去的工作状态无关。描述其工作状态的数学

模型是代数方程，因此，信号经过即时系统传输时，不会产生失真。

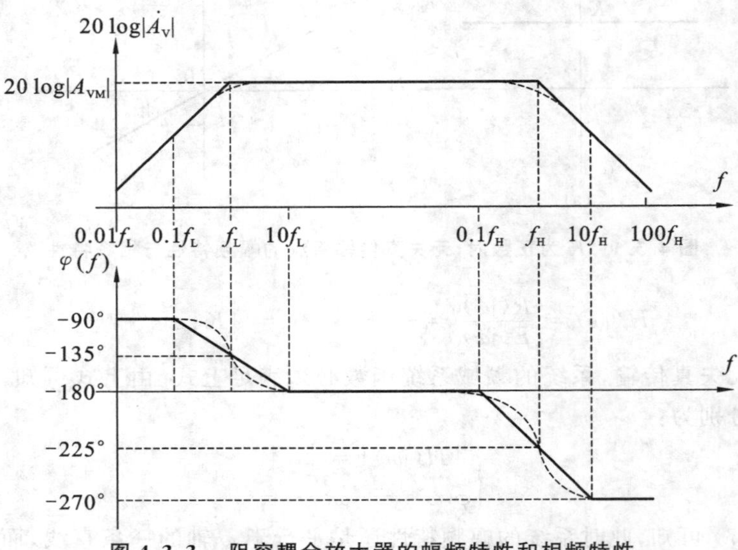

图 4.3.3　阻容耦合放大器的幅频特性和相频特性

4.3.4　能实现无失真传输的线性系统实例

由线性元件 R、L、C 构成的线性系统要实现无失真传输，必须满足上述的幅频特性和相频特性，或者像阻容耦合放大器那样，在某一频带内满足无失真传输的条件。下面再举一例，说明如何通过选择元件参数，使得线性系统满足无失真传输的条件。

例 4.3.1　示波器探头的电路原理图如图 4.3.4 所示。试分析应如何选择参数才能使探头满足无失真传输的条件。

解　解法一　令 $Z_1 = R_1 // C_1, Z_2 = R_2 // C_2$，若取 $R_1 = R_2, C_1 = C_2$，则有 $Z_1 = Z_2$，于是可得：

$$r(t) = \frac{e(t)Z_2}{Z_1 + Z_2} = \frac{e(t)Z_2}{2Z_2} = \frac{1}{2}e(t)$$

这直接满足了无失真传输的定义式(4.3.1)，故取 $R_1 = R_2, C_1 = C_2$，即符合题设要求。

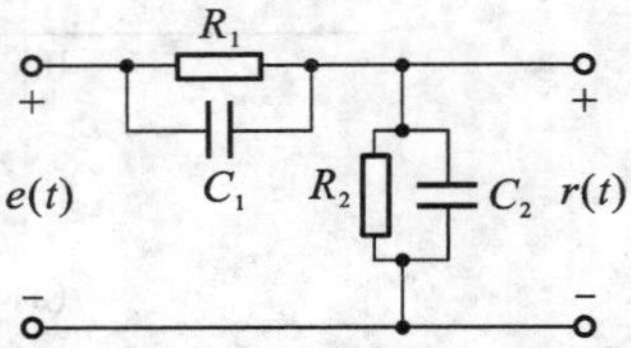

图 4.3.4　示波器探头的电路原理图

解法二　根据图 4.3.4 用相量法可写出频域系统函数为：

$$H(\mathrm{j}\omega) = \frac{R(\mathrm{j}\omega)}{E(\mathrm{j}\omega)} = \frac{R_2 // \dfrac{1}{\mathrm{j}\omega C_2}}{R_1 // \dfrac{1}{\mathrm{j}\omega C_1} + R_2 // \dfrac{1}{\mathrm{j}\omega C_2}}$$

$$= \frac{C_1}{C_1 + C_2} \frac{\dfrac{1}{R_1 C_1} + \mathrm{j}\omega}{\dfrac{R_1 + R_2}{R_1 R_2 (C_1 + C_2)} + \mathrm{j}\omega} \qquad ①$$

如果取参数使得上述式 ① 中后一分式的分子和分母的实部相等，即：

$$\frac{1}{R_1 C_1} = \frac{R_1 + R_2}{R_1 R_2 (C_1 + C_2)} \qquad ②$$

则有：

$$H(\mathrm{j}\omega) = \frac{C_1}{C_1 + C_2} \qquad ③$$

由式 ③ 可知系统的幅频特性为：

$$|H(\mathrm{j}\omega)| = \frac{C_1}{C_1 + C_2}$$

相频特性 $\varphi(\omega) = 0$ 均符合无失真传输的条件。由式 ② 解得：

$$R_1C_1 = R_2C_2 \quad ④$$

因此只要选取元件参数使式 ④ 式成立，即可使示波器探头实现无失真传输。

*4.4 调制与解调

傅里叶变换在无线电通信领域有许多精彩的应用，调制与解调就是一例。调幅广播系统的组成框图如图 4.4.1 所示。图 4.4.1(a) 所示的是广播电台调幅发射机的组成示意框图；图 4.4.1(b) 所示的则是接收机，即收音机的组成方框图，这里介绍的是使用得最多的一种，即超外差式收音机组成方框图。

4.4.1 发射机中的调制过程和原理

现对图 4.4.1(a) 进行分析，了解无线电台是如何将播音员的声音转变成无线电波发送出去的，并分析声音信号被调制的过程中，声音信号的频谱是否发生了变化。

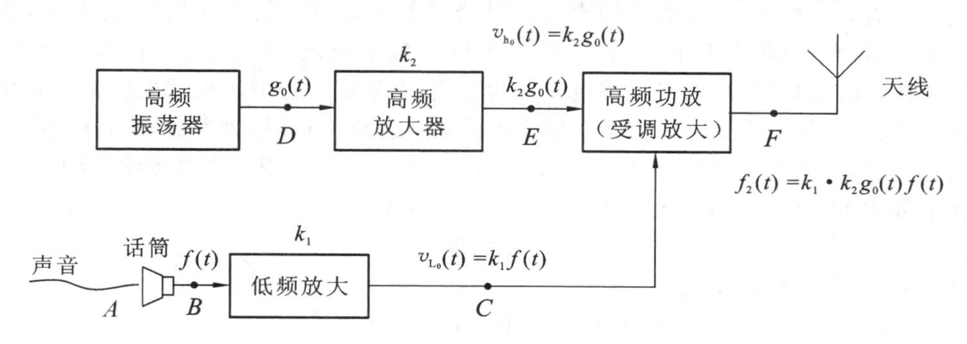

(a) 广播台发射机简化框图

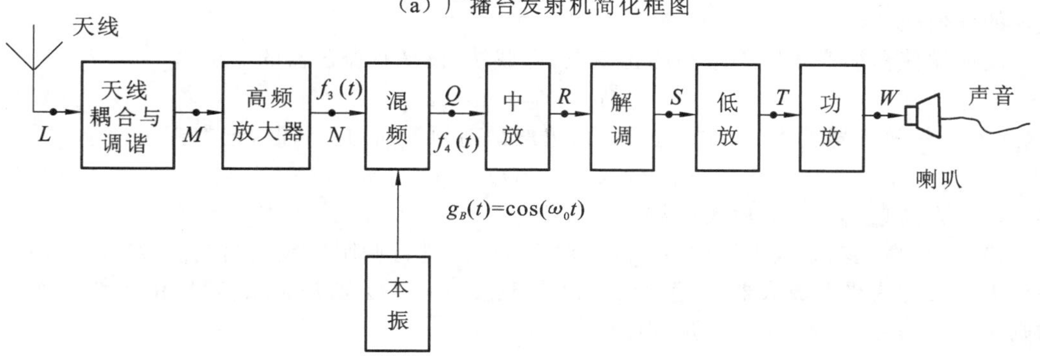

(b) 超外差式收音机组成方框图

图 4.4.1 调幅广播系统的组成框图

由图4.4.1(a) 可以看出，当播音员对着话筒讲话时，话筒将声音的变化转变成相应的电信号。将 B 点的电信号记为 $f(t)$。$f(t)$ 的波形可以用图 4.4.2 表示。

$f(t)$ 的波形可以通过示波器在话筒的输出端观察到，为随时间变化的曲线。由第 3 章相关知识可知，$f(t)$ 可以分解为无数正弦信号的和，这个分解过程用数学方法表示，就是求 $f(t)$ 的频谱密度函数 $F(\omega)$ 的傅里叶逆变换。如第 3 章的式(3.4.7) 所示。

由于人的声带振动频率不可能很高，一般不会超过 10 kHz（典型值为 0.3 k ～ 3 kHz），并且人的声音的能量大部分集中在低频部分，所以 $f(t)$ 的频谱函数 $F(\omega)$ 的幅度谱 $|F(\omega)|$ 如图 4.4.3 所示，ω_c 即为最高频率。

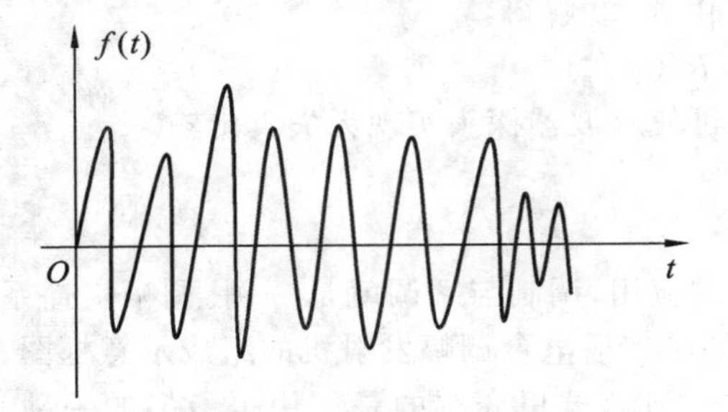

图 4.4.2　声音信号 $f(t)$ 的波形

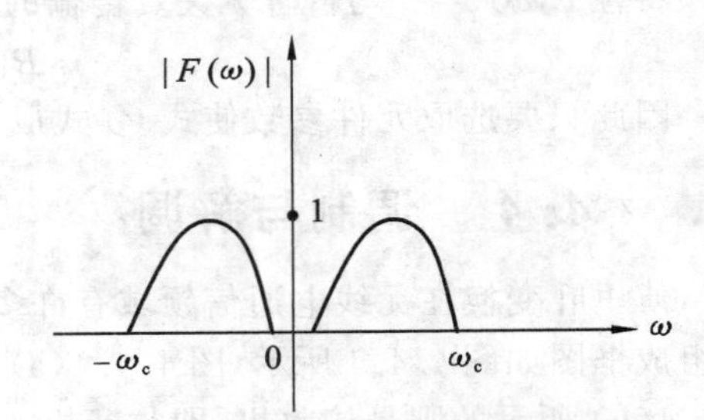

图 4.4.3　声音信号 $f(t)$ 的幅度谱

注意在图 4.4.3 中，$|F(\omega)|$ 的最大幅度为 1，这是人为的规定，即所谓的归一化。即以某个幅度单位作为 1，其他幅度都和这个单位来对比，来决定其幅度的数值。

声音信号 $f(t)$ 经过音频放大器放大后到达 C 点，C 点的信号记为 $v_{L0}(t)$，这里的音频放大器又可称为低频放大器，因为人的声音信号最高频率分量一般不会超过 10 kHz，所以这里音频放大器的上限频率大于 10 kHz 就足够了。一般来说，音频放大器可能是多级级联的，为了得到良好的低频响应，可采用直接耦合的方式，而集成电路中放大器之间都是采用直接耦合方式，因此音频放大器可以直接选用适当的集成电路。当音频放大器采用直接耦合放大器，并且上限频率足够高，对于音频信号 $f(t)$ 来说，基本可以实现无失真传输。设音频放大器的放大倍数为 K_1（在 10 kHz 范围内为一常数）则可知：

$$v_{L0}(t) = K_1 f(t) \tag{4.4.1}$$

那么，$v_{L0}(t)$ 的频谱函数为：

$$\mathscr{F}[v_{L0}(t)] = \mathscr{F}[K_1 f(t)] = K_1 F(\omega) \tag{4.4.2}$$

由上式可知，声音信号 $f(t)$ 经过音频放大器放大后，其频谱只是幅度乘以一个常数，并没有其他的任何改变。

高频振荡器能产生频率很高的正弦波，即载波，设高频振荡器的输出为

$$g_0(t) = \cos\omega_0 t \tag{4.4.3}$$

$g_0(t)$ 经高频放大器放大后，在 E 点输出，仍然是高频等幅的正弦波，记为：

$$v_{h0}(t) = K_2 g_0(t) = K_2 \cos\omega_o t \tag{4.4.4}$$

式中，K_2 为高频放大器的放大倍数。

最后，在高频功率放大器中，$K_1 f(t)$ 对 $K_2 g_0(t)$ 进行调制形成调幅波 $f_2(t)$，因此高频功率放大器又称为受调放大器。这里的 $g_0(t)$ 是载波，而 $f(t)$ 则是调制信号。由天线发送出去的则是已调信号 $f_2(t)$ 的电磁波。而由于：

$$\begin{aligned} f_2(t) &= K_1 f(t) \cdot K_2 g_0(t) \\ &= K f(t) \cdot g_0(t) \end{aligned} \tag{4.4.5}$$

显然，$K = K_1 \cdot K_2$，下面来求 $f_2(t)$ 的频谱，对(4.4.5)式两边取傅里叶变换得：

$$F_2(\omega) = K \frac{1}{2\pi} F(\omega) * G_0(\omega) \tag{4.4.6}$$

而

$$G_0(\omega) = \mathscr{F}[\cos(\omega_0 t)] = \pi[\delta(\omega + \omega_o) + \delta(\omega - \omega_o)] \tag{4.4.7}$$

将式(4.4.7)代入式(4.4.6)后得：

$$F_2(\omega) = \frac{K}{2}[F(\omega + \omega_0) + F(\omega - \omega_0)] \tag{4.4.8}$$

为了讨论方便，可令 $K=1$，这样便得到：

$$F_2(\omega)=\frac{1}{2}[F(\omega+\omega_0)+F(\omega-\omega_0)] \tag{4.4.9}$$

将 $F_2(\omega)$ 和 $F(\omega)$ 画在一起，如图 4.4.4 所示。

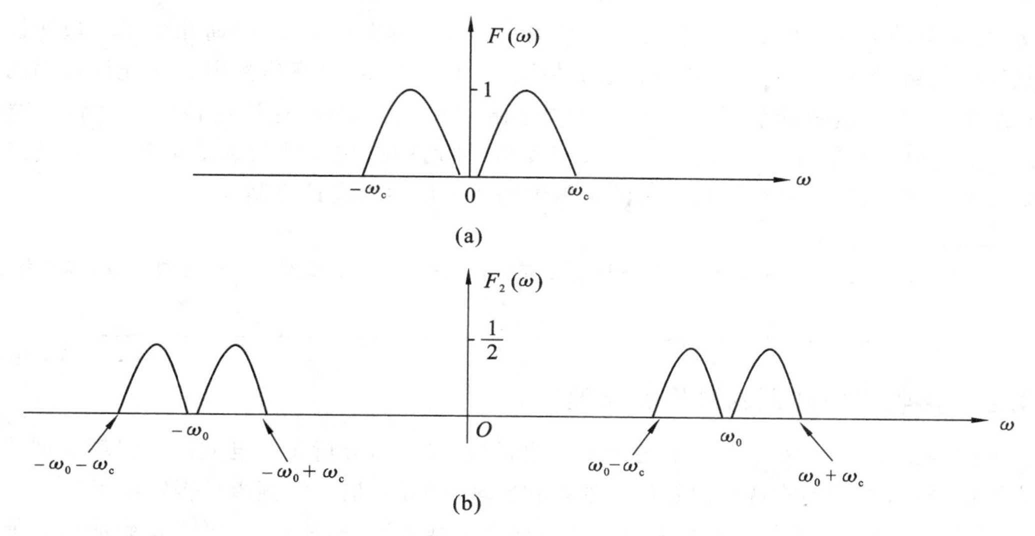

图 4.4.4　$F_2(\omega)$ 和 $F(\omega)$ 的比较

由图 4.4.4 可以看出，$f_2(t)$ 的频谱 $F_2(\omega)$，是由 $f(t)$ 的频谱分别向左、右平移 ω_0 后，乘以系数$\frac{1}{2}$ 得到的。因此 $f_2(t)$ 中完全包含了 $f(t)$ 的所有信息。发射机将 $f_2(t)$ 放大后由天线发射出去供各用户的收音机接收，再还原成声音信号 $f(t)$。这里 $g_0(t)=\cos\omega_0 t$，称为载波，ω_o 就是载波频率。$f(t)$ 和 $g_o(t)$ 相乘的过程又称为变频，也就是调制的过程，$f(t)$ 称为调制信号，它对载波进行调制，$f_2(t)$ 称为已调信号。这种调制称为调幅。调制的方法，除了调幅外，还有调频和调相。

前面已经说过，实际信号的频谱，不存在负频率，负频率的出现完全是数学运算的结果，信号的实际频谱应该将图 4.4.4 沿纵轴折叠过来叠加得到，如图 4.4.5 所示。为了区别于图 4.4.4，纵坐标分别记为 $F_0(\omega)$ 和 $F_{20}(\omega)$。

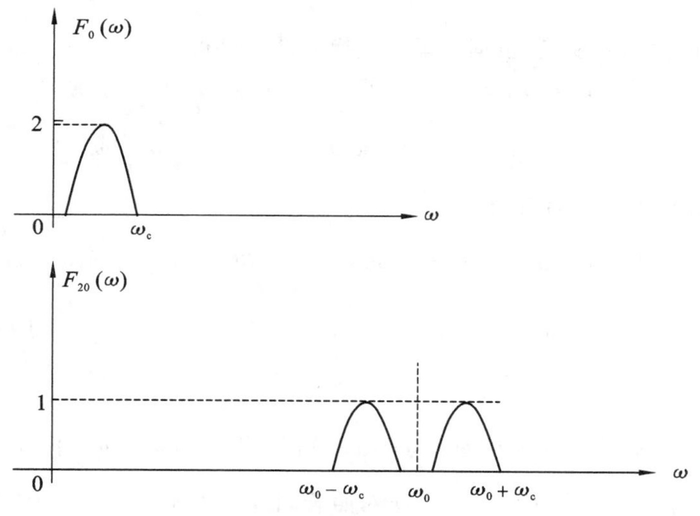

图 4.4.5　信号的实际频谱

图 4.4.5 中，$F_{20}(\omega)$ 在 ω_0 右边的部分称为上边带，ω_0 左边的部分称为下边带，无论是上边带还是下边带，都已经各自包含了 $f(t)$ 的全部信息，所以发射机只要将 $F_{20}(\omega)$ 中的上边带或下边带发送出去即可，无需将上下边带都发送出去，这样可以节省一半以上的能量。但是这种单边带传送方式所需要的收发设备比较复杂，只适合在远距离通信系统或载波电话中使用。通常的无线电语音广播仍是将两个边带和载波都发送出去，以简化千家万户所使用的收音机电路，降低成本。在双边带传送的情况下，我国规定，语音广播电台所允许占用的频带宽度为 9 kHz，这意味着最高音频信号频率限制在 4.5 kHz。这比通常的市话频带宽度 3 kHz 要高出 0.5 倍。由于现代通信越来越发达，使用的单位和部门越来越多，频率已经成为宝贵的资源，所以在电视广播和短波通信中仍然采用边带发送机制。

必须指出的是：频率和土地、矿藏一样是国有资源，任何个人未经国家主管部门批准，不能擅自使用。

4.4.2 接收机中解调的过程和原理

下面根据图 4.4.1(b) 所示的超外差式收音机方框图，分析无线电波经天线耦合回路转换成电信号后，在此类收音机内是如何处理和实现解调的，信号的频谱是否发生了改变。

由于并联谐振回路的谐振频率等于所选电台的载波频率，所以在 M 点得到的信号就是图 4.1.1(a) 中 F 点的信号。这里，没有考虑信号前的系数，因为它对信号频谱的特性没有影响。所以，在 M 点的信号，也即在高频放大器输出端 N 点的信号为：

$$f_3(t) = f_2(t) = Kf(t) \cdot g_0(t)$$

同样，不考虑系数 K，得到：

$$f_3(t) = f(t) \cdot g_0(t) \tag{4.4.10}$$

设图 4.4.1(b) 中本机振荡器产生的高频正弦波为：

$$g_B(t) = \cos\omega_B t \tag{4.4.11}$$

那么，$f_3(t)$ 和 $g_B(t)$ 在混频器中相乘，在混频器的输出端 Q 点得到的信号为：

$$\begin{aligned} f_4(t) &= f_3(t) \cdot g_B(t) \\ &= f_3(t) \cdot \cos\omega_B t \\ &= f_2(t) \cdot \cos\omega_B t \end{aligned} \tag{4.4.12}$$

对上式两边取傅里叶变换，根据傅里叶变换的性质可得：

$$\begin{aligned} F_4(\omega) &= F[f_4(t)] = F[f_2(t) \cdot \cos\omega_B t] \\ &= \frac{1}{2\pi} \cdot F_2(\omega) * \pi[\delta(\omega+\omega_B) + \delta(\omega-\omega_B)] \end{aligned}$$

将(4.4.9) 式代入上式后，即得：

$$\begin{aligned} F_4(\omega) &= \left\{\frac{1}{2\pi} \cdot \frac{1}{2}[F(\omega+\omega_0) + F(\omega-\omega_0)]\right\} * \pi[\delta(\omega+\omega_B) + \delta(\omega-\omega_B)] \\ &= \frac{1}{4}[F(\omega+\omega_0+\omega_B) + F(\omega+\omega_B-\omega_0) + F(\omega-\omega_B+\omega_0) + F(\omega-\omega_B-\omega_0)] \end{aligned}$$

整理为：

$$F_4(\omega) = \frac{1}{4}\{F[\omega+(\omega_B+\omega_0)] + F[\omega+(\omega_B-\omega_0)] + F[\omega-(\omega_B-\omega_0)] + F[\omega-(\omega_B+\omega_0)]\}$$

类似于图 4.4.4，将 $F_4(\omega)$ 与 $F(\omega)$、$F_2(\omega)$ 对照着画成图 4.4.6 所示的形式。

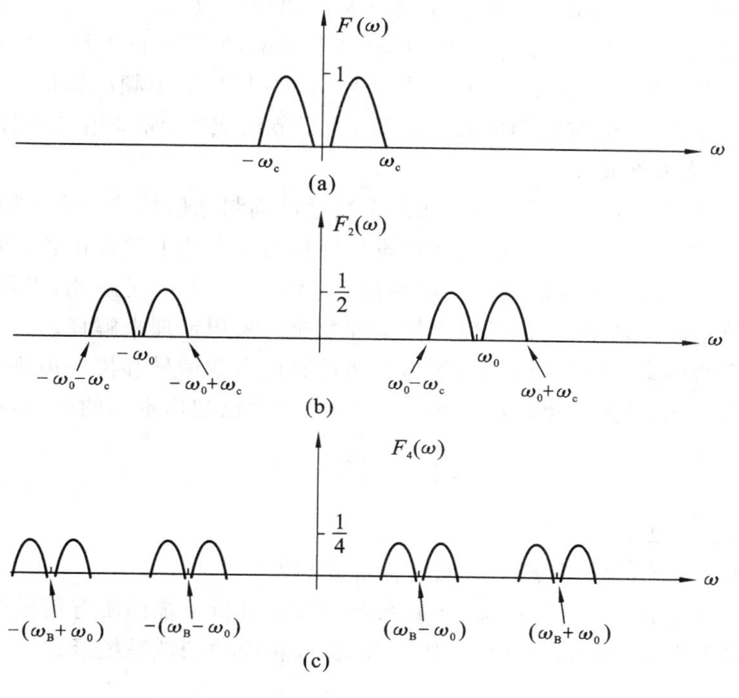

图 4.4.6 $F_4(\omega)$ 和 $F(\omega)$、$F_2(\omega)$

信号的实际频谱应该将图 4.4.6 沿纵轴折叠过来叠加得到 $f_4(t)$ 的实际频谱图如图 4.4.7 所示。

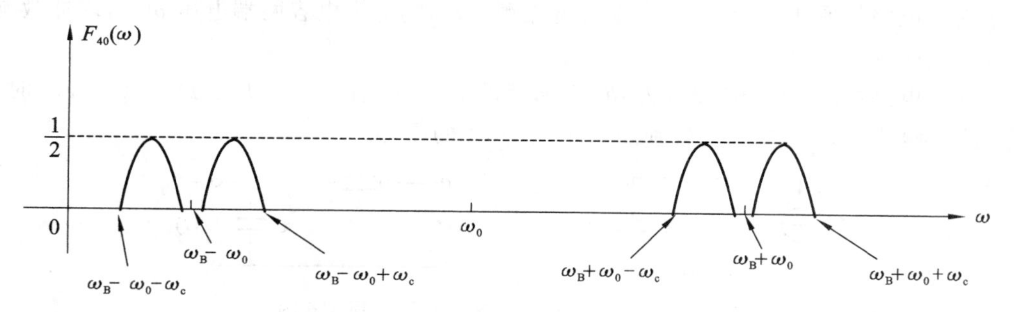

图 4.4.7 $f_4(t)$ **的实际频谱图** $F_{40}(\omega)$

国家技术部门规定，对于收音机本机振荡频率 ω_B 与外来电台载波频率之差必须为 $\omega_B - \omega_0 = 465$ kHz，这就是收音机的中频频率。由图 4.4.7 看出，$f_4(t)$ 的频谱含两部分，一部分以 $(\omega_B - \omega_0)$ 为中心，上下边带各宽为 ω_c；另一部分以 $(\omega_B + \omega_0)$ 为中心，上下边带也是各宽 ω_c。$(\omega_B - \omega_0)$ 称为"差频"，$(\omega_B + \omega_0)$ 称为"和频"。和频与差频的出现，其数学本质是两个三角函数相乘，运算结果的表达是积化和差。用信号分析理论傅里叶变换的频移特性来解释，就是信号频谱的迁移。这两种数学运算结果的物理意义是一致的，就是：一个信号和一个高频振荡正弦波相乘，会出现信号频谱的迁移，这个过程在发射端称为调制，在接收端则称为变频。"差频"和"和频"通过中频放大器后"和频"被滤除，只剩下"差频"，即 $\omega_B - \omega_0 = 465$ kHz 的中频已调信号。

综上所述，电台发送来的频率为 ω_0 的载有声音信息的高频信号经高频放大器、变频及中频放大器后，变成了频率为固定的 465 kHz 的中频已调信号，再经过解调器解调，将声音信号从中频已调信号中还原出来，送至低频放大器和功率放大器放大后，则可驱动喇叭工作，最终还原出电台中播放的声音或音乐。从原理上来说，解调器也可用一个乘法器来担任。其解调的过程是用一个465 kHz的正弦振荡信号与465 kHz的中频已调信号相乘，经过频移后得到原来的声音信号。但在民用的收音机里，为了节约成本，常采用二极管检波器来进行解调。因此解调又称为检波。

简单来说，从频谱的移动过程来看，在发送端通过调制把信号的频谱从原始位置移到高频段位置，在接收端先把信号的频谱从高频段位置移到固定的中频段位置，再通过解调把信号的频谱从中频段位置还原到调制前的原始位置。无论是调制还是解调，以及变频都可以用傅里叶变换的频移性质来解释，也可以用傅里叶变换的乘积定理来解释。

傅里叶变换的精彩应用还有许多，如为了实现彩色电视信号和黑白电视信号的兼容，而采用了频谱间置技术，其原理也是源于傅里叶变换。但这已超出本书的范围，不再介绍。

习　题　4

4-1　系统分析法有哪几种，试列表说明。

4-2　什么是系统的频域分析法？它有何优缺点？

4-3　给出频域系统函数的定义。频域系统函数对分析系统性质有何重要意义？

4-4　已知系统的冲激响应分别为如下各式，求相应的频域系统函数。

(1) $h(t)=(\mathrm{e}^{-2t}+\mathrm{e}^{-3t})\varepsilon(t)$；　(2) $h(t)=\dfrac{R}{L}\mathrm{e}^{-\frac{R}{L}t}\varepsilon(t)$；

(3) $h(t)=\delta(t)-\dfrac{R}{L}\mathrm{e}^{-\frac{R}{L}t}\varepsilon(t)$；　(4) $h(t)=\delta(t)-\left(\dfrac{4}{3}\mathrm{e}^{-2t}-\dfrac{1}{3}\mathrm{e}^{-5t}\right)\varepsilon(t)$。

4-5　电路如题4-5图所示。激励为电流源 $i(t)$，响应为电容两端电压 $v(t)$，求冲激响应 $h(t)$ 频域系统函数 $H(\mathrm{j}\omega)$。

4-6　电路如题4-6图所示，为 RC 低通滤波器。当激励 $e(t)=E[\varepsilon(t)-\varepsilon(t-\tau)]$ 时，求电容两端的电压 $v(t)$ 的响应。分别画出 $e(t)$，$v(t)$ 的波形。

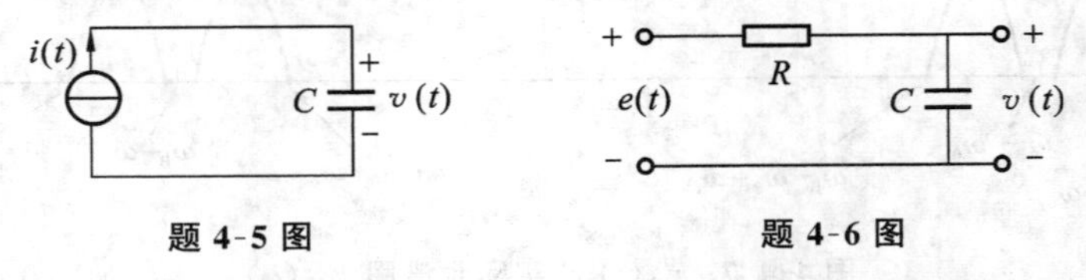

题4-5图　　　题4-6图

4-7　在题4-7图所示的 RLC 电路中，$e(t)$ 为输入电压，$r(t)$ 为输出电压。试求：(1) 建立系统微分方程；(2) 求频域系统函数 $H(\mathrm{j}\omega)$；(3) 若 $e(t)=\sin(t)$，求系统的输出 $r(t)$。

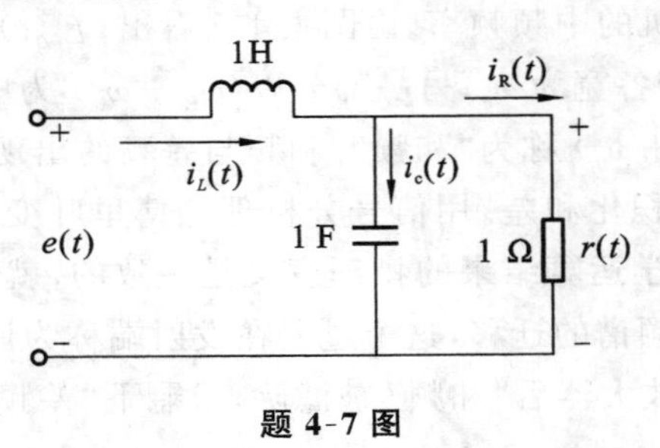

题4-7图

4-8　理想高通滤波器的频域系统函数为：

$$H(\mathrm{j}\omega)=|H(\mathrm{j}\omega)|\cdot \mathrm{e}^{-\mathrm{j}\varphi(\omega)}=\begin{cases}K\cdot \mathrm{e}^{-\mathrm{j}\omega t_0}, & |\omega|>\omega_{c0}\\ 0, & |\omega|<\omega_{c0}\end{cases}$$

试画出理想高通滤波器的幅频特性与相频特性，并求其单位冲激响应，论述其因果性及物理上的可实现性。

4-9　给出理想低通滤波器的定义，求其冲激响应 $h(t)$，并根据求解结果说明能否用 R、L、C 元件构成一个理想低通滤波器？

4-10　试求理想低通滤波器的阶跃响应。

4-11　什么是 Paley-Wiener 准则，其有何应用？

4-12　写出巴特沃思低通滤波器的频域系统函数，分析其有何特点。

4-13　信号在传输过程中，会遇到哪些噪声和干扰？

4-14　传输系统的输入信号为 $e(t)$，输出信号为 $r(t)$，如题 4-13 图所示。当 $r(t)$ 和 $e(t)$ 满足何种数学关系时，称为无失真传输？要实现无失真传输，系统必须具有何种特性？

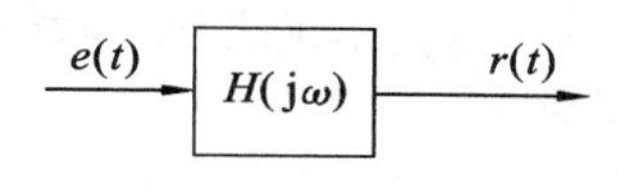

题 4-13 图

4-15　试分析单级阻容耦合放大器实现无失真传输的条件。

4-16　试举一个能实现无失真传输的线性系统的实例。

4-17　试分析调制与解调有何异同点。

第5章 拉普拉斯变换与连续时间系统的复频域分析

本章主要内容 (1) 单边 0_- 系统的拉普拉斯变换的定义式及其逆变换的表达式;(2) 按定义求基本函数的拉普拉斯变换并标明收敛域;(3) 拉普拉斯变换的基本性质;(4) 根据基本函数的拉普拉斯变换与拉普拉斯逆变换的性质求复杂函数的拉普拉斯变换;(5) 常用函数的拉普拉斯变换;(6) 部分分式展开后用查表法求逆变换;(7) 电路元件的 s 域模型;(8) 用电路的 s 域模型图求解电路;(9) 连续时间系统的系统模拟,由简单情况到一般情况。

* 5.1 从傅里叶变换推导出拉普拉斯变换

第3章和第4章详细地讨论了傅里叶变换及其应用,知道了傅里叶变换在信号分析中的重要作用,同时也知道傅里叶变换的缺点和不足之处。本章介绍的拉普拉斯变换可以避免傅里叶变换的缺点并弥补其不足之处。

5.1.1 双边拉普拉斯变换

有一类指数增长型函数,如 $f(t)=\mathrm{e}^{at}\,(a>0)$,由于不满足绝对可积的条件,其傅里叶变换不存在。为此,乘一个收敛因子 $\mathrm{e}^{-\sigma t}$ 后,则 $f(t)\mathrm{e}^{-\sigma t}$ 的傅里叶变换,在一定条件下可以存在。于是有:

$$\mathscr{F}[f(t)\mathrm{e}^{-\sigma t}]=\int_{-\infty}^{+\infty}[f(t)\mathrm{e}^{-\sigma t}]\mathrm{e}^{-\mathrm{j}\omega t}\,\mathrm{d}t=\int_{-\infty}^{+\infty}f(t)\mathrm{e}^{-(\sigma+\mathrm{j}\omega)t}\,\mathrm{d}t$$

上式积分的结果是 $(\sigma+\mathrm{j}\omega)$ 的函数,用 $F_{\mathrm{d}}(\sigma+\mathrm{j}\omega)$ 表示,得到:

$$F_{\mathrm{d}}(\sigma+\mathrm{j}\omega)=\int_{-\infty}^{+\infty}f(t)\mathrm{e}^{-(\sigma+\mathrm{j}\omega)t}\,\mathrm{d}t \tag{5.1.1}$$

相应的逆变换为:

$$f(t)\mathrm{e}^{-\sigma t}=\frac{1}{2\pi}\int_{-\infty}^{+\infty}F_{\mathrm{d}}(\sigma+\mathrm{j}\omega)\mathrm{e}^{\mathrm{j}\omega t}\,\mathrm{d}\omega$$

上式两边同乘以 $\mathrm{e}^{\sigma t}$ 得:

$$f(t)=\frac{1}{2\pi}\int_{-\infty}^{+\infty}F_{\mathrm{d}}(\sigma+\mathrm{j}\omega)\mathrm{e}^{\sigma t+\mathrm{j}\omega t}\,\mathrm{d}\omega \tag{5.1.2}$$

设复变量 $s=\sigma+\mathrm{j}\omega$,其中 σ 为常数,则有:

$$\mathrm{d}\omega=\frac{1}{\mathrm{j}}\mathrm{d}s$$

且当 $\omega=-\infty$ 时,$s=\sigma-\mathrm{j}\infty$;当 $\omega=+\infty$ 时,$s=\sigma+\mathrm{j}\infty$。

将上述条件代入式(5.1.1)和式(5.1.2)得:

$$F_{\mathrm{d}}(s)=\int_{-\infty}^{+\infty}f(t)\mathrm{e}^{-st}\,\mathrm{d}t \tag{5.1.3}$$

$$f(t)=\frac{1}{2\pi}\int_{\sigma-\mathrm{j}\infty}^{\sigma+\mathrm{j}\infty}F_{\mathrm{d}}(s)\mathrm{e}^{st}\,\mathrm{d}s \tag{5.1.4}$$

式(5.1.3)就是对函数 $f(t)$ 求双边拉普拉斯变换的定义式,而式(5.1.4)就是由象函数 $F_{\mathrm{d}}(s)$ 求原函数 $f(t)$ 的拉普拉斯逆变换式。

对时间函数 $f(t)$ 求双边拉普拉斯变换常记为:

$$\mathscr{L}_{\mathrm{d}}[f(t)]=F_{\mathrm{d}}(s)=\int_{-\infty}^{+\infty}f(t)\mathrm{e}^{-st}\,\mathrm{d}t \tag{5.1.5}$$

相应地求双边拉普拉斯逆变换则记为：

$$\mathscr{L}_{\mathrm{d}}^{-1}[F_{\mathrm{d}}(s)] = f(t) = \frac{1}{2\pi \mathrm{j}}\int_{\sigma-\mathrm{j}\infty}^{\sigma+\mathrm{j}\infty} F_{\mathrm{d}}(s)\mathrm{e}^{st}\,\mathrm{d}s \tag{5.1.6}$$

二者的关系也可以简记为：

$$f(t) \leftrightarrow F_{\mathrm{d}}(s) \tag{5.1.7}$$

5.1.2 单边拉普拉斯变换

在电子工程中，大多为因果信号，即 $t < 0$ 时，$f(t) = 0$。因果信号可表示为 $f(t)\varepsilon(t)$，因此因果信号的双边拉普拉斯变换为：

$$\begin{aligned}\mathscr{L}_{\mathrm{d}}[f(t)\varepsilon(t)] &= \int_{-\infty}^{+\infty} [f(t)\varepsilon(t)]\mathrm{e}^{-st}\,\mathrm{d}t \\ &= \int_{0-}^{+\infty} f(t)\mathrm{e}^{-st}\,\mathrm{d}t\end{aligned} \tag{5.1.8}$$

式(5.1.8)也可理解为对函数 $f(t)$ 求单边拉普拉斯变换的定义式，为了区别于双边拉普拉斯变换，记为：

$$\mathscr{L}[f(t)] = \int_{0-}^{+\infty} f(t)\mathrm{e}^{-st}\,\mathrm{d}t = F(s) \tag{5.1.9}$$

对于单边拉普拉斯变换的逆变换式可按求式(5.1.4)的方法求得：

$$f(t)\varepsilon(t) = \frac{1}{2\pi \mathrm{j}}\int_{\sigma-\mathrm{j}\infty}^{\sigma+\mathrm{j}\infty} F(s)\mathrm{e}^{st}\,\mathrm{d}s \tag{5.1.10}$$

由于积分下限是从 0_- 开始，因此式(5.1.9)就是 0_- 系统的单边拉普拉斯变换的定义式。因为单边拉普拉斯变换的原函数是因果信号，因此其逆变换的结果也一定是因果信号，就像式(5.1.10)所表示的那样。也可以将两式所表示的变换关系简记为：

$$f(t)\varepsilon(t) \leftrightarrow F(s) \tag{5.1.11}$$

如果积分下限是从 0_+ 开始，那么式(5.1.9)就是 0_+ 系统的单边拉普拉斯变换的定义式。综上所述，拉普拉斯变换有双边拉普拉斯变换和单边拉普拉斯变换之分，单边拉普拉斯变换又分为 0_- 系统的单边拉普拉斯变换和 0_+ 系统的单边拉普拉斯变换。本书只讨论 0_- 系统的单边拉普拉斯变换，简要介绍双边拉普拉斯变换。

0_- 系统的单边拉普拉斯变换的积分下限是 0_-，这样求解电路系统时，就可以把 0_- 时刻系统的起始状态包括进去，这使得用 0_- 系统的单边拉普拉斯变换求解系统变得较为简单，并且有规律可循。在后面的讨论中，单边拉普拉斯变换是指 0_- 系统的单边拉普拉斯变换，并且积分下限中的 0_- 也简单地标为 0。

要特别指出的是，在拉普拉斯变换中的 s 表示一个复数。复数的表示如图 5.1.1 所示。复平面 s 上的任一点代表一个复数，如图中的点 s_1 就代表复数 s_1。s_1 有如下的表示法：

$$\begin{aligned}s_1 &= \sigma_1 + \mathrm{j}\omega_1 \\ &= |s_1|\mathrm{e}^{\mathrm{j}\varphi_1} \\ &= |s_1|(\cos\varphi_1 + \mathrm{j}\sin\varphi_1) \\ &= |s_1|\cos\varphi_1 + \mathrm{j}|s_1|\sin\varphi_1\end{aligned} \tag{5.1.12}$$

$$\sigma_1 = |s_1|\cos\varphi_1, \omega_1 = |s_1|\sin\varphi_1 \tag{5.1.13}$$

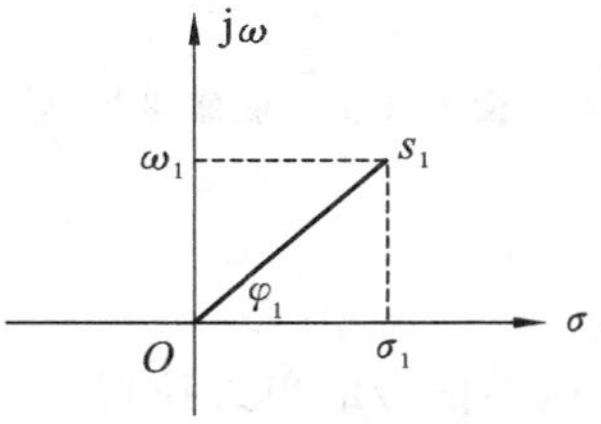

图 5.1.1 复数的表示法

其中，σ 轴称为实轴，$\mathrm{j}\omega$ 轴称为虚轴。复数的上述表示法又称向量表示法。

在信号的理论分析中，常把傅里叶变换称为信号的频域分析，与此对应，把拉普拉斯变换称为复频域分析，复频域就是指复平面。ω 称为角频率，对应地习惯称 s 为复频率。

5.2 拉普拉斯变换的收敛域

5.2.1 单边拉普拉斯变换的收敛域

本节讨论单边拉普拉斯变换的收敛域问题,先从例题开始分析。

例 5.2.1 用定义求函数 $f(t)=\mathrm{e}^{-2t}$ 的单边拉普拉斯变换。

解 按定义进行积分:

$$\begin{aligned}F(s)&=\int_0^{+\infty}f(t)\mathrm{e}^{-st}\,\mathrm{d}t=\int_0^{+\infty}\mathrm{e}^{-2t}\mathrm{e}^{-st}\,\mathrm{d}t=\int_0^{+\infty}\mathrm{e}^{-(s+2)t}\,\mathrm{d}t\\&=\frac{1}{-(s+2)}\mathrm{e}^{-(s+2)t}\Big|_0^{+\infty}=\lim_{t\to+\infty}\frac{1}{-(s+2)}\mathrm{e}^{-(s+2)t}-\frac{1}{-(s+2)}\mathrm{e}^{-(s+2)t}\Big|_{t=0}\\&=0+\frac{1}{(s+2)}\quad(\sigma+2>0)\\&=\frac{1}{(s+2)}\quad(\sigma>-2)\end{aligned}$$

从上面运算的过程可以看出,要得到 $F(s)=\int_0^{+\infty}f(t)\mathrm{e}^{-st}\,\mathrm{d}t=\frac{1}{(s+2)}$ 的结果是有条件的,这个条件就是复变量 s 的实部 σ 必须大于 -2,用括号 $(\sigma>-2)$ 标注在结果的后面。这是因为在求广义积分的上限值时,有:

$$\frac{1}{-(s+2)}\mathrm{e}^{-(\sigma+2+\mathrm{j}\omega)(+\infty)}=\frac{1}{-(s+2)}\lim_{t\to\infty}\mathrm{e}^{-(\sigma+2+\mathrm{j}\omega)t}$$

为了使此项为有限值,必须满足 $(\sigma+2)>0$,也即 $(\sigma>-2)$。$(\sigma>-2)$ 就是函数 $f(t)=\mathrm{e}^{-2t}$ 的单边拉普拉斯变换在 s 平面的收敛域。若记 $\sigma_0=-2$,则 $f(t)=\mathrm{e}^{\sigma_0 t}$。

由上例可总结出对于某函数 $f(t)$,其收敛域的定义如下:

当 $\sigma>\sigma_0$ 时,若有:
$$\lim_{t\to\infty}f(t)\mathrm{e}^{-\sigma t}=0$$

则函数 $f(t)$ 的单边拉普拉斯变换存在,σ_0 称为收敛坐标。在 s 平面中过 σ_0 作垂直于实轴的直线,该直线称为收敛轴,s 平面上 $\sigma>\sigma_0$ 的区域,即收敛轴的右半平面称为收敛域,如图 5.2.1 所示。

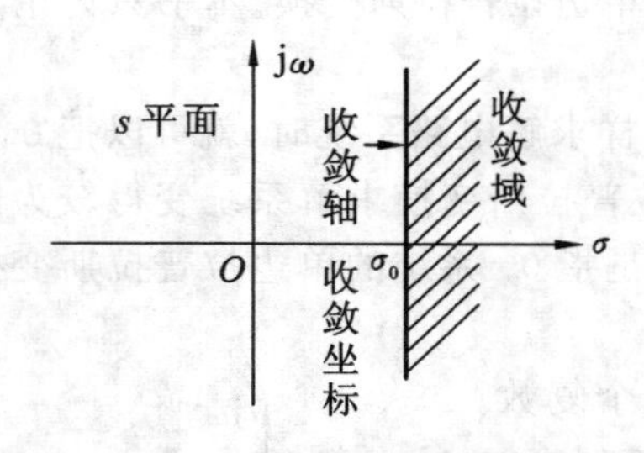

图 5.2.1 收敛坐标、收敛轴和收敛域

根据函数 $f(t)$ 随 $t\to+\infty$ 时的收敛情况,收敛域可分为如下几种类型。

(1) $f(t)$ 为单个脉冲信号,由于这类信号本身具有下面的性质:

$$\lim_{t\to\infty}[f(t)\mathrm{e}^{-st}]\quad(\sigma>-\infty)$$

故这类信号的单边拉普拉斯变换的收敛域为全 s 平面,可用 $(\sigma>-\infty)$ 表示。

(2) $f(t)$ 为阶跃信号 $\varepsilon(t)$,幂函数 t^n 和周期信号时,因为有:

$$\lim_{t\to\infty}[\varepsilon(t)\mathrm{e}^{-\sigma t}]=0\quad(\sigma>0)$$

多次运用洛必达法则有:

$$\lim_{t\to\infty}[t^n\mathrm{e}^{-\sigma t}]=\lim_{t\to\infty}\left[\frac{nt^{n-1}}{\sigma\mathrm{e}^{\sigma t}}\right]=\lim_{t\to\infty}\left[\frac{n!}{\sigma^n\mathrm{e}^{\sigma t}}\right]=0\quad(\sigma>0)$$

$f(t)$ 为周期信号时,有:

$$\lim_{t\to\infty}[f(t)\mathrm{e}^{-\sigma t}] \quad (\sigma > 0)$$

所以，这类信号的收敛坐标为 $\sigma_0 = 0$，收敛轴为 jω 轴，其单边拉普拉斯变换的收敛域为右半平面，可用($\sigma > 0$) 来表示。

(3) $f(t)$ 为指数函数，即 $f(t) = \mathrm{e}^{at}$(若 a 为复数，则取其实部)。因为有：

$$\lim_{t\to\infty}[\mathrm{e}^{at}\mathrm{e}^{-\sigma t}] = \lim_{t\to\infty}[\mathrm{e}^{-(\sigma-a)t}] = 0 \quad (\sigma > a)$$

所以这类信号的收敛坐标为 $\sigma_0 = a$，收敛轴为过 a 垂直于实轴的直线，s 平面上 $\sigma > a$ 的区域，即收敛轴的右半平面为这类信号单边拉普拉斯变换的收敛域。

(4) $f(t)$ 是比指数函数增长更快的函数，如 e^{t^2}，$t\mathrm{e}^{t^2}$ 等。

这类函数找不到它们的收敛坐标，不论 σ 取何值时，都有：

$$\lim_{t\to\infty}[\mathrm{e}^{t^2}\mathrm{e}^{-\sigma t}] \neq 0$$

因此，它们的单边拉普拉斯变换不存在。

*5.2.2 双边拉普拉斯变换的收敛域

从拉普拉斯变换的定义式来分析，都是求时间函数的广义积分。单边拉普拉斯变换只求积分在 $t\to+\infty$ 的极限，而双边拉普拉斯变换则既要求积分在 $t\to+\infty$ 的极限，又要求积分在 $t\to-\infty$ 的极限。极限存在的条件决定了收敛域。单边拉普拉斯变换的收敛域总是收敛轴的右半平面部分，特殊情况是全平面或不存在。根据上节求单边拉普拉斯变换的过程可以判断双边拉普拉斯变换的收敛域一定是复平面上两条收敛轴之间的条形区域，或者不存在。因为，从求单边拉普拉斯变换的收敛域的过程知道，当求积分在 $t\to+\infty$ 的极限时，确定了 $\sigma > a$ 的收敛条件；那么，当求积分在 $t\to-\infty$ 的极限时，则可能确定 $\sigma < b$ 的收敛条件。当 $a < b$ 时，两个收敛域有公共部分，双边拉普拉斯变换存在；当 $a > b$ 时两个收敛域无公共部分，双边拉普拉斯变换不存在。下面通过例子来说明。

例 5.2.2 求双边指数函数 $f(t) = \mathrm{e}^{\sigma|t|}$ ($\sigma < 0$) 的双边拉普拉斯变换。

解 $f(t)$ 的波形如图 5.2.2 所示。将 $f(t)$ 的表达式写成如下分段表达式：

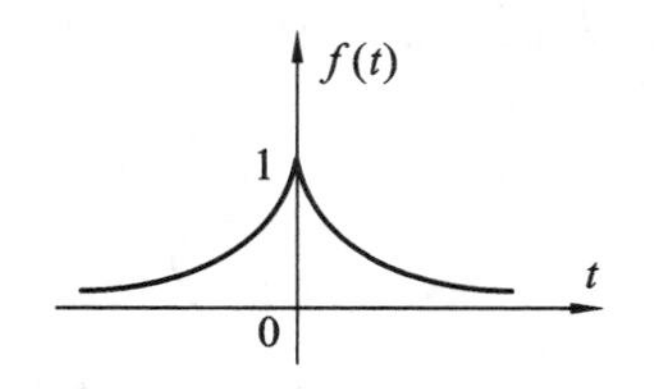

图 5.2.2 双边指数函数的时域波形

$$f(t) = \begin{cases} f_{\mathrm{L}}(t) = \mathrm{e}^{-\alpha t} & (t \leqslant 0) \\ f_{\mathrm{R}}(t) = \mathrm{e}^{\alpha t} & (t \geqslant 0) \end{cases}$$

式中 $f_{\mathrm{L}}(t)$ 为左边函数，$f_{\mathrm{R}}(t)$ 为右边函数。对于右边函数，其双边拉普拉斯变换为：

$$F_{\mathrm{R}}(s) = \int_0^{+\infty}\mathrm{e}^{\alpha t}\mathrm{e}^{-st}\mathrm{d}t = \int_{0_-}^{+\infty}\mathrm{e}^{-(s-\alpha)t}\mathrm{d}t = -\frac{1}{s-\alpha}\mathrm{e}^{-(s-\sigma)t}\Big|_0^{+\infty}$$

$$= \lim_{t\to+\infty}\left[\frac{-1}{s-\alpha}\mathrm{e}^{-(\sigma-\alpha+\mathrm{j}\omega)t}\right] - \lim_{t\to0}\left[\frac{-1}{s-\alpha}\mathrm{e}^{-(\sigma-\alpha+\mathrm{j}\omega)t}\right] = \frac{1}{s-\alpha} \quad (\sigma > \alpha)$$

由上式可知，求右边函数的双边拉普拉斯变换，就是求其单边拉普拉斯变换。因此有：

当 $\sigma > \alpha$ 时，积分收敛，于是有：

$$F_{\mathrm{R}}(s) - \int_{0_-}^{+\infty}\mathrm{e}^{-(s-\alpha)t}\mathrm{d}t = \frac{1}{s-\alpha} \quad (\sigma > \alpha)$$

计算结果表明，其收敛域和单边拉普拉斯变换的收敛域类似，为 s 平面上直线 $\sigma = \alpha$ 的右边部分，如图 5.2.3(a) 所示。

式中，$f_{\mathrm{L}}(t)$ 为左边函数，对于左边函数，其双边拉普拉斯变换为：

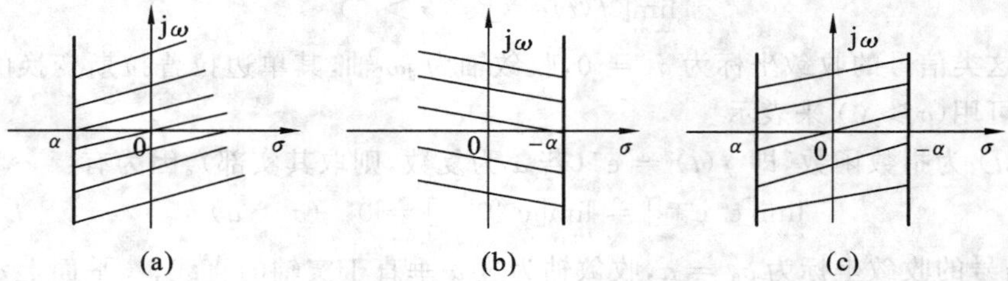

(a) (b) (c)

图 5.2.3　双边拉普拉斯变换的收敛域

$$F_{\mathrm{L}}(s)=\int_{-\infty}^{0_-}\mathrm{e}^{-\alpha t}\mathrm{e}^{-st}\,\mathrm{d}t=\int_{-\infty}^{0}\mathrm{e}^{-(s+\alpha)t}\,\mathrm{d}t=\int_{-\infty}^{0}\frac{1}{-(s+\alpha)}\mathrm{e}^{-(s+\alpha)t}\,\mathrm{d}[-(s+\sigma)t]$$

$$=\frac{1}{-(s+\alpha)}\mathrm{e}^{-(s+\alpha)t}\Big|_{-\infty}^{0}=\frac{1}{s+\alpha}-\lim_{t\to-\infty}\left[\frac{1}{-(s+\alpha)}\mathrm{e}^{-(\sigma+\alpha+\mathrm{j}\omega)t}\right]$$

$$=\frac{-1}{s+\alpha}-0=\frac{-1}{s+\alpha}$$

积分结果表明，左边函数的双边拉普拉斯变换的收敛域和单边拉普拉斯变换的收敛域正好相反，为 s 平面上直线 $\sigma=-\alpha$ 的左边部分，如图 5.2.3(b) 所示。

双边指数函数 $f(t)=\mathrm{e}^{\alpha|t|}$ $(\alpha<0)$ 的双边拉普拉斯变换 $F_{\mathrm{d}}(s)=F_{\mathrm{L}}(s)+F_{\mathrm{R}}(s)$ 的收敛域为左边函数和右边函数的双边拉普拉斯变换的公共收敛域，即 $(\alpha<\sigma<-\alpha)$，如图 5.2.3(c) 所示。此时，有：

$$F_{\mathrm{d}}(s)=F_{\mathrm{L}}(s)+F_{\mathrm{R}}(s)=\frac{-1}{s+\alpha}+\frac{1}{s-\alpha}=\frac{2\alpha}{s^2+\alpha^2}\quad(\alpha<\sigma<-\alpha)$$

在本题中若 $\alpha>0$，则左边函数的双边拉普拉斯变换 $F_{\mathrm{L}}(s)$ 的和右边函数的双边拉普拉斯变换 $F_{\mathrm{R}}(s)$ 没有公共收敛域。于是，双边指数函数的双边拉普拉斯变换不存在。此时的时域波形及两个收敛域没有公共部分的情况如图 5.2.4 所示。

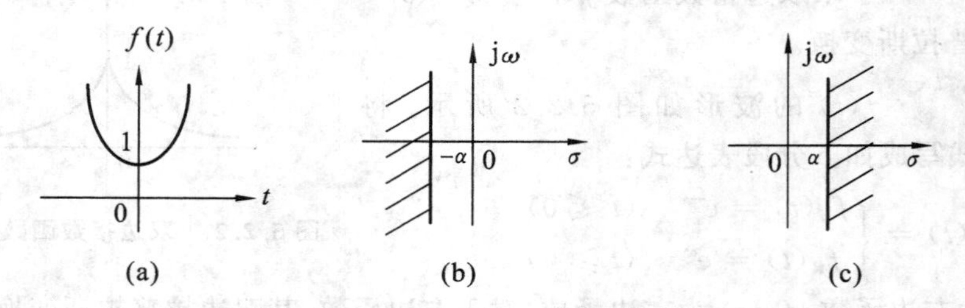

图 5.2.4　时域波形及没有公共部分的两个收敛域

5.3　基本函数的拉普拉斯变换

掌握基本函数的拉普拉斯变换，对于正确地分析和求解系统是十分必要的。以下所计算的拉普拉斯变换，都是指 0_- 系统的单边拉普拉斯变换。

5.3.1　指数函数 $f(t)=\mathrm{e}^{-at}$ 及其系列函数的拉普拉斯变换

已知指数函数 $f(t)=\mathrm{e}^{-at}$，式中 a 为复常数，且用 $\mathrm{Re}[a]$ 表示 a 的实部，按定义式(5.1.9)计算其拉普拉斯变换为：

$$F(s)=\int_{0}^{\infty}\mathrm{e}^{-at}\mathrm{e}^{-st}\,\mathrm{d}t=\int_{0}^{\infty}\mathrm{e}^{-(s+a)t}\,\mathrm{d}t=\frac{1}{s+a}\quad(\sigma>\mathrm{Re}[-a])\tag{5.3.1}$$

二者的关系可简记为：

$$e^{-at}\varepsilon(t)\leftrightarrow \frac{1}{s+a}\quad (\sigma > \mathrm{Re}[-a]) \tag{5.3.2}$$

式(5.3.2)的含义是时域函数 $f(t)=e^{-at}\varepsilon(t)$ 和 s 域函数$\frac{1}{s+a}$是一对单边拉普拉斯变换。

注意：需要指出的是，求 $f(t)$ 的拉普拉斯变换时，可以不写成 $f(t)\varepsilon(t)$，而只写 $f(t)$ 即可，但在确定变换对时，即(5.3.2)式的左边必须写 $f(t)\varepsilon(t)$ 而不能只写 $f(t)$。这是因为单边拉普拉斯变换的象函数所对应的原函数一定是因果信号。

在式(5.3.1)或式(5.3.2)中令 a 等于不同的复数，就可以得到一系列的拉普拉斯变换对。

1）单位阶跃函数 $\varepsilon(t)$

在式(5.3.2)中令 $a=0$ 可得($\mathrm{Re}[-a]=0$)，有：

$$\varepsilon(t)\leftrightarrow \frac{1}{s}\quad (\sigma > 0) \tag{5.3.3}$$

即：

$$\mathscr{L}[\varepsilon(t)]=\frac{1}{s}\quad (\sigma > 0)$$

2）复指数函数 $e^{j\omega t}$，$e^{-j\omega t}$

在式(5.3.2)中分别令 $a=j\omega$，$a=-j\omega$ 可得($\mathrm{Re}[-a]=0$)：

$$e^{-j\omega t}\varepsilon(t)\leftrightarrow \frac{1}{s+j\omega}\quad (\sigma > 0) \tag{5.3.4}$$

$$e^{j\omega t}\varepsilon(t)\leftrightarrow \frac{1}{s-j\omega}\quad (\sigma > 0) \tag{5.3.5}$$

即有：

$$\mathscr{L}[e^{-j\omega t}]=\frac{1}{s+j\omega}\quad (\sigma > 0)$$

$$\mathscr{L}[e^{j\omega t}]=\frac{1}{s-j\omega}\quad (\sigma > 0)$$

3）正弦函数 $\sin(\omega t)$ 和余弦函数 $\cos(\omega t)$

因为 $\sin(\omega t)=\frac{1}{2j}(e^{j\omega t}-e^{-j\omega t})$，所以 $\mathscr{L}[\sin(\omega t)]=\mathscr{L}\left[\frac{1}{2j}(e^{j\omega t}-e^{-j\omega t})\right]$

根据线性性质可得：$\mathscr{L}[\sin(\omega t)]=\frac{1}{2j}\left(\frac{1}{s-j\omega}-\frac{1}{s+j\omega}\right)=\frac{\omega}{s^2+\omega^2}\ (\sigma > 0)$

用变换对表示为：

$$\sin(\omega t)\varepsilon(t)\leftrightarrow \frac{\omega}{s^2+\omega^2}\quad (\sigma > 0) \tag{5.3.6}$$

同理可证：

$$\mathscr{L}[\cos(\omega t)]=\frac{1}{2}\left(\frac{1}{s-j\omega}+\frac{1}{s+j\omega}\right)=\frac{s}{s^2+\omega^2}\quad (\sigma > 0)$$

用变换对表示为：

$$\cos(\omega t)\varepsilon(t)\leftrightarrow \frac{s}{s^2+\omega^2}\quad (\sigma > 0) \tag{5.3.7}$$

4）双曲正弦函数 $\sinh(\beta t)$ 和双曲余弦函数 $\cosh(\beta t)$

因为 $\sinh(\beta t)=\frac{1}{2}(e^{\beta t}-e^{-\beta t})$，所以 $\mathscr{L}[\sinh(\beta t)]=\mathscr{L}\left[\frac{1}{2}(e^{\beta t}-e^{-\beta t})\right]$。

根据：
$$e^{-at}\varepsilon(t)\leftrightarrow\frac{1}{s+a}\quad(\sigma>-a)\tag{5.3.2}$$

可得：
$$e^{-\beta t}\varepsilon(t)\leftrightarrow\frac{1}{s+\beta}\quad(\sigma>-\beta)\tag{5.3.8}$$

$$e^{\beta t}\varepsilon(t)\leftrightarrow\frac{1}{s-\beta}\quad(\sigma>\beta)\tag{5.3.9}$$

将上两式代入到双曲正弦函数 $\sinh(\beta t)$ 的拉普拉斯变换中，并考虑到新的收敛域是原两收敛域的公共部分，故有：

$$\mathscr{L}[\sinh(\beta t)]=\mathscr{L}\left[\frac{1}{2}(e^{\beta t}-e^{-\beta t})\right]=\frac{1}{2}\left(\frac{1}{s-\beta}-\frac{1}{s+\beta}\right)\quad(\sigma>|\beta|)$$
$$=\frac{\beta}{s^2-\beta^2}\quad(\sigma>|\beta|)$$

用变换对表示为：
$$\sinh(\beta t)\varepsilon(t)\leftrightarrow\frac{\beta}{s^2-\beta^2}\quad(\sigma>|\beta|)\tag{5.3.10}$$

同理可得：
$$\cosh(\beta t)\varepsilon(t)\leftrightarrow\frac{s}{s^2-\beta^2}\quad(\sigma>|\beta|)\tag{5.3.11}$$

5.3.2 幂函数 t^n（n 为正整数）

按单边拉普拉斯变换的定义式(5.1.9)对幂函数 t^n 进行积分，并多次运用分部积分法可得：

$$\mathscr{L}[t^n]=\int_0^{+\infty}t^n e^{-st}dt=\int_0^{+\infty}\frac{1}{-s}t^n d(e^{-st})$$
$$=\frac{1}{-s}t^n e^{-st}\Big|_0^{+\infty}-\int_0^{+\infty}\frac{1}{-s}e^{-st}d(t^n)$$
$$=\lim_{t\to+\infty}\left[\frac{1}{-s}t^n e^{-st}\right]-\frac{1}{-s}0^n e^{-s0}+\frac{n}{s}\int_0^{+\infty}t^{n-1}e^{-st}dt$$
$$=0-(-0)+\frac{n}{s}\int_0^{+\infty}t^{n-1}e^{-st}dt\qquad\text{（多次运用洛必达法则，且}(\sigma>0)\text{）}$$
$$=\frac{n}{s}\int_0^{+\infty}t^{n-1}e^{-st}dt=\frac{n}{s}\mathscr{L}[t^{n-1}]=\frac{n}{s}\frac{n-1}{s}\mathscr{L}[t^{n-2}]$$
$$=\frac{n}{s}\frac{n-1}{s}\frac{n-2}{s}\cdots\frac{2}{s}\frac{1}{s}\mathscr{L}[t^0]=\frac{n}{s}\frac{n-1}{s}\frac{n-2}{s}\cdots\frac{2}{s}\frac{1}{s}\int_0^{+\infty}e^{-st}dt$$
$$=\frac{n!}{s^{n+1}}\quad(\sigma>0)$$

用变换对表示为：
$$t^n\varepsilon(t)\leftrightarrow\frac{n!}{s^{n+1}}\quad(\sigma>0)\tag{5.3.12}$$

当 $n=1$ 时，有：
$$t\varepsilon(t)\leftrightarrow\frac{1}{s^2}\quad(\sigma>0)\tag{5.3.13}$$

当 $n=1$ 时，有：$\varepsilon(t)\leftrightarrow\frac{1}{s}\quad(\sigma>0)$，即前面已证明的式(5.3.3)。

5.3.3 单位冲激信号 $\delta(t)$

根据拉普拉斯变换的定义式(5.1.9)式和冲激函数的性质有：

$$\mathscr{L}[\delta(t)] = \int_{0_-}^{+\infty} \delta(t)e^{-st}dt = \int_{0_-}^{+\infty} \delta(t)e^{0}dt = \int_{0_-}^{+\infty} \delta(t)dt = 1 \quad \text{（全平面收敛）}$$

用变换对表示为：

$$\delta(t) \leftrightarrow 1 \quad (\sigma > -\infty) \tag{5.3.14}$$

全平面收敛也可用($\sigma > -\infty$)来表示。

如果求单边拉普拉斯变换的积分下限取为 0_+，则称为 0_+ 系统的单边拉普拉斯变换，故有：

$$\mathscr{L}[\delta(t)] = \int_{0_+}^{+\infty} \delta(t)e^{-st}dt = \int_{0_+}^{+\infty} \delta(t)e^{0}dt = \int_{0_+}^{+\infty} \delta(t)dt = 0$$

这就是 0_+ 和 0_- 两种系统的单边拉普拉斯变换的区别。

5.3.4 常数 K 的拉普拉斯变换

根据拉普拉斯变换的定义式(5.1.9)有：

$$\begin{aligned}\mathscr{L}[K] &= \int_{0}^{+\infty} Ke^{-st}dt = K\int_{0}^{+\infty} \frac{1}{-s}e^{-st}d(-st) = \frac{-K}{s}e^{-st}\Big|_{0}^{+\infty} \\ &= 0 - \frac{-K}{s} \quad (\sigma > 0) \\ &= \frac{K}{s}\end{aligned}$$

因此，得：

$$\mathscr{L}[K] = \frac{K}{s} \quad (\sigma > 0)$$

若要写成变换对的形式，则为：

$$K\varepsilon(t) \leftrightarrow \frac{K}{s} \tag{5.3.15}$$

由以上常用函数的拉普拉斯变换和拉普拉斯变换的性质可求得更多函数的拉普拉斯变换。

5.4 拉普拉斯变换的基本性质

掌握拉普拉斯变换的基本性质，可以加深对拉普拉斯变换的理解。利用拉普拉斯变换的基本性质和一些基本信号的拉普拉斯变换可以较容易地求得一些常用信号的拉普拉斯变换。掌握拉普拉斯变换的基本性质对求解常系数线性常微分方程以及求解电路系统都是非常必要的。

5.4.1 线性性质

若 $\mathscr{L}\{f_1(t)\} = F_1(s)$，$\mathscr{L}\{f_2(t)\} = F_2(s)$，且 a_1，a_2 为常数，则有：

$$\mathscr{L}\{a_1f_1(t) + a_2f_2(t)\} = a_1F_1(s) + a_2F_2(s) \tag{5.4.1}$$

证明

$$\begin{aligned}\mathscr{L}\{a_1f_1(t) + a_2f_2(t)\} &= \int_{0}^{+\infty} \{a_1f_1(t) + a_2f_2(t)\}e^{-st}dt \\ &= \int_{0}^{+\infty} a_1f_1(t)e^{-st}dt + \int_{0}^{+\infty} a_2f_2(t)e^{-st}dt \\ &= a_1\int_{0}^{+\infty} f_1(t)e^{-st}dt + a_2\int_{0}^{+\infty} f_2(t)e^{-st}dt \\ &= a_1F_1(s) + a_2F_2(s)\end{aligned}$$

证毕。

线性性质的应用非常广泛，如 5.3.1 节求正弦函数和余弦函数的拉普拉斯变换时就使用了线性性质，从而使运算过程得以简化。以后还会经常用到线性性质。

5.4.2 延时性质

若 $\mathscr{L}\{f(t)\}=F(s)$，且 $t_0>0$，则有：

$$\mathscr{L}\{f(t-t_0)\varepsilon(t-t_0)\}=\mathrm{e}^{-st_0}F(s) \tag{5.4.2}$$

证明 $\mathscr{L}\{f(t-t_0)\varepsilon(t-t_0)\}=\int_0^{+\infty}f(t-t_0)\varepsilon(t-t_0)\mathrm{e}^{-st}\mathrm{d}t=\int_{t_0}^{+\infty}f(t-t_0)\mathrm{e}^{-st}\mathrm{d}t$

进行变量置换，令 $\tau=t-t_0$ 则有 $\mathrm{d}t=\mathrm{d}\tau$，当 $t=+\infty$ 时，$\tau=+\infty$；$t=t_0$ 时，$\tau=0$。将上述设定代入原式得：

$$\mathscr{L}\{f(t-t_0)\varepsilon(t-t_0)\}=\int_0^{+\infty}f(\tau)\mathrm{e}^{-s(\tau+t_0)}\mathrm{d}\tau=\mathrm{e}^{-st_0}\left[\int_0^{+\infty}f(\tau)\mathrm{e}^{-s\tau}\mathrm{d}\tau\right]=\mathrm{e}^{-st_0}F(s)$$

得证。

要说明的是，只要 $\mathscr{L}\{f(t)\}$ 存在，则 $\mathscr{L}\{f(t-t_0)\varepsilon(t-t_0)\}$ 也存在，且二者的收敛域相同。这里提醒注意信号 $f(t)\varepsilon(t-t_0)$ 和 $f(t-t_0)\varepsilon(t-t_0)$ 等的异同点。设函数 $f(t)=t$，与 $f(t)$ 有关的六种不同的表达式及波形如图 5.4.1 所示。

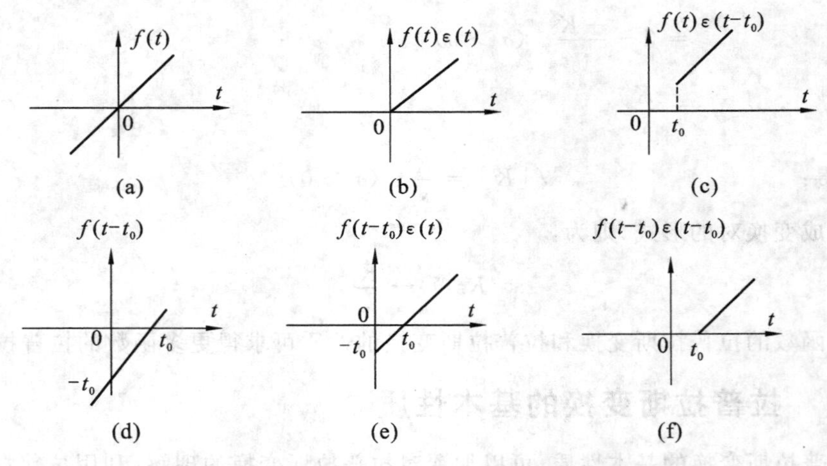

图 5.4.1 与 $f(t)$ 有关的六种不同的表达式及波形

图 5.4.1(a) 表示无始无终的信号；图 5.4.1(b) 表示从零开始而无终的有始信号，又称为因果信号；图 5.4.1(c) 表示从 t_0 开始而无终的有始信号；图 5.4.1(d) 表示将 $f(t)$ 向右平移 t_0 后的无始无终的信号；图 5.4.1(e) 表示将 $f(t)$ 向右平移 t_0 后，再从零开始而无终的有始信号，也是因果信号；图 5.4.1(f) 表示将 $f(t)$ 向右平移 t_0 后，再从 t_0 开始而无终的有始信号，也可以看成是由图 5.4.1(b) 所示的因果信号向右平移 t_0 后得到的从 t_0 开始而无终的有始信号。

延时性质就是已知图 5.4.1(a) 或图 5.4.1(b) 所示信号的单边拉普拉斯变换，求图 5.4.1(f) 所示信号的单边拉普拉斯变换。图 5.4.1(a) 和图 5.4.1(b) 所示信号的单边拉普拉斯变换是相同的。

例 5.4.1 求如图 5.4.2 所示矩形脉冲函数 $f(t)$ 的拉普拉斯变换。

解 解法一 由图 5.4.2 可写出矩形脉冲函数的表达式为：

$$f(t)=\varepsilon(t)-\varepsilon(t-\tau)$$

利用阶跃信号 $\varepsilon(t)$ 的拉普拉斯变换和拉普拉斯变换的线性性质及时移特性得：

$$\mathscr{L}[f(t)]=\mathscr{L}[\varepsilon(t)]-\mathscr{L}[\varepsilon(t-\tau)]=\frac{1}{s}-\frac{1}{s}\mathrm{e}^{-s\tau}=\frac{1}{s}(1-\mathrm{e}^{-s\tau})$$

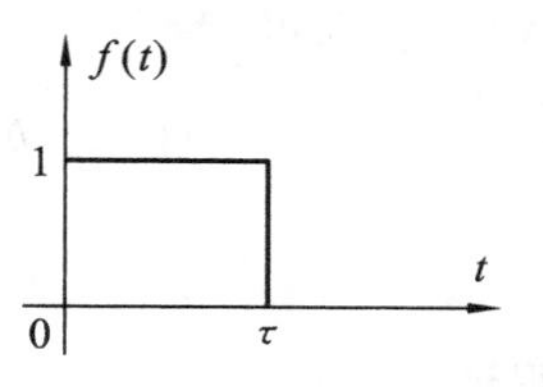

图 5.4.2　矩形脉冲

由求解过程可知收敛域为($\sigma>0$)，解毕。

解法二　按定义进行积分。由图 5.4.2 可写出矩形脉冲函数的表达式为：

$$f(t)=\begin{cases}1 & (0<t<\tau)\\ 0 & (t<0,T>\tau)\end{cases}$$

于是
$$\mathscr{L}[f(t)]=\int_0^{+\infty}f(t)\mathrm{e}^{-st}\mathrm{d}t=\int_0^{\tau}\mathrm{e}^{-st}\mathrm{d}t=\frac{1}{-s}\mathrm{e}^{-st}\bigg|_0^{\tau}=\frac{1}{s}(1-\mathrm{e}^{-st})$$

由求解过程可知收敛域为全平面。解毕。

比较以上两种解法的收敛域，可知收敛域与求解方法和过程有关，所以应选择最好的方法和过程(即路径)。

例 5.4.2　求周期性单位冲激序列 $\sum\limits_{n=0}^{+\infty}\delta(t-nT)$ 的拉普拉斯变换。式中，T 为周期。

解　因为 $\sum\limits_{n=0}^{+\infty}\delta(t-nT)=\delta(t)+\delta(t-T)+\cdots+\delta(t-nT)+\cdots$

利用 $\delta(t)\leftrightarrow 1$，根据线性特性和延时特性可得：

$$\mathscr{L}\left[\sum_{n=0}^{+\infty}\delta(t-nT)\right]=1+\mathrm{e}^{-Ts}+\cdots+\mathrm{e}^{-nTs}+\cdots$$

这是一个公比为 e^{-Ts} 的无穷等比级数，当 $\sigma>0$ 时，$|\mathrm{e}^{-Ts}|<1$，该级数收敛。由无穷递缩等比级数的求和公式得：

$$\mathscr{L}\left[\sum_{n=0}^{+\infty}\delta(t-nT)\right]=\frac{1}{1-\mathrm{e}^{-sT}}\quad(\sigma>0)$$

解毕。

5.4.3　尺度变换特性

若 $\mathscr{L}\{f(t)\}=F(s)$，a 为大于零的常数，则有：

$$\mathscr{L}[f(at)]=\frac{1}{a}F\left(\frac{s}{a}\right)\tag{5.4.3}$$

证明　$\mathscr{L}[f(at)]=\int_0^{+\infty}f(at)\mathrm{e}^{-st}$，进行变量置换，设 $\tau=at$，则 $t=\frac{\tau}{a}$，$\mathrm{d}t=\frac{\mathrm{d}\tau}{a}$，将其代入原式得：

$$\mathscr{L}[f(at)]=\frac{1}{a}\int_0^{+\infty}f(\tau)\mathrm{e}^{-\left(\frac{s}{a}\right)\tau}\mathrm{d}\tau=\frac{1}{a}F\left(\frac{s}{a}\right)$$

得证。

推论　尺度变换与延时特性的联合运用。

若 $\mathscr{L}\{f(t)\}=F(s)$，a，b 均为大于等于零的常数，则有：

$$\mathscr{L}[f(at-b)\varepsilon(at-b)]=\frac{1}{a}F\left(\frac{s}{a}\right)\mathrm{e}^{-\left(\frac{b}{a}\right)s}\tag{5.4.4}$$

证明　$\mathscr{L}[f(at-b)\varepsilon(at-b)]=\int_0^{+\infty}[f(at-b)\varepsilon(at-b)]\mathrm{e}^{-st}\mathrm{d}t$

设 $\tau=at-b$，则 $t=\frac{\tau}{a}+\frac{b}{a}$，$\mathrm{d}t=\frac{1}{a}\mathrm{d}\tau$；$t=0$ 时，$\tau=-b$；$t=+\infty$ 时，$\tau=+\infty$。将其代

入原式，即得：

$$\mathscr{L}[f(at-b)\varepsilon(at-b)]=\int_{-b}^{+\infty}\frac{1}{a}[f(\tau)\varepsilon(\tau)]\mathrm{e}^{-s\left(\frac{\tau}{a}+\frac{b}{a}\right)}\mathrm{d}\tau$$

$$=\left[\int_{0}^{+\infty}\frac{1}{a}f(\tau)\mathrm{e}^{-\left(\frac{s}{a}\right)\tau}\mathrm{d}\tau\right]=\frac{1}{a}F\left(\frac{s}{a}\right)\mathrm{e}^{-s\left(\frac{b}{a}\right)}$$

得证。

例 5.4.2 已知 $\mathscr{L}[f(t)]=\frac{s}{s^2+1}$，求 $f(2t-1)\varepsilon(2t-1)$ 的拉普拉斯变换。

解 因为已知 $\mathscr{L}[f(t)]=\frac{s}{s^2+1}$，可直接应用上述推论的公式(5.4.4)式，可得：

$$\mathscr{L}[f(2t-1)\varepsilon(2t-1)]=\frac{1}{2}F\left(\frac{s}{2}\right)\mathrm{e}^{-s\left(\frac{1}{2}\right)}=\frac{1}{2}\frac{\frac{s}{a}}{\left(\frac{2}{a}\right)^2+1}\mathrm{e}^{-\frac{2}{a}}=\frac{s}{s^2+4}\mathrm{e}^{-\frac{s}{2}}$$

解毕。

5.4.4 复频移特性

若 $\mathscr{L}\{f(t)\}=F(s)$，a 为常数，则有：

$$\mathscr{L}[\mathrm{e}^{-at}f(t)]=F(s+a) \tag{5.4.5}$$

证明
$$\mathscr{L}[\mathrm{e}^{-at}f(t)]=\int_{0}^{+\infty}[\mathrm{e}^{-at}f(t)]\mathrm{e}^{-st}\mathrm{d}t$$

$$=\int_{0}^{+\infty}f(t)\mathrm{e}^{-(s+a)t}\mathrm{d}t=F(s+a)$$

得证。

同理可证：

$$\mathscr{L}[\mathrm{e}^{at}f(t)]=F(s-a) \tag{5.4.6}$$

例 5.4.3 求衰减正弦信号 $\mathrm{e}^{-at}\sin(\omega t)\varepsilon(t)$ 的拉普拉斯变换。

解 利用已知正弦信号的拉普拉斯变换和复频移特性即可求解。

因为已知：

$$\sin(\omega t)\varepsilon(t)\leftrightarrow\frac{\omega}{s^2+\omega^2}$$

由复频移特性可得：

$$\mathrm{e}^{-at}\sin(\omega t)\varepsilon(t)\leftrightarrow\frac{\omega}{(s+a)^2+\omega^2} \tag{5.4.7}$$

同理可得：

$$\mathrm{e}^{-at}\cos(\omega t)\varepsilon(t)\leftrightarrow\frac{s+a}{(s+a)^2+\omega^2} \tag{5.4.8}$$

例 5.4.4 已知因果信号 $f(t)\varepsilon(t)$ 的拉普拉斯变换为 $F(s)=\frac{s}{s^2+1}$，求 $\mathrm{e}^{-t}f(2t-1)\varepsilon(2t-1)$ 的拉普拉斯变换。

解 由已知有：$\mathscr{L}[f(t)\varepsilon(t)]=F(s)=\frac{s}{s^2+1}$

根据尺度变换与延时特性联合运用的公式(5.4.4)得：

$$\mathscr{L}[f(2t-1)\varepsilon(2t-1)]=\frac{1}{2}F\left(\frac{s}{a}\right)\mathrm{e}^{-s\left(\frac{1}{2}\right)}=\frac{1}{2}\frac{\frac{s}{2}}{\left(\frac{s}{2}\right)^2+1}\mathrm{e}^{-\frac{s}{2}}=\frac{s}{s^2+r}\mathrm{e}^{-\frac{s}{2}}$$

根据复频移特性得：　　$\mathscr{L}[\mathrm{e}^{-t}f(2t-1)]=\dfrac{s^2+1}{(s+1)^2+4}\mathrm{e}^{-\frac{s+1}{2}}$

解毕。

5.4.5　时域微分性质

若 $\mathscr{L}[f(t)]=F(s)$，则有：

$$\mathscr{L}\left[\frac{\mathrm{d}f(t)}{\mathrm{d}t}\right]=sF(s)-f(0_-)\tag{5.4.9}$$

证明

$$\begin{aligned}\mathscr{L}\left[\frac{\mathrm{d}f(t)}{\mathrm{d}t}\right]&=\int_{0_-}^{+\infty}\left[\frac{\mathrm{d}f(t)}{\mathrm{d}t}\right]\mathrm{e}^{-st}\mathrm{d}t=\int_{0_-}^{+\infty}\mathrm{e}^{-st}\mathrm{d}f(t)\\&=f(t)\mathrm{e}^{-st}\Big|_{0_-}^{+\infty}-\int_{0_-}^{+\infty}f(t)\mathrm{d}\mathrm{e}^{-st}=0-f(0_-)+\int_{0_-}^{+\infty}sf(t)\mathrm{e}^{-st}\mathrm{d}t\\&=sF(s)-f(0_-)\end{aligned}$$

用同样的方法，还可以证明时域的二次微分性质如下：

$$\begin{aligned}\mathscr{L}\left[\frac{\mathrm{d}^2f(t)}{\mathrm{d}t^2}\right]&=\mathscr{L}\left[\frac{\mathrm{d}^{(1)}f(t)}{\mathrm{d}t}\right]=s\mathscr{L}[f^{(1)}(t)]-f^{(1)}(0_-)\\&=s[sF(s)-f(0_-)]-f^{(1)}(0_-)\\&=s^2F(s)-sf(0_-)-f^{(1)}(0_-)\end{aligned}\tag{5.4.10}$$

如果 $f(t)$ 为因果信号，则 $f(0_-)=f^{(1)}(0_-)=0$，于是式(5.4.9)和式(5.4.10)分别成为：

$$\mathscr{L}\left[\frac{\mathrm{d}f(t)}{\mathrm{d}t}\right]=sF(s)\tag{5.4.11}$$

$$\mathscr{L}\left[\frac{\mathrm{d}^2f(t)}{\mathrm{d}t^2}\right]=s^2F(s)\tag{5.4.12}$$

用同样的方法，重复 n 次还可以证明时域 n 次微分性质：

$$\mathscr{L}\left[\frac{\mathrm{d}^nf(t)}{\mathrm{d}t^n}\right]=s^nF(s)-\sum_{k=0}^{n-1}s^{n-k-1}f^{(k)}(0_-)\tag{5.4.13}$$

同样地，如果 $f(t)$ 因果信号，则有：

$$\mathscr{L}\left[\frac{\mathrm{d}^nf(t)}{\mathrm{d}t^n}\right]=s^nF(s)\tag{5.4.14}$$

例 5.4.5　电感电路如图 5.4.1(a) 所示，流过电感的电流为 $i_{\mathrm{L}}(t)$，电感两端的电压为 $v_{\mathrm{L}}(t)$，已知电感电流 $i_{\mathrm{L}}(t)$ 的拉普拉斯变换为 $\mathscr{L}[i_{\mathrm{L}}(t)]=I_{\mathrm{L}}(s)$，求电感两端的电压 $v_{\mathrm{L}}(t)$ 的拉普拉斯变换为 $\mathscr{L}[v_{\mathrm{L}}(t)]=V_{\mathrm{L}}(s)$，并画出电感的 s 域模型图。

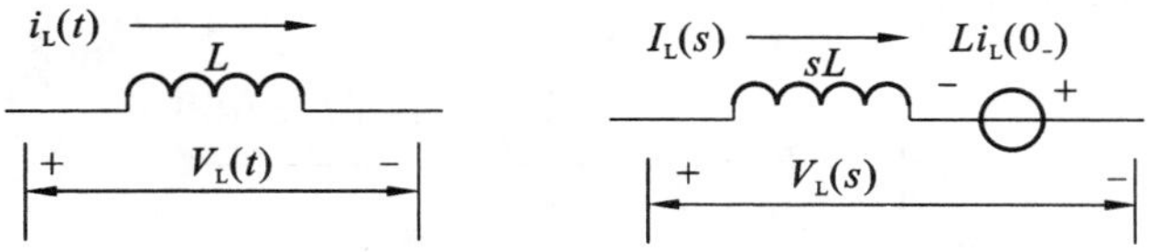

(a) 时域电路图　　(b) s 域模型图

图 5.4.1　电感的时域电路图和 s 域模型图

解　因为：　　$V_{\mathrm{L}}(t)=L\dfrac{\mathrm{d}i_{\mathrm{L}}(t)}{\mathrm{d}t}$

对上式两边取拉普拉斯变换，由拉普拉斯变换的微分性质和已知条件可得：

$$V_{\mathrm{L}}(s)=L[sI_{\mathrm{L}}(s)-i_{\mathrm{L}}(0_-)]=sLI_{\mathrm{L}}(s)-Li_{\mathrm{L}}(0_-)$$

上式即为所求 $V_L(s)$。根据上式可画出电感电路的 s 域模型如图 5.4.1(b) 所示。图中，$I_L(s)$ 为象电流，$V_L(s)$ 为象电压，sL 为电感在复频域的感抗，$Li_L(0_-)$ 为电感的起始电流构成的等效电压源。解毕。

现在可以对电感工作特性的三种描述方法进行对比：电感的电感量为 L，在时域其遵循的规律为：

$$V_L(t) = L\frac{di_L(t)}{dt}$$

在相量法中其遵循的规律为：

$$\dot{V}_L = j\omega L\dot{I}_L$$

这和欧姆定律是类似的，相电压等于相电流乘以相感抗。其中，$j\omega L$ 可称为相感抗或频域感抗。

在 s 域分析法中其遵循的规律为：

$$V_L(s) = sLI_L(s) - Li_L(0_-)$$

如果 $i_L(0_-) = 0$，则为：

$$V_L(s) = sLI_L(s)$$

这和欧姆定律是类似的，相电压等于相电流乘以相感抗。其中，sL 可称为相感抗或复频域感抗。拉普拉斯变换把微分运算变成了乘法运算。

例 5.4.6 设 $f(t) = e^{-at}\varepsilon(t)$，$(a>0)$，求 $\mathscr{L}\left[\frac{df(t)}{dt}\right]$。

解 解法一 因为 $\mathscr{L}[f(t)] = F(s) = \frac{1}{s+a}$，根据时域微分性质得：

$$\mathscr{L}\left[\frac{df(t)}{dt}\right] = sF(s) - f(0_-) = \frac{s}{s+a} - 0 = \frac{s}{s+a}$$

解法二 先对 $f(t)$ 求微分，再按定义对微分结果求拉普拉斯变换可得：

$$\frac{df(t)}{dt} = -ae^{-at}\varepsilon(t) + e^{-at}\delta(t) = -ae^{-at}\varepsilon(t) + \delta(t)$$

$$\mathscr{L}\left[\frac{df(t)}{dt}\right] = -a\frac{1}{s+a} + 1 = \frac{s}{s+a}$$

其结果同解法一。

5.4.6 时域积分性质

若 $\mathscr{L}\{f(t)\} = F(s)$，则有：

$$\mathscr{L}\left[\int_{-\infty}^{\tau} F(\tau)\right] = \frac{F(s)}{s} + \frac{\int_{-\infty}^{0_-} f(\tau)d\tau}{s} \tag{5.4.15}$$

证明 因为有 $\int_{-\infty}^{t} f(\tau)d\tau = \int_{-\infty}^{0_-} f(\tau)d\tau + \int_{0_-}^{t} f(\tau)d\tau$

对上式两边取拉普拉斯变换，并注意到 $\int_{-\infty}^{0_-} f(\tau)d\tau$ 为常数，所以有：

$$\mathscr{L}\left[\int_{-\infty}^{t} f(\tau)d\tau\right] = \mathscr{L}\left[\int_{-\infty}^{0_-} f(\tau)d\tau\right] + \mathscr{L}\left[\int_{0_-}^{t} f(\tau)d\tau\right]$$

$$= \frac{\int_{-\infty}^{0_-} f(\tau)d\tau}{s} + \mathscr{L}\left[\int_{0_-}^{t} f(\tau)d\tau\right]$$

先按拉普拉斯变换的定义计算上式中的第二项：

$$\mathscr{L}\left[\int_{0_-}^{t} f(\tau)\mathrm{d}\tau\right]=\int_{0_-}^{+\infty}\left[\int_{0_-}^{t} f(\tau)\mathrm{d}\tau\right]\mathrm{e}^{-st}\mathrm{d}t=\int_{0_-}^{+\infty}\left[\frac{1}{-s}\int_{0_-}^{t} f(\tau)\mathrm{d}\tau\right]\mathrm{d}(\mathrm{e}^{-st})$$

$$=\frac{1}{-s}\left[\int_{0_-}^{t} f(\tau)\mathrm{d}\tau\right]\mathrm{e}^{-st}\Bigg|_{0_-}^{+\infty}-\frac{1}{-s}\int_{0_-}^{+\infty}\mathrm{e}^{-st}\mathrm{d}\left[\int_{0_-}^{t} f(\tau)\mathrm{d}\tau\right]$$

$$=0+0+\frac{1}{s}\int_{0_-}^{+\infty} f(t)\mathrm{e}^{-st}\mathrm{d}t=\frac{F(s)}{s}$$

再将上述第二项的计算结果代入原式即得：

$$\mathscr{L}\left[\int_{-\infty}^{t} f(\tau)\mathrm{d}\tau\right]=\frac{\int_{-\infty}^{0_-} f(\tau)\mathrm{d}\tau}{s}+\frac{F(s)}{s}$$

证毕。

常将(5.4.15) 式中的$\int_{-\infty}^{0_-} f(\tau)\mathrm{d}\tau$ 记为 $f^{(-1)}(0_-)$，因为它代表了 $f(t)$ 的积分式$\int_{-\infty}^{0_-} f(\tau)\mathrm{d}\tau$ 在 0_- 时刻的取值。这样一来时域积分性质的公式便可简写成：

$$\mathscr{L}\left[\int_{-\infty}^{t} f(\tau)\mathrm{d}\tau\right]=\frac{F(s)}{s}+\frac{f^{(-1)}(0_-)}{s} \tag{5.4.16}$$

如果 $f(t)$ 为因果信号，则 $f^{-1}(0_-)=0$，于是(5.4.16) 式变为：

$$\mathscr{L}\left[\int_{-\infty}^{t} f(\tau)\mathrm{d}\tau\right]=\frac{F(s)}{s} \tag{5.4.17}$$

例 5.4.7 电容电路如图 5.4.2(a) 所示，流过电容的电流为 $i_C(t)$，电容两端的电压为 $V_C(t)$，已知电容的电流 $i_C(t)$ 的拉普拉斯变换为 $\mathscr{L}[i_C(t)]=I_C(s)$，求电容两端的电压 $V_C(t)$ 的拉普拉斯变换 $V_C(s)$，并画出电容的 s 域模型图。

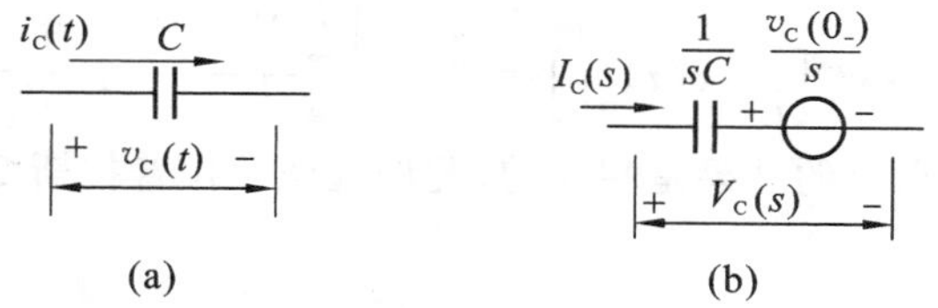

(a) (b)

图 5.4.2 电容的时域电路图和 s 域模型图

解 因为：
$$V_C(t)=\frac{1}{C}\int_{-\infty}^{\tau} i_C(\tau)\mathrm{d}\tau$$

对上式两边取拉普拉斯变换，由拉普拉斯变换的线性性质、积分性质和已知条件可得：

$$V_C(t)=\mathscr{L}\left[\int_{-\infty}^{\tau} i_C(\tau)\mathrm{d}\tau\right]=\frac{1}{C}\left[\frac{I_C(s)}{s}+\frac{i_C^{(-1)}(0_-)}{s}\right]=\frac{I_C(s)}{sC}+\frac{q_C(0_-)}{sC}=\frac{I_C(s)}{sC}+\frac{v_C(0_-)}{s}$$

注：$q_C(0_-)=i_C^{(-1)}(0_-)$，为电容在 0_- 时刻的电量。

上式即为所求 $V_C(s)$。根据上式可画出电容电路的 s 域模型如图 5.4.2(b) 所示。图中 $I_C(s)$ 为象电流，$V_C(s)$ 为象电压，$\frac{1}{sC}$ 为电容在复频域的容抗，$\frac{V_C(0_-)}{s}$ 为电容的起始电压构成的等效电压源。

解毕。

同样，对电容工作特性的三种描述方法可进行对比：电容的电容量为 C，在时域其遵循的规律是：

$$V_C(t)=\frac{1}{C}\int_{-\infty}^{t} i_C(\tau)\mathrm{d}\tau$$

在相量法中其遵循的规律是： $\dot{V}_C=\frac{1}{\mathrm{j}\omega C}\dot{I}_C$

其中，$\frac{1}{\mathrm{j}\omega C}$ 可称为频域容抗。

在 s 域分析法中其遵循的规律是：

$$V_C(s)=\frac{I_C(s)}{sC}+\frac{v_C(0_-)}{s}$$

如果 $V_C(0_-)=0$，则为：$V_C(s)=\frac{1}{sC}I_C(s)$。这与欧姆定律是类似的，相电压等于相电流乘以相容抗。其中，$\frac{1}{sC}$ 可以称为象容抗或复频域容抗。拉普拉斯变换把积分运算变成了除法运算。

例 5.4.8 试举一例，验证拉普拉斯变换积分性质的正确性。

解 因为： $\varepsilon(t)=\int_{-\infty}^{t}\delta(\tau)\mathrm{d}\tau$

即 $\varepsilon(t)$ 是 $\delta(t)$ 的积分，有：

$$\mathscr{L}[\delta(t)]=1,\int_{-\infty}^{0_-}\delta(\tau)\mathrm{d}\tau=0$$

利用拉普拉斯变换的积分性质和已知 $\delta(\tau)$ 的拉普拉斯变换，求 $\varepsilon(\tau)$ 的拉普拉斯变换，有：

$$\mathscr{L}[\varepsilon(t)]=\mathscr{L}\left[\int_{-\infty}^{t}\delta(\tau)\mathrm{d}\tau\right]=\frac{1}{s}+\frac{\int_{-\infty}^{0_-}\delta(\tau)\mathrm{d}\tau}{s}=\frac{1}{s}+0=\frac{1}{s}$$

这与前面用定义式求出的结果是相同的，此例验证了拉普拉斯变换积分性质的正确性。

5.4.7 s 域微分性质

若 $\mathscr{L}[f(t)]=F(s)$，则有：

$$\mathscr{L}[tf(t)]=-\frac{\mathrm{d}F(s)}{\mathrm{d}s} \tag{5.4.18}$$

证明 由已知，有：

$$F(s)=\int_{0}^{+\infty} f(t)\mathrm{e}^{-st}\mathrm{d}t$$

上式两边对 s 求微分得：

$$\frac{\mathrm{d}F(s)}{\mathrm{d}s}=\frac{\mathrm{d}}{\mathrm{d}s}\left[\int_{0}^{+\infty} f(t)\mathrm{e}^{-st}\mathrm{d}t\right]=\int_{0}^{+\infty} f(t)\frac{\mathrm{d}}{\mathrm{d}s}(\mathrm{e}^{-st})\mathrm{d}t$$

$$=\int_{0}^{+\infty} -tf(t)\mathrm{e}^{-st}\mathrm{d}t$$

按拉普拉斯变换的定义，上式即为：

$$\mathscr{L}[-tf(t)]=\frac{\mathrm{d}F(s)}{\mathrm{d}s}$$

得证。

s 域微分性质也可以写成变换对的形式：

$$-tf(t)\varepsilon(t) \leftrightarrow \frac{\mathrm{d}F(s)}{\mathrm{d}s} \tag{5.4.19}$$

还可以把负号移到右边，如是得到 s 域微分性质的另一种描述形式：

若 $f(t) \leftrightarrow F(s)$，则有：

$$tf(t)\varepsilon(t) \leftrightarrow -\frac{\mathrm{d}F(s)}{\mathrm{d}s} \tag{5.4.20}$$

按式(5.4.20)所描述的方法，可以从已知的变换对求得以此变换对为基础的系列变换对。

例 5.4.9 已知 $e^{-at}\varepsilon(t) \leftrightarrow \frac{1}{s+a}$，$(\sigma > -a)$，求其 n 阶导数。

解 由已知： $e^{-at}\varepsilon(t) \leftrightarrow \frac{1}{s+a}$，$(\sigma > -a)$

求导后得： $te^{-at}\varepsilon(t) \leftrightarrow \frac{1}{(s+a)^2} \quad (\sigma > -a)$

这就是所求得的新的变换对，其收敛域不变，仍为$(\sigma > -a)$。用同样的方法进行下去，可以得到：

$$t^n e^{-at}\varepsilon(t) \leftrightarrow \frac{n!}{(s+a)^{n+1}} \tag{5.4.21}$$

式(5.4.21)也可以由式(5.3.12) $t^n\varepsilon(t) \leftrightarrow \frac{n!}{s^{n+1}}$，通过复频移特性得到。

例 5.4.10 已知：$\sin(\omega t)\varepsilon(t) \leftrightarrow \frac{\omega}{s^2+\omega^2}$ （见(5.3.6)式）

由 s 域微分性质可得：

$$t\sin(\omega t)\varepsilon(t) \leftrightarrow \frac{2\omega s}{(s^2+\omega^2)^2} \tag{5.4.22}$$

又已知： $\cos(\omega t)\varepsilon(t) \leftrightarrow \frac{s}{s^2+\omega^2}$ （见(5.3.7)式）

由 s 域微分性质可得：

$$t\cos(\omega t)\varepsilon(t) \leftrightarrow \frac{s^2-\omega^2}{(s^2+\omega^2)^2} \tag{5.4.23}$$

*5.4.8 s 域积分性质

若 $\mathscr{L}\{f(t)\} = F(s)$，则有：

$$\mathscr{L}\left[\frac{f(t)}{t}\right] = \int_s^\infty F(u)\mathrm{d}u \tag{5.4.24}$$

证明 这个公式的证明从右边开始推导比较方便，所以有：

$$\int_s^\infty F(u)\mathrm{d}u = \int_s^\infty \left[\int_0^{+\infty} f(t)e^{-ut}\mathrm{d}t\right]\mathrm{d}u \quad \text{（将 } F(u) \text{ 按拉普拉斯变换定义写出）}$$

$$= \int_0^{+\infty} f(t)\left[\int_s^\infty e^{-ut}\mathrm{d}u\right]\mathrm{d}t \quad \text{（交换积分次序）}$$

先计算上式中方括弧内的积分为：

$$\int_s^\infty e^{-ut}\mathrm{d}u = \frac{1}{-t}e^{-ut}\Big|_s^\infty = 0 - \frac{1}{-t}e^{-st} = \frac{1}{t}e^{-st}$$

将积分结果代入原式得：

$$\int_s^\infty F(u)\mathrm{d}u = \int_{0_-}^{+\infty}\left[\frac{f(t)}{t}\right]e^{-st}\mathrm{d}t = \mathscr{L}\left[\frac{f(t)}{t}\right]$$

得证。

例 5.4.11 试举例验证 s 域积分性质的正确性。

解 选取 $f(t)=t\sin(\omega t)$，由式(5.4.22)可知 $F(s)=\dfrac{2\omega s}{(s^2+\omega^2)^2}$，于是求得：

$$\int_s^{\infty}F(u)\mathrm{d}u=\int_s^{\infty}\frac{2u\omega}{(u^2+\omega^2)^2}\mathrm{d}u=\int_s^{\infty}\frac{\omega}{(u^2+\omega^2)^2}\mathrm{d}u^2=\left.\frac{\omega(u^2+\omega^2)^{-2+1}}{-2+1}\right|_s^{\infty}=\frac{\omega}{s^2+\omega^2}$$

而
$$\mathscr{L}\left[\frac{f(t)}{t}\right]=\mathscr{L}[\sin(\omega t)]=\frac{\omega}{s^2+\omega^2}$$

比较上两式结果，可得：

$$\mathscr{L}\left[\frac{f(t)}{t}\right]=\int_s^{\infty}F(u)\mathrm{d}u$$

这就验证了在此例中 s 域积分性质是正确的。

解毕。

5.4.9 时域卷积定理

若 $\mathscr{L}[f_1(t)\varepsilon(t)]=F_1(s)$，$\mathscr{L}[f_2(t)\varepsilon(t)]=F_2(s)$，则有：

$$\mathscr{L}\{[f_1(t)\varepsilon(t)]*[f_2(t)\varepsilon(t)]\}=F_1(s)F_2(s) \tag{5.4.25}$$

证明 因为 $[f_1(t)\varepsilon(t)]*[f_2(t)\varepsilon(t)]=\int_{-\infty}^{+\infty}f_1(\tau)\varepsilon(\tau)f_2(t-\tau)\varepsilon(t-\tau)\mathrm{d}\tau$

所以

$$\begin{aligned}\mathscr{L}\{[f_1(t)\varepsilon(t)]*[f_2(t)\varepsilon(t)]\}&=\int_0^{+\infty}\left[\int_0^{+\infty}f_1(\tau)f_2(t-\tau)\varepsilon(t-\tau)\mathrm{d}\tau\right]\mathrm{e}^{-st}\mathrm{d}t\\&=\int_0^{+\infty}f_1(\tau)\left[\int_0^{+\infty}f_2(t-\tau)\varepsilon(t-\tau)\mathrm{e}^{-st}\mathrm{d}t\right]\mathrm{d}\tau \quad \text{（交换积分次序）}\\&=\int_0^{+\infty}f_1(\tau)[F_2(s)\mathrm{e}^{-s\tau}]\mathrm{d}\tau \quad \text{（由已知和拉普拉斯变换延时性质）}\\&=\left[\int_0^{+\infty}f_1(\tau)\mathrm{e}^{-s\tau}\mathrm{d}\tau\right]F_2(s) \quad \text{（把 }F_2(s)\text{ 提到积分号外）}\\&=F_1(s)F_2(s) \quad \text{（根据拉普拉斯变换的定义）}\end{aligned}$$

得证。

除上述基本性质外，还有几个不常用的性质如初值定理、终值定理和乘积定理等。

5.4.10 系统函数 $H(s)$

由第2章已知系统的零状态响应等于激励和冲激响应的卷积，即：

$$r_{zs}(t)=e(t)*h(t) \tag{5.4.26}$$

对上式两边取拉普拉斯变换，根据时域卷积定理得：

$$R(s)=E(s)H(s) \tag{5.4.27}$$

式中，$R(s)=\mathscr{L}[r_{zs}(t)]$；$E(s)=\mathscr{L}[e(t)]$；$H(s)=\mathscr{L}[h(t)]$。

由式(5.4.27)得：

$$H(s)=\frac{R(s)}{E(s)} \tag{5.4.28}$$

式(5.4.28)便是系统函数 $H(s)$ 的定义式，即系统函数 $H(s)$ 等于零状态响应的拉普拉斯变换与激励的拉普拉斯变换之比。并且 $H(s)=\mathscr{L}[h(t)]$，即系统函数和冲激响应是一对拉普拉斯变换，这一对变换可简记为：

$$h(t)\leftrightarrow H(s) \tag{5.4.29}$$

由式(5.4.27)还可看出,如果已知激励和冲激响应的拉普拉斯变换,便可通过求逆变换来求得零状态响应。关于系统函数 $H(s)$ 的性质和应用,将在第 6 章介绍。

5.5 常用函数的拉普拉斯变换

常用信号的拉普拉斯变换共有十几个,获取方法分为两类:一类是按定义积分,另一类是利用已知的基本信号的变换式和拉普拉斯变换的性质来得到。为了在实际工作中便于查找,现将它们汇总起来,连同获取方法依次列出如下:

(1) $\delta(t)\leftrightarrow 1$;全平面收敛;按定义积分,见式(5.3.14)。

(2) $\mathrm{e}^{-at}\varepsilon(t)\leftrightarrow \dfrac{1}{s+a}$;$(\sigma>\mathrm{Re}[-a])$;按定义积分,见式(5.3.2)。

(3) $\varepsilon(t)\leftrightarrow \dfrac{1}{s}$ $(\sigma>0)$;在第(2)条中令 $a=0$,见式(5.3.3)。

(4) $\mathrm{e}^{-\mathrm{j}\omega t}\varepsilon(t)\leftrightarrow \dfrac{1}{s+\mathrm{j}\omega}$ $(\sigma>0)$;在第(2)条中令 $a=-\mathrm{j}\omega$,见式(5.3.4)。

(5) $\mathrm{e}^{\mathrm{j}\omega t}\varepsilon(t)\leftrightarrow \dfrac{1}{s-\mathrm{j}\omega}$ $(\sigma>0)$;在第(2)条中令 $a=\mathrm{j}\omega$,见式(5.3.5)。

(6) $\sin(\omega t)\varepsilon(t)\leftrightarrow \dfrac{\omega}{s^2+\omega^2}$ $(\sigma>0)$;第(4),(5)条加线性性质,见式(5.3.6)。

(7) $\cos(\omega t)\varepsilon(t)\leftrightarrow \dfrac{s}{s^2+\omega^2}$ $(\sigma>0)$;第(4),(5)条加线性性质,见式(5.3.7)。

(8) $\sinh(\beta t)\varepsilon(t)\leftrightarrow \dfrac{\beta}{s^2-\beta^2}$ $(\sigma>|\beta|)$;原函数定义加线性性质,见式(5.3.10)。

(9) $\cosh(\beta t)\varepsilon(t)\leftrightarrow \dfrac{s}{s^2-\beta^2}$ $(\sigma>|\beta|)$;原函数定义加线性性质,见式(5.3.11)。

(10) $t^n\varepsilon(t)\leftrightarrow \dfrac{n!}{s^{n+1}}$ $(\sigma>0)$;按定义积分,多次分部积分法,见式(5.3.12)。

(11) $t\varepsilon(t)\leftrightarrow \dfrac{1}{s^2}$ $(\sigma>0)$;按定义积分,分部积分法,见式(5.3.13)。

(12) $K\varepsilon(t)\leftrightarrow \dfrac{K}{s}$ $(\sigma>0)$;第(3)条加线性性质,见式(5.3.15)。

(13) $\mathrm{e}^{-at}\sin(\omega t)\varepsilon(t)\leftrightarrow \dfrac{\omega}{(s+a)^2+\omega^2}$;第(6)条加 s 域平移性质,见式(5.4.7)。

(14) $\mathrm{e}^{-at}\cos(\omega t)\varepsilon(t)\leftrightarrow \dfrac{s+a}{(s+a)^2+\omega^2}$;第(7)条加 s 域平移性质,见式(5.4.8)。

(15) $t^n\mathrm{e}^{-at}\varepsilon(\mathrm{t})\leftrightarrow \dfrac{n!}{(s+a)^{n+1}}$;第(2)条加 n 次 s 域微分,或第(10)条加 s 域平移,见式(5.4.21)。

(16) $t\sin(\omega t)\varepsilon(t)\leftrightarrow \dfrac{2\omega s}{(s^2+\omega^2)^2}$;第(6)条加 s 域微分,见式(5.4.22)。

(17) $t\cos(\omega t)\varepsilon(t)\leftrightarrow \dfrac{s^2-\omega^2}{(s^2+\omega^2)^2}$;第(7)条加 s 域微分,见式(5.4.23)。

(18) $\delta^{(1)}(t)\leftrightarrow s$;第(1)条加微分性质,请自己证明。

(19) $\delta^{(n)}(t)\leftrightarrow s^n$;第(1)条加 n 次微分。

5.6 拉普拉斯逆变换

拉普拉斯变换有许多应用,主要应用有求解微分、积分方程和求解电路系统。拉普拉斯变换可将微分、积分方程变成代数方程，求解代数方程得到 s 域的解，为了得到微分、积分方程的时域解，必须对 s 域的解求拉普拉斯逆变换。用拉普拉斯变换求解电路系统时也同样要对 s 域的解求拉普拉斯逆变换才能得到时域解。求拉普拉斯逆变换主要有两种方法：部分分式展开后查表法和留数法。下面介绍部分分式展开后查表法。

5.6.1 关于有理分式的基本概念

若 $f(t)\leftrightarrow F(s)$，则求拉普拉斯逆变换时表示为 $f(t)=\mathscr{L}^{-1}[F(s)]$。多数情况下 $F(s)$ 为一个有理分式，即：

$$F(s)=\frac{b_m s^m+b_{m-1}s^{m-1}+\cdots+b_1 s+b_0}{s^n+a_{n-1}s^{n-1}+\cdots+a_1 s+a_0} \tag{5.6.1}$$

上式中，系数 a,b 均为实数，指数 m,n 均为正整数。求 $F(s)$ 的逆变换时，首先要根据 m 与 n 的大小，分以下两种情况来考虑。

(1) 如果 $m\geqslant n$，则对式(5.6.1)先做多项式的除法，将其分解为有理多项式 $F_{\mathrm{d}}(s)$ 与有理真分式 $\frac{N(s)}{D(s)}$ 之和，即：

$$F(s)=F_{\mathrm{d}}(s)+\frac{N(s)}{D(s)} \tag{5.6.2}$$

这种情况下求逆变换时可对有理多项式和有理真分式先分别求逆变换，然后相加即可。对有理多项式求逆变换时，可根据冲激函数及其各阶导数的拉普拉斯变换即可获得，如 5.5 节第(1)、(18)、(19) 条所示。

例 5.6.1 已知有理多项式 $F_{\mathrm{d}}(s)=2s+3$，求其拉普拉斯逆变换。

解 根据 5.5 节第(18)条和第(1) 条可得 $\mathscr{L}^{-1}[F_{\mathrm{d}}(s)]=2\delta'(t)+3\delta(t)$。解毕。

(2) 如果 $m<n$，则表明 $F_{\mathrm{d}}(s)=0$，则 $F(s)$ 为一有理真分式，即：

$$F(s)=\frac{N(s)}{D(s)} \tag{5.6.3}$$

此时，分子多项式 $N(s)=b_m s^m+b_{m-1}s^{m-1}+\cdots+b_1 s+b_0$，令分子多项式等于零，得到一个关于 s 的 m 次方程，方程的根称为有理真分式的零点。而分母多项式为 $D(s)=s^n+a_{n-1}s^{n-1}+\cdots+a_1 s+a_0$，令分母多项式等于零，得到一个关于 s 的 n 次方程，方程的根称为有理真分式的极点，极点又称为有理真分式特征根。有理分式展开为部分分式之和的情况与特征根的形式有关，一般可分为以下几种情况来讨论。

5.6.2 特征根为单根，且均为实数根的情况

下面通过例题来说明在这种情况下如何对有理分式进行恒等变形并实现部分分式分解，然后通过与已知的拉普拉斯变换对进行比对从而实现逆变换。

例 5.6.2 已知象函数 $F(s)=\dfrac{s^2+7s+10}{s^3+4s^2+3s}$，求原函数 $f(t)$。

解 $F(s)$ 是一个有理真分式，所以可直接将它展开为部分分式之和。

$$F(s)=\frac{s^2+7s+10}{s(s^2+4s+3)}=\frac{s^2+7s+10}{s(s+1)(s+3)}=\frac{k_1}{s}+\frac{k_2}{s+1}+\frac{k_3}{s+3} \qquad ①$$

现在，要根据数学恒等的原则，来求出待定系数 k_1、k_2、k_3。先求 k_1，将 ① 式两边同时乘以 s，得：

$$F(s)\cdot s=k_1+\frac{k_2\cdot s}{s+1}+\frac{k_3\cdot s}{s+3} \quad ②$$

式②是一个关于 s 的代数恒等式，s 取任何值，只要不使分母为零，等式都应成立，为求得 k_1，可令 $s=0$，这样式(5.6.5)右边就只剩下 k_1，而 k_2，k_3 被消掉，于是得到：

$$k_1=F(s)\cdot s\,|_{s=0}=\frac{s^2+7s+10}{s(s+1)(s+3)}\cdot s\,|_{s=0}=\frac{s^2+7s+10}{(s+1)(s+3)}\,|_{s=0}=\frac{10}{3}$$

为了求得 k_2，对等式①两边必须乘以 $(s+1)$，然后令 $s=-1$，即可消掉 k_1，k_3，得

$$k_2=F(s)(s+1)\Big|_{s=-1}=\frac{s^2+7s+10}{s(s+1)(s+3)}(s+1)\Big|_{s=-1}=\frac{s^2+7s+10}{s(s+3)}\Big|_{s=-1}=-2$$

为了求得 k_3，对等式①两边乘以 $(s+3)$，令 $s=-3$，即可可消掉 k_1，k_2 得：

$$k_3=F(s)(s+3)\,|_{s=-3}=\frac{s^2+7s+10}{s(s+1)}\,|_{s=-3}=\frac{9-21+10}{6}=-\frac{1}{3}$$

将求出的 k_1、k_2、k_3 之值代回式①，得：

$$F(s)=\frac{10/3}{s}+\frac{-2}{s+1}+\frac{-1/3}{s+3} \quad ③$$

对③式两边取拉普拉斯逆变换，根据拉普拉斯变换的唯一性定理，以及基本公式 $e^{-at}\varepsilon(t)\leftrightarrow\frac{1}{s+a}$，立即得到原函数如下。

$$f(t)=\frac{10}{3}\varepsilon(t)-2e^{-t}\varepsilon(t)-\frac{1}{3}e^{-3t}\varepsilon(t)=\left(\frac{10}{3}-2e^{-t}-\frac{1}{3}e^{-3t}\right)\varepsilon(t)$$

解毕。

当象函数 $F(s)=F(s)/D(s)$ 的分母多项式 $D(s)=0$ 只有实数单根时，都可以用上例的方法来求原函数 $f(t)$。求解的步骤是先将 $D(s)$ 进行因式分解，再将 $F(s)$ 展开部分分式之和并求出各系数 k_i，最后对照基本公式 $e^{-at}\varepsilon(t)\leftrightarrow\frac{1}{s+a}$，即可得到时间函数。

5.6.3 特征根均为单根，但有一对共轭复根的情况

例 5.6.3 已知象函数 $F(s)=\frac{s^2+3}{s^3+4s^2+9s+10}$，求原函数 $f(t)$。

解 首先对分母多项式 $D(s)=s^3+4s^2+9s+10$ 进行因式分解，为此可设 $D(s)=0$ 求出分母多项式的根。$D(s)=0$ 是一个三次方程，对于此题，可设 $s=1,-1,2,-2$，分别代入 $D(s)$ 进行尝试，结果，$D(s)\,|_{s=-2}=0$，因此 $D(s)$ 有一个实根为 -2，将 $D(s)$ 除以 $(s+2)$ 后可得：

$$\begin{aligned}D(s)&=s^3+4s^2+9s+10=(s+2)(s^2+2s+5)\\&=(s+2)(s+1+j2)(s+1-j2)\end{aligned} \quad ①$$

于是有

$$F(s)=\frac{s^2+3}{(s+2)(s+1+j2)(s+1-j2)}=\frac{k_1}{s+2}+\frac{k_2}{s+1+j2}+\frac{k_3}{s+1-j2} \quad ②$$

现在的情况是 $F(s)$ 的分母多项式都是单根，但有一对共轭复根。由代数方程理论可知，代数方程若有复根，复根一定是共轭复根成对地出现。求系数 k_1、k_2、k_3 的方法同上例一样，分别计算如下：

$$K_1=F(s)(s+2)\Big|_{s=-2}=\frac{s^2+3}{s^2+2s+5}\Big|_{s=-2}=\frac{7}{5}$$

$$K_2=F(s)(s+1+j2)\,|_{s=-(1+j2)}=\frac{s^2+3}{(s+2)(s+1-j2)}\,|_{s=-1(1+j2)}=-\frac{1}{5}-j\frac{2}{5}$$

$$K_3 = F(s)(s+1-\mathrm{j}2)\big|_{s=(1-\mathrm{j}2)} = \frac{s^2+3}{(s+2)(s+1+\mathrm{j}2)}\bigg|_{s=-(1-\mathrm{j}2)} = -\frac{1}{5}+\mathrm{j}\frac{2}{5} = k_2^*$$

由计算结果可以看出，K_2 和 K_3 也是共轭复数，可以在数学上证明，这是一个普遍规律，即共轭复根所对应的部分分式的系数也一定是共轭复数。利用这一规律，可直接写出 K_3，省去计算过程。将 K_1、K_2、K_3 之值代入 ② 式得：

$$F(s) = \frac{7/5}{s+2} + \frac{1/5(-1-\mathrm{j}2)}{s+1+\mathrm{j}2} + \frac{1/5(-1+\mathrm{j}2)}{s+1-\mathrm{j}2} \quad ③$$

对上式两边取逆变换，对照 5.5 节"常用函数的拉普拉斯变换汇总"中的第(2)条可得：

$$f(t) = \frac{7}{5}\mathrm{e}^{-2t} + \frac{1}{5}(-1-\mathrm{j}2)\mathrm{e}^{-(1+\mathrm{j}2)t} + \frac{1}{5}(-1+\mathrm{j}2)\mathrm{e}^{-(1-\mathrm{j}2)t} \quad (t \geqslant 0) \quad ④$$

在上面的 $f(t)$ 表达式中，没有用 $\varepsilon(t)$，而是在式后加括号 $(t \geqslant 0)$，这两种表示形式，含义是相同的，表示该信号是因果信号。但是式 ④ 并不是最终的结果，还要进一步利用欧拉公式将式 ④ 式变化成三角函数形式。下面给出变化的演算过程，由式 ④ 可得：

$$f(t) = \frac{7}{5}\mathrm{e}^{-2t} + \left(-\frac{1}{5}-\mathrm{j}\frac{2}{5}\right)\cdot \mathrm{e}^{-t}\cdot \mathrm{e}^{-\mathrm{j}2t} + \left(-\frac{1}{5}+\mathrm{j}\frac{2}{5}\right)\mathrm{e}^{-t}\cdot \mathrm{e}^{\mathrm{j}2t} \quad \text{（将幂指数展开）}$$

$$= \frac{7}{5}\mathrm{e}^{-2t} + \mathrm{e}^{-t}\left[\left(-\frac{1}{5}-\mathrm{j}\frac{2}{5}\right)\mathrm{e}^{-\mathrm{j}2t} + \left(-\frac{1}{5}+\mathrm{j}\frac{2}{5}\right)\mathrm{e}^{\mathrm{j}2t}\right] \quad \text{（将公因子 } \mathrm{e}^{-t} \text{ 提到括号外）}$$

$$= \frac{7}{5}\mathrm{e}^{-2t} + \mathrm{e}^{-t}\left[\left(-\frac{1}{5}\right)(\mathrm{e}^{\mathrm{j}2t}+\mathrm{e}^{-\mathrm{j}2t}) + \mathrm{j}\frac{2}{5}(\mathrm{e}^{\mathrm{j}2t}-\mathrm{e}^{-\mathrm{j}2t})\right] \quad \text{（将主括号内先展开，再重新结合）}$$

$$= \frac{7}{5}\mathrm{e}^{-2t} + \mathrm{e}^{-t}\left[\left(-\frac{1}{5}\right)2\cos(2t) + \mathrm{j}\frac{2}{5}\cdot 2\mathrm{j}\sin(2t)\right] \quad \text{（利用欧拉公式）}$$

$$= \frac{7}{5}\mathrm{e}^{-2t} - \frac{2}{5}\mathrm{e}^{-t}[\cos(2t) + 2\sin(2t)] \quad (t \geqslant 0) \quad \text{（运算、提公因子，补上条件）}$$

故上式即为符合要求的最终时域表达式。

由上题的解答过程可知，在特征根有共轭复数的情况下，其部分分式分解和求待定系数的过程与上一种情况是一样的，只是最后必须用欧拉公式将时域表达式中的复指数函数化成三角函数。这是因为，如第 3 章所述，在实际的电子线路中传输和处理的都是时间信号，不存在负频率及复指数信号。为了理论研究的需要引入复指数形式的傅里叶级数，进而扩展到傅里叶变换和拉普拉斯变换。为了得到与实际情况相符合的信号表达式，必须有上述的变化过程，将复指数信号还原成正弦和余弦信号。

5.6.4　特征根中有重根的情况

先分析下面的例题，再通过例题总结一般规律。

例 5.6.4　已知象函数 $F(s) = \dfrac{s+5}{(s+1)^3(s+2)}$，求原函数 $f(t)$。

解　$F(s)$ 的分母多项式 $D(s) = (s+1)^3(s+2)$，故可知 $D(s)$ 有一个单根 -2，还有一个三重根 -1。$D(s)$ 是一个最高幂次为 4 的 4 次多项式，因此它应该有 4 个根，其中的三重根 -1 就相当于 3 个根。对于分母多项式有重根的有理分式的展开，与重根的次数有关，根据数学式可恒等变化的原理，本题的展开式应该为：

$$F(s) = \frac{s+5}{(s+1)^3(s+2)} = \frac{k_{11}}{(s+1)^3} + \frac{k_{12}}{(s+1)^2} + \frac{k_{13}}{s+1} + \frac{k_4}{s+2} \quad ①$$

从式 ① 可以看出，对应于重根 -1 的展开式共有三项，它们的系数分别是 k_{11}、k_{12}、k_{13}。下面，仍然是根据数学恒等的原理，给出求各系数的方法。求 k_4 的方法不变，因此有：

$$k_4 = F(s)\cdot(s+2)\,|_{s=-2} = \frac{s+5}{(s+1)^3}\,|_{s=-2} = \frac{3}{-1} = -3$$

求 k_{11} 时，将式 ① 两边同时乘以 $(s+1)^3$ 得到：

$$\frac{s+5}{s+2} = k_{11} + k_{12}(s+1) + k_{13}(s+1)^2 + k_4(s+1)^3/(s+2) \qquad ②$$

式 ② 是一个关于 s 的恒等式，s 的取值，只要使分母不为零，等式均成立，故令 $s=-1$ 代入式(5.6.12)后，可消去 k_{12}、k_{13} 和 k_4，于是得到：

$$k_{11} = \frac{s+5}{s+2}\,|_{s=-1} = \frac{4}{1} = 4$$

求 k_{12}、k_{13} 时，为了方便和习惯，将式 ② 两边互换，写成：

$$k_{11} + k_{12}(s+1) + k_{13}(s+1)^2 + k_4\frac{(s+1)^3}{s+2} = \frac{s+5}{s+2} \qquad ③$$

为了求得 k_{12} 的值，必须设法消去 k_{11}、k_{13} 和 k_4，为此，对式 ③ 两边求导，因 k_{11} 为常数，其导数为 0，被消去，得：

$$k_{12} + 2k_{13}(s+1) + k_4(s+1)^2 Q(s) = \frac{\mathrm{d}}{\mathrm{d}s}\left(\frac{s+5}{s+1}\right) = \frac{-3}{(s+2)^2} \qquad ④$$

在上式中，$Q(s)$ 可不必具体计算出来，只要知道对式 ③ 进行一次求导之后，k_4 是含有 $(s+1)^2$ 乘积项的系数即可，下面再求导一次后，k_4 是含有 $(s+1)$ 乘积项的系数，当令 $s=-1$ 代入该项时，该项等于零，k_4 便消失了，这样就可以分别求出 k_{12}、k_{13}。

在式 ④ 中令 $s=-1$，代入式 ④ 后，可消去 k_{13} 和 k_4，即得

$$k_{12} = \frac{\mathrm{d}}{\mathrm{d}s}\left(\frac{s+5}{s+1}\right)|_{s=-1}\ \frac{-3}{(s+2)^2}\,|_{s=-1} = -3$$

为了求得 k_{13} 的值，继续对式 ④ 两边再求导一次，此时 k_{12} 的导数为 0，被消去：

$$2k_{13} + k_4(s+1)Q_1(s) = \frac{\mathrm{d}}{\mathrm{d}s}\left[\frac{-3}{(s+2)^2}\right] = \frac{(-3)(-2)}{(s+2)^3} = \frac{6}{(s+2)^3} \qquad ⑤$$

式 ⑤ 中，$Q_1(s)$ 是一个 s 的有理分式，可不必具体写出。在式 ⑤ 中令 $s=-1$，代入该式时，k_4 便被消去了，即得 $2k_{13}=6$，所以 $k_{13}=3$。至此，全部待定系数均已求出。代回式 ①，即得

$$F(s) = \frac{s+5}{(s+1)^3(s+2)} = \frac{4}{(s+1)^3} + \frac{-3}{(s+1)^2} + \frac{3}{s+1} + \frac{-3}{s+2} \qquad ⑥$$

对式 ⑥ 两边求逆变换时，根据下列拉普拉斯变换对：

$$t^n \mathrm{e}^{-at}\varepsilon(t) \leftrightarrow \frac{n!}{(s+a)^{n+1}}$$

则当 $\begin{pmatrix} n=2 \\ a=1 \end{pmatrix}$ 时，为 $t^2\mathrm{e}^{-t}\varepsilon(t) \leftrightarrow \dfrac{2}{(s+1)^3}$；当 $\begin{pmatrix} n=1 \\ a=1 \end{pmatrix}$ 时，为 $t\mathrm{e}^{-t}\varepsilon(t) \leftrightarrow \dfrac{1}{(s+1)^2}$。

可得：
$$f(t) = (2t^2\mathrm{e}^{-t} - 3t\mathrm{e}^{-t} + 3\mathrm{e}^{-t} - 3\mathrm{e}^{-2t})\varepsilon(t)$$

即为所求之原函数。解毕。

在上述求各待定系数 k_4 和 k_{11}、k_{12}、k_{13} 的过程中，是根据数学式的恒等原理，采取了如下两种方法。

(1) 第一种方法是在等式两边同乘以所求待定系数的分母代数式后，令自变量 s 所取的数值，使该分母代数式的值为零，结果使等式一边只保留所求的待定系数，而其他待定系数被消去，而另一边的数值计算结果，就是所求待定系数的值。如求 k_4 和 k_{11} 就是采取这种方法。

(2) 第二种方法是，对等式两边求导，先消去某些在等式一边已无分母的待定系数，再用第一种方法，便可求出所需要的待定系数。如求 k_{12}、k_{13} 之值，就是这样进行的。

这两种方法，在特征根中有重根的情况下是普遍适用的。第一种方法则适用于单根的情形。

5.7 连续时间系统的复频域分析

5.7.1 系统分析的三种方法

在 1.4 节"系统分析法概述"中已阐明，系统分析法可分为输入-输出法和状态变量分析法两大类，其中输入-输出法又分为时域法和变换域分析法，而变换域分析法则包含频域分析法和复频域分析法两种。

时域分析法是根据系统的结构和参数，运用元件的约束特性和电路定律，列出描述系统工作特性的一组时域微分方程，经过消元后，得到一个 n 阶常系数线性常微分方程，也就是描述输入和输出之间关系的微分方程。求解这个方程，即得到时域解。但是，时域法遇到很多困难，首先是消元的困难。引入微分算子后，使得消元的困难得以解决。时域分析法中还有一个主要困难，就是将系统的起始储能或起始状态转变成求解时域微分方程所需要的初始条件不容易实现，这一困难在例 2.4.1 中可以看到。这个难题在时域范围内是无法解决的，只有在复频域分析法中才能得到解决。

频域分析法是建立在傅里叶变换和时域卷积定理基础上的，频域分析法只能用来求零状态响应，要得到零状态响应的时域解，还要进行傅里叶逆变换，这也是一个比较困难的工作。因此很少用频域分析法来求解系统。频域分析法主要用来证明通信系统中的基本定理和基本性质，如系统实现无失真传输的条件、时域抽样定理、理想滤波器的性质等。

复频域(简称 s 域)分析法是建立在拉普拉斯变换基础上的。拉普拉斯变换的微分性质和积分性质分别把电感和电容的起始储能转换为等效电源，这样就可以直接利用系统的起始状态，作为求解条件；并且，拉普拉斯变换把电感和电容的时域约束特性，分别从微分方程和积分方程变成了代数方程。

之所以描述电路系统工作特性的数学模型是微分积分方程而不是代数方程，完全是因为电感、电容的元件约束关系是微分、积分关系。如果一开始就将电感、电容的元件约束关系用拉普拉斯变换变成代数约束关系，问题也就解决了。用 s 域分析法求解电路系统正是这样做的，首先对各电路元件，即电阻、电感、电容的时域约束特性进行拉普拉斯变换，得到了 s 域的约束关系和模型，再对电路的两大定律的时域表达式进行拉普拉斯变换，得出其 s 域表达形式，最后，还要对激励源进行拉普拉斯变换以得到其 s 域模型，从而得到整个电路完整的 s 域电路模型图。在 s 域求解含有激励源、电阻、电感和电容的电路，就与求解只含电阻的直流电路一样简单。在求得响应的 s 域解之后，再求拉普拉斯逆变换即可得到响应的时域解。下面对如何用 s 域电路模型图求解电路进行详细讨论并举例。

5.7.2 电路元件、激励源的 s 域模型和电路定律的 s 域表达式

根据电路系统的 s 域模型分析法，首先求出电路元件、激励源的 s 域模型，再求出电路定律的 s 域表达式，遇到实际电路系统分析问题就可按上述方法进行求解。

1. 电阻的 s 域模型

由欧姆定律可知：

$$V_{R}(t) = Ri_{R}(t) \tag{5.7.1}$$

电阻的时域电路图如图 5.7.1(a) 所示。设 $\mathscr{L}[i_R(t)] = I_R(s)$，$\mathscr{L}[v_R(t)] = V_R(s)$，对式(5.7.1)两边取拉普拉斯变换，由拉普拉斯变换的线性性质和已知条件可得：

$$V_R(s) = RI_R(s) \tag{5.7.2}$$

由式(5.7.2)可得电阻的 s 域模型如图 5.7.1(b) 所示。由式(5.7.2)可知，在 s 域欧姆定律依然成立，电阻参数 R 没有变，$V_R(s)$ 称为象电压，$I_R(s)$ 称为象电流。

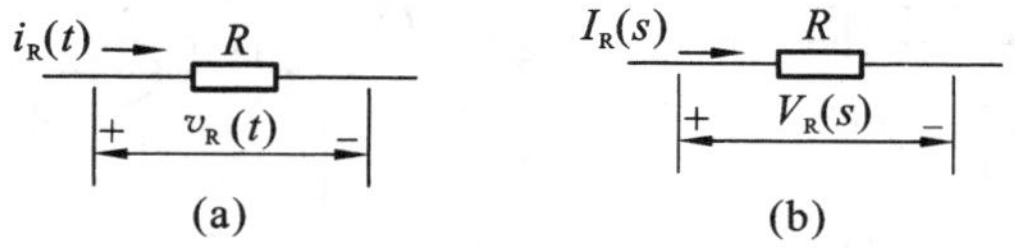

(a)　　(b)

图 5.7.1　电阻的时域电路图和 s 域模型图

2. 电感的 s 域模型图

电感的时域电路图如图 5.7.2(a) 所示，流过电感的电流为 $i_L(t)$，电感两端的电压为 $V_L(t)$，已知电感的电流 $i_L(t)$ 的拉普拉斯变换为 $\mathscr{L}[i_L(t)] = I_L(s)$，设电感两端的电压 $V_L(t)$ 的拉普拉斯变换为 $\mathscr{L}[V_L(t)] = V_L(s)$。

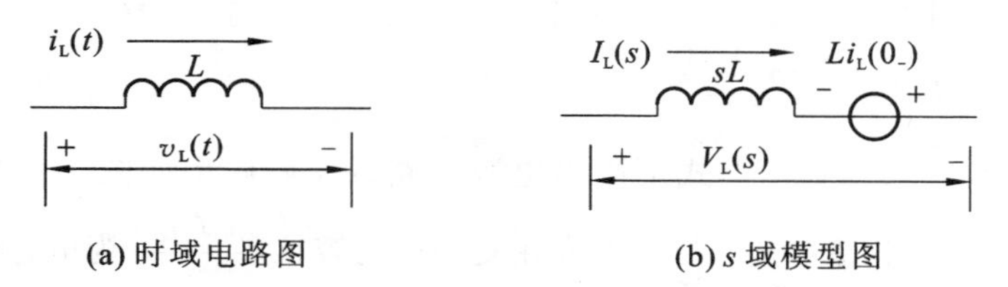

(a) 时域电路图　　(b) s 域模型图

图 5.7.2　电感的时域电路图和 s 域模型图

因为：

$$V_L(t) = L\frac{\mathrm{d}i_L(t)}{\mathrm{d}t} \tag{5.7.3}$$

对上式两边取拉普拉斯变换，由拉普拉斯变换的微分性质和已知可得：

$$V_L(s) = L[sI_L(s) - i_L(0_-)] = sLI_L(s) - Li_L(0_-) \tag{5.7.4}$$

上式即为所求的 $V_L(s)$。根据上式可画出电感电路的 s 域模型如图 5.7.2(b) 所示。图中，$I_L(s)$ 为象电流，$V_L(s)$ 为象电压，sL 为电感在复频域的感抗，$Li_L(0_-)$ 为电感的起始电流构成的等效电压源。

图 5.7.2(b) 又称为电感电路的电压定律形式的 s 域模型图，相应地还可画出电感电路的电流定律形式的 s 域模型图，这项工作留给读者完成。

现在可以对电感的三种描述方法进行对比。电感的电感量为 L，在时域其遵循的规律为：

$$V_L(t) = L\frac{\mathrm{d}i_L(t)}{\mathrm{d}t}$$

在相量法中其遵循的规律为：　$\dot{V}_L = \mathrm{j}\omega L\dot{I}_L$

其中，$\mathrm{j}\omega L$ 可称为频域感抗。

在 s 域分析法中其遵循的规律为：

$$V_L(s) = sLI_L(s) - Li_L(0_-)$$

如果 $i_L(0_-)$，则为：

$$V_L(s) = sLI_L(s) \tag{5.7.5}$$

式(5.7.5)和欧姆定律是类似的，拉普拉斯变换把微分运算变成了乘法运算。

3. 电容的 s 域模型图

电容的时域电路图如图 5.7.3(a) 所示，流过电容的电流为 $i_C(t)$，电容两端的电压为 $V_C(t)$，已知电容的电流 $i_C(t)$ 的拉普拉斯变换为 $\mathscr{L}[i_C(t)] = I_C(s)$，则可求得电容两端的电压 $V_C(t)$ 的拉普拉斯变换 $V_C(s)$，进而画出电容的 s 域模型图。

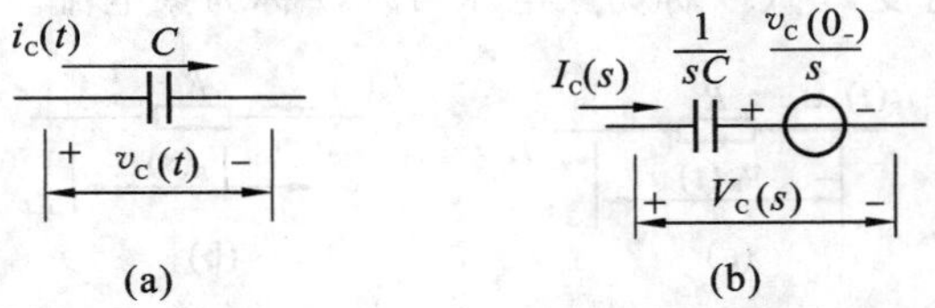

图 5.7.3 电容的时域电路图和 s 域模型图

因为
$$V_C(t) = \frac{1}{C}\int_{-\infty}^{\tau} i_C(\tau)\mathrm{d}\tau \tag{5.7.6}$$
对上式两边取拉普拉斯变换，由拉普拉斯变换的线性性质、积分性质和已知条件可得：
$$\begin{aligned} V_C(s) &= \left[\frac{1}{C}\int_{-\infty}^{t} i_C(\tau)\mathrm{d}\tau\right] = \frac{1}{C}\left[\frac{I_C(s)}{s} + \frac{i_C^{(-1)}(0_-)}{s}\right] = \frac{I_C(s)}{sC} + \frac{q_C(0_-)}{sC} \\ &= \frac{I_C(s)}{sC} + \frac{v_C(0_-)}{s} \end{aligned} \tag{5.7.7}$$

上式即为所求 $V_C(s)$。根据上式可画出电容电路的 s 域模型如图 5.7.3(b) 所示。图中 $I_C(s)$ 为象电流，$V_C(s)$ 为象电压，$\frac{1}{sC}$ 为电容在复频域的容抗，$\frac{v_C(0_-)}{s}$ 为电容的起始电压构成的等效电压源。

图 5.7.3(b) 又称为电容电路的电压定律形式的 s 域模型图，相应地还可画出电容电路的电流定律形式的 s 域模型图，这项工作也留给读者完成。

同样，可对电容的三种描述方法进行对比。电容的电容量为 C，在时域其遵循的规律为：
$$v_C(t) = \frac{1}{C}\int_{-\infty}^{t} i_C(\tau)\mathrm{d}\tau$$
在相量法中其遵循的规律为： $\dot{V}_C = \frac{1}{\mathrm{j}\omega C}\dot{I}_C$

其中，$\frac{1}{\mathrm{j}\omega C}$ 可称为频域容抗。

在 s 域分析法中其遵循的规律为：
$$V_C(s) = \frac{I_C(s)}{sC} + \frac{v_C(0_-)}{s} \tag{5.7.7}$$
如果 $v_C(0_-) = 0$，则为：
$$V_C(s) = \frac{1}{sC}I_C(s) \tag{5.7.8}$$
式(5.7.8) 和欧姆定律是类似的，拉普拉斯变换把积分运算变成了除法运算。

4. 激励源的 s 域模型图

为了用 s 域模型图分析和求解电路系统，对于系统的激励源 $e(t)$ 或 $i(t)$ 也要进行拉普拉斯变换，以获得其 s 域模型图。对于激励电压源 $e(t)$，其拉普拉斯变换为：
$$\mathscr{L}[e(t)] = E(s)$$
其时域电路图和 s 域模型图分别如图 5.7.4(a)、(b) 所示。

图 5.7.4　激励电压源的时域电路图和 s 域模型图

对于激励电流源 $i(t)$，其拉普拉斯变换为：

$$\mathscr{L}[i(t)] = I(s)$$

其时域电路图和 s 域模型图分别如图 5.7.5(a)、(b) 所示。

图 5.7.5　激励电压源的时域电路图和 s 域模型图

5. 电路定律的 s 域表达式

在时域中求解电路除了要根据元件的约束特性外，还要依靠描述电路工作规律的两大定律，即结点电流电律和回路电压定律。

结点电流定律指出："在电路中任何时刻对任一结点，所有流出结点的支路电流的代数和恒等于零"，所以对任一结点都有：

$$\sum i(t) = 0 \tag{5.7.9}$$

对上式两边取拉普拉斯变换得：

$$\sum I(s) = 0 \tag{5.7.10}$$

式(5.7.10) 表明，在 s 域结点电流定律依然成立。

回路电压定律指出："在电路中任何时刻沿任一回路，所有支路电压的代数和恒等于零"，所以沿任一回路都有：

$$\sum v(t) = 0 \tag{5.7.11}$$

对上式两边取拉普拉斯变换得：

$$\sum V(s) = 0 \tag{5.7.12}$$

式(5.7.12) 表明，在 s 域回路电压定律依然成立。

根据上述五条变换规则，就可以把一个含有电感和电容的时域电路系统的电路图，通过变换画出其 s 域模型图。由 s 域模型图可以通过列代数方程组求出响应信号的 s 域解，再经过求逆变换，即可得到所求响应信号的时域解。

5.7.3　用 s 域模型求解电路

下面通过实例来说明如何运用 s 域模型图求解电路，并总结出求解的步骤。

例 5.7.1　电路及元件参数如图 5.7.6 所示。当 $t<0$ 时，开关 K 处于位置 1 且电路已经达到稳态；当 $t=0$ 时，K 由位置 1 转向位置 2，求图中电流 $i(t)$ 的完全响应、零输入响应和零状态响应。此例题即例 2.4.1 和例 2.5.1，现用 s 域方法求解，以便对两种方法进行比较。

解　当 $t \leqslant 0_-$ 时，电路处于稳态，此时，$i(0_-) = i_L(0_-) = \dfrac{2}{1+1.5}\ \mathrm{A} = 0.8\ \mathrm{A}$，

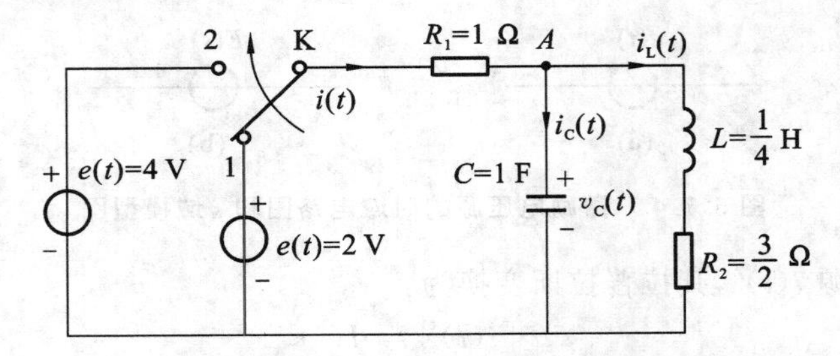

图 5.7.6　例 5.7.1 的时域电路图

$v_C(0_-) = R_2 \cdot i_L(0_-) = 1.5 \times 0.8\ \text{V} = 1.2\ \text{V}$。

（1）求完全响应 $i(t)$　根据已知条件和起始状态，画出求完全响应时的 s 域模型如图 5.7.7 所示。图中，电压源 $e(t)$ 的拉氏变换为 $4/s$，电容的复阻抗为 $1/s$，电容的起始状态等效电压源为 $\frac{6}{5s}$，电感的复阻抗为 $\frac{1}{4}s$，起始状态等效电压源为 $\frac{1}{5}$。以象函数 $I(s)$、$I_C(s)$、$I_L(s)$ 作为未知数，如图 5.7.7 所示，可列出如下三个方程。

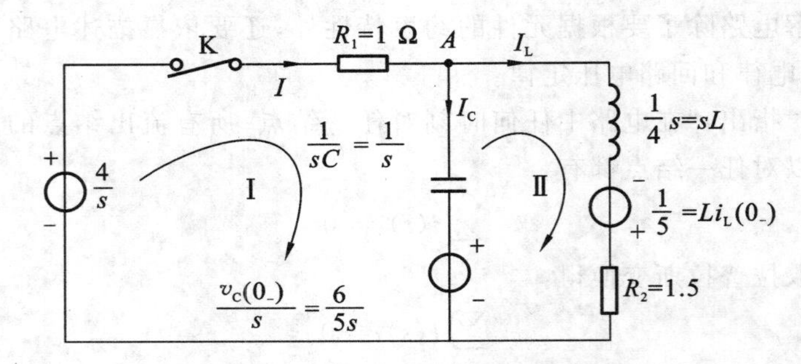

图 5.7.7　求完全响应 $i(t)$ 的 s 域模型

$$\begin{cases} I - I_C - I_L = 0 & \text{（对节点 } A\text{）} \\ I + \frac{1}{s}I_C + 0 = -\frac{6}{5s} + \frac{4}{s} & \text{（回路 Ⅰ）} \\ 0 - \frac{1}{s}I_C + \left(\frac{1}{4}s + 1.5\right)I_L = \frac{6}{5s} + \frac{1}{5} & \text{（回路 Ⅱ）} \end{cases} \qquad ①$$

根据线性代数行列式理论，得：

$$I = \frac{\Delta_1}{\Delta} \qquad ②$$

$$\Delta = \begin{vmatrix} 1 & -1 & -1 \\ 1 & \frac{1}{s} & 0 \\ 0 & -\frac{1}{s} & \left(\frac{s}{4}+\frac{3}{2}\right) \end{vmatrix} = \frac{s}{4} + \frac{7}{4} + \frac{5}{2s}$$

$$\Delta_1 = \begin{vmatrix} 0 & -1 & -1 \\ \left(\frac{4}{s}-\frac{6}{5s}\right) & \frac{1}{s} & 0 \\ \left(\frac{6}{5s}+\frac{1}{5}\right) & -\frac{1}{s} & \left(\frac{s}{4}+\frac{3}{2}\right) \end{vmatrix} = \frac{4}{s^2} + \frac{22}{5s} + \frac{7}{10}$$

所以有：
$$I = \frac{\Delta_1}{\Delta} = \frac{14s^2 + 88s + 80}{5s(s+2)(s+5)} = \frac{k_1}{5s} + \frac{k_2}{s+2} + \frac{k_3}{s+5}$$

解得 $k_1=8, k_2=\frac{4}{3}, k_3=-\frac{2}{15}$，代回上式后得：

$$I(s)=\frac{\frac{8}{5}}{s}+\frac{\frac{4}{3}}{s+2}-\frac{\frac{2}{15}}{s+5}$$

求逆变换得完全响应：$i(t)=\left(\frac{8}{5}+\frac{4}{3}e^{-2t}-\frac{2}{15}e^{-5t}\right)\varepsilon(t)$

(2) 求 $i(t)$ 的零输入响应 $i_{zi}(t)$　求 $i_{zi}(t)$ 时，可以将图 5.7.7 中的激励源 $4/s$ 去棹(短路)，列出求 $I_{zs}(s)$ 的方程组也只需要将式 ① 中的 $4/s$ 去掉即可，此时方程组为：

$$\begin{cases}I_{zi}(s)-I_C-I_L=0 & (\text{对节点 }A)\\ I_{zi}(s)+\frac{1}{s}I_C+0=\frac{-6}{5s} & (\text{回路 Ⅰ})\\ I_{zi}(s)+0+\left(\frac{s}{4}+\frac{3}{2}\right)I_L=\frac{1}{5} & (\text{回路 Ⅲ})\end{cases} \quad ③$$

要说明的是，回路 Ⅲ 是在图 5.7.7 中不包含电容 C 那个支路的外圈的大回路，在图 5.7.7 中没有标出 Ⅲ 字。由行列式理论可得：

$$\Delta=\begin{vmatrix}1 & -1 & -1\\ 1 & \frac{1}{s} & 0\\ 1 & 0 & \left(\frac{s}{4}+\frac{3}{2}\right)\end{vmatrix}=\frac{7}{4}+\frac{s}{4}+\frac{5}{2s},\quad \Delta_1=\begin{vmatrix}0 & -1 & -1\\ \frac{-6}{5s} & \frac{1}{s} & 0\\ \frac{1}{5} & 0 & \left(\frac{s}{4}+\frac{3}{2}\right)\end{vmatrix}=-\frac{3}{10}-\frac{8}{5s}$$

$$I_{zi}(s)=\frac{\Delta_1}{\Delta}=\frac{-1.2s-6.4}{s^2+7s+10}=\frac{k_1}{s+2}+\frac{k_2}{s+5}$$

求得： $k_1=-\frac{4}{3},\quad k_2=\frac{2}{15}$

故
$$I_{zi}(s)=\frac{-\frac{4}{3}}{s+2}+\frac{\frac{2}{15}}{s+5}$$

求逆变换得零输入响应为： $i_{zi}(t)=\left(-\frac{4}{3}e^{-2t}+\frac{2}{15}e^{-5t}\right)\varepsilon(t)$

(3) 求 $i(t)$ 的零状态响应 $i_{zs}(t)$　求 $i_{zs}(t)$ 时，在电路的 s 域模型图 5.7.7 中，保留激励源 $4/s$，而将两个等效电压源 $\frac{6}{5s}$、$\frac{1}{5}$ 去掉并短路，可列出求 $I_{zs}(s)$ 时的方程组为：

$$\begin{cases}I_{zs}(s)-I_C-I_L=0 & (\text{对节点 }A)\\ I_{zs}(s)+\frac{1}{s}I_C+0=\frac{4}{s} & (\text{对回路 Ⅰ})\\ I_{zs}(s)+0+\left(\frac{s}{4}+\frac{3}{2}\right)I_L=\frac{4}{s} & (\text{对回路 Ⅲ})\end{cases} \quad ④$$

根据行列式理论可解得：

$$\Delta=\frac{s}{4}+\frac{7}{4}+\frac{5}{2s},\quad \Delta_1=\begin{vmatrix}0 & -1 & -1\\ \frac{4}{3} & \frac{1}{2} & 0\\ \frac{4}{s} & 0 & (\frac{s}{4}+\frac{3}{2})\end{vmatrix}=1+\frac{6}{s}+\frac{4}{s^2}$$

于是可得：

$$I_{zs}(s)=\frac{\Delta_1}{\Delta}=\frac{4s^2+24s+16}{s^3+7s^2+10s}=\frac{4s^2+24s+16}{s(s+2)(s+5)}$$

$$=\frac{\frac{8}{5}}{s}+\frac{\frac{8}{3}}{s+2}+\frac{\frac{4}{15}}{s+5}$$

求逆变换即得零状态响应，可得：

$$i_{zs}(t)=\left(\frac{8}{5}+\frac{8}{3}\mathrm{e}^{-2t}-\frac{4}{15}\mathrm{e}^{-5t}\right)\cdot\varepsilon(t)$$

解毕。

此题如果运用时域求解，会遇到很大困难(见第 2 章例 2.4.1)，主要困难是如何将系统的起始状态 $V_C(0_-)$、$i_L(0_-)$ 转化成 $i(0_+)$，$i'(0_+)$ 这两个求解微分方程的必要的初始条件。s 域模型法的优点是避免了这种困难的转化工作，而直接将系统的起始状态 $V_C(0_-)$、$i_L(0_-)$ 转化为激励源，并且用 s 域模型求解电路就像求解直流电路一样简单。为了得到所求响应的时域解，需要进行拉普拉斯逆变换。因此，运用 s 域模型法求解电路的前提是要熟练地掌握拉普拉斯变换，这包括拉普拉斯变换的定义、基本性质、常用函数拉普拉斯变换表和用部分分式展开后查表法求逆变换等内容。

通过例 5.7.1 可以总结出用 s 域模型求解电路的步骤如下。

(1) 根据换路前最后时刻电路的状态求出电路中流过电感的电流 $i_L(0_-)$ 和电容两端电压 $V_C(0_-)$。

(2) 根据元件和激励源的 s 域模型画出电路的 s 域模型图。

(3) 像求解直流电路那样，选择合适的未知量、结点和回路，运用电路定律列方程组。

(4) 用行列式解方程组，只用求出所需响应信号的象函数即可。

(5) 求逆变换即可得响应信号的时间函数。

5.8 连续时间系统的系统模拟

所谓的“系统模拟”，并不是指在实验室里仿制该系统，而是指数学意义上的模拟，就是说用来模拟的装置和原系统输入、输出关系上可以用同样的数学方程来描述。因此组成模拟装置的部件都是一些运算器，这些运算器可以用硬件实现，也可以用软件来实现。如果是用硬件来实现系统模拟，那么模拟装置就是由各运算部件(模块)组成的一个实体；如果用软件实现，则模拟装置就是由各种运算程序组合成的一段总程序，最终在计算机上运行实现。

“信号与系统”中研究问题的方法和结论，不仅仅适用于电路系统，而且也适用于许多系统，如力学系统、生物系统、社会经济系统等。如果在这些系统的研究中得到的描述系统特性的数学模型也是常系数线性常微分方程，它们就可以用相同的数学运算部件构成的相同的模拟装置来进行系统模拟。有了系统模拟装置，就可以通过实验观察到当输入信号改变或系统参数改变时系统响应所产生的变化，从而便于确定最佳系统参数和工作条件，为实际系统的设计与制造提供快捷的模拟实验。

5.8.1 基本运算器及其模拟框图

描述连续时间系统工作特性的数学模型是常系数线性常微分方程，其中有三种运算，即微分积分运算、加法运算和乘法运算。因此，用来模拟系统工作特性的数学运算部件只要三种即可。每一种运算部件又分为时域模拟图和 s 域模拟图。下面分别进行介绍。

1. 加法器

加法器用带圆圈的 $\sum$ 表示，它可以有多个输入端，但只有一个输出端，如图 5.8.1 所示。图 5.8.1(a) 为时域加法器，图 5.8.1(b) 为 s 域加法器。

图 5.8.1 中，$y(t)=x_1(t)+x_2(t)+x_3(t)$，$Y(s)=X_1(s)+X_2(s)+X_3(s)$。

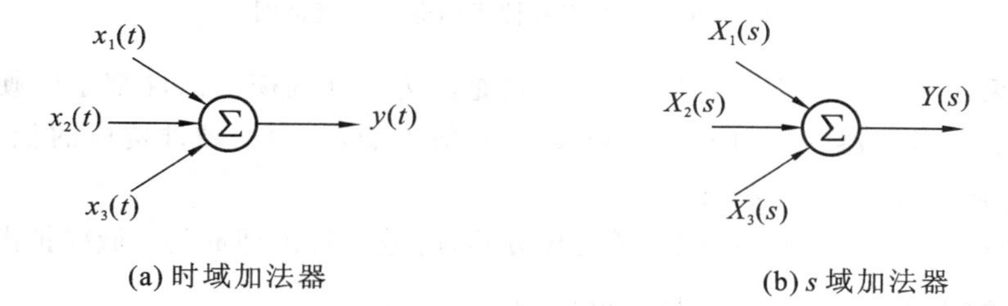

(a) 时域加法器　　(b) s 域加法器

图 5.8.1　加法器的模拟图

2. 乘法器

乘法器又称倍乘器，它有多种表示法，如图 5.8.2 所示。图 5.8.2(a) 为时域乘法器，图 5.8.2(b) 为 s 域乘法器。图 5.8.2 中，$y(t)=ax(t)$，$Y(s)=aX(s)$，a 为常数。常用的是第三种表示法，即一根带箭头的直线，直线旁标以倍乘系数。

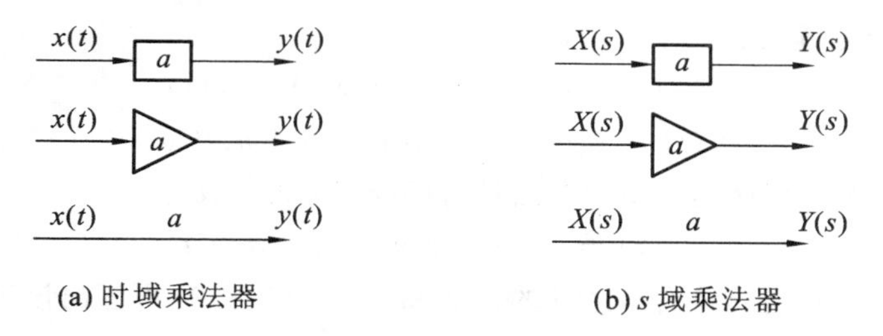

(a) 时域乘法器　　(b) s 域乘法器

图 5.8.2　乘法器的模拟图

3. 积分器

设 $x(t)$ 为因果信号，且 $y(t)=\int_0^t x(\tau)\mathrm{d}\tau$，则 $Y(s)=\dfrac{X(s)}{s}$。

根据上两式可以画出积分器的时域模拟图和 s 域模拟图如图 5.8.3 所示。

x(t) ∫ y(t)　　X(s) 1/s Y(s)

(a) 时域模拟图　　(b) s 域模拟图

图 5.8.3　因果信号积分器的模拟图

若 $x(t)$ 为非因果信号，则根据 $y(t)=\int_{-\infty}^{t}x(\tau)\mathrm{d}\tau=\int_{-\infty}^{0}x(\tau)\mathrm{d}\tau+\int_0^t x(\tau)\mathrm{d}\tau$，两边取拉普拉斯变换后得 $Y(s)=\dfrac{\int_{-\infty}^{0}x(\tau)\mathrm{d}\tau}{s}+\dfrac{X(s)}{s}$。由上两式可画出非因果信号积分器的模拟图如图 5.8.4 所示。在实际电路中，大多数信号为因果信号。

要指出的是：由于微分运算和积分运算互为逆运算，故有了积分器后就可以不用微分器

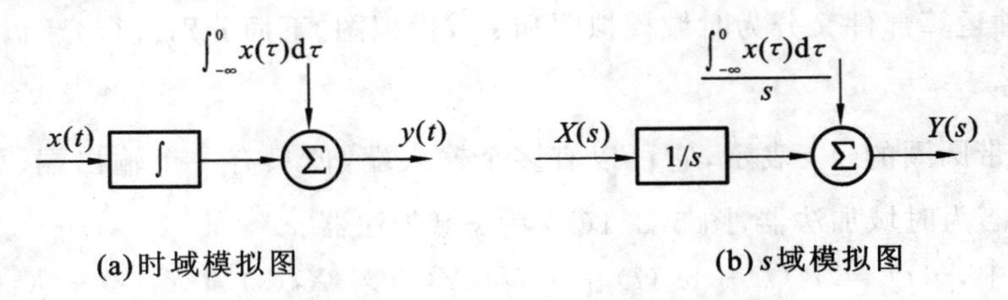

(a)时域模拟图　　(b) s 域模拟图

图 5.8.4　非因果信号积分器的模拟图

了。那为什么采用积分器而不采用微分器呢?这是因为早期的模拟部件都是由硬件构成的装置,由硬件构成的微分器容易引入干扰和噪声,运算不稳定,而由硬件构成的积分器,性能要比微分器优良得多,因此采用积分器。

将时域模拟图中的积分器换成 s 域的积分器,时域模拟图即成为 s 域模拟图。

5.8.2　连续时间系统的直接模拟图

根据描述系统工作特性的微分方程,用时域(或 s 域) 运算部件画出的系统工作框图,称为直接模拟图。直接模拟图的画法以简单情况为基础,再扩展到一般情况。下面依次介绍。

1. 简单情况

系统方程右边只含有激励项或系统方程左边只含有响应的情况即为简单情况,下面以二阶系统为例,说明如何根据微分方程,利用时域运算部件画出系统的直接模拟图。描述系统工作特性的微分方程为:

$$y^{(2)}(t)+a_1y^{(1)}(t)+a_0y(t)=x(t) \tag{5.8.1}$$

或

$$y(t)=b_2q^{(2)}(t)+b_1q^{(1)}(t)+b_0q(t) \tag{5.8.2}$$

画出式(5.8.1) 的直接模拟图的方法是将(5.8.1) 式写成:

$$y^{(2)}(t)=x(t)-a_1y^{(1)}(t)-a_0y(t) \tag{5.8.3}$$

式(5.8.3) 表明 $y^{(2)}(t)$ 是等式右边三项的代数和,按式(5.8.3) 可画出该系统的时域直接模拟图如图 5.8.5 所示。

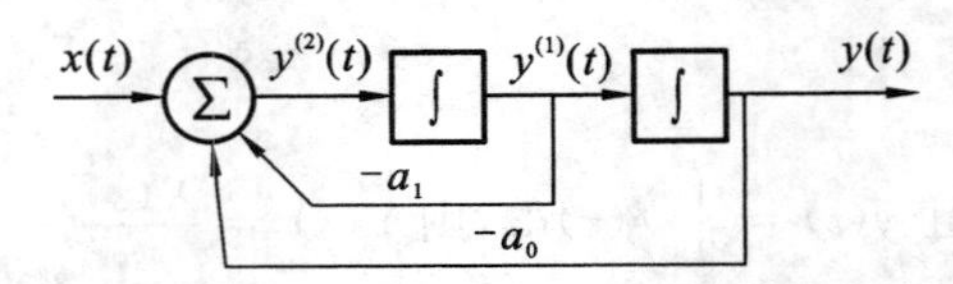

图 5.8.5　式(5.8.1) 所描述系统的直接模拟图

对于一阶和高于二阶的情况,都可按同样的方法进行,即将响应的最高导数项留在等式的左边,将其他各阶导数移到等号的右边,形成一个最高导数项的代数和,再对最高导数项一次又一次地积分,直到积分得出原函数为止,最后根据等式右边的各项向求和号引反馈。

对于式(5.8.2),可直接根据该等式画出其直接模拟图如图 5.8.6 所示。

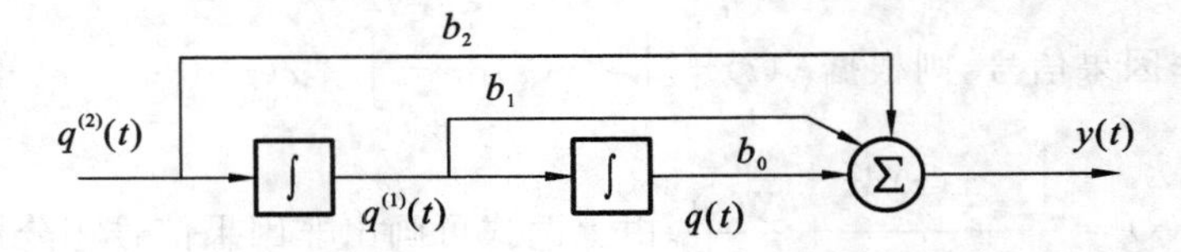

图 5.8.6　式(5.8.2) 所描述系统的直接模拟图

2. 一般情况

一般情况是指方程两边不仅含有激励或响应的函数项，还有它们的导数项。此时，可以利用微分算子及传输算子将一般情况变换成两个简单情况来画图。

下面仍以二阶系统为例说明如何根据微分方程，通过恒等变形后画出系统的直接模拟图。设描述系统工作特性的微分方程为：

$$y^{(2)}(t)+a_1y^{(1)}(t)+a_0y(t)=b_1x^{(1)}(t)+b_0x(t) \tag{5.8.4}$$

用微分算子描述上述方程有：

$$y(t)=\frac{b_1p+b_0}{p^2+a_1p+a_0}x(t) \tag{5.8.5}$$

设辅助函数 $q(t)$，令：

$$q(t)=\frac{1}{p^2+a_1p+a_0}x(t) \tag{5.8.6}$$

将式(5.8.6)代入式(5.8.5)则得：

$$y(t)=(b_1p+b_0)q(t) \tag{5.8.7}$$

由(5.8.6)、(5.8.7)两式可得：

$$q^{(2)}(t)+a_1q^{(1)}(t)+a_0q(t)=x(t) \tag{5.8.8}$$

和

$$y(t)=b_1q^{(1)}(t)+b_0q(t) \tag{5.8.9}$$

式(5.8.8)和式(5.8.9)联合可等效于式(5.8.4)式，首先按式(5.8.8)画直接模拟图如图5.8.7所示。在图5.8.7的基础上增加一个加法器并按式(5.8.9)画图如图5.8.8所示，图5.8.8即为微分方程(5.8.4)的直接模拟图。

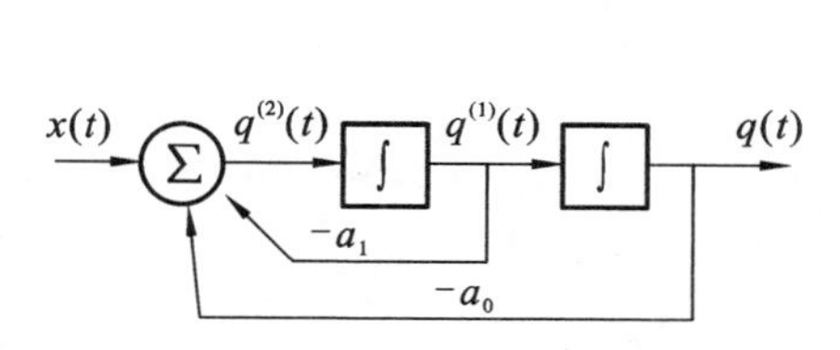

图 5.8.7　式(5.8.8)的直接模拟图

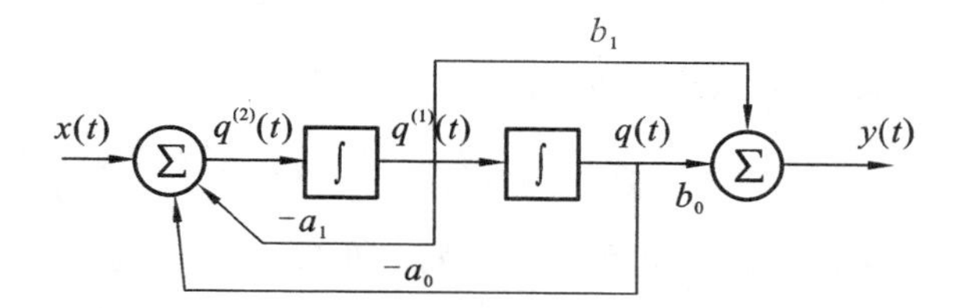

图 5.8.8　式(5.8.4)的直接模拟图

由以上分析过程可以看出，对于一般情况下的系统方程，方程的右边是激励项及其导数，方程的左边是响应项及其导数。为了画出系统的直接模拟图，可利用微分算子和传输算子将一般情况下的系统方程通过恒等变形和引入辅助函数变成两个简单情况的微分方程。一个是方程右边只含有激励项；另一个则是方程的左边只含有响应项。按这两种简单情况的方程画图即可。这种方法适用于各阶的各种情况。

要指出的是，不论是简单情况还是一般情况，都有可能出现方程中某个系数为零的情形，这并不影响画图的方法和步骤。

5.8.3　连续时间系统直接模拟图画图与应用举例

例 5.8.1　已知系统方程为 $y^{(1)}(t)+a_0y(t)=x(t)$，试画出系统的直接模拟图。

解　根据已知的系统方程判断，其属于简单情况。将原方程移项后写成 $y^{(1)}(t)=x(t)-a_0y(t)$，按此式画图如图5.8.9所示。

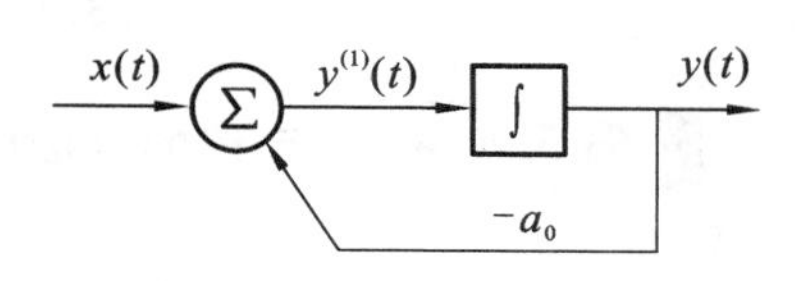

图 5.8.9　例 5.8.1 的直接模拟图

例 5.8.2 已知系统方程为 $y^{(2)}(t)+a_0y(t)=b_1x^{(1)}(t)+b_0x(t)$，试画出系统的直接模拟图。

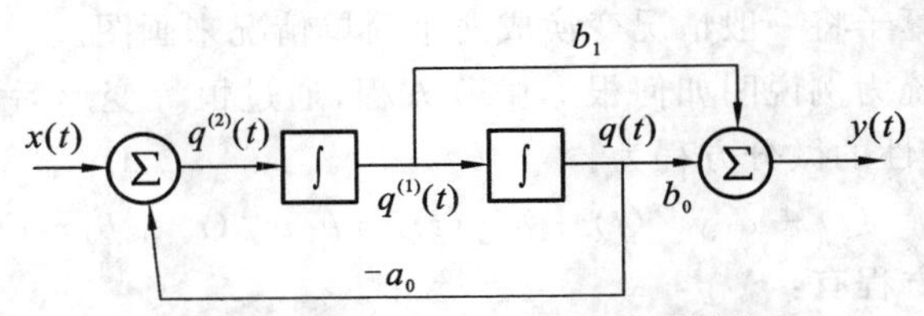

图 5.8.10 例 5.8.2 所求的直接模拟图

解 根据已知的系统方程判断，其属于一般情况。虽然方程左边缺少一阶导数项，但仍可按一般情况处理，设辅助函数为 $q(t)$，令

$$q^{(2)}(t)+a_0q(t)=x(t) \quad ①$$

则有：

$$y(t)=b_1q^{(1)}(t)+b_0q(t) \quad ②$$

按式 ① 和式 ② 画图即为所求，如图 5.8.10 所示。

例 5.8.3 已知系统的冲激响应 $h(t)=(4\mathrm{e}^{-2t}+2\mathrm{e}^{-3t})\varepsilon(t)$，试求描述系统工作特性的微分方程，并画出系统的直接模拟图。

解 系统的系统函数为：

$$H(s)=\mathscr{L}[h(t)]=\frac{4}{s+2}+\frac{2}{s+3}=\frac{6s+15}{s^2+5s+6}$$

系统的传输算子为：

$$H(p)=H(s)\mid_{s=p}=\frac{6p+16}{p^2+5p+6}$$

又因为 $r(t)=H(p)\cdot e(t)$，即：

$$r(t)=\frac{6p+16}{p^2+5p+6}e(t)$$

由此可得描述系统工作特性的微分方程为：

$$r''(t)+5r'(t)+6r(t)=6e'(t)+16e(t) \quad ①$$

为了画出系统的直接模拟图，设辅助函数为 $q(t)$，并且令：

$$q''(t)+5q'(t)+6q(t)=e(t) \quad ②$$

则可得

$$r(t)=6q'(t)+16q(t) \quad ③$$

根据 ②、③ 两式可画出系统的直接模拟图如图 5.8.11 所示。

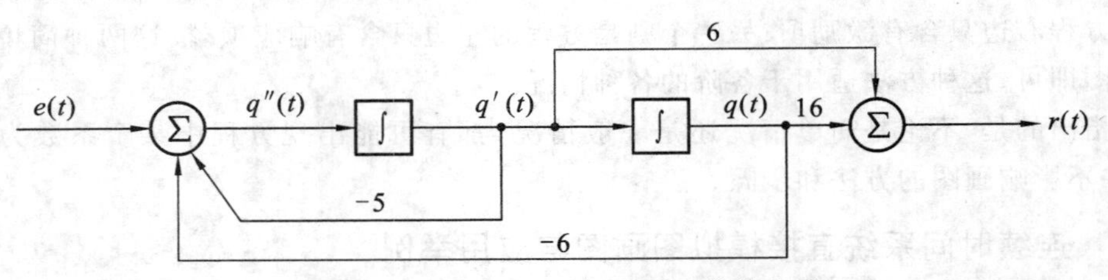

图 5.8.11 例 5.8.3 中系统的直接模拟图

例 5.8.4 系统的直接模拟图如图 5.8.12 所示，试求系统方程、冲激响应和阶跃响应。

解 在直接模拟图中设辅助函数 $q(t)$，标于图中，于是有：

$$q''(t)=e(t)-7q'(t)-10q(t) \quad ①$$

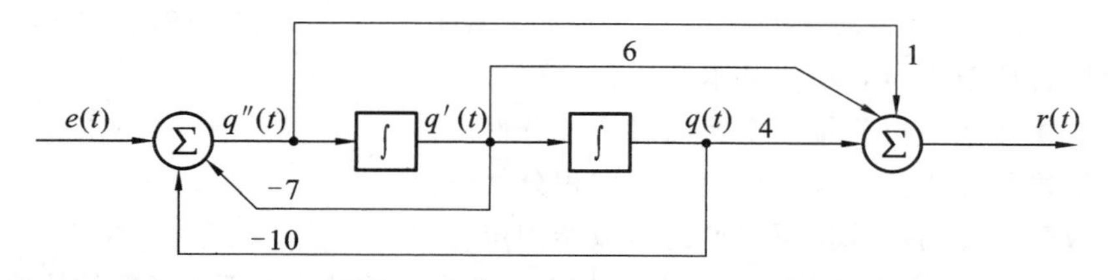

图 5.8.12　例 5.8.4 系统的直接模拟图

和
$$r(t)=q''(t)+6q'(t)+4q(t) \qquad ②$$

在因果激励、零状态条件下，对式 ①、式 ② 两边取拉普拉斯变换：

$$s^2Q(s)=E(s)-7sQ(s)-10Q(s) \qquad ③$$

$$R(s)=s^2Q(s)+6sQ(s)+4Q(s) \qquad ④$$

由式 ③、式 ④ 可解得(消去 $Q(S)$)：

$$H(s)=\frac{R(s)}{E(s)}=\frac{s^2+6s+4}{s^2+7s+10} \qquad ⑤$$

由式 ⑤ 可得传输算子为：

$$H(p)=H(s)\Big|_{s=p}=\frac{p^2+6p+4}{s^2+7p+10} \qquad ⑥$$

根据传输算子的定义，由式 ⑥ 可求得系统方程为：

$$r''(t)+7r'(t)+10r(t)=e''(t)+6e'(t)+4e(t) \qquad ⑦$$

对式 ⑤ 进行部分分式展开，可得：

$$H(s)=1+\frac{-\frac{4}{3}}{s+2}+\frac{1/3}{s+5} \qquad ⑧$$

对式 ⑧ 取拉普拉斯逆变换即得冲激响应：

$$h(t)=\delta(t)+\left(-\frac{4}{3}e^{-2t}+\frac{1}{3}e^{-5t}\right)\varepsilon(t) \qquad ⑨$$

系统的阶跃响应为：

$$\begin{aligned}
g(t)&=\int_{-\infty}^{t}h(\tau)d\tau=\int_{-\infty}^{t}\left[\delta(\tau)+(-\frac{4}{3}e^{-2\tau}+\frac{1}{3}e^{-5\tau})\cdot\varepsilon(\tau)\right]d\tau\\
&=\int_{-\infty}^{t}\delta(\tau)d\tau-\left[\int_{0}^{t}\frac{4}{3}e^{-2\tau}d\tau\right]\cdot\varepsilon(t)+\left[\int_{0}^{t}\frac{1}{3}e^{-5\tau}d\tau\right]\cdot\varepsilon(t)\\
&=\varepsilon(t)+\left(\frac{2}{3}e^{-2t}-\frac{2}{3}\right)\varepsilon(t)+\left(-\frac{1}{15}e^{-5t}+\frac{1}{15}\right)\varepsilon(t)\\
&=\left(\frac{2}{3}e^{-2t}-\frac{1}{15}e^{-5t}+\frac{2}{5}\right)\varepsilon(t)
\end{aligned} \qquad ⑩$$

解毕。

习　题　5

5-1　拉普拉斯变换的类型有几种？分别给出它们的定义。常用的是哪一种？

5-2　如何从傅里叶变换推导出单边 0_- 系统的单边拉普拉斯变换？

5-3　根据拉普拉斯变换的定义求下列函数的单边拉普拉斯变换，并标明收敛域。

(1) $f(t)=e^{-3t}$；　(2) $f(t)=e^{3t}$；　(3) $f(t)=\sin t+2\cos t$；　(4) $f(t)=\cos\left(2t+\frac{\pi}{r}\right)$；

(5) $f(t)=\varepsilon(t-2)$；(6) $f(t)=\delta(t-2)$；(7) $f(t)=(1+2t)\mathrm{e}^{-t}$；(8) $f(t)=\cos^2(t)$。

5-4 拉普拉斯变换有哪些基本性质？

5-5 叙述并证明拉普拉斯变换的时域微分性质。

5-7 叙述并证明拉普拉斯变换的时域积分性质。

5-8 叙述并证明拉普拉斯变换的时域卷积定理。

5-9 利用基本函数的拉普拉斯变换和拉普拉斯变换的性质求下列函数的拉普拉斯变换。

(1) $f(t)=\sin(\omega t)\varepsilon(t)$ (2) $f(t)=\cos(\omega t)\varepsilon(t)$ (3) $f(t)=\sinh(\beta t)\varepsilon(t)$

(4) $f(t)=\cosh(\beta t)\varepsilon(t)$ (5) $f(t)=\mathrm{e}^{-at}\sin(\omega t)\varepsilon(t)$ (6) $f(t)=t\cos(\omega t)\varepsilon(t)$

(7) $f(t)=K\varepsilon(t)$ (8) $f(t)=t^n\mathrm{e}^{-at}\varepsilon(t)$ (9) $f(t)=\delta^{(n)}(t)$

(10) $f(t)=t^2\cos(2t)$ (11) $f(t)=\dfrac{\sin(2t)}{t}$ (12) $f(t)=t\cos^3(3t)$

5-10 求下列函数的拉普拉斯逆变换。

(1) $F(s)=\dfrac{2s+6}{s(s+2)}$ (2) $F(s)=\dfrac{s^2+e}{(s+2)(s^2+2s+5)}$

(3) $F(s)=\dfrac{4}{s(2s+3)}$ (4) $F(s)=\dfrac{s^2+2}{s^2+1}$

(5) $F(s)=\dfrac{1}{(s^2+3)^2}$ (6) $F(s)=\dfrac{1}{(s^2+1)}\cdot\dfrac{1}{(s+1)}$

(7) $F(s)=\dfrac{(s+3)}{(s+1)^3(s+2)}$

5-11 给出系统函数 $H(s)$ 的定义。已知下列系统函数的表达式，求系统的冲激响应 $h(t)$。

(1) $H(s)=\dfrac{3}{(s+2)(s+4)}$ (2) $H(s)=\dfrac{3s}{(s+4)(s+2)}$

(3) $H(s)=\dfrac{4s+5}{(s+3)(s+2)}$ (4) $H(s)=\dfrac{100(s+50)}{(s^2+201s+200)}$

5-12 利用拉普拉斯变换的微分性质分别推导出电感的电压定律形式的 s 域模型图及电流定律形式的 s 域模型图。

5-13 利用拉普拉斯变换的积分性质分别推导出电容的电压定律形式的 s 域模型图及电流定律形式的 s 域模型图。

5-14 电路如题 5-14 图所示。当 $t<0$ 时，电路已处于稳态；当 $t=0$ 时，开关 S 闭合。求当 $t\geqslant 0$ 时，电容两端的电压 $v_C(t)$。

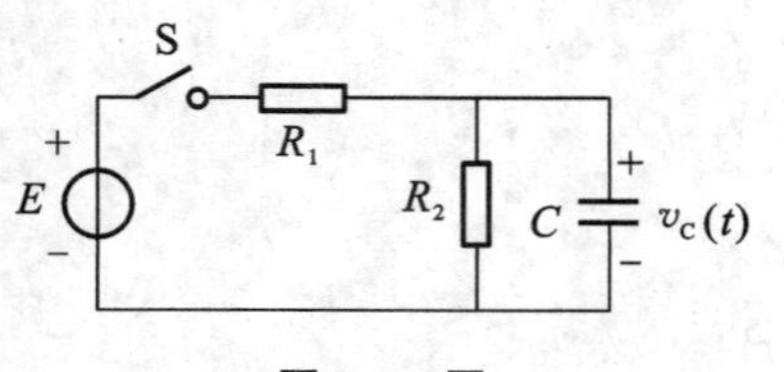

题 5-14 图

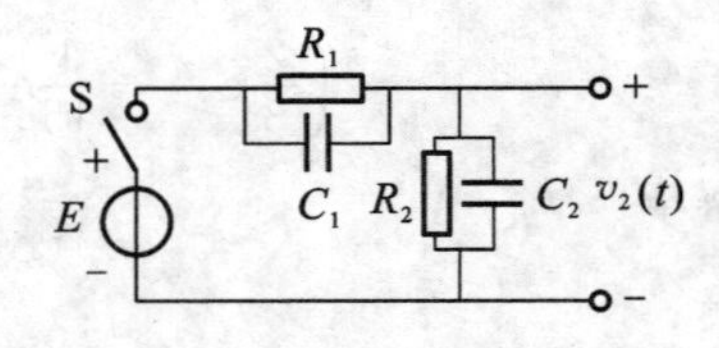

题 5-15 图

5-15 电路如题 5-15 图所示，当 $t<0$ 时，电路已处于稳态；当 $t=0$ 时，开关 S 闭合。求当 $t\geqslant 0$ 时的 $v_2(t)$。讨论以下三种情况的结果：(1)$R_1C_1=R_2C_2$；(2)$R_1C_1>R_2C_2$；(3)$R_CC_1<R_2C_2$。

5-16 电路如题 5-16 图所示，当 $t<0$ 时，开关 S 闭合，电路已处于稳定状态；当 $t=0$ 时，开关 S 断开。求当 $t\geqslant 0$ 时，$v_R(t)$ 的表达式并讨论 R 对波形的影响。

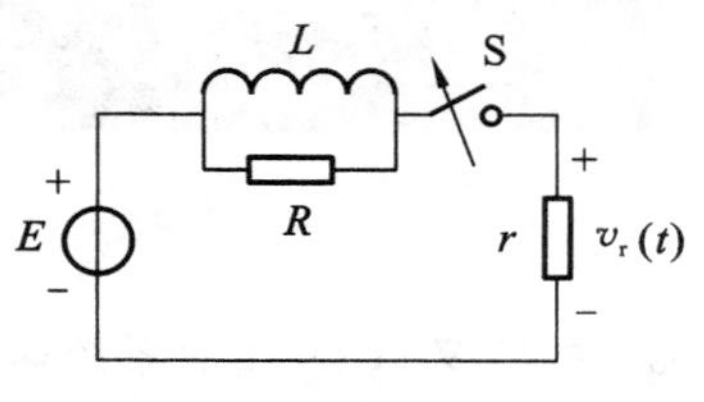

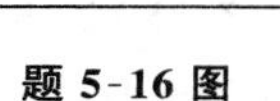

题 5-16 图

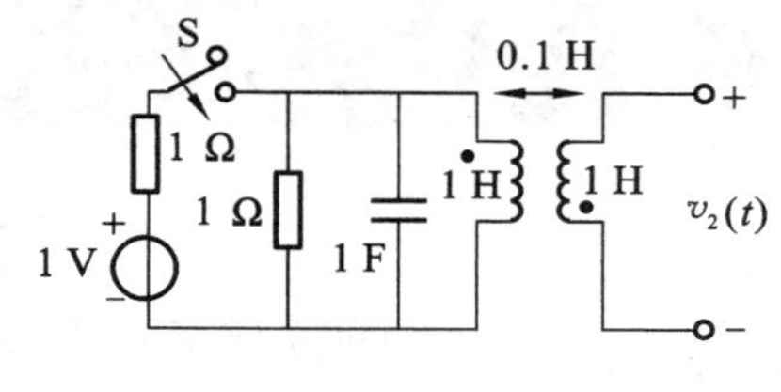

题 5-17 图

5-17　电路如题 5-17 图所示，当 $t<0$ 时，电路已处于零稳定状态；当 $t=0$ 时，开关 S 突然闭合。求当 $t\geqslant 0$ 后电压 $v_2(t)$ 的表达式及波形。

5-18　电路及激励源 $e(t)$ 的波形分别如题 5-18 图(a)、(b) 所示，起始时刻电感 L 无储能，求 $v_2(t)$ 的表达式和波形。

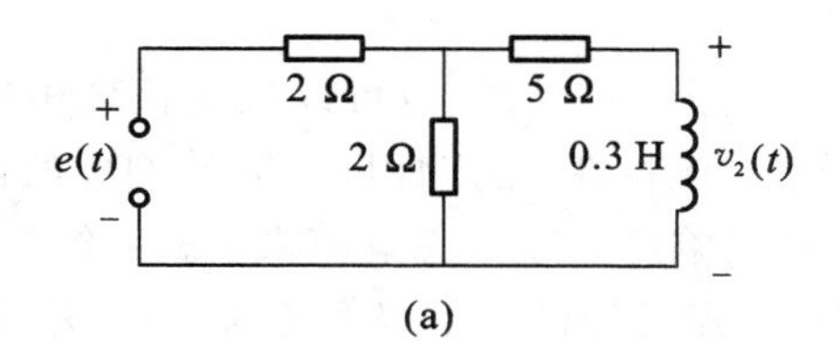

(a)

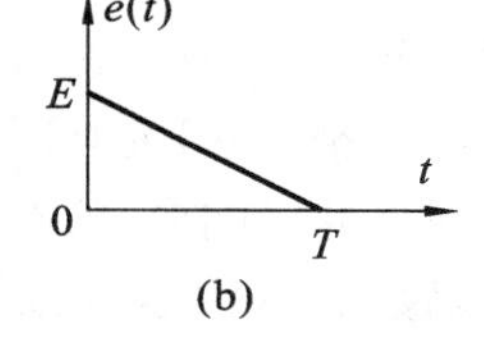

(b)

题 5-18 图

5-19　电路及元件参数如题 5-19 图所示。当 $t<0$ 时，开关 K 处于位置 1 且电路已经达到稳态；当 $t=0$ 时，K 由位置 1 转向位置 2。求图中电阻 R_2 两端的电压 $v_2(t)$ 的零输入响应、零状态响应和完全响应。

5-20　电路及直流电源电压如题 5-20 图所示。当 $t<0$ 时，开关 K 处于位置 1，电路已经达到稳态；当 $t=0$ 时，K 由位置 1 转向位置 2。求 $t\geqslant 0$ 时，图中电流 $i(t)$ 的零输入响应 $i_{zi}(t)$、零状态响应 $i_{zs}(t)$ 及完全响应。已知激励源 $e(t)=V_m\sin(\omega t)\varepsilon(t)$，且设 $V_m=1\ \text{V}$，$R=1\ \Omega$，$C=1\ \text{F}$，$\omega=1$(弧度/秒)。

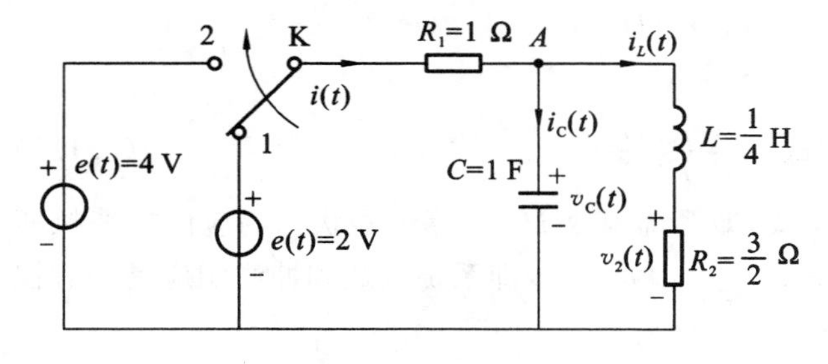

题 5-19 图

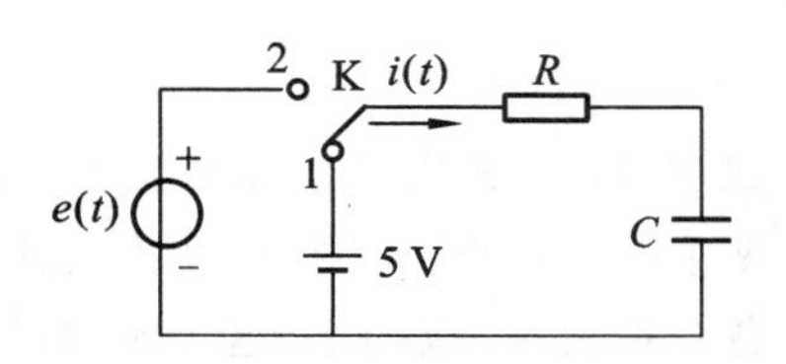

题 5-20 图

5-21　已知系统方程如下式所示，试画出系统的时域直接模拟图。

$$r'''(t)+4r''(t)+8r'(t)+8r(t)=e''(t)-5e'(t)+6e(t)$$

5-22　已知系统的冲激响应如下式所示，试画出系统的时域直接模拟图。

$$h(t)=(4\mathrm{e}^{-2t}+2\mathrm{e}^{-3t})\varepsilon(t)$$

第6章 系统函数及其应用

本章主要内容 (1) 两种系统函数 $H(s)$、$H(j\omega)$ 的定义;(2) 获取系统函数的方法;(3) 系统函数按激励与响应选取的不同而进行的分类;(4) 系统函数的零点、极点的概念;(5) 系统函数的极点就是系统微分方程的特征根;(6) 系统函数的极点决定了冲激响应、零输入响应、零状态响应中自由响应的函数形式;(7) 系统函数的极点在 s 平面上的位置与系统稳定性的对应关系。

6.1 系统函数的定义与获取

对于连续时间系统的性质,可以在时域中探讨和研究,也可以在变换域中探讨和研究。研究系统的性质,主要是研究其因果性、频率响应特性、稳定性以及时域响应的函数特性。在时域中可通过观察冲激响应、阶跃响应、零输入响应和零状态响应来了解系统的性质;在 s 域则是通过系统函数 $H(s)$ 的函数形式、零点、极点的特征来了解系统的性质。并且二者之间存在着一定的对应关系,可相互印证和转换。由于在 s 域是解代数方程,而在时域需要解微分方程,因而在实际工作中更多的是采用 s 域方法探讨和研究系统的特性。

6.1.1 两种系统函数的定义

在 2.8.2 节证明了系统的零状态响应等于激励信号和系统的冲激响应的卷积,即式(2.8.3)。

$$r_{zs}(t) = e(t) * h(t) \tag{2.8.3}$$

在 5.4.10 节对上式两边求拉普拉斯变换,根据拉普拉斯变换的卷积定理得

$$R(s) = E(s)H(s) \tag{5.4.27}$$

上式中,$R(s) = \mathscr{L}[r_{zx}(t)]$,$E(s) = \mathscr{L}[e(t)]$,$H(s) = \mathscr{L}[h(t)]$。

由(5.4.27)式得:

$$H(s) = \frac{R(s)}{E(s)} \tag{6.1.1}$$

式(6.1.1)式便是系统函数 $H(s)$ 的定义式,即系统函数 $H(s)$ 等于零状态响应的拉普拉斯变换与激励的拉普拉斯变换之比。并且 $H(s) = \mathscr{L}[h(t)]$,即系统函数和冲激响应是一对拉普拉斯变换。按约定,这一规律可简记为:

$$h(t) \leftrightarrow H(s) \tag{6.1.2}$$

在 4.1.1 节中进行过如下论述:对式(2.8.3)两边取傅里叶变换,由傅里叶变换的卷积定理得:

$$R(j\omega) = E(j\omega)H(j\omega) \tag{4.1.1}$$

上式中,有:

$$R(j\omega) = \mathscr{F}[r_{zs}(t)] \tag{4.1.2}$$

$$E(j\omega) = \mathscr{F}[e(t)] \tag{4.1.3}$$

$$H(j\omega) = \mathscr{F}[h(t)] \tag{4.1.4}$$

系统的频域分析法,就是对(4.1.1)式取傅里叶逆变换求零状态响应 $r_{zs}(t)$ 的过程:

$$r_{zs}(t) = \mathscr{F}^{-1}[E(j\omega)H(j\omega)] \tag{4.1.5}$$

由(4.1.1)式可得：

$$H(\mathrm{j}\omega)=\frac{R(\mathrm{j}\omega)}{E(\mathrm{j}\omega)} \tag{4.1.6}$$

式(4.1.6)就是频域系统函数 $H(\mathrm{j}\omega)$ 的定义式，即频域系统函数 $H(\mathrm{j}\omega)$ 等于零状态响应 $r_{zs}(t)$ 的傅里叶变换 $R(\mathrm{j}\omega)$ 与激励 $e(t)$ 的傅里叶变换 $E(\mathrm{j}\omega)$ 之比。并且由式(4.1.4)可知，频域系统函数 $H(\mathrm{j}\omega)$ 和系统的冲激响应 $h(t)$ 是一对傅里叶变换，即：

$$h(t)\leftrightarrow H(\mathrm{j}\omega) \tag{4.1.7}$$

由以上分析可知，有两种系统函数：① 频域系统函数 $H(\mathrm{j}\omega)$，也可记为 $H(\omega)$，其作用已在第4章进行了较为详细的讨论；② 由(6.1.1)式定义的用 $H(s)$ 表示的系统函数。通常提及系统函数时，如无特别说明，就是指的 $H(s)$。对于同一个系统的两种系统函数之间是存在一定关系的。如果系统是稳定的，则有 $H(\mathrm{j}\omega)=H(s)\big|_{s=\mathrm{j}\omega}$。

6.1.2 获取系统函数的方法

获取系统函数的方法有多种。可以通过系统方程来获取，也可以通过传输算子来获取，还可以通过系统的冲激响应来获取，以及通过系统的 s 域模型图来获取，下面分别介绍。

1. 由系统方程来获取系统函数

设描述系统工作特性的数学模型为 n 阶常系数线性微分方程为：

$$\begin{aligned}&\frac{\mathrm{d}^n r(t)}{\mathrm{d}t^n}+a_{n-1}\frac{\mathrm{d}^{n-1}r(t)}{\mathrm{d}t^{n-1}}+\cdots+a_1\frac{\mathrm{d}r(t)}{\mathrm{d}t}+a_0 r(t)\\&=b_m\frac{\mathrm{d}^m e(t)}{\mathrm{d}t^m}+b_{m-1}\frac{\mathrm{d}^{m-1}e(t)}{\mathrm{d}t^{m-1}}+\cdots+b_1\frac{\mathrm{d}e(t)}{\mathrm{d}t}+b_0 e(t)\end{aligned} \tag{6.1.3}$$

在因果信号激励和零状态响应的条件下，对上式两边取拉普拉斯变换，设 $\mathscr{L}[r(t)]=R(s)$，$\mathscr{L}[e(t)]=E(s)$，根据微分性质得：

$$\begin{aligned}&(s^n+a_{n-1}s^{n-1}+\cdots+a_1 s+a_0)R(s)\\&=(b_m s^m+b_{m-1}s^{m-1}+\cdots+b_1 s+b_0)E(s)\end{aligned}$$

由上式，经过运算有：

$$H(s)=\frac{R(s)}{E(s)}=\frac{b_m s^m+b_{m-1}s^{m-1}+\cdots+b_1 s+b_0}{s^n+a_{n-1}s^{n-1}+\cdots+a_1 s+a_0} \tag{6.1.4}$$

以上过程便是由系统方程求系统函数 $H(s)$ 的方法。

同样，在因果信号激励和零状态响应的条件下，对式(6.1.3)两边取傅里叶变换，根据傅里叶变换的微分性质得：

$$\begin{aligned}&((\mathrm{j}\omega)^n+a_{n-1}(\mathrm{j}\omega)^{n-1}+\cdots+a_1(\mathrm{j}\omega)+a_0)R(\mathrm{j}\omega)\\&=(b_m(\mathrm{j}\omega)^m+b_{m-1}(\mathrm{j}\omega)^{m-1}+\cdots+b_1(\mathrm{j}\omega)+b_0)E(\omega)\end{aligned}$$

由上式，经过运算有：

$$H(\mathrm{j}\omega)=\frac{R(\mathrm{j}\omega)}{E(\mathrm{j}\omega)}=\frac{b_m(\mathrm{j}\omega)^m+b_{m-1}(\mathrm{j}\omega)^{m-1}+\cdots+b_1(\mathrm{j}\omega)+b_0}{(\mathrm{j}\omega)^n+a_{n-1}(\mathrm{j}\omega)^{n-1}+\cdots+a_1(\mathrm{j}\omega)+a_0} \tag{6.1.5}$$

于是，由系统方程通过在因果信号激励和零状态响应的条件下，进行傅里叶变换获得了频域系统函数的表达式，如(6.1.5)式所示。

2. 由传输算子来获取系统函数

由2.2.3节可知，微分方程式(6.1.3)式的传输算子为：

$$H(p)=\frac{b_m p^m+b_{m-1}p^{m-1}+\cdots+b_1 p+b_0}{p^n+a_{n-1}p^{n-1}+\cdots+a_1 p+a_0} \tag{6.1.6}$$

比较(6.1.6)和(6.1.4)两式，可得系统函数和传输算子的相互关系为：

$$H(s)=H(p)\big|_{p=s} \tag{6.1.7}$$

或者

$$H(p)=H(s)\big|_{s=p} \tag{6.1.8}$$

比较式(6.1.5)和式(6.1.4)两式，可得由系统函数 $H(s)$ 求频域系统函数的方法为：

$$H(j\omega)=H(s)\big|_{s=j\omega} \tag{6.1.9}$$

要指出的是(6.1.9)式成立的条件是系统必须是稳定的，即系统函数 $H(s)$ 的极点必须在左半平面。

例 6.1.1 设描述系统工作特性的微分方程是：$r''(t)+5r'(t)+6r(t)=e'(t)+2e(t)$，求系统函数。

解 解法一 在因果信号激励和零状态响应的条件下，对微分方程两边取拉普拉斯变换，设 $\mathscr{L}[r(t)]$，$\mathscr{L}[e(t)]$，根据拉普拉斯变换微分性质得：

$$s^2R(s)+5sR(s)+6R(s)=sE(s)+2E(s)$$

由上式解得：

$$H(p)=\frac{p+2}{p^2+5p+6}$$

即为所求之系统函数，解毕。

解法二 用微分算子表示题设微分方程，有：

$$p^2r(t)+5pr(t)+6r(t)=pe(t)+2e(t)$$

由上式解得：

$$r(t)=\frac{p+2}{p^2+5p+6}e(t)$$

于是求得系统的传输算子为：

$$H(p)=\frac{p+2}{p^2+5p+6}$$

根据关系式 $H(s)=H(p)\big|_{p=s}$，可得系统函数为：

$$H(s)=\frac{s+2}{s^2+5s+6}$$

解毕。

3. 由电路的 s 域模型图来获取系统函数

这种方法和4.1.2节介绍的用相量法求频域系统函数是类似的。下面通过例题来说明。

例 6.1.2 系统的电路图如图6.1.1所示，求以 $u(t)$ 为激励，$u_R(t)$ 为响应的系统函数 $H(s)$。

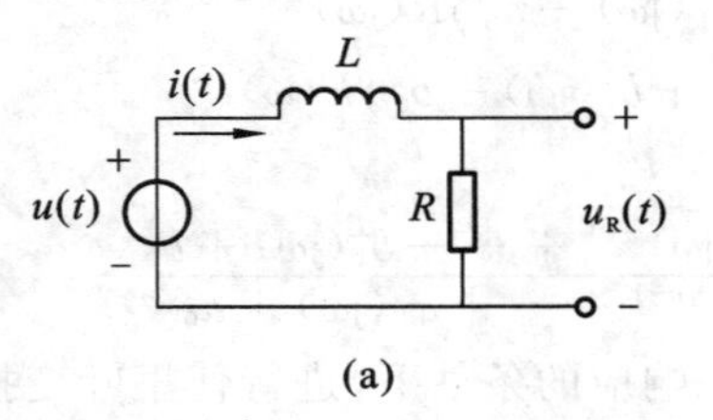

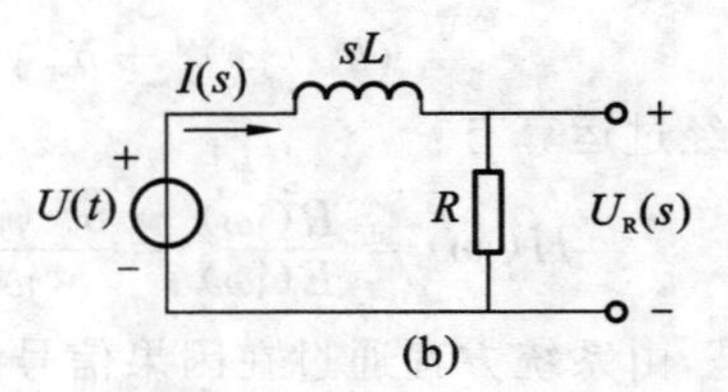

图 6.1.1 例 6.1.2 的时域电路图和频域电路图

解 画出零状态条件下电路的 s 域模型图如图6.1.1(b)所示，由图可得：

$$U_R(s)=\frac{U(s)R}{sL+R}$$

于是有：

$$H(s)=\frac{U_R(s)}{U(s)}=\frac{R}{sL+R}$$

由上式可得：

$$H(j\omega)=H(s)|_{s=j\omega}=\frac{R}{j\omega L+R}$$

解毕。

例 6.1.3 系统的电路图如图 6.1.2 所示，求以 $i(t)$ 为激励，$i_2(t)$ 为响应的系统函数 $H(s)$。

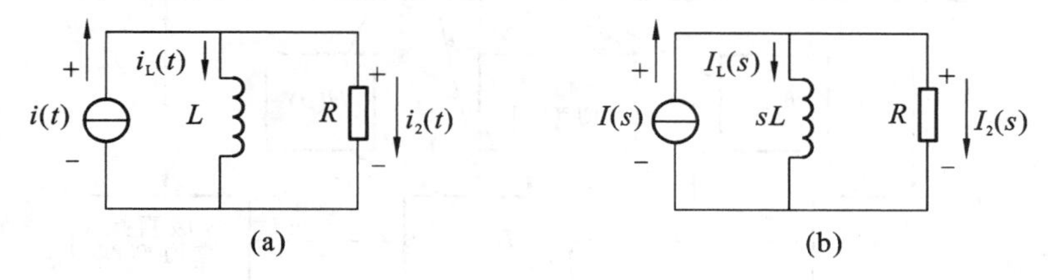

图 6.1.2 例 6.1.3 的时域电路图和零状态时的 s 域模型图

解 画出电路零状态时的 s 域模型图，如图 6.1.2(b) 所示。由图可得：

$$I(s)=I_L(s)+I_2(s) \quad ①$$

又由于

$$RI_2(s)=j\omega LI$$

所以：

$$I_L(s)=\frac{RI_2(s)}{sL} \quad ②$$

将式 ② 代入式 ① 得：

$$I(s)=\frac{RI_2(s)}{sL}+I_2(s)=\left(\frac{R}{sL}+1\right)I_2(s) \quad ③$$

由式 ③ 式可得：

$$H(s)=\frac{I_2(s)}{I(s)}=\frac{\frac{sL}{R+sL}\cdot I(s)}{I(s)}=\frac{sL}{R+sL}$$

解毕。

4. 通过冲激响应来获取

如果已知系统的冲激响应 $h(t)$，则可通过求其拉普拉斯变换来获取系统函数 $H(s)$，也可以通过求其傅里叶变换来获取频域系统函数 $H(j\omega)$。

例 6.1.4 已知系统的冲激响应：$h(t)=\delta(t)-\frac{4}{3}e^{-2t}\varepsilon(t)+\frac{1}{3}e^{-5t}\varepsilon(t)$，求系统函数。

解 因为 $h(t)\leftrightarrow H$，所以有：

$$H(s)=\mathscr{L}[h(t)]$$

$$=1-\frac{4}{3(s+2)}+\frac{1}{3(s+5)}=\frac{s^2+6s+4}{s^2+7s+10}$$

解毕。

例 6.1.5 已知系统的冲激响应 $h(t)=e^{2t}\varepsilon(t)$，试求两种系统函数。

解 $H(s)=\mathscr{L}[he^{2t}\varepsilon(t)]=\frac{1}{s-2}$，因为 $\lim\limits_{t\to+\infty}h(t)=\lim\limits_{t\to+\infty}e^{2t}\varepsilon(t)\neq 0$，故其傅里

叶变换不存在，因而其频域系统函数 $H(\mathrm{j}\omega)$ 也不存在。从另一方面来分析，因为系统函数 $H(s)$ 的极点 $p=2$ 在右半平面，系统不稳定，故等式 $H(\mathrm{j}\omega)=H(s)|_{s=\mathrm{j}\omega}$ 不成立。

6.1.3 系统函数与时域电路图等各方面的关系图

系统函数与时域电路图、系统微分方程、冲激响应等各种参数和图形之间的联系及推导关系如图 6.1.3 所示。图中双向箭头连线表示二者可以互相推导，单箭头连线则表示只能按箭头方向求解。

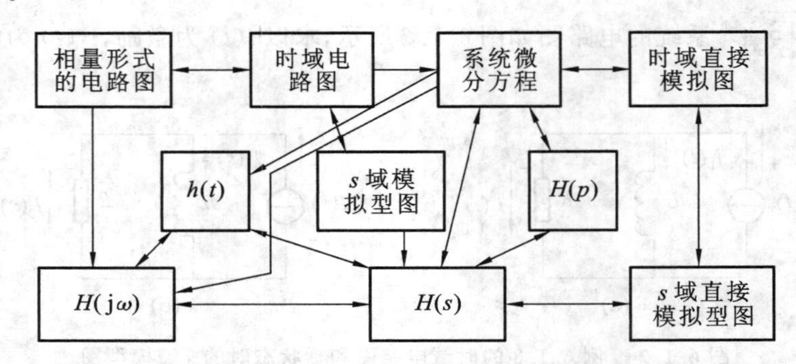

图 6.1.3 系统函数与时域电路图等各种参数之间的联系框图

6.1.4 二端口网络中系统函数的具体名称

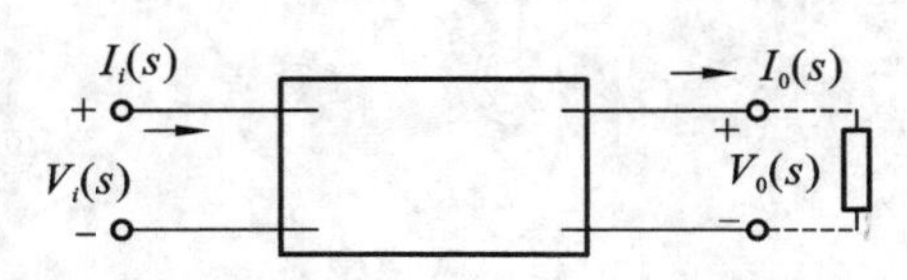

图 6.1.4 二端口网络的 s 域模型图

电路系统一般是一个二端口网络，有输入端和输出端两个端口。如图 6.1.4 所示，为其 s 域模型图。输入端的参数为输入电压 $V_i(s)$ 和输入电流 $I_i(s)$，输出端的参数为输出电压 $V_0(s)$ 和输出电流 $I_0(s)$。因此，按照激励与响应所选取的参数不同，系统函数可以有不同的名称。由四种不同的参数进行排列，系统函数可以有 12 种不同的名称。但是，激励一般在输入端，而响应则可以在输出端，也可以在输入端，因此，常用的系统函数为如下六种，并且各自有专用名称。

(1) $H(s)=\dfrac{I_i(s)}{V_i(s)}=Y_i(s)$ （策动点导纳）

(2) $H(s)=\dfrac{V_i(s)}{I_i(s)}=Z_i(s)$ （策动点阻抗）

(3) $H(s)=\dfrac{V_0(s)}{V_i(s)}=A_v(s)$ （电压放大倍数）（电压传输函数）

(4) $H(s)=\dfrac{I_0(s)}{V_i(s)}=Y_{i0}(s)$ （转移导纳）

(5) $H(s)=\dfrac{I_0(s)}{I_i(s)}=A_i(s)$ （电流传输函数）（电流放大倍数）

(6) $H(s)=\dfrac{V_0(s)}{I_i(s)}=Z_{i0}(s)$ （转移阻抗）

其中，第(3)条 $A_v(s)=\dfrac{V_0(s)}{V_i(s)}$。当 $s=\mathrm{j}\omega$ 时，就得到 $\dot{A}_v=\dfrac{\dot{V}_0}{\dot{V}_i}=\dfrac{V_0(\mathrm{j}\omega)}{V_i(\mathrm{j}\omega)}$，即模拟电子技术中经常用到的放大器的放大倍数的频率响应特性，由此式可得到放大器的幅频特性和相

频特性。对于模拟电子技术来说，还要增加两个系统函数，即 $H(s)=\dfrac{V_0(s)}{I_0(s)}=Z_0(s)$（称为放大器的输出阻抗）和其倒数$\dfrac{I_0(s)}{V_0(s)}=Y_0(s)$（称为输出导纳）。这样一来，常用的系统函数一共有八种。

也可利用二端口网络的 s 域模型来求各种具体的系统函数。

例 6.1.6 电路的 s 域模型图如图 6.1.5 所示。求以 $E(s)$ 为激励，分别以 $I(s)$、$I_C(s)$、$I_L(s)$ 为响应的系统函数。

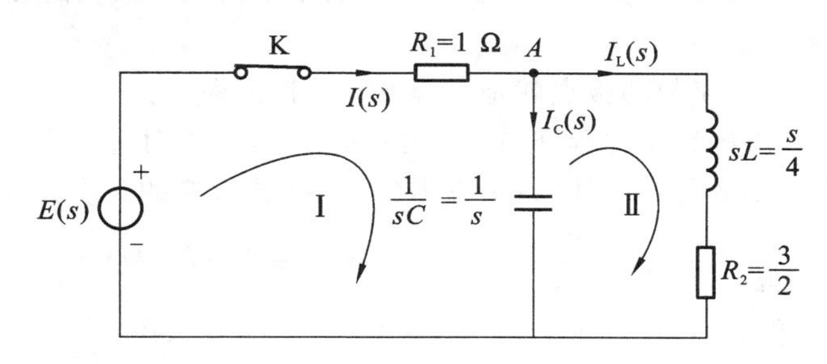

图 6.1.5 电路的 s 域模型图

解 根据图 6.1.5，可列出关于求解 $I(s)$、$I_C(s)$、$I_L(s)$ 的方程组如下：

$$\begin{cases} I=I_C-I_L=0 & \text{（对节点 }A\text{）} \\ I+\dfrac{1}{s}I_C+0 & \text{（对回路 I）} \\ 0-\dfrac{1}{s}I_C+\left(\dfrac{s}{4}+\dfrac{3}{2}\right)I_L=0 & \text{（对回路 II）} \end{cases}$$

用行列式解方程组可得：

$$I(s)=\frac{s^2+6s+4}{s^2+7s+10}$$

于是有：

$$H_1(s)=\frac{I(s)}{E(s)}=\frac{s^2+6s+4}{s^2+7s+10}$$

其为以 $E(s)$ 为激励，$I(s)$ 为响应的系统函数。

$H_1(s)$ 称为策动点导纳，又称为输入导纳。同样可得出：

$$H_2(s)=\frac{I_C(s)}{E(s)}=\frac{s^2+6s}{s^2+7s+10},H_3(s)=\frac{I_L(s)}{E(s)}=\frac{4}{s^2+7s+10}$$

解毕。

6.2 系统函数的极点与系统方程的特征根

对于一个 n 阶的线性时不变连续时间系统，描述其工作特性的微分方程如(6.1.3)式所示：

$$\begin{aligned}&\frac{\mathrm{d}^n r(t)}{\mathrm{d}t^n}+a_{n-1}\frac{\mathrm{d}^{n-1}r(t)}{\mathrm{d}t^{n-1}}+\cdots+a_1\frac{\mathrm{d}r(t)}{\mathrm{d}t}+a_0 r(t)\\ &=b_m\frac{\mathrm{d}^m e(t)}{\mathrm{d}t^m}+b_{m-1}\frac{\mathrm{d}^{m-1}e(t)}{\mathrm{d}t^{m-1}}+\cdots+b_1\frac{\mathrm{d}e(t)}{\mathrm{d}t}+b_0 e(t)\end{aligned} \tag{6.1.3}$$

前已求出其系统函数如(6.1.4)式所示：

$$H(s)=\frac{b_m s^m+b_{m-1}s^{m-1}+\cdots+b_1 s+b_0}{s^n+a_{n-1}s^{n-1}+\cdots+a_1 s+a_0} \tag{6.1.4}$$

令其分子多项式等于零，即：

$$N(s) = b_m s^m + b_{m-1} s^{m-1} + \cdots + b_1 s + b_0 = 0 \tag{6.2.1}$$

这是一个以 s 为变量的 m 次方程，记它的 m 个根为 $z_i(i = 1,2,3,\cdots,m)$，则称 z_i 为系统函数的零点。零点在复平面上的位置，对系统的性质有一定的影响。

令其分母多项式等于零，即：

$$D(s) = s^n + a_{n-1} s^{n-1} + \cdots + a_1 s + a_0 = 0 \tag{6.2.2}$$

这是一个以 s 为变量的 n 次方程，记它的 n 个根为 $p_j(j = 1,2,3,\cdots,n)$，则称 p_j 为系统函数的极点。极点在复平面上的位置，对系统的性质有决定性的影响。并且系统函数的极点就是系统方程的特征根。系统函数的极点从复频域的角度揭示了系统的性质，而特征根则从时域的角度揭示了系统的性质。

下面说明为什么系统函数的极点就是系统方程的特征根。

根据时域经典法，求解系统方程(6.1.3)式的步骤是：先求对应的齐次方程的齐次解，再求特解，最后求齐次解中的待定系数。系统方程(6.1.3)式对应的齐次方程是：

$$\frac{\mathrm{d}^n r(t)}{\mathrm{d}t^n} + a_{n-1} \frac{\mathrm{d}^{n-1} r(t)}{\mathrm{d}t^{n-1}} + \cdots + a_1 \frac{\mathrm{d}r(t)}{\mathrm{d}t} + a_0 r(t) = 0 \tag{6.2.3}$$

为了求得上述齐次方程的通解，可令 $r(t) = \mathrm{e}^{\alpha t}$，代入上式尝试，得：

$$\alpha^n \mathrm{e}^{\alpha t} + a_{n-1}\alpha^{n-1}\mathrm{e}^{\alpha t} + \cdots + a_1 \alpha \mathrm{e}^{\alpha t} + a_0 \mathrm{e}^{\alpha t} = 0$$

从上式中消去 $\mathrm{e}^{\alpha t}$ 得到：

$$\alpha^n + a_{n-1}\alpha^{n-1} + \cdots + a_1 \alpha + a_0 = 0 \tag{6.2.4}$$

式(6.2.4)就是系统方程的特征方程，它的根就是系统方程的特征根。特征根又称为系统的特征频率或自由频率。因为它完全取决于系统自身的结构和参数，而与外界的激励无关。比较式(6.2.4)和式(6.2.2)可知，特征方程和分母多项式等于零所构成的代数方程，除了自变量所采用的符号不同之外，其余完全相同，因此它们的根就是同一个方程的根，这就是说，系统函数的极点就是系统方程的特征根，也可以认为系统函数的分母多项式等于零所构成的方程就是系统方程的特征方程。

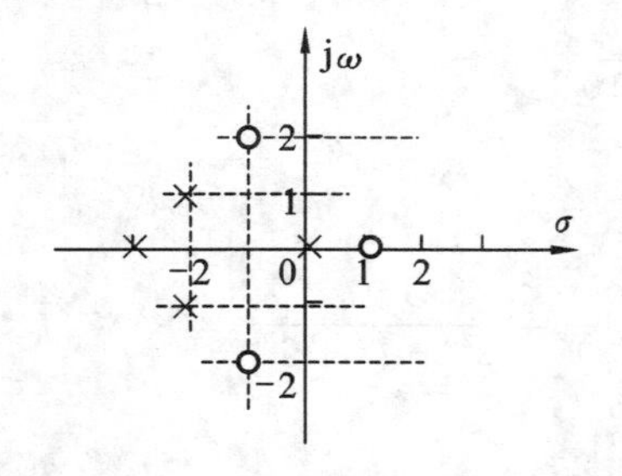

图 6.2.1　系统函数的零、极点图

例 6.2.1　画出系统函数 $H(s) = \dfrac{N(s)}{D(s)} = \dfrac{(s-1)(s^2+2s+5)}{s(s+3)(s^2+4s+5)}$ 的零、极点图。

解　由 $N(s) = (s-1)(s^2+2s+5) = 0$，求得三个零点为 $z_1 = 1, z_2 = -1+\mathrm{j}2, z_3 = -1-\mathrm{j}2$，其中 z_2, z_3 为共轭复数。由 $D(s) = s(s+3)(s^2+4s+5) = 0$，求得四个极点为 $p_1 = 0, p_2 = -3, p_3 = -2+\mathrm{j}, p_4 = -2-\mathrm{j}$，其中 P_3, P_4 为共轭复数。根据上述求解结果画出该系统函数的零、极点图如图 6.2.1 所示。

6.3　系统函数的极点对系统时域特性的影响

系统的所有性质都是由系统的结构和元件参数共同决定的。根据系统的结构和元件参数可列出描述系统工作特性的微分方程，求解微分方程即可获得所需要的时域特性，如冲激响应、零输入响应、零状态响应等。系统函数也可以通过描述系统工作特性的微分方程获得。因此，反过来也可以通过系统函数观察到系统的各种性质，包括系统的时域特性。下面分别进行讨论。

6.3.1 系统函数的极点决定冲激响应的函数形式

因为冲激响应和系统函数是一对拉普拉斯变换，所以对系统函数求逆变换即可得冲激响应，即：

$$h(t)=\mathscr{L}^{-1}[H(s)] \tag{6.3.1}$$

对于 n 阶系统，由式(6.1.4) 可知：

$$H(s)=\frac{R(s)}{E(s)}=\frac{b_m s^m+b_{m-1}s^{m-1}+\cdots+b_1 s+b_0}{s^n+a_{n-1}s^{n-1}+\cdots+a_1 s+a_0}$$

设 $m<n$，且系统函数的 n 个单极点为 $p_j(j=1,2,3,\cdots,n)$，则按部分分式分解法，可得：

$$H(s)=\sum_{i=1}^{n}\frac{k_i}{s-p_i} \tag{6.3.2}$$

对上式取逆变换即得：

$$h(t)=\sum_{i=1}^{n}k_i e^{p_i t} \tag{6.3.3}$$

式(6.3.3) 表明冲激响应的函数式取决于极点，系统函数各种极点所对应的冲激响应如表 6.3.1 所示。

表 6.3.1　$H(s)$ 的极点位置与 $h(t)$ 的波形、函数式的对应关系以及与稳定性的关系

$H(s)$	$H(s)$ 的极点在 s 平面上的位置	$h(t)(t\geqslant 0_+)$ 及稳定性	$h(t)$ 的波形
$\frac{1}{s}$	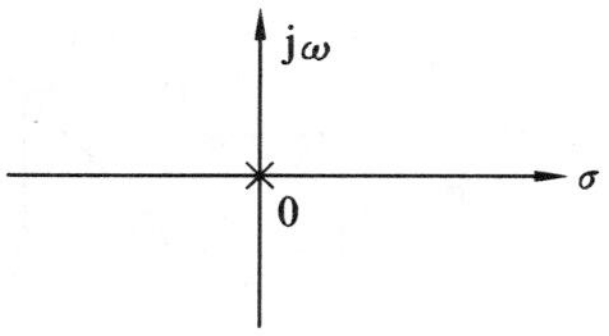 jω; σ; 0（× 在原点）	$\varepsilon(t)$ 系统临界稳定	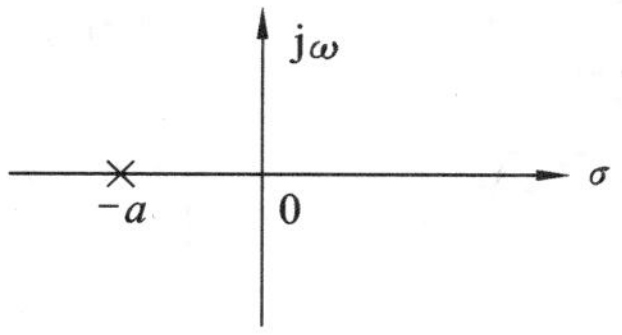 jω; σ; −a（×）; 0
$\frac{1}{s+a}$	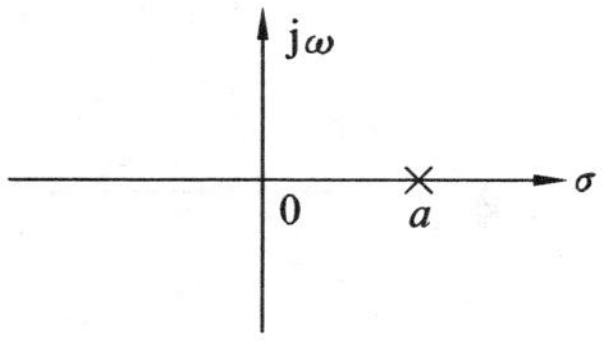 jω; σ; 0; a（×）	e^{-at} 稳定	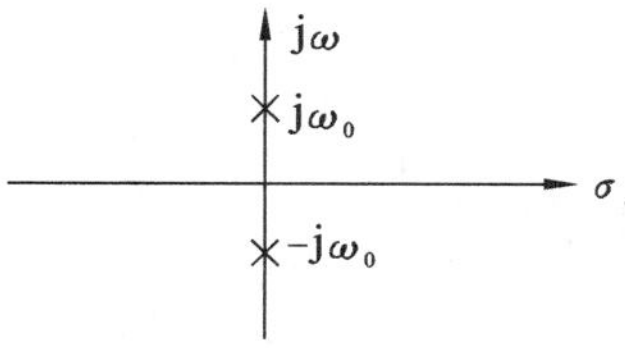 jω; σ; ×jω₀; ×−jω₀
$\frac{1}{s-a}$	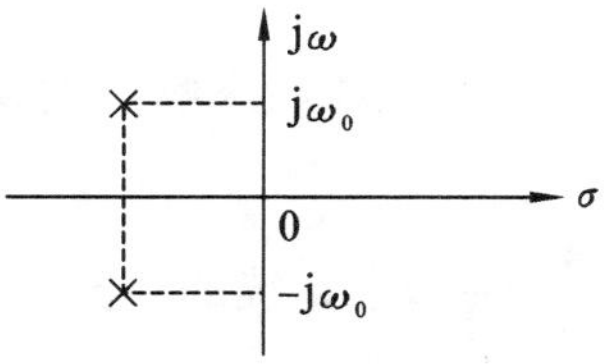 jω; σ; ×jω₀; 0; ×−jω₀	e^{at} 不稳定	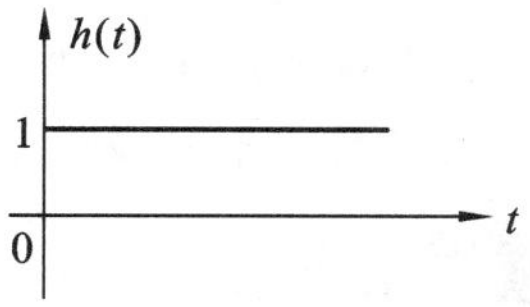 h(t); 1; 0; t
$\frac{\omega_0}{s^2+\omega_0^2}$	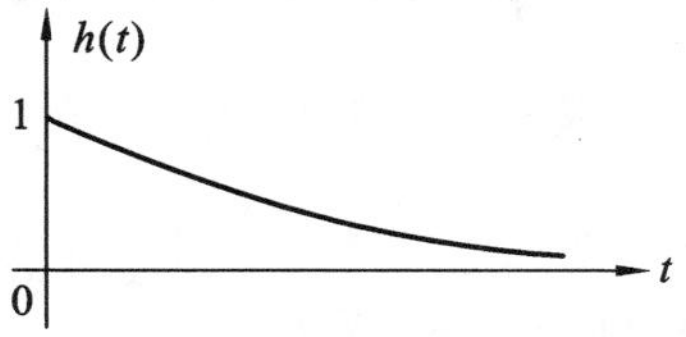 h(t); 1; 0; t	$\sin(\omega_0 t)$ 临界稳定	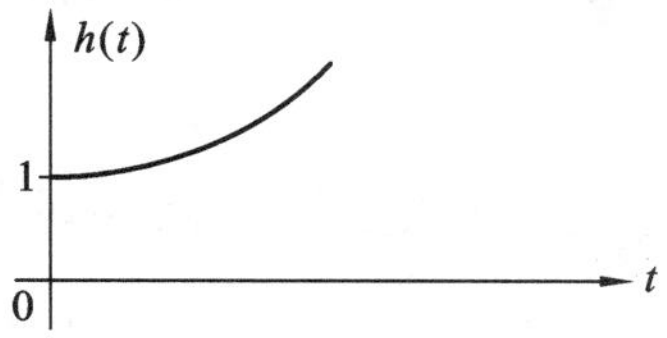 h(t); 1; 0; t

续表

$H(s)$	$H(s)$ 的极点在 S 平面上的位置	$h(t)(t\geqslant 0_+)$ 及稳定性	$h(t)$ 的波形
$\dfrac{\omega_0}{(s+a)^2+\omega_0^2}$	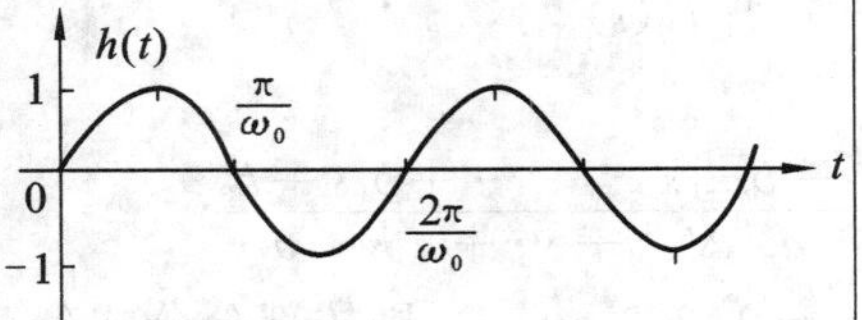	$e^{-at}\sin(\omega_0 t)$ 稳定	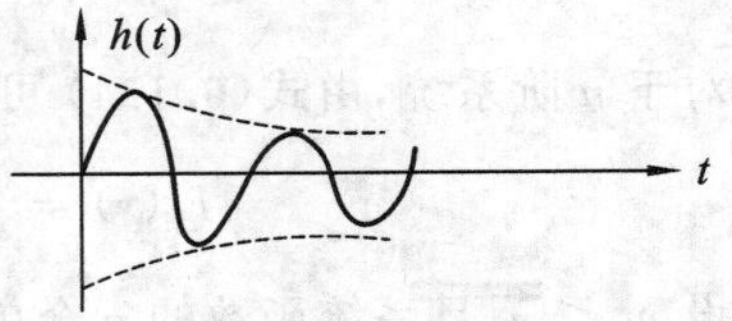
$\dfrac{\omega_0}{(s-a)^2+\omega_0^2}$	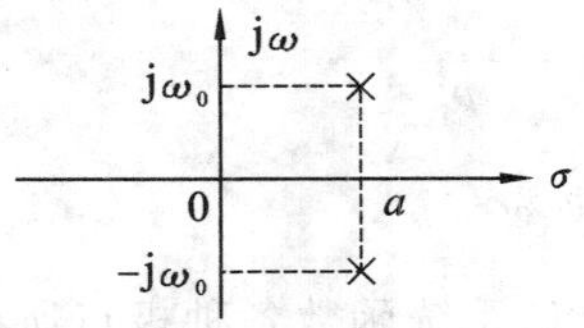	$e^{at}\sin(\omega_0 t)$ 不稳定	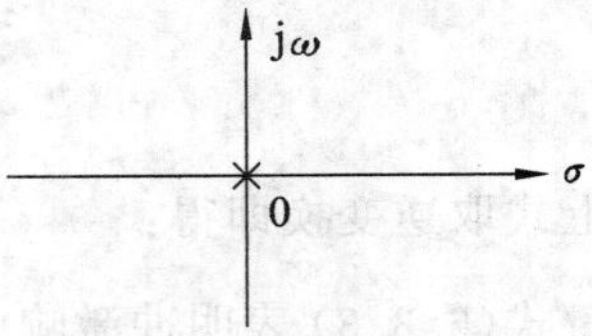
$\dfrac{1}{s^2}$	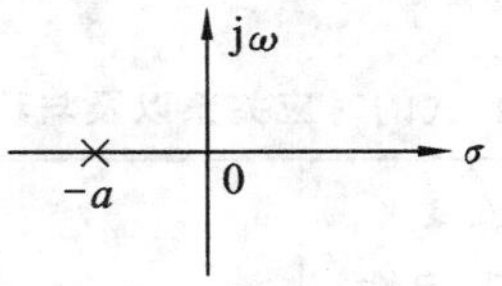	t 不稳定	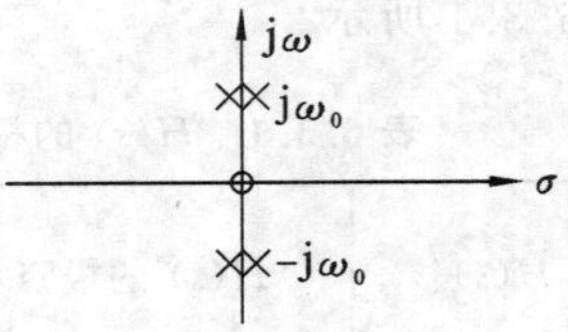
$\dfrac{1}{(s+a)^2}$	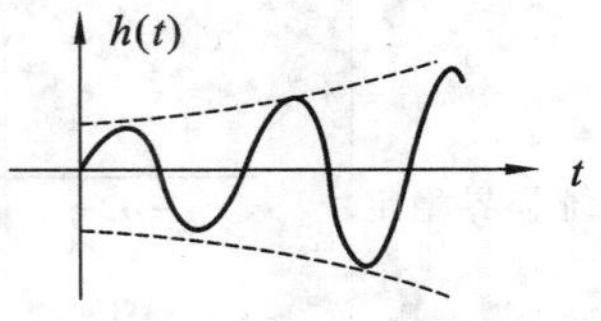	te^{-at} 稳定	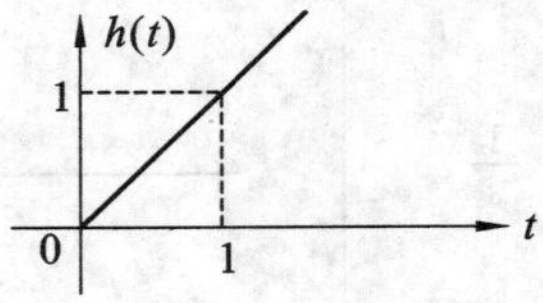
$\dfrac{2\omega_0 s}{(s^2+\omega_0^2)^2}$	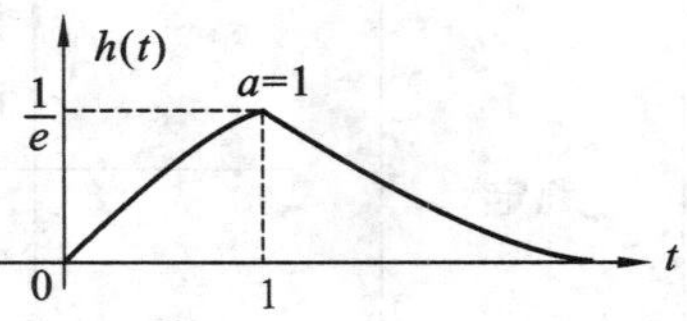	$t\sin(\omega_0 t)$ 不稳定	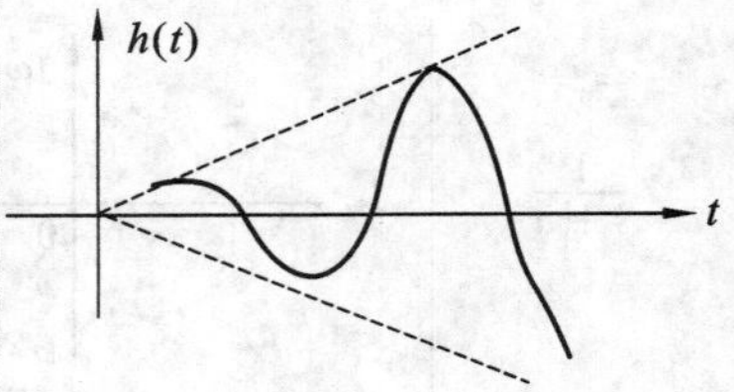

此表不仅适用于求冲激响应，也适用于求零输入响应、零状态响应的逆变换时使用。此表还列出了对应于各极点系统的稳定情况。

例 6.3.1 已知系统函数 $H(s)=\dfrac{s^2+6s+4}{s^2+7s+10}$，求系统的冲激响应。

解 先做长除法，将系统函数写成真分式的形式后再进行部分分式分解得：

$$H(s)=1-\frac{4}{3(s+2)}+\frac{1}{3(s+5)}$$

对上式两边求逆变换，查表得：

$$h(t)=\delta(t)-\frac{4}{3}e^{-2t}\varepsilon(t)+\frac{1}{3}e^{-5t}\varepsilon(t)$$

解毕。

6.3.2 系统函数的极点决定零输入响应的函数形式

系统函数的极点不仅决定了冲激响应的函数形式，同样决定了零输入响应的函数形式。对于一个 n 阶的线性时不变连续时间系统，描述其工作特性的微分方程亦如式(6.1.3)所示：

$$\frac{d^n r(t)}{dt^n}+a_{n-1}\frac{d^{n-1}r(t)}{dt^{n-1}}+\cdots+a_1\frac{dr(t)}{dt}+a_0r(t)$$

$$=b_m\frac{d^m e(t)}{dt^m}+b_{m-1}\frac{d^{m-1}e(t)}{dt^{m-1}}+\cdots+b_1\frac{de(t)}{dt}$$

由时域经典法可知，求零输入响应时，由(6.1.3)式得到系统方程的特征方程为：

$$\alpha^n+a_{n-1}\alpha^{n-1}+\cdots+a_1\alpha+a_0=0$$

设特征方程有 n 个单根 $\alpha_i(i=1,2,3,\cdots,n)$，则零输入响应为：

$$r_{zi}(t)=[\sum_{i=1}^{n}c_i e^{\alpha_i t}]\varepsilon(t) \tag{6.3.4}$$

在 6.2 节已经证明系统函数的极点就是系统方程的特征根，因此上式就说明了系统函数的极点决定了零输入响应的函数形式。

例 6.3.2 已知系统函数 $H(s)=\dfrac{s^2+6s+4}{s^2+7s+10}$，求系统的零输入响应。

解 解法一 根据 $H(p)=H(s)|_{s=p}$ 和已知条件，可得传输算子为：

$$H(p)=\frac{p^2+6p+4}{p^2+7p+10}$$

由传输算子可得系统的齐次方程为：

$$r''(t)+7r'(t)+10r(t)=0$$

因此特征方程为 $\alpha^2+7\alpha+10=0$，特征根为 $\alpha_1=-2,\alpha_1=-5$。

由此得系统的零输入响应为：$r_{zi}(t)=c_1e^{-2t}+c_2e^{-5t}$。

若已知系统的起始状态，则可确定待定系数 c_1 和 c_2。解毕。

解法二 根据“系统函数的极点就是系统方程的特征根”这一规律，由已知系统函数的分母多项式等于零可得：

$$s^2+7s+10=0$$

解之得两极点为：$p_1=-2,p_2=-5$。因此特征根为 $\alpha_1=-2,\alpha_2=-5$。

由此得系统的零输入响应为：$r_{zi}(t)=c_1e^{-2t}+c_2e^{-5t}$。

若已知系统的起始状态，则可确定待定系数 c_1 和 c_2。解毕。

比较上述两种解法，可见解法二要简洁一些。

6.3.3 系统函数的极点决定零状态响应中的自由响应的函数形式

系统的零状态响应等于激励信号和系统的冲激响应的卷积，即：

$$r_{zs}(t)=e(t)*h(t)$$

对上式两边求拉普拉斯变换，根据拉普拉斯变换的卷积定理得

$$R(s)=E(s)H(s) \tag{6.3.5}$$

上式中：$R(s)=\mathscr{L}[r_{zs}(t)]$；$E(s)=\mathscr{L}[e(t)]$；$H(s)=\mathscr{L}[h(t)]$。

对(6.3.2)式取逆变换,可得零状态响应为:

$$r_{zs}(t)=\mathscr{L}^{-1}[R(s)]=\mathscr{L}^{-1}[H(s)E(s)] \tag{6.3.6}$$

设描述系统工作特性的数学模型为 n 阶常系数线性微分方程:

$$\begin{aligned}&\frac{d^n r(t)}{dt^n}+a_{n-1}\frac{d^{n-1}r(t)}{dt^{n-1}}+\cdots+a_1\frac{dr(t)}{dt}+a_0 r(t)\\&=b_m\frac{d^m e(t)}{dt^m}+b_{m-1}\frac{d^{m-1}e(t)}{dt^{m-1}}+\cdots+b_1\frac{de(t)}{dt}+b\end{aligned} \tag{6.3.7}$$

则可知其系统函数为:

$$H(s)=\frac{N(s)}{D(s)}=\frac{b_m s^m+b_{m-1}s^{m-1}+\cdots+b_1 s+b_0}{s^n+a_{n-1}s^{n-1}+\cdots+a_1 s+a_0} \tag{6.3.8}$$

设 $m<n$,且 $H(s)$ 有 n 个单极点 $p_i(i=1,2,3,\cdots,n)$,则 $H(s)$ 可以写成:

$$H(s)=\frac{N(s)}{(s-p_1)(s-p_2)\cdots(s-p_n)} \tag{6.3.9}$$

又设 $E(s)=\dfrac{M(s)}{Q(s)}$ 为真分式,且其分母多项式有 k 个单极点 $q_j(j=1,2,3,\cdots,k)$,则可写成:

$$E(s)=\frac{M(s)}{(s-q_1)(s-q_2)\ldots(s-q_k)} \tag{6.3.10}$$

将式(6.3.9)和式(6.3.10)代入式(6.3.5)得:

$$R(s)=\frac{N(s)M(s)}{(s-p_1)(s-p_2)\cdots(s-p_n)(s-q_1)(s-q_2)\cdots(s-q_k)} \tag{6.3.11}$$

对上式进行部分分式分解得:

$$R(s)=\sum_{i=1}^{n}\frac{N_i}{(s-p_i)}+\sum_{j=1}^{k}\frac{M_j}{(s-q_j)} \tag{6.3.12}$$

按式(6.3.6)所示,对式(6.3.12)两边取拉普拉斯逆变换即得零状态响应为:

$$r_{zs}(t)=[\sum_{i=1}^{n}N_i e^{p_i t}]\varepsilon(t)+[\sum_{j=1}^{k}M_j e^{q_j t}]\varepsilon(t) \tag{6.3.13}$$

上式说明零状态响应由两部分组成:式中右边第一个和式的各函数的函数形式由系统函数的极点所决定,它是自由响应的一部分;式中右边第二个和式的各函数的函数形式由激励函数拉普拉斯变换的极点所决定,它是强迫响应。即零状态响应等于自由响应的一部分与强迫响应之和。

现在可结合 6.3.2 节求得的零输入响应的结果(6.3.4)式和零状态响应的结果(6.3.13)式得出由微分方程(6.3.7)式所描述的 n 阶系统的完全响应(完全解)如下:

$$\begin{aligned}r(t)&=r_{zi}(t)+r_{zs}(t)\\&=[\sum_{i=1}^{n}c_i e^{\alpha_i t}]\varepsilon(t)+\left[\sum_{i=1}^{n}N_i e^{p_i t}\right]\varepsilon(t)+\left[\sum_{j=1}^{k}M_j e^{q_j t}\right]\varepsilon(t)\end{aligned} \tag{6.3.14}$$

在上式中,$\alpha_i(i=1,2,3,\cdots,n)$ 和 $p_i(i=1,2,3,\cdots,n)$ 都是 n 阶系统的系统函数的极点,因此二者是一一对应相等的,可以互换。所以式(6.3.14)可改写成:

$$r(t)=\left[\sum_{i=1}^{n}(c_i+N_i)e^{p_i t}\right]\varepsilon(t)+\left[\sum_{j=1}^{k}M_j e^{q_j t}\right]\varepsilon(t) \tag{6.3.15}$$

上式中右边第一项是自由响应(齐次解),第二项是强迫响应(特解)。

完全响应等于自由响应与强迫响应之和,且又等于零输入响应与零状态响应之和,而零状态响应等于自由响应的一部分与强迫响应之和。这五个响应之间的关系如图 6.3.1 所示。

$$r(t) = \Big[\sum_{i=1}^{n}(c_1 + N_i)e^{p_i t}\Big]\varepsilon(t) + \Big[\sum_{j=1}^{k}M_j e^{q_j t}\Big]\varepsilon(t)$$

完全响应　　自　由　响　应　　强　迫　响　应

$$= \Big[\sum_{i=1}^{n}c_i e^{p_i t}\Big]\varepsilon(t) + \Big\{\Big[\sum_{i=1}^{n}N_i e^{p_i t}\Big]\varepsilon(t) + \Big[\sum_{j=1}^{k}M_j e^{q_j t}\Big]\varepsilon(t)\Big\}$$

零 输 入 响 应　　零　状　态　响　应

图 6.3.1　完全响应等五个响应之间的关系

例 6.3.3　已知系统函数 $H(s) = \dfrac{1}{s+2}$，求系统的冲激响应、零输入响应的函数形式以及激励为 $e(t) = e^{-t}\varepsilon(t)$ 时的零状态响应。

解　(1) 求系统的冲激响应。

因为 $h(t)\leftrightarrow H(s)$，所以由已知的 $H(s)$ 表达式求拉普拉斯逆变换，得 $h(t) = e^{-2t}\cdot\varepsilon(t)$。

(2) 求零输入响应的函数形式。

$$H(p) = H(s)\mid_{s=p} = \left(\frac{1}{s+2}\right)\Big|_{s=p} = \frac{1}{p+2}$$

由传输算子得：
$$r(t) = H(p)\cdot e(t) = \frac{1}{p+2}e(t)$$

即
$$(p+2)r(t) = e(t)$$

所以系统方程为：
$$r'(t) + 2r(t) = e(t)$$

故特征方程为：$\alpha + 2 = 0$，特征根为 $\alpha = -2$。

所以零输入响应的函数形式为 $r_{zi}(t) = Ce^{-2t}\cdot\varepsilon(t)$。

如果知道初始条件，就可以确定上式中的待定系数 C。

(3) 求零状态响应。

求零状态响应时，可以用时域卷积法，也可以用 s 域分析法。

由于 $R(s) = H(s)\cdot E(s)$

且
$$E(s) = \mathscr{L}[e^{-t}\varepsilon(t)] = \frac{1}{s+1}$$

故
$$R(s) = \frac{1}{s+2}\cdot\frac{1}{s+1} = \frac{1}{s+1} - \frac{1}{s+2}$$

对上式求逆变换得：
$$r_{zs}(t) = (e^{-t} - e^{-2t})\varepsilon(t)$$

解毕。

由此例也可看出：系统函数的极点决定了冲激响应的函数形式，也决定了零输入响应的函数形式，还决定着零状态响应中自由响应的函数形式，在本例中均为 $e^{-2t}\cdot\varepsilon(t)$。零状态响应中的强迫响应部分的函数形式 $e^{-t}\varepsilon(t)$ 是由激励的函数形式决定的。

6.4　系统函数的极点与系统的稳定性

系统的稳定性与系统的其他性质一样，是由系统的结构和元件参数决定的，与输入信号无关。系统的冲激响应从时域的角度反映了系统的性质，而系统函数则从 s 域反映了系统的性质。

讨论系统的稳定性，首先应给出合理的定义，即怎样的系统才是稳定的系统？从时域着手定义比较方便和直观，根据系统冲激响应的时域特性可以将系统的稳定性分为如下三种情况。

(1) 当$\lim\limits_{t\to\infty}h(t)=0$时，系统是稳定的。根据冲激响应和系统函数之间的关系（见表6.3.1），可知系统函数的极点应全部在左半平面。

(2) 当$\lim\limits_{t\to\infty}h(t)\neq 0$时，但该极限恒小于某个正值，则系统是临界稳定的。根据冲激响应和系统函数之间的关系（见表6.3.1），可知系统函数的极点有虚轴上的一阶极点。

(3) 当$\lim\limits_{t\to\infty}h(t)=\infty$时，系统是不稳定的。根据冲激响应和系统函数之间的关系（见表6.3.1），可知系统函数的极点在右半平面。

根据系统函数的极点在复平面上的位置来判断系统的稳定性比较方便，只要求出系统函数的极点即可作出判断，而且适用于复杂的反馈系统。

例 6.4.1 设三个系统的系统函数分别为：

$$H_1(s)=\frac{1}{(s+1)(s+2)},H_2(s)=\frac{2}{(s+1)(s-2)},H_3(s)=\frac{3}{s(s+1)}$$

试判断它们是否稳定。

解 $H_1(s)$的两个极点$p_1=-1,p_2=-2$，位于左半平面，因此$H_1(s)$表示的系统是稳定的。

$H_2(s)$的两个极点$p_1=-1,p_2=2$，有一个位于右半平面，因此$H_2(s)$表示的系统是不稳定的。

$H_3(s)$有两个极点$p_1=0,p_2=-1$，而$p_1=0$为虚轴上的一阶极点，因此$H_3(s)$表示的系统是临界稳定的。

例 6.4.2 由运放构成的正反馈电路如图6.4.1(a)所示。设运放的输入阻抗为无穷大，开环放大倍数为A，输入为$V_1(t)$，输出为$V_0(t)$，求系统函数，并分析系统的稳定性。

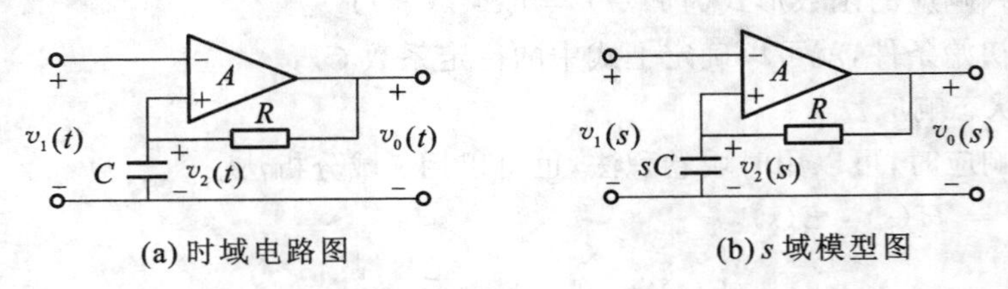

图 6.4.1 例 6.4.2 图

解 根据电路的时域模型图，画出其s域模型图如图6.4.1(b)所示。

由系统函数的定义可知：

$$H(s)=\frac{V_o(s)}{V_1(s)} \quad ①$$

由图6.4.1(b)可得：

$$V_2(s)=\frac{V_o(s)\dfrac{1}{sC}}{R+\dfrac{1}{sC}}=\frac{V_o(s)}{sCR+1} \quad ②$$

及
$$V_o(s)=A[V_2(s)-V_1(s)] \quad ③$$

由式③解得：

$$V_2(s)=\frac{V_o(s)}{A}+V_1(s) \quad ④$$

将式④代入式②，即可求出：

$$H(s)=\frac{V_o(s)}{V_1(s)}=\frac{-A\left(s+\frac{1}{RC}\right)}{s-\frac{A-1}{RC}} \quad ⑤$$

式⑤即为所求的系统函数。其极点为 $p=\frac{A-1}{RC}$，是一个实数。当其小于零时，即 $A<1$ 时，系统稳定，这是不可能的，因为没有开环放大倍数小于1的运放；当 $A>1$ 时，系统不稳定；当 $A=1$ 时，系统临界稳定。

解毕。

要指出的是，系统的稳定性除了按上述的判定方法外还有另一种定义和判定方法，不过和上述方法区别不大。即所谓的"有界输入有界输出法"，其含义是：一个系统，若对任意的有界输入，其零状态响应也是有界的，则称该系统是有界输入有界输出(bound input bound output，BIBO)稳定的系统，简称为稳定系统。由此得出的判定方法和前述方法并无本质区别，故不再详细讨论。

6.5 系统函数与频率响应特性

所谓频率响应特性是指系统在正弦信号激励下的稳态响应，这包括幅度响应和相位响应。线性系统在正弦信号的激励下，其响应包含稳态响应和暂态响应两部分。暂态响应随时间会很快消失，起作用的是稳态响应，而系统在正弦信号激励下的稳态响应是同频率的正弦信号。虽然已经明确了响应信号是和激励信号同频率的正弦信号，但问题是，响应信号的振幅和相位与激励信号的振幅和相位有无关系，有什么样的关系。这就是频率响应特性所要讨论的问题。

这个问题在4.1.2频域系统函数一节已经进行过初步讨论。在4.1.2节中得出的结论是：零状态响应各频率分量的振幅 $|R(\mathrm{j}\omega)|$ 等于输入信号相应各频率分量的振幅 $|E(\mathrm{j}\omega)|$ 乘以频域系统函数的模 $|H(\mathrm{j}\omega)|$。因此，把 $|H(\mathrm{j}\omega)|$ 与 ω 的关系称为系统的幅频特性，它表示系统对输入信号中不同频率正弦分量振幅的加权系数。零状态响应各频率分量的相位 $\varphi_r(\omega)$ 等于输入信号相应各频率分量的相位 $\varphi_e(\omega)$ 与 $\varphi_h(\omega)$ 的和，因此，把 $\varphi_h(\omega)$ 与 ω 的关系称为系统的相频特性，它表示系统对输入信号中不同频率正弦分量相位的增量。这里说的零状态响应就是响应信号。

由以上论述可知，系统的频率响应特性包括幅频特性 $|H(\mathrm{j}\omega)|$ 和相频特性 $\varphi_h(\omega)$。要获得幅频特性和相频特性，就必须先求得频域系统函数 $H(\mathrm{j}\omega)$。对于稳定的线性系统，在6.1.2节中已介绍，求频域系统函数的方法是：

$$H(\mathrm{j}\omega)=H(s)\Big|_{s=\mathrm{j}\omega}$$

此公式成立的条件是系统函数 $H(s)$ 的极点必须在左半平面。

通过系统函数获得了幅频特性和相频特性的表达式后，剩下来的问题就是如何根据表达式画图。常用的方法是波特图法，波特图法在模拟电子技术课程中已学习过了，这里不再讨论。

要指出的是，除了波特图法外，还有几种近似的画图法，以及使用专门的数学软件画图。

6.6 全通网络及其应用

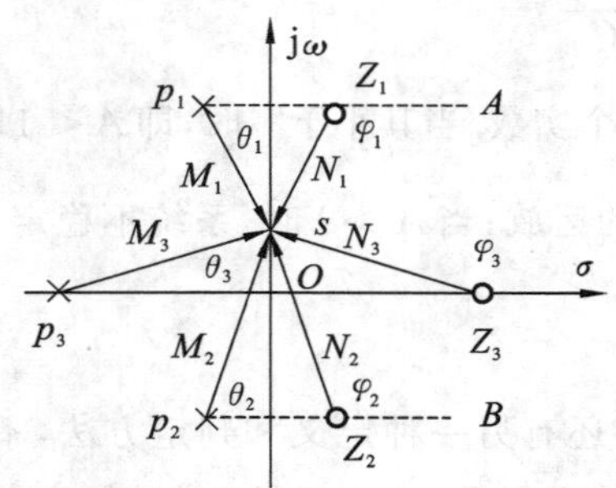

图 6.6.1　全通网络的零极点分布示例

如果一个系统函数的全部极点位于左半平面，同样个数的零点位于右半平面，而且二者一对一地以虚轴互为镜像，则此系统函数称为全通函数，系统函数为全通函数的系统称为全通系统或全通网络。如图 6.6.1 所示的是一个具有三对镜像对称零极点的分布图。由图 6.6.1 可写出该全通网络的系统函数为：

$$H(s)=\frac{K(s-z_1)(s-z_2)(s-z_3)}{(s-p_1)(s-p_2)(s-p_3)} \tag{6.6.1}$$

因为系统是稳定的，所以：

$$H(\mathrm{j}\omega)=H(s)\Big|_{s=\mathrm{j}\omega} \tag{6.6.2}$$

由图可知，当 s 在 $\mathrm{j}\omega$ 轴上移动时有 $(s-z_1)=N_1\mathrm{e}^{\mathrm{j}\varphi_1}$，其余五项也有类似的表达式，因此由式(6.6.1)和式(6.6.2)可得

$$H(\mathrm{j}\omega)=\frac{KN_1N_2N_3}{M_1M_2M_3}\mathrm{e}^{\mathrm{j}[(\varphi_1+\varphi_2+\varphi_3)-(\theta_1+\theta_2+\theta_3)]} \tag{6.6.3}$$

上式中，分子的三个模数 N 与分母中的三个模数 M 对应相等，分子分母相消后得：

$$H(\mathrm{j}\omega)=K\mathrm{e}^{\mathrm{j}[(\varphi_1+\varphi_2+\varphi_3)-(\theta_1+\theta_2+\theta_3)]} \tag{6.6.4}$$

由上式得全通网络的幅频特性为一个常数：

$$|H(\mathrm{j}\omega)|=K \tag{6.6.5}$$

相频特性为

$$\varphi(\omega)=(\varphi_1+\varphi_2+\varphi_3)-(\theta_1+\theta_2+\theta_3) \tag{6.6.6}$$

现在来分析如何大致描绘出相频特性曲线。当 $\omega=0$ 时，由图可知 $\theta_3=0$，$\varphi_3=180°$，$\theta_1=-\theta_2$，$\varphi_1=-\varphi_2$，将上述等式代入式(6.6.6)得 $\varphi(0)=180°$；当 ω 沿 $\mathrm{j}\omega$ 轴向上移动时，θ_3、θ_2 不断变大，φ_2、φ_3 则相反，不断变小，而 θ_1 由负变正且由小变大，而 φ_1 由负变得更小，结果使得 $\varphi(\omega)$ 下降；当 $\omega\to\infty$ 时，$\theta_1=\theta_2=\theta_3=90°$，$\varphi_1=-270°$，$\varphi_2=\varphi_3=90°$，由(6.6.6)式求得 $\varphi(\infty)=-360°$。综上分析可知，当 ω 由零向无穷大变化时，全通网络的相频特性 $\varphi(\omega)$ 由 $\varphi(0)=180°$ 逐步向 $\varphi(\infty)=-360°$ 变化。全通网络的幅频特性和相频特性如图 6.6.2 所示。

要指出的是，图 6.6.2 所描绘的相频特性曲线只有两个点数值是准确的，因此是非常粗糙的，只是表示曲线的变化趋势。要想获得准确的相频特性曲线必须采用逐点描图法，或利用数学软件由计算机来绘制。

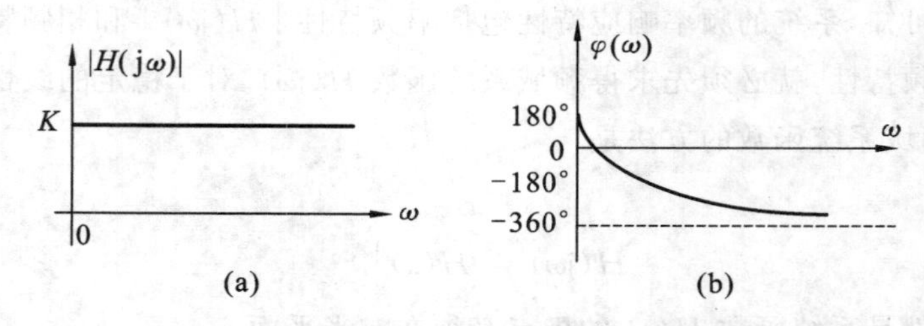

图 6.6.2　全通网络的幅频特性与相频特性

全通网络的幅频特性为常数，因而各频率正弦分量通过系统时幅度没有相对变化，不会产生幅度失真。但是由于相频特性不满足无失真传输的条件，故会产生相位失真。全通网络在电子线路中常用作移相器或相位均衡器。

习　题　6

6-1　分别给出两种系统函数的定义。如无特别说明，系统函数是指哪一种？

6-2　获取系统函数的方法有几种？

6-3　等式 $H(\mathrm{j}\omega)=H(s)\Big|_{s=\mathrm{j}\omega}$ 成立的条件是什么？等式 $H(\mathrm{j}\omega)=H(p)\Big|_{p=\mathrm{j}\omega}$ 成立吗？有无条件？

6-4　系统微分方程如下列各式所示，分别求对应的两种系统函数。

(1) $r'(t)+3r(t)=2e'(t)$

(2) $r''(t)+r'(t)+r(t)=e'(t)+e(t)$

(3) $r''(t)+5r'(t)+8r(t)=e'(t)+2e(t)$

(4) $r''(t)+2r'(t)-8r(t)=e'(t)+2e(t)$

6-5　系统的冲激响应如下列各式所示，分别求对应的两种系统函数。

(1) $h(t)=2\delta(t)-3\mathrm{e}^{-7t}\varepsilon(t)$

(2) $h(t)=[(t^2-t+1)\mathrm{e}^{-t}-\mathrm{e}^{-2t}]\varepsilon(t)$

6-6　系统的时域电路图如题 6-6 图所示，分别求以 $v_2(t)$ 为响应、$v_1(t)$ 为激励的两种系统函数。

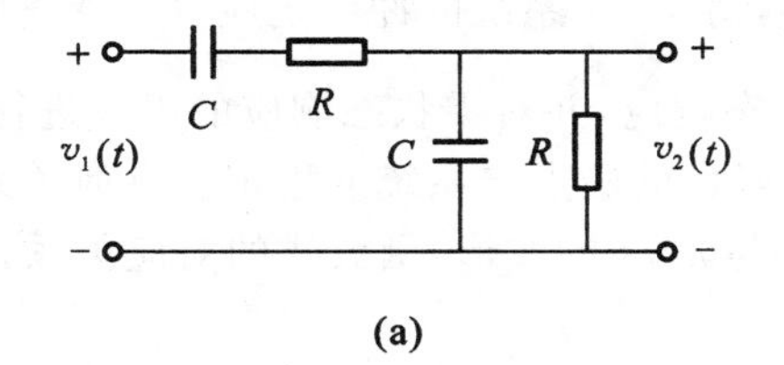

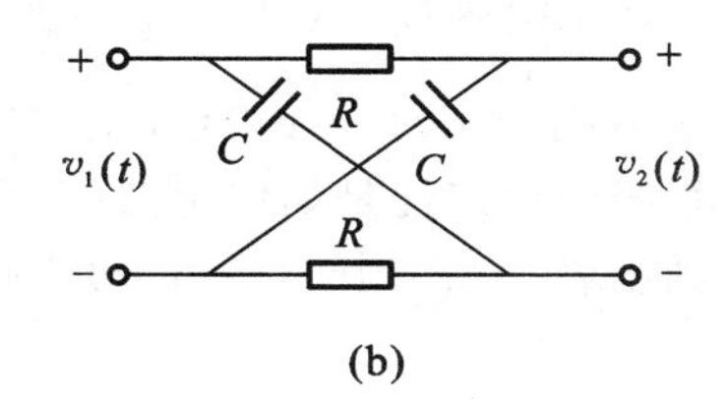

题 6-6 图

6-7　系统的传输算子如下列各式所示，分别求对应的两种系统函数。

(1) $H(p)=\dfrac{2p+3}{p^2+5P+6}$　　(2) $H(p)=\dfrac{2p+5}{p^2-P+6}$

6-8　已知系统函数 $H(s)=\dfrac{s^2-5s+6}{s^3+4s^2+8s+8}$，则：(1) 试求系统的微分方程，并画直接模拟图；(2) 画系统函数的零极点图，判断系统的稳定性；(3) 求系统的冲激响应；(4) 求激励信号 $e(t)=\mathrm{e}^{-t}\varepsilon(t)$ 时系统的零状态响应。

6-9　已知系统的冲激响应 $h(t)=(\mathrm{e}^{-3t}+\mathrm{e}^{-5t})\cdot\varepsilon(t)$，则：(1) 求系统函数及频域系统函数；(2) 求系统的微分方程，并画直接模拟图。

6-10　求题 6-10 图所示各电路的电压转移函数 $H(s)=V_2(s)/V_1(s)$，画出零极点分布图；若激励信号 $v_1(t)=\delta(t)$，求响应 $v_2(t)$ 的波形。

6-11　画出系统函数与时域电路图、系统微分方程、冲激响应等各种参数和图形之间的联系及相互推导关系图，对此图进行改进或优化。

6-12　二端口网络中系统函数的具体名称从理论上来说共有多少种？实际常用的有哪几种？

6-13　为什么说系统函数的极点就是系统方程的特征根，请举例证明。

6-14　已知系统函数如下列各式所示，试分别画出它们的零极点图，并判断系统的稳定性。

(1) $H(s)=\dfrac{2s+3}{s^2+5s+6}$　　(2) $H(s)=\dfrac{2s+5}{s^2-s+6}$

(3) $H(s)=\dfrac{s^2-5s+6}{s^3+4s^2+8s+8}$　　(4) $H(s)=\dfrac{s^2+0.5s-0.5}{s^2-0.4-0.32}$

(a)

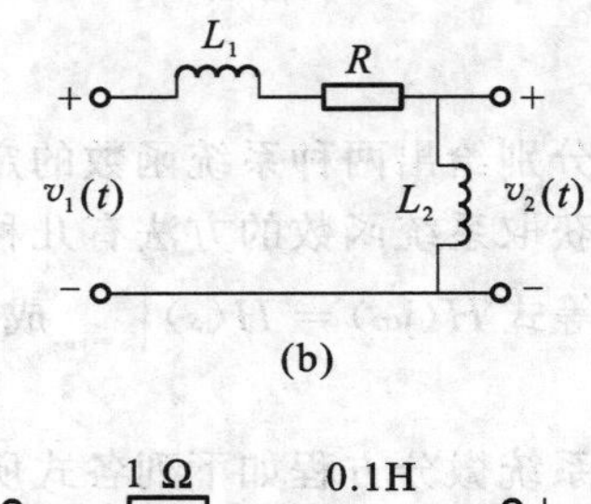

(b)

(c)

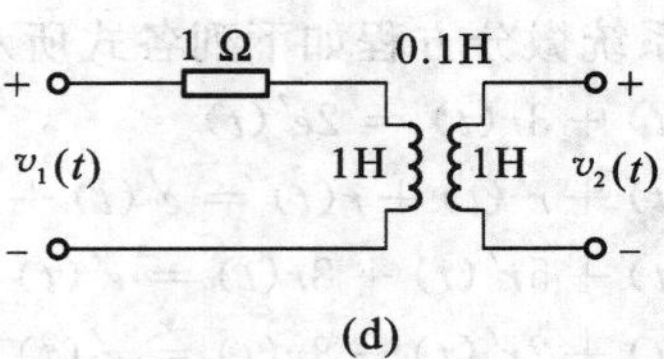

(d)

题 6-10 图

6-15　为什么说系统函数的极点决定冲激响应的函数形式？试举例说明。

6-16　为什么说系统函数的极点决定零输入响应的函数形式？试举例说明。

6-17　为什么说系统函数的极点决定零状态响应中的自由响应的函数形式？试举例说明。

6-18　已知系统函数 $H(s)=\dfrac{1}{s^2+5s+6}$，求：(1) 系统的冲激响应；(2) 零输入响应的函数形式；(3) 激励为 $e(t)=\mathrm{e}^{-t}\varepsilon(t)$ 时的零状态响应，并对零状态响应的组成进行分析。

6-19　系统的稳定性是如何定义的？系统函数的极点与系统的稳定性有何关系？

6-20　画出表 6.3.1 中 $H(s)$ 的极点位置与 $h(t)$ 的波形、函数式的对应关系，以及与稳定性的关系。

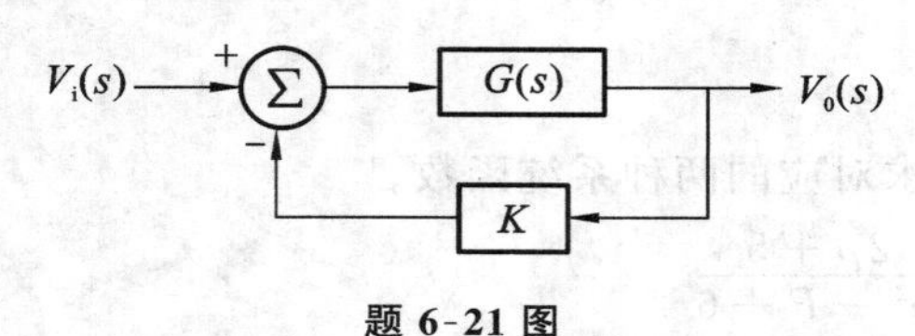

题 6-21 图

6-21　线性反馈系统框图如题 6-21 图所示，图中 $G(s)=\dfrac{1}{s^2+s-2}$，试求 K 取何值时系统稳定。

6-22　各电路如题 6-22 图所示，分别求其频域系统函数，并用波特图描绘其幅频特性和相频特性。已知参数 $f_1=\dfrac{1}{2\pi R_1C_1}$，$f_2=\dfrac{1}{2\pi R_2C_2}$，运放 A 可视为理想运放。

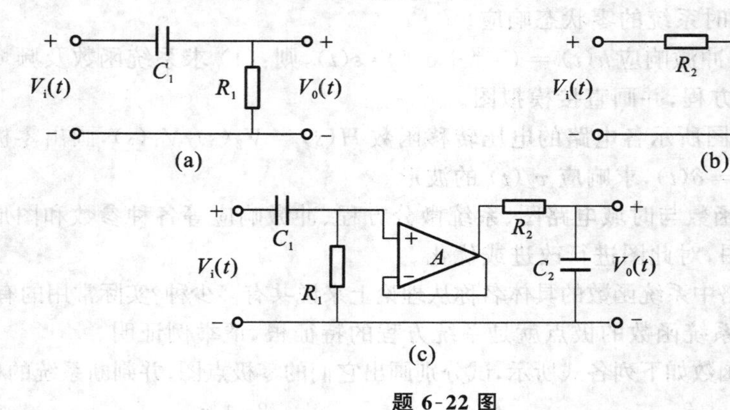

题 6-22 图

6-23　什么是全通网络？它在电子线路中有何应用？

第7章 离散时间系统的时域分析

本章主要内容 (1) 离散时间信号与连续时间信号的关系,典型的离散时间信号;(2) 离散时间信号的描述方法、基本运算与分解;(3) 时域抽样定理的叙述与证明;(4) 两种差分方程所描述的离散时间系统的数学模拟,画直接模拟图;(5) 根据直接模拟图列写差分方程;(6) 用移序算子表示差分方程,传输算子的获取;(7) 求零输入响应,特征方程、特征根的概念,用移序算子表示的特征方程;(8) 卷积和的定义式,因果序列、有始序列卷积和的计算,常用序列卷积和的公式及推导;(9) 用卷积和求零状态响应;(10) 单位样值响应的定义及时域求解法;(11) 完全响应的时域求解法;(12) 系统的因果性、稳定性时域判定法;(13) 用差分方程求解实际问题;(14) 线性移不变离散时间系统的定义及其线性性质、移不变性质的描述与应用。

7.1 引 言

由第1章可知,确定信号分为连续时间信号和离散时间信号,系统也可分为连续时间系统和离散时间系统。连续时间信号又分为模拟信号和阶梯形信号,阶梯形信号又称为量化信号;而离散时间信号又分为抽样信号和数字信号。确定信号的这种分类详见表1.2.1。本章讨论离散时间信号和离散时间系统的有关问题。

系统是处理信号的装置,根据系统处理的信号是连续时间信号还是离散时间信号,可将系统分为连续时间系统和离散时间系统两类。对于连续时间系统来说,系统的输入、输出都是连续时间信号;对于离散时间系统来说,系统的输入、输出都是离散时间信号。

实际的离散时间系统,常见就是数字电路和计算机。数字电路和计算机能处理的只是离散时间信号中的数字信号,而抽样信号是从模拟信号经过一定规律的抽样后获取的信号。其特点是时间离散,但幅值是连续取值的;将抽样信号经过量化、编码后才可以转换成数字信号,转换成数字信号后,才能送至计算机中进行传输和处理。

离散时间信号和离散时间系统的理论有许多实际的应用,如生物学、人口学、社会经济学等。同时它也是模拟系统和数字系统之间的一种过渡理论,这是因为离散时间信号是模拟信号与数字信号之间的一种过渡信号。

世界是模拟的,实际的物理量大多数是由传感器转换成连续时间信号,也即模拟信号。但是,处理信号的常用设备和技术,则大多是数字电路和数字技术以及计算机系统和技术。因此必须有一种理论和技术,能将模拟信号转换成数字信号,送入计算机处理。而在将模拟信号转换成数字信号的过程中,必须经过离散时间信号的过渡,因此也就产生了关于离散时间信号和离散时间系统的理论。

离散时间系统与连续时间系统有许多平行与相似之处,如:连续时间系统的数学模型在时域中是用微分方程描述的,而离散时间系统是用差分方程描述的,不管是连续时间系统还是离散时间系统,系统的完全响应可分解为自由响应与强迫响应之和,还可分解为零输入响应和零状态响应之和;两种系统的零状态响应都等于激励信号与冲激响应的卷积,一个是卷积积分,一个则是卷积和。

二者不同的是:连续时间系统的数学模型主要来源于电路系统,而离散时间系统的数学模型来源非常广泛，涉及各类实际问题；连续时间系统的特征根出现在指数的幂数中，离散时间系统的特征根出现在指数的底数中。

离散时间系统(实际上即数字系统，包括计算机)相对于连续时间系统有许多优点，如：容易做到精度高，可靠性好；便于实现大规模集成，从而在重量和体积方面显示其优越性；存储器的合理运用使系统具有灵活的功能；数字系统容易利用可编程技术，借助于软件控制，大大改善了系统的灵活性和通用性；易处理速率很低的信号；抗噪声、抗干扰能力强。

7.2 离散时间信号的基本知识

7.2.1 离散时间信号的获取与表示

离散时间信号可以通过对连续时间信号进行抽样得到，也可以直接产生。设 $f(t)$ 为一个连续时间信号，如图 7.2.1(a) 所示，以均匀间隔 T 对其进行抽样，得到一个时间序列 $f(nT)$，因为序列中每一项中都含有 T，故可省去不写，将时间序列 $f(nT)$ 简记为 $f(n)$。如图 7.2.1(b) 所示。设每隔 0.5 小时记录一次百叶箱中的温度，以 n 代表记录的次序，则可直接得到一个序列 $f(n)$；若在上山的路上，每升高 10 米放一只温度计，用 $f(n)$ 依次表示从下向上各处的温度，显然，这里的整数 n 与时间没有关系，只是一个相对高度的表示，还可以举出其他与时间无关的序列。因此，有时把离散时间信号称为离散信号，或称为序列。

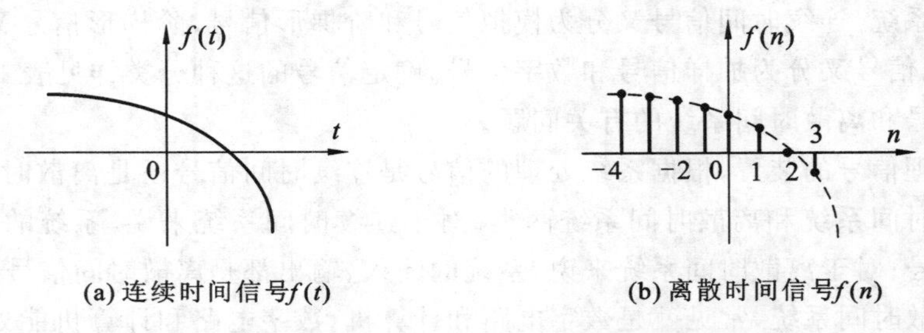

图 7.2.1 对连续时间信号进行抽样得到离散时间信号

离散信号 $f(n)$ 的表示法一般有以下三种。

1) 解析法

写出离散信号(序列)的通项公式，如 $f(n)=a^n$，$f(n)=a^{-n}$，$f(n)=\sin n\omega_0$，$f(n)=\cos n\omega_0$ 等。

2) 列举法

有时无法写出离散信号(序列)的通项公式，只有一些依次排列的数据，这种情况就用列举法，如：

$$\begin{cases} -1 & (n=-1) \\ 1 & (n=0) \\ 1.3 & (n=1) \\ 2 & (n=2) \end{cases} \tag{7.2.1}$$

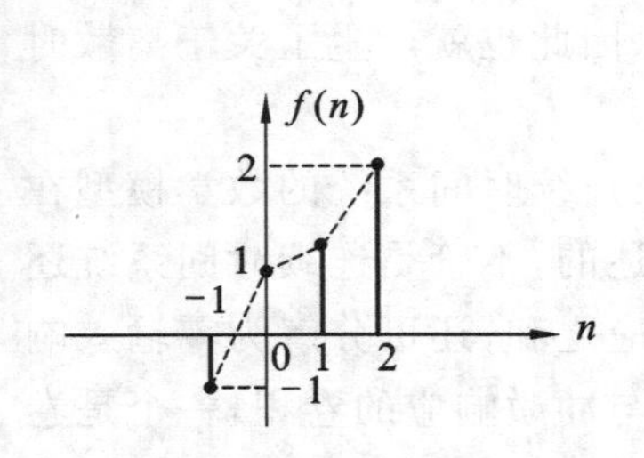

图 7.2.2 画图法示例

3) 画图法

可以用直角坐标系画出离散信号(序列)的图形，如图 7.2.2 所示。

在图 7.2.2 中，横坐标 n 代表序号，取整数有效，纵坐标表示序列的值，用圆点表示，圆点和对应的横坐标用细实线连接，代表序列值的圆点之间用虚线连接，称为包络线。图 7.2.2 就是式(7.2.2) 所示序列的图形。对于解析法表示的序列，也可以用画图法表示。

7.2.2 离散信号的基本运算

1）相加

序列 $f_1(n)$ 与 $f_2(n)$ 相加是指两序列同序号的数值逐项对应相加构成一个新序列 $f(n)$，即：

$$f(n) = f_1(n) + f_2(n) \tag{7.2.2}$$

2）相乘

序列 $f_1(n)$ 与 $f_2(n)$ 相乘表示两序列同序号的数值逐项对应相乘构成一个新序列 $f(n)$，即：

$$f(n) = f_1(n) f_2(n) \tag{7.2.3}$$

3）移位

当 k 为正时，$f(n-k)$ 表示将 $f(n)$ 右移 k 位；$f(n+k)$ 表示将 $f(n)$ 左移 k 位。$f(n-k)$ 表示由序列 $f(n)$ 延时 kT，得到的一个新序列 $Z(n)$，即：

$$Z(n) = f(n-k) \tag{7.2.4}$$

4）反褶（折叠）

如果有 $f(n)$，则 $f(-n)$ 是以纵轴为对称轴，将 $f(n)$ 反褶后得到的序列 $Z(n)$，即：

$$Z(n) = f(-n) \tag{7.2.5}$$

5）尺度倍乘

尺度倍乘是将波形压缩或扩展，若将自变量 n 乘以正整数 a $(a > 1)$，构成 $f(an)$，则波形压缩，而 $f(n/a)$ 则表示波形扩展。

注意：这时要按规律除去某些点或补足相应的零值。

例 7.2.1 若 $f(n)$ 的波形如图 7.2.3(a) 所示，求 $f(2n)$ 和 $f(n/2)$ 的波形。

解 $f(2n)$ 的波形如图 7.2.3(b) 所示，这时，对应 $f(n)$ 的波形中 n 为奇数的各样值已不存在，只留下 n 为偶数的各样值，波形压缩。而 $f(n/2)$ 的波形如图 7.2.3(c) 所示，对应 $f(n/2)$ 的波形中 n 为奇数的各点应补入零值，n 为偶数的各点取得 $f(n)$ 波形中依次对应的样值，因而波形得到扩展。

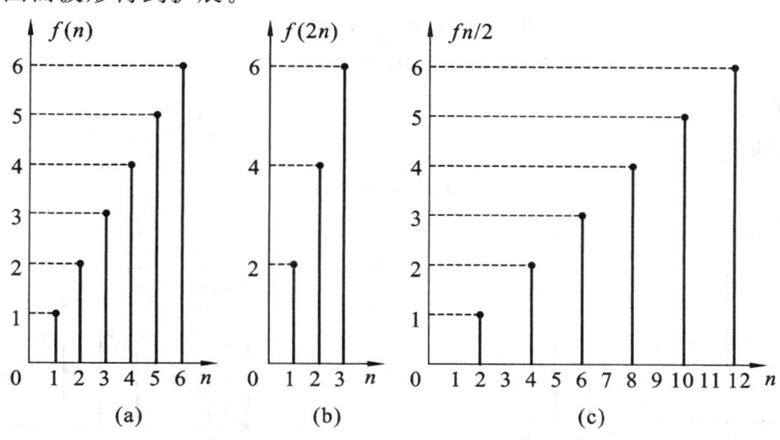

图 7.2.3 $f(n)$，$f(2n)$ 和 $f(n/2)$ 的波形

7.2.3 典型的离散时间信号

1. 单位样值信号

单位样值信号的定义为：

$$\delta(n)=\begin{cases}1,n=0\\0,n\neq 0\end{cases}\tag{7.2.6}$$

其波形如图 7.2.4 所示。

2. 单位阶跃序列

单位阶跃序列的定义为：

$$\varepsilon(n)=\begin{cases}1,n\geqslant 0\\0,n<0\end{cases}\tag{7.2.7}$$

其波形如图 7.2.5 所示。

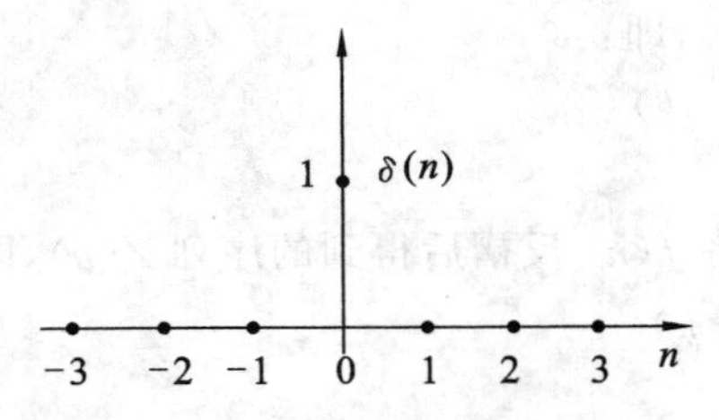

图 7.2.4 单位样值信号的波形

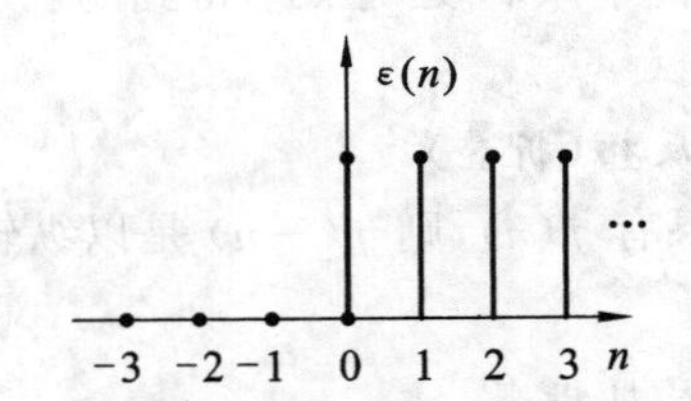

图 7.2.5 单位阶跃信号的波形

3. 矩形序列

矩形序列的定义为：

$$G_k(n)=\begin{cases}1\quad(0\leqslant n\leqslant k-1)\\0\quad(n<0,n\geqslant k)\end{cases}\tag{7.2.8}$$

其波形如图 7.2.6 所示。

以上三种序列之间有如下关系：

$$\varepsilon(n)=\delta(n)+\delta(n-1)+\delta(n-2)+\cdots=\sum_{j=0}^{+\infty}\delta(n-j)\tag{7.2.9}$$

$$\delta(n)=\varepsilon(n)-\varepsilon(n-1)\tag{7.2.10}$$

$$G_k(n)=\varepsilon(n)-\varepsilon(n-k)\tag{7.2.11}$$

4. 斜变序列

斜变序列的定义为：

$$f(n)=n\varepsilon(n)\tag{7.2.12}$$

其波形如图 7.2.7 所示。

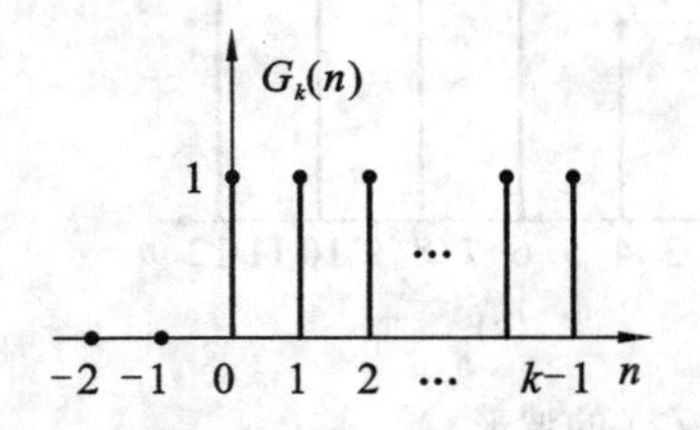

图 7.2.6 矩形序列的波形

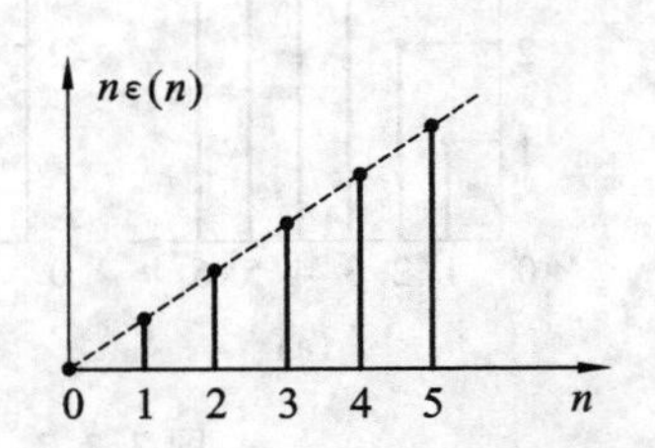

图 7.2.7 斜变序列的波形

5. 单边指数序列

单边指数序列的定义为：

$$f(n) = a^n\varepsilon(n) \tag{7.2.13}$$

其波形如图7.2.8所示。图7.2.8(a)所示为$a>1$的情况，此序列是单调增长的；图7.2.8(b)所示为$0<a<1$的情况，此序列是单调衰减的；图7.2.8(c)所示为$a<-1$的情况，此序列的绝对值是单调增长的，但在增长过程中，序列值在正负间跳跃；图7.2.8(d)所示为$-1\leqslant a<0$的情况，此序列的绝对值是单调衰减的，但在衰减过程中，序列值在正负间跳跃。

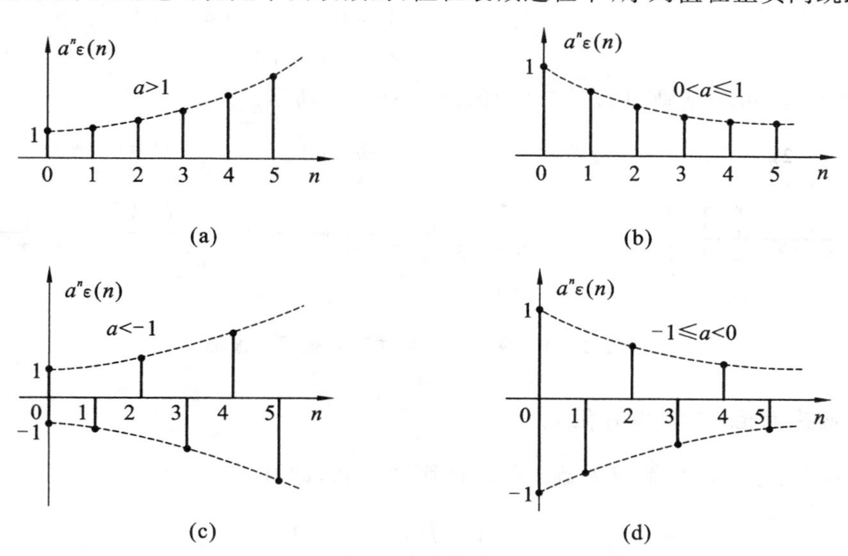

图 7.2.8 单边指数序列波形的四种情况

6. 正弦序列和余弦序列

正弦序列和余弦序列的定义分别为：

$$f(n) = \sin n\omega_0 \tag{7.2.14}$$

$$f(n) = \cos n\omega_0 \tag{7.2.15}$$

正弦序列的波形如图7.2.9所示。

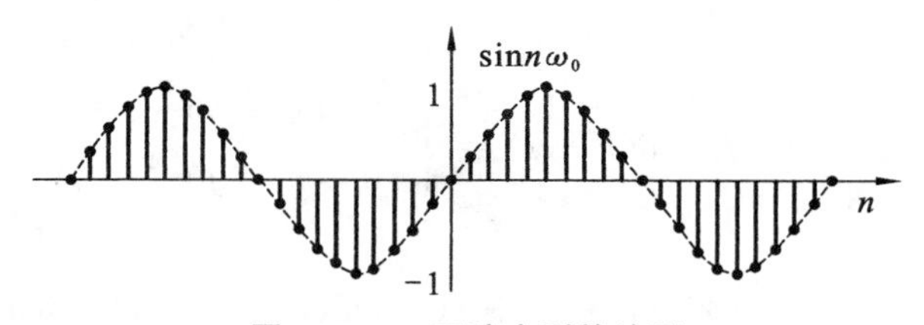

图 7.2.9 正弦序列的波形

7. 复指数序列

复指数序列的定义为：

$$f(n) = e^{j\omega_0 n} = \cos\omega_0 n + j\sin\omega_0 n \tag{7.2.16}$$

复序列用极坐标表示，则有：

$$f(n) = |f(n)|e^{j\varphi n} \tag{7.2.17}$$

比较以上两式可得：

$$|f(n)| = 1, \varphi_n = \omega_0 n \tag{7.2.18}$$

例 7.2.1 试画出下列离散信号的波形：(1)$\varepsilon(n-2)$；(2)$\varepsilon(-n-2)$；(3)$\varepsilon(-n+2)$。

解 由于有：

$$\varepsilon(n-2)=\begin{cases}1(n-2)\geqslant 0\\0(n-2)<0\end{cases}=\begin{cases}1(n\geqslant 2)\\0(n<2)\end{cases} \quad ①$$

$$\varepsilon(-n-2)=\begin{cases}1(-n-2\geqslant 0)\\0(-n-2<0)\end{cases}=\begin{cases}1(n\leqslant -2)\\0(n>-2)\end{cases} \quad ②$$

$$\varepsilon(-n+2)=\begin{cases}1(-n+2\geqslant 0)\\0(-n+2<0)\end{cases}=\begin{cases}1(n\leqslant 2)\\0(n>2)\end{cases} \quad ③$$

根据 ①、②、③ 式可分别画图如图 7.2.10(a)、(b)、(c) 所示。

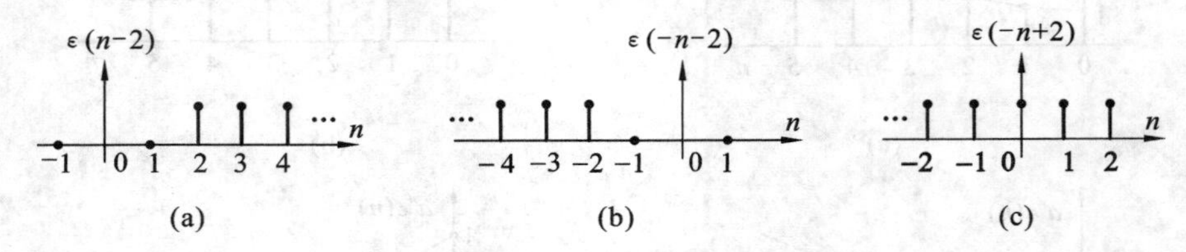

图 7.2.10 例 7.2.1 所求离散信号的波形

7.2.4 离散时间信号的分解

连续时间信号可以分解成无数单位冲激函数之和，即有：

$$f(t)=\int_{-\infty}^{+\infty}f(\tau)\delta(t-\tau)\mathrm{d}\tau$$

类似地，任一离散时间信号也可表示为无数加权延时的单位函数之和，即：

$$f(n)=\sum_{j=-\infty}^{+\infty}f(j)\delta(n-j) \quad (7.2.19)$$

证明 因为：

$$\delta(n-j)=\begin{cases}1(n=j)\\0(n\neq j)\end{cases}$$

于是有：

$$f(j)\delta(n-j)=\begin{cases}f(j)\,(n=j)\\0\quad(n\neq j)\end{cases}$$

根据上式可得：

$$\begin{aligned}f(n)&=\cdots f(-3)\delta(n+3)+f(-2)\delta(n+2)+f(-1)\delta(n+1)+f(0)\delta(n)+f(1)\delta(n-1)+\cdots\\&=\sum_{j=-\infty}^{+\infty}f(j)\delta(n-j)\end{aligned}$$

得证。

7.3 抽样信号与时域抽样定理

在 7.1 节已经指出：世界是模拟的，实际需要传输和处理的信号大多数是由传感器将相应的物理量转换成的连续时间信号，也即模拟信号。但是，处理信号的常用设备和技术，则大多是数字电路和数字技术以及计算机系统和技术。因此必须有一种理论和技术，能将模拟信号转换成数字信号，送入计算机处理。而在将模拟信号转换成数字信号的过程中，必须经过离散时间信号的过渡，因此也就产生了关于离散时间信号和离散时间系统的理论。

要将连续时间信号转变成数字信号必须经过抽样、量化编码的过程，这一过程称为模拟/数字转换，简称 A/D 转换，如图 7.3.1 所示。

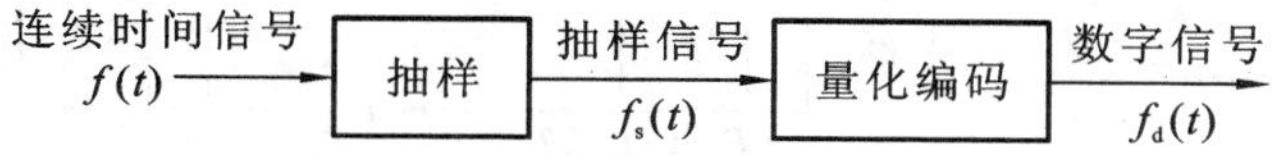

连续时间信号 $f(t)$ → 抽样 → 抽样信号 $f_s(t)$ → 量化编码 → 数字信号 $f_d(t)$

图 7.3.1　连续时间信号转变成数字信号的过程

现在的问题是如何才能保证经过这些变化之后，能从数字信号中完全无失真地还原出原来的连续时间信号。要解决这个问题，首先要保证经过抽样之后，能从抽样信号中完全无失真地还原出原来的连续时间信号。时域抽样定理圆满地回答了这个问题。

7.3.1　时域抽样定理及其证明

时域抽样定理：若连续时间信号 $f(t)$ 的最高频率分量的角频率为 $\omega_m = 2\pi f_m$，则 $f(t)$ 可以用等间隔的抽样值 $f_s(nT_s) = f_s(t)$ 唯一地表示，而抽样间隔 T_s 必须满足 $T_s \leqslant \frac{1}{2f_m}$。具体证明如下。

时域抽样过程，是一个被抽样的信号 $f(t)$ 与周期抽样脉冲 $p(t)$ 相乘的过程，如图 7.3.2 所示。

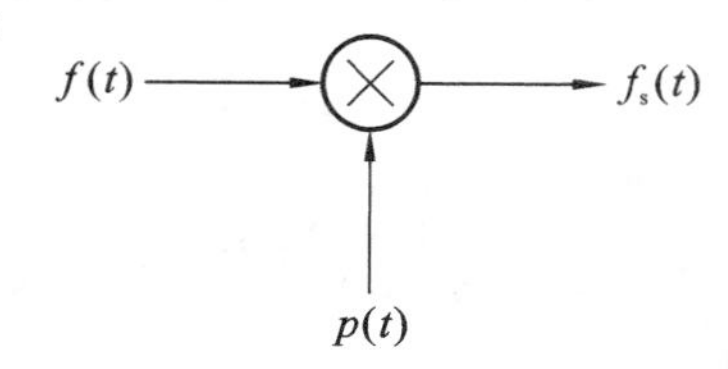

图 7.3.2　时域抽样

抽样信号为：

$$f_s(t) = f(t)p(t) \tag{7.3.1}$$

设 $p(t)$ 为均匀间隔的冲激序列，即：

$$p(t) = \delta_{T_s}(t) = \sum_{n=-\infty}^{\infty} \delta(t - nT_s) \tag{7.3.2}$$

所以

$$P(\omega) = \mathscr{F}[p(t)] = \frac{2\pi}{T_s}\sum_{n=-\infty}^{\infty} \delta(\omega - n\omega_s) \tag{7.3.3}$$

式中　$\omega_s = \frac{2\pi}{T_s}$。

对式(7.3.1) 两边取傅里叶变换，得：

$$\begin{aligned} F_s(\omega) &= \frac{1}{2\pi}F(\omega) * P(\omega) \\ &= \frac{1}{2\pi}F(\omega) * \left[\frac{2\pi}{T_s}\sum_{n=-\infty}^{\infty} \delta(\omega - n\omega_s)\right] \\ &= \frac{1}{T_s}\sum_{n=-\infty}^{\infty} F(\omega - n\omega_s) \end{aligned} \tag{7.3.4}$$

式(7.3.4) 表明，抽样信号 $f_s(t)$ 的频谱 $F_s(\omega)$ 是以原信号 $f(t)$ 的频谱 $F(\omega)$ 在 ω 轴上以 ω_s 的间隔平行移动的，只是幅度要乘以$\frac{1}{T_s}$。因为系数$\frac{1}{T_s}$ 只影响信号的幅度，而不影响信号的频率成分，故只要保证 $\omega_s \geqslant 2\omega_m$，即 $T_s \leqslant \frac{1}{2f_m}$，就可以用一个理想低通滤波器从 $F_s(\omega)$ 中完全不失真地还原出 $F(\omega)$。被抽样的信号 $f(t)$、周期抽样脉冲 $p(t)$ 和抽样信号 $f_s(t)$ 以及它们的频谱 ($\omega_s \geqslant 2\omega_m$) 如图 7.3.3 所示。实际操作是让抽样信号 $f_s(t)$ 通过一个理想低通滤

波器，在其输出端即可恢复原信号 $f(t)$，如图 7.3.4 所示。理想低通滤波器的通频带与 $F_s(\omega)$ 的相对位置关系如图 7.3.5 所示，此时理想低通滤波器的截止频率 ω_C 等于被抽样的信号 $f(t)$ 最高频率分量之角频率 ω_m。

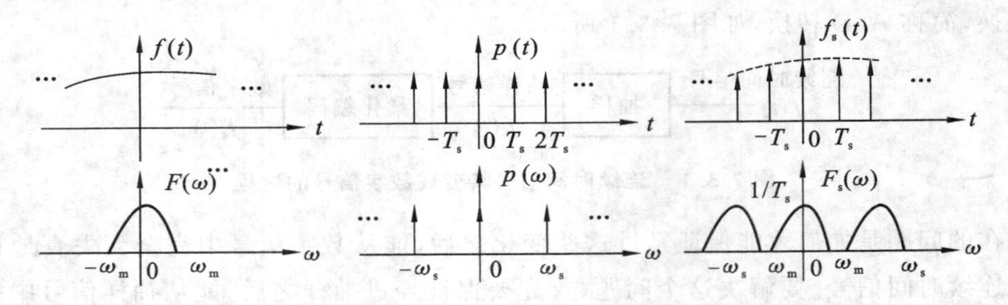

图 7.3.3 抽样信号及其频谱的产生

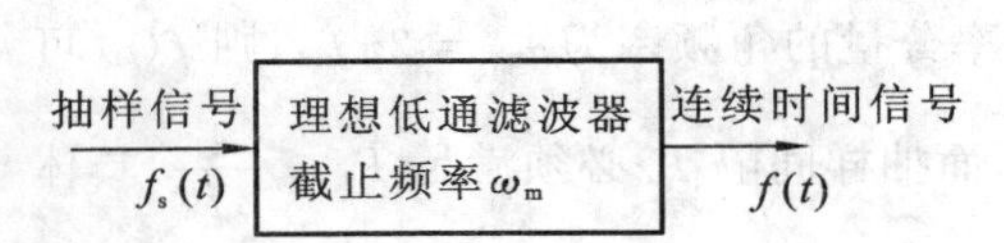

图 7.3.4 连续时间信号的恢复

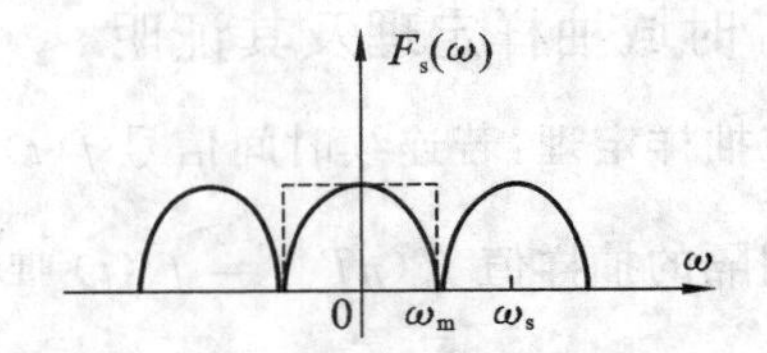

图 7.3.5 理想低通滤波器的通频带与 $F_s(\omega)$ 的相对位置

若 $\omega_s < 2\omega_m$，则 $F_s(\omega)$ 会出现如图 7.3.6 所示频谱混叠现象。故无法从 $F_s(\omega)$ 中完全不失真地还原出 $F(\omega)$，因而也就无法恢复原信号 $f(t)$。

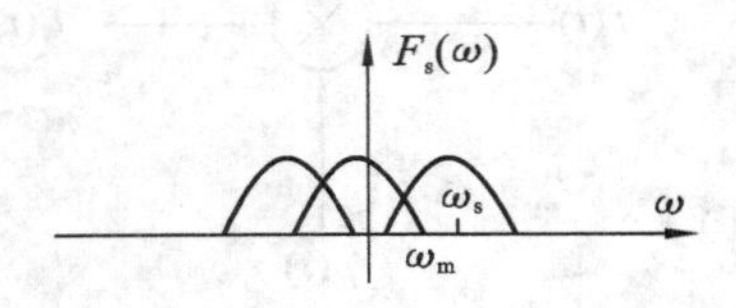

图 7.3.6 $\omega_s < 2\omega_m$ 时 $F_s(\omega)$ 出现频谱混叠现象

7.3.2 实际的时域抽样与信号恢复

1. 实际的时域抽样

由于单位冲激信号 $\delta(t)$ 是为了理论研究的需要而抽象出来的，在实际信号中并不存在，因而在上述时域抽样定理的证明中所采用的均匀间隔的冲激序列：

$$p(t) = \delta_{T_s}(t) = \sum_{n=-\infty}^{\infty} \delta(t - nT_s)$$

在实际中也是不存在的。在实际的电子线路中，如 A/D 转换器中所采用的均匀间隔的抽样脉冲是周期矩形脉冲，其周期 T_s，脉冲宽度为 τ，脉冲高度为 1，角频率 $\omega_s = \dfrac{2\pi}{T_s}$，如图 7.3.7 所示。

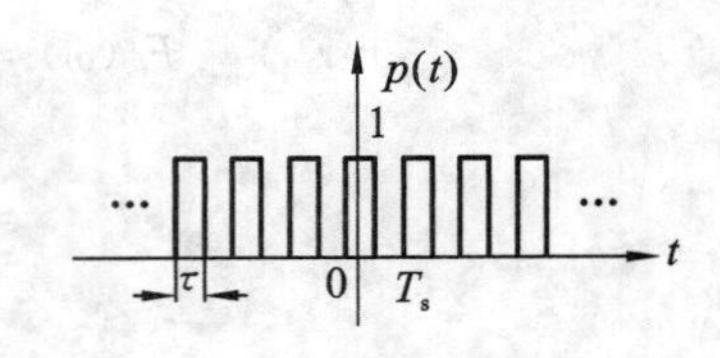

图 7.3.7 周期矩形脉冲

根据 3.8 节“周期信号的频谱密度函数”中例 3.8.1 的推导，替换有关参数可得：

$$p(t) = \sum_{n=-\infty}^{+\infty} C_n e^{jn\omega_s t}$$

而系数

$$C_n = \frac{1}{T_s}\int_{-\frac{T_s}{2}}^{\frac{T_s}{2}} p(t) e^{-jn\omega_s t} dt \frac{\tau}{T_s} \mathrm{Sa}\left(\frac{n\omega_s\tau}{2}\right)$$

于是
$$P(\omega)=2\pi\sum_{n=-\infty}^{+\infty}C_n\delta(\omega-n\omega_s)$$
在抽样脉冲是周期矩形脉冲的情况下，则抽样信号 $f_s(t)$ 的频谱为：
$$\begin{aligned}F_s(\omega)&=\frac{1}{2\pi}F(\omega)*P(\omega)\\&=\frac{1}{2\pi}F(\omega)*\frac{2\pi}{T_s}\tau\sum_{n=-\infty}^{+\infty}\mathrm{Sa}\left(\frac{n\omega_s\tau}{2}\right)\delta(\omega-n\omega_s)\\&=\frac{\tau}{T_s}\sum_{n=-\infty}^{+\infty}\mathrm{Sa}\left(\frac{n\omega_s\tau}{2}\right)F(\omega-n\omega_s)\end{aligned}\tag{7.3.5}$$

由式(7.3.1)可以看到，在抽样脉冲是周期矩形脉冲的情况下，抽样信号 $f_s(t)$ 的频谱 $F_s(\omega)$ 依然是由原信号的频谱 $F(\omega)$ 以 ω_s 为间隔不断地平移得到的。现在在平移过程中，要乘以一个随 n 变化的加权系数 $\frac{\tau}{T_s}\mathrm{Sa}\left(\frac{n\omega_s\tau}{2}\right)$。如图7.3.8所示。不过这种加权并不影响抽样定理的成立。在这种情况下，同样只要保证 $\omega_s\geqslant 2\omega_m$，即 $T_s\leqslant\frac{1}{2f_m}$，就可以用一个理想低通滤波器从 $F_s(\omega)$ 中完全不失真地还原出 $F(\omega)$，只是还原出来的信号的频谱为$\frac{\tau}{T_s}F(\omega)$，而 $F(\omega)$ 前面的系数$\frac{\tau}{T_s}$只影响信号的幅度，而不影响信号的频率成分，是很容易用电子技术的方法去掉的。

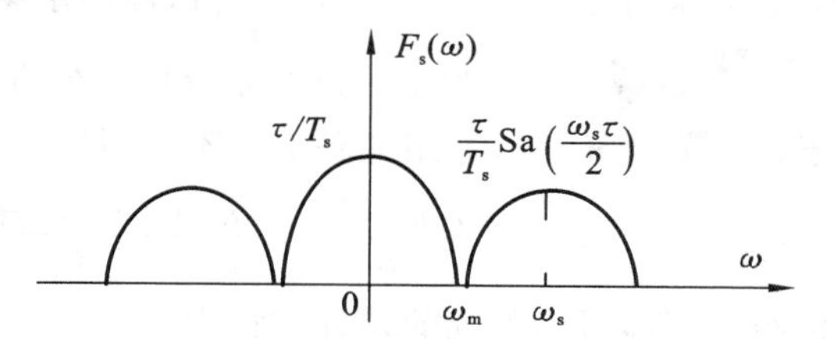

图 7.3.8　周期矩形脉冲抽样时的 $F_s(\omega)$

2. 用实际低通滤波器恢复信号

在上述时域抽样定理的证明过程中指出，需要一个截止频率等于原连续时间信号最高频率的理想低通滤波器，让抽样信号从其输入端加入，在其输出端即可恢复原来的连续时间信号(见图7.3.4)。由4.2.2节“理想滤波器”可知：理想低通滤波器是违背因果律的，是非因果系统，在物理上是不可实现的，因此，只能采用实际的由 R、L、C 构成的有源或无源低通滤波器。在这种情况下，为了能从 $F_s(\omega)$ 中完全不失真地还原出 $F(\omega)$，仅仅保证 $\omega_s\geqslant 2\omega_m$ 是不够的，必须使 $\omega_s\gg 2\omega_m$，以保证 $F_s(\omega)$ 中大于 ω_m 的频率分量不得进入低通滤波器，同时还要求实际低通滤波器的通带截止频率 ω_p 必须大于 ω_m 而小于 $\omega_s-\omega_m$ 即 $\omega_m<\omega_p<\omega_s-\omega_m$，如图7.3.9所示。

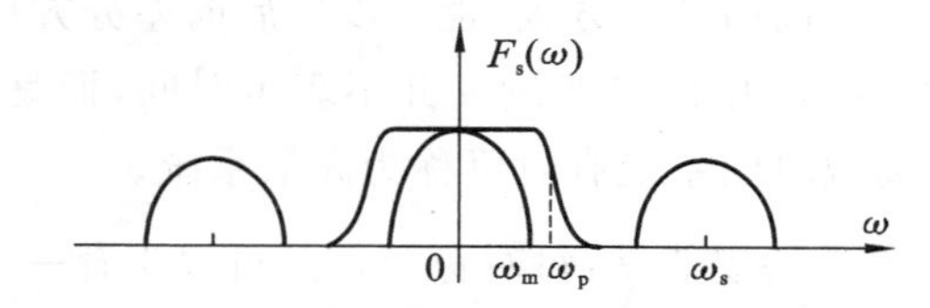

图 7.3.9　低通滤波器的通带截止频率 ω_p 与 ω_m、ω_s 的关系

7.4　离散时间系统的数学描述和模拟

描述连续时间系统工作状态的数学模型是线性常系数微分方程，而描述离散时间系统

工作状态的数学模型是线性常系数差分方程。根据描述连续时间系统的线性常系数微分方程可以画出连续时间系统的直接模拟图。同样地，根据描述离散时间系统工作状态的线性常系数差分方程也可画出离散时间系统的直接模拟图。

7.4.1 用差分方程描述离散时间系统

下面通过例子说明如何用差分方程描述离散时间系统的工作状态。

例 7.4.1 如图 7.4.1 所示，电阻梯形网络中，每一串臂电阻值都为 R，每一并臂电阻值为 aR，a 为某一正实数。每个节点对地的电压为 $u(n)(n=0,1,2,\cdots,k)$，已知两边界节点电压为 $u(0)=E$，$u(k)=0$。试写出求第 n 个节点电压 $u(n)$ 的数学方程。

解 为了写出此系统的差分方程，把系统中第 $n+1$ 个节点画于图 7.4.2 中，对于任一节点 $n+1$，运用电路定律不难写出：

$$\frac{u(n+1)}{aR}=\frac{u(n)-u(n+1)}{R}+\frac{u(n+2)-u(n+1)}{R}$$

再经整理即得该系统的差分方程为

$$u(n+2)-\frac{2a+1}{a}u(n+1)+u(n)=0 \tag{7.4.1}$$

由此，再利用已知的两边界节点电压 $u(k)=0$，$u(0)=E$ 作为边界条件，经求解即可得 $u(n)$。

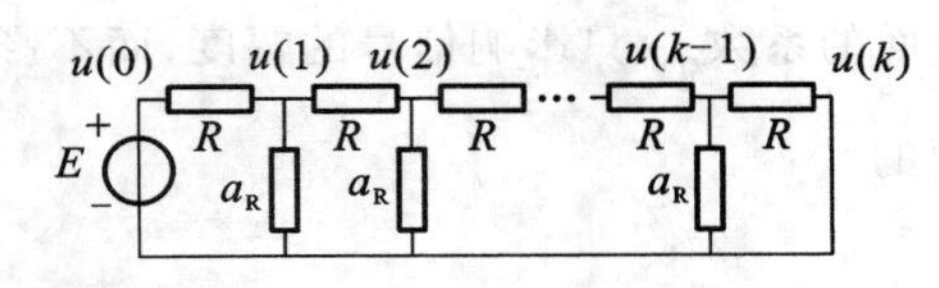

图 7.4.1 电阻梯形网络

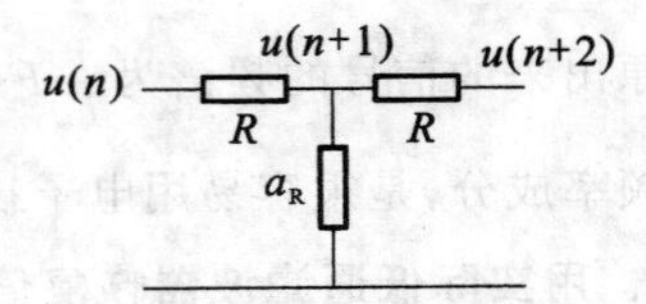

图 7.4.2 第 $(n+1)$ 个节点

上例中求得的方程式(7.4.1)就是差分方程。这是一个二阶常系数线性齐次方程，是一个前向差分方程。

如果在上例中设图 7.4.2 中的三个节点的电压依次为 $u(n-2)$，$u(n-1)$，$u(n)$，则求得的差分方程为：

$$u(n)-\frac{2a+1}{a}u(n-1)+u(n-2)=0 \tag{7.4.2}$$

式(7.4.2)也是一个二阶常系数线性齐次方程，是一个后向差分方程。描述一个离散系统工作特性的数学模型可以用前向差分方程，也可以用后向差分方程。

从上例可以看出，序列 $u(n)$ 中的自变量 n 并不表示时间，而是代表电路中各节点的序号，与时间没有关系，因此离散时间系统有时可称为离散系统。

例 7.4.2 家兔养殖的规律是：每对兔子每月可以生育一对小兔，新生的小兔要隔一个月才具有生育能力。某农户买了一对新生的小兔，问第 n 个月该农户所具有的兔子对数是多少？

解 这是一个生物学的繁殖问题。首先要根据实际情况，列出求解问题的数学方程。根据题意可罗列事实，逐月计算，寻找规律。前 8 个月的计算结果如表 7.4.1 所示。

表 7.4.1　家兔前 8 个月的繁殖计算结果

第 n 个月	兔子对总数	老兔子对数	新兔子对数
0	0	0	0
1	1	0	1
2	1	1	0
3	2	1	1
4	3	2	1
5	5	3	2
6	8	5	3
7	13	8	5
8	21	13	8
⋮	⋮	⋮	⋮
n	$y(n)$	$y(n-1)$	$y(n-2)$

上述用列表的方法进行的逐月计算过程，就是求解差分方程的迭代法，迭代法一般不能得到一个闭式的答案。但是，通过逐月计算的过程和结果，可以发现如下规律，即：

$$y(n)=y(n-1)+y(n-2)$$

这个方程是否符合题意，还不能肯定，因为它只是从前几个月的数据中归纳总结出来的。按题意分析，下式应成立：

$$\begin{aligned}y(n)&=2\times\text{上个月老兔子的对数}+\text{上个月新兔子的对数}\\&=2\times\text{上上个月兔子对的总数}+(\text{上个月的兔子对的总数}-\text{上上个月兔子对的总数})\\&=2y(n-2)+[y(n-1)-y(n-2)]\end{aligned}$$

将上式展开即得：　　$y(n)=y(n-1)+y(n-2)$

因此，描述兔子繁殖问题的差分方程为：

$$y(n)-y(n-1)-y(n-2)=0$$

并且，其初始条件是 $y(0)=0, y(1)=1$。该方程是一个二阶、常系数、线性、后向齐次差分方程。

7.4.2　移序算子和传输算子

上述两例中所得到的差分方程都是齐次方程，方程的右边等于零。差分方程的一般形式是方程右边有激励项及其移序项的非齐次方程。二阶非齐次前向差分方程的一般形式为：

$$y(n+2)+a_1y(n+1)+a_0y(n)=b_1e(n+1)+b_0e(n) \tag{7.4.3}$$

二阶非齐次后向差分方程的一般形式为：

$$y(n)+a_1y(n-1)+a_2y(n-2)=b_0e(n)+b_1e(n-1) \tag{7.4.4}$$

在连续时间系统的时域分析中引入微分算子 p 后，使得运算简化，类似地，为了简化运算，在离散时间系统的时域分析中引入了移序算子，其定义如下：

$$\begin{cases}E[f(n)]=f(n+1)\\E^2[f(n)]=f(n+2)\\\quad\vdots\\E^k[f(n)]=f(n+k)\end{cases} \tag{7.4.5}$$

式(7.4.5)是增序算子。

$$\begin{cases} E^{-1}[f(n)] = f(n-1) \\ E^{-2}[f(n)] = f(n-2) \\ \quad\vdots \\ E^{-k}[f(n)] = f(n-k) \end{cases} \tag{7.4.6}$$

式(7.4.6)为减序算子。有了移序算子,差分方程的表示可以简化。例如,二阶前向差分方程式(7.4.3)即可表示为:

$$E^2 y(n) + a_1 Ey(n) + a_0 y(n) = b_1 Ee(n) + b_0 e(n)$$

提取公因子后得:

$$(a_2 E^2 + a_1 E + a_0) y(n) = (b_1 E + b_0) e(n)$$

比例运算得:

$$y(n) = \frac{b_1 E + b_0}{a_2 E^2 + a_1 E + a_0} e(n)$$

上式中,令:

$$H(E) = \frac{b_1 E + b_0}{a_2 E^2 + a_1 E + a_0} \tag{7.4.7}$$

于是得到:

$$y(n) = H(E) e(n) \tag{7.4.8}$$

$H(E)$ 称为传输算子。有了传输算子,差分方程式(7.4.3)就可简写为式(7.4.8)。同理,运用减序算子,二阶非齐次后向差分方程式(7.4.4),也可简化写成:

$$y(n)(1 + a_1 E^{-1} + a_2 E^{-2}) = e(n)(b_0 + b_1 E^{-1})$$

于是有:

$$y(n) = H(E) e(n)$$

式中:

$$H(E) = \frac{b_0 + b_1 E^{-1}}{1 + a_1 E^{-1} + a_2 E^{-2}} \tag{7.4.9}$$

离散时间系统中传输算子 $H(E)$ 的作用和连续时间系统中传输算子 $H(p)$ 的作用是类似的,其应用在后面将会陆续介绍。

7.4.3 离散时间系统的数学模拟

与连续时间系统的数学模拟类似,离散时间系统也可以根据其差分方程,用一些运算器来进行数学模拟。离散时间系统的运算部件有加法器和倍乘器,这两个部件的功能连续时间系统的完全相同,还有一个延时器如图 7.4.3 所示。

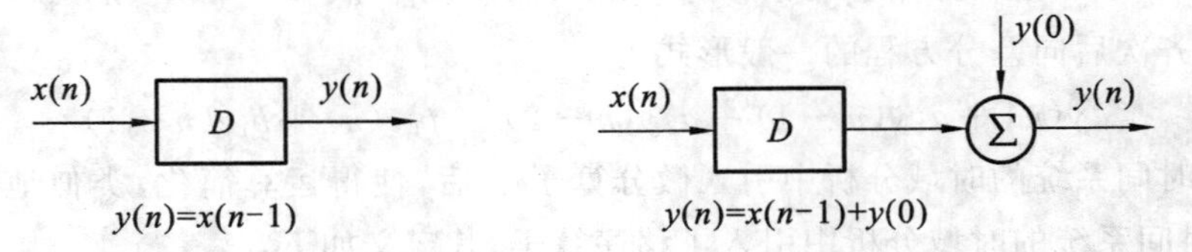

(a) 初始条件为零的情况　　(b) 初始条件不为零的情况

图 7.4.3　离散时间系统的延时器

1. 后向差分方程的模拟

后向差分方程的模拟均采用同一种方法，下面以二阶非齐次后向差分方程为例说明画图方法。

例 7.4.3 画差分方程 $y(n)+a_1y(n-1)+a_2y(n-2)=b_0x(n)+b_1x(n-1)$ 的直接模拟图。

解 该方程为后向差分方程，将原方程移项得到：

$$y(n)=b_0x(n)+b_1x(n-1)-a_1y(n-1)-a_2y(n-2) \tag{7.4.10}$$

根据上式，即可得到图 7.4.4 所示的直接模拟图。

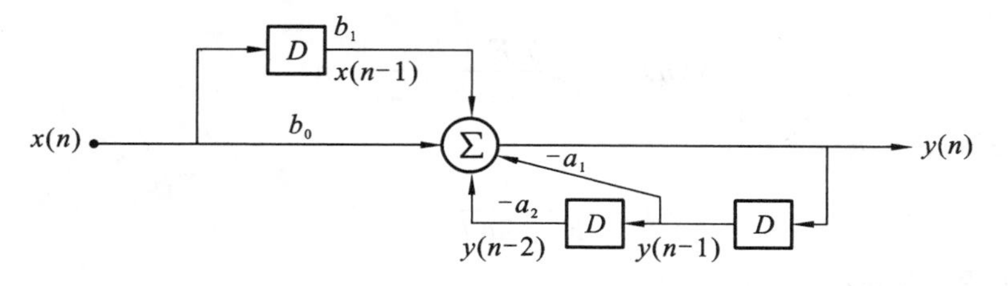

图 7.4.4 后向差分方程的直接模拟图

如果问题是反过来的，即已知系统的直接模拟图如图 7.4.4 所示，求描述系统工作特性的差分方程，那么就可以由图 7.4.4 中加法器的输出与输入的关系直接写出式(7.4.10)，移项后就可得到原差分方程。

2. 前向差分方程的模拟

前向差分方程的模拟与连续时间系统的模拟类似，分为简单情况和一般情况，下面分别讨论。

1. 简单情况

所谓简单情况是指差分方程的右边只有激励项或差分方程的左边只有响应项，以二阶前向差分方程为例，分别如式(7.4.11) 及(7.4.12) 所示。

$$y(n+2)+a_1y(n+1)+a_0y(n)=b_0x(n) \tag{7.4.11}$$

$$y(n)=b_2q(n+2)+b_1q(n+1)+b_0q(n) \tag{7.4.12}$$

对于(7.4.11) 式，可先将其改写成

$$y(n+2)=b_0x(n)-a_1y(n+1)-a_0y(n) \tag{7.4.13}$$

按式(7.4.13) 可画直接模拟图如图 7.4.5 所示，即式(7.4.11) 的直接模拟图。

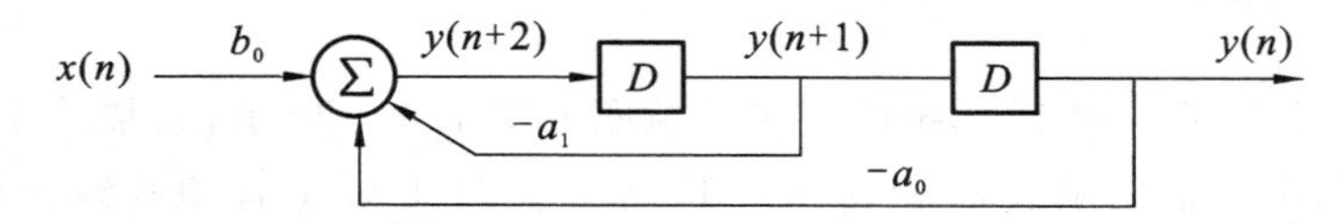

图 7.4.5 式(7.4.13) 的直接模拟图

对于式(7.4.12)，可画直接模拟图如图 7.4.6 所示。

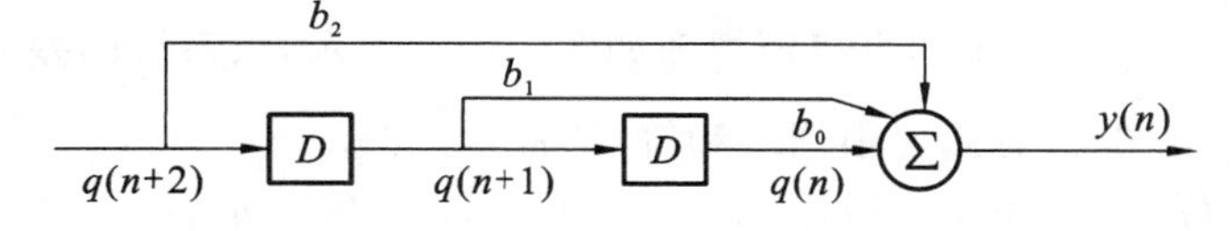

图 7.4.6 式(7.4.12) 的直接模拟图

2. 一般情况

所谓一般情况是指差分方程的两边都有两项及以上序列，这时可通过设置辅助函数把一般情况变化成两个简单情况。下面通过一个例题来说明如何画图。

例 7.4.4 画出差分方程 $y(n+2)+a_1y(n+1)+a_0y(n)=b_1x(n+1)+b_0x(n)$ 的直接模拟图。

解 题中方程属于一般情况，必须引入辅助函数后，将一般情况简化成两个简单形式的差分方程。将原方程用算子式表示为：

$$E^2y(n)+a_1Ey(n)+a_0y(n)=b_1Ex(n)+b_0x(n)$$

运算后，可得：

$$y(n)=\frac{b_1E+b_0}{E^2+a_1E+a_0}x(n) \quad ①$$

引入辅助函数 $q(n)$，令：

$$q(n)=\frac{1}{E^2+a_1E+a_0}x(n) \quad ②$$

将 ② 代入 ① 后，可知：

$$y(n)=(b_1E+b_0)q(n) \quad ③$$

将移序算子还原后，②、③ 式分别成为：

$$q(n+2)+a_1q(n+1)+a_0q(n)=x(n) \quad ④$$

$$y(n)=b_1q(n+1)+b_0q(n) \quad ⑤$$

方程 ④、⑤ 和原差分方程等效。先按 ④ 式画图，得到图 7.4.7 左边的加法器和中间的两个延时器，再按 ⑤ 式画出右边的加法器，即得原差分方程的直接模拟图。

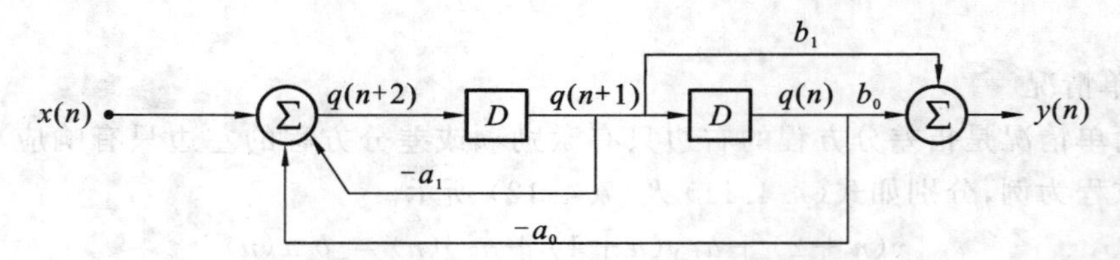

图 7.4.7 前向差分方程一般情况的直接模拟图

解题过程中，对辅助函数 $q(n)$ 的引入，及它与 $y(n)$、$x(n)$ 的关系用算子式给予了证明。对于高阶的前向差分方程，这个原理和方法同样适用。解题时，可按实际参数，直接写出类似于 ④、⑤ 两式的表达式即可，不必每次都要证明。这个原理与方法和连续时间系统的数学模拟是完全类似的。

如果问题反过来，已知离散系统的直接模拟图如图 7.4.5 所示，求描述系统工作特性的差分方程。这时图中的辅助函数 $q(n)$、$q(n+1)$、$q(n+2)$ 必须由解题者经分析后补上去，然后再由两个加法器的输出端分别得到 ④、⑤ 两式，运用移序算子式，可由 ④、⑤ 两式变成 ②、③ 两式，再由 ②、③ 两式即可得到 ① 式，由 ① 式消去移序算子后即可得到所需的差分方程，也就是此例中的原差分方程。显然，此过程是本题解题过程的逆过程。

例 7.4.5 已知系统的直接模拟图如图 7.4.8 所示，求系统的差分方程。

解 由图 7.4.8，可根据求和符号写出：

$$y(n)=b_0x(n)+b_1x(n-1)-a_1y(n-1)-a_2y(n-2)$$

根据上式，经过移项即可得到系统的差分方程为：

$$y(n)+a_1y(n-1)+a_2y(n-2)=b_0x(n)+b_1x(n-1)$$

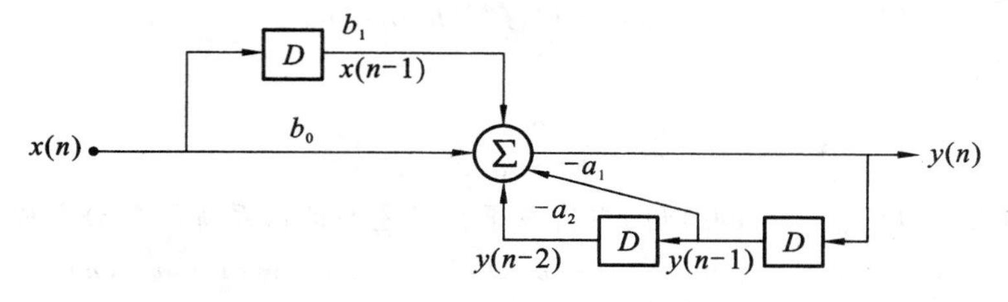

图 7.4.8　后向差分方程的直接模拟图

例 7.4.6　系统的直接模拟图如图 7.4.9 所示，求系统的差分方程。

解　在延时器 D 的输出端为 $x(n-1)$，由加法器的功能可知，有：

$$y(n)=b_0x(n)+b_1x(n-1)$$

上式即为所求系统的差分方程。

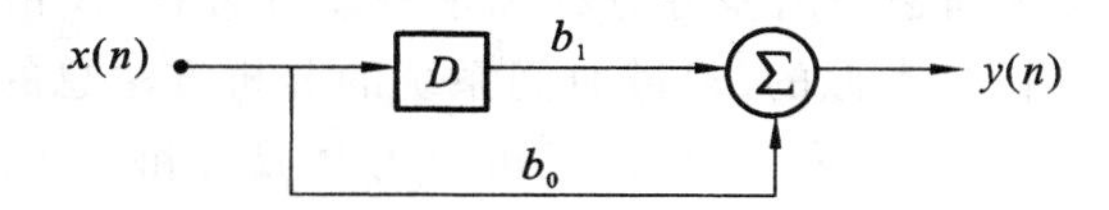

图 7.4.9　例 7.4.6 系统的直接模拟图

例 7.4.7　系统的直接模拟图如图 7.4.10 所示，求系统的差分方程。

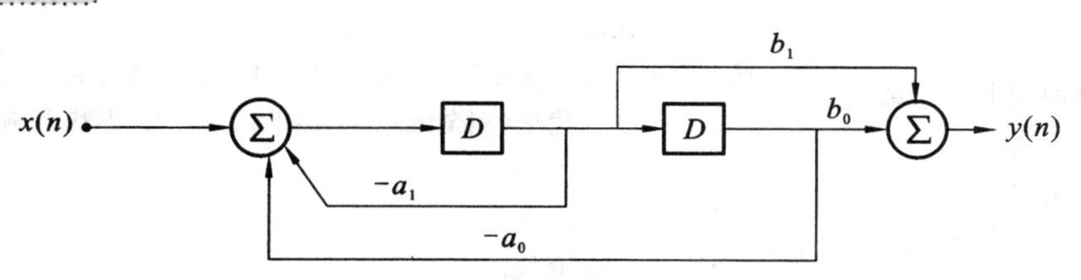

图 7.4.10　例 7.4.7 系统的直接模拟图

解　设辅助函数 $q(n)$、$q(n+1)$、$q(n+2)$，如图 7.4.11 所示。

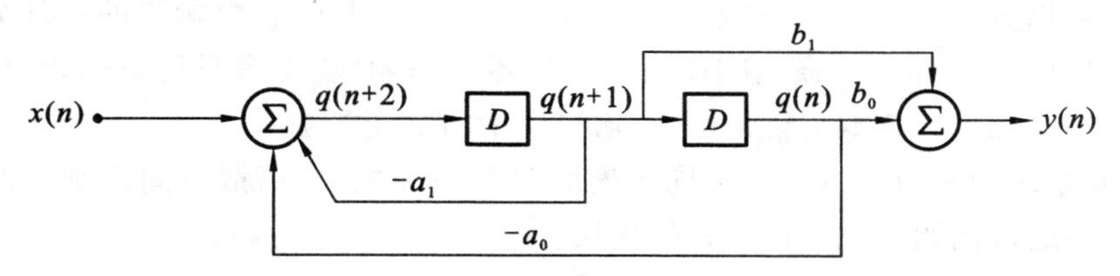

图 7.4.11　在系统的直接模拟图中设置辅助函数 $q(n)$

由图 7.4.11 的左边的求和号可以写出：

$$q(n+2)=x(n)-a_1q(n+1)-a_0q(n)$$

移项后有：

$$q(n+2)+a_1q(n+1)+a_0q(n)=x(n)$$

用算子表示为：

$$q(n)=\frac{1}{E^2+a_1E+a_0}x(n) \qquad ①$$

由图 7.4.11 的右边的求和号可以写出：$y(n)=b_1q(n+1)+b_0q(n)$

用算子表示为：

$$y(n) = (b_1 E + b_0)q(n) \tag{②}$$

将 ① 式代入 ② 式得：

$$y(n) = \frac{b_1 E + b_0}{E^2 + a_1 E + a_0} x(n)$$

将上式两边乘以传输算子的分母，再将算子符号还原即得系统的差分方程为：

$$y(n+2) + a_1 y(n+1) + a_0 y(n) = b_1 x(n+1) + b_0 x(n)$$

解毕。

7.5 差分方程的时域求解方法

7.5.1 迭代法

离散时间系统的时域分析，包括根据系统的结构和参数列描述系统工作特性的差分方程（如例 7.4.1）或根据实际问题列出差分方程和求解差分方程。离散时间系统的时域分析和连续时间系统的时域分析是类似的。离散时间系统的分析方法总的来说，可分为输入-输出法和状态变量分析法两大类。输入-输出法又可分为时域法和 z 变换法、时域法又分为迭代法、时域经典法和时域现代法。时域现代法中求零状态响应的方法又可分为经典法和卷积和法。状态变量分析法也可分为时域法和 z 变换法。离散时间系统分析法的分类如图 7.5.1 所示。

- 离散时间系统分析法的分类
  - 输入-输出法
    - 时域法
      - 迭代法
      - 时域经典法（完全响应 = 自由响应 + 强迫响应）
      - 时域现代法（完全响应 = 零输入响应 + 零状态响应）
    - 变换域法（z 变换法）
  - 状态变量分析法
    - 时域法
    - 变换域法（z 变换法）

图 7.5.1 离散时间系统分析法的分类

要指出的是，与连续时间系统类似，离散时间系统的完全响应可分解为自由响应与强迫响应之和，也可以分解为零输入响应和零状态响应之和。同样，自由响应的一部分是零输入响应；自由响应的另一部分与强迫响应之和组成零状态响应。本章只讨论输入-输出法中的迭代法和时域现代法，第 8 章将讨论输入-输出法中的 z 变换法。

离散时间系统的时域分析也有不同于连续时间系统之处，离散时间系统的时域分析可用迭代法。下面通过例题来说明什么是迭代法。

例 7.5.1 描述某线性非时变离散系统的差分方程为：

$$y(n) - 2y(n-1) = f(n) \tag{①}$$

若已知初始状态 $y(-1) = 0$，激励为单位阶跃序列，即：

$$f(n) = \varepsilon(n) = \begin{cases} 0, & n < 0 \\ 1, & n \geqslant 0 \end{cases} \tag{②}$$

试求 $y(n)$。

解 迭代法就是根据已知的差分方程，令 n 从最小的序号开始，代入差分方程逐一计算，如例 7.4.2 那样。

由 ① 式，有：$y(0) = 2\times 0 + 1 = 1$。令 $n = 0$，则 $y(0) = 2y(-1) + f(0)$。由已知可得 $y(0) =$

$2\times 0+1=1$。

令 $n=1$,则 $y(1)=2y(0)+f(1)=2\times 1+1=3$;

令 $n=2$,则 $y(2)=2y(1)+f(2)=2\times 3+1=7$;

令 $n=3$,则 $y(3)=2y(2)+f(3)=2\times 7+1=15$;

……

可根据需要,迭代到足够时停止。

解毕。

迭代法虽然简单,但一般不能得到一个闭式解答。常用的方法是时域现代法,即将完全响应分解为零输入响应和零状态响应之和,下面分别讨论。

7.5.2 零输入响应的时域求解

前面提到,离散时间系统的完全响应可分解为零输入响应和零状态响应之和,下面通过例题来说明时域求零输入响应的数学原理和方法。

例 7.5.2 系统的差分方程为:

$$y(n+2)-3y(n+1)+2y(n)=e(n+1)-2e(n) \tag{7.5.1}$$

系统的初始条件为:$y(0)=0,y(1)=1$。求系统的零输入响应。

解 求零输入响应时,表示差分方程的右边的激励项及其移序项均等于零。设系统的零输入响应为 $y_{zi}(n)$,则其应满足齐次方程:

$$y_{zi}(n+2)-3y_{zi}(n+1)+2y_{zi}(n)=0 \tag{7.5.2}$$

为了求得 $y_{zi}(n)$,可采用尝试法,令 $y_{zi}(n)=(\gamma)^n$ 代入齐次方程(7.5.2)式尝试,得:

$$\gamma^{n+2}-3\gamma^{n+1}+2\gamma^n=0 \tag{7.5.3}$$

上式两边同除以 γ^n,得:

$$\gamma^2-3\gamma+2=0 \tag{7.5.4}$$

式(7.5.4)称为原差分方程式(7.5.1)的特征方程。由此可见,二阶差分方程的特征方程是一元二次方程,一般规律是 n 阶差分方程的特征方程是一元 n 次方程。由式(7.5.4)解得两个特征根为:$\gamma_1=1,\gamma_2=2$。

根据线性方程的理论得:

$$y_{zi}(n)=c_1\gamma_1^n+c_2\gamma_2^n=c_1 1^n+c_2 2^n \tag{7.5.5}$$

把初始条件代入上式得二元一次方程组:

$$\begin{cases} c_1+c_2=0 \\ c_1+2c_2=1 \end{cases}$$

解之得:

$$\begin{cases} c_1=-1 \\ c_2=1 \end{cases} \tag{7.5.6}$$

将式(7.5.6)代入式(7.5.5)后即得所需的零输入响应:

$$y_{zi}(n)=-1+2^n \quad (n\geqslant 0) \tag{7.5.7}$$

上例虽只是个例,但其求解方法却是具有一般性的,不但适用于各阶的前向差分方程,也适用于各阶的后向差分方程。

另外,由式(7.5.1)可以求得该差分方程传输算子为:

$$H(E)=\frac{E-2}{E^2-3E+2} \tag{7.5.8}$$

令其分母多项式等于零，得到如下一元二次方程：

$$E^2 - 3E + 2 = 0 \tag{7.5.9}$$

比较上述的两个一元二次方程式(7.5.4)和式(7.5.9)，可发现两个方程除了所用字母不同之外，其本质是一致的。由此可得出与连续时间系统类似的结论：令系统方程传输算子的分母多项式等于零，就是系统方程的特征方程。这个结论，也适用于各阶的后向差分方程。

例 7.5.3 系统的差分方程为：$y(n)+3y(n-1)+2y(n-2)=2e(n)$

已知初始状态 $y(-1)=0, y(-2)=\frac{1}{2}$，求系统的零输入响应。

解 用算子式表示方程：

$$y(n)+3E^{-1}y(n)+2E^{-2}y(n)=2$$

即

$$(1+3E^{-1}+2E^{-2})y(n)=2$$

$$y(n)=\frac{2}{1+3E^{-1}+2E^{-2}}e(n)$$

令传输算子的分母多项式等于零，得特征方程：

$$(1+3E^{-1}+2E^{-2})=0$$

即：

$$E^2+3E+2=0$$

特征根为：$\gamma_1=-1,\quad \gamma_2=-2$

故系统的零输入响应为：$y_{zi}(h)=c_1\gamma_1^n+c_2\gamma_2^n=c_1(-1)^n+c_2(-2)^n$

将已知初始状态 $y(-1)=0, y(-2)=\frac{1}{2}$，代入上式得方程组：

$$\begin{cases} y_{zi}(-1)=-c_1-\frac{1}{2}c_2=0 \\ y_{zi}(-2)=c_1+\frac{1}{4}c_2=\frac{1}{2} \end{cases}$$

解之得：

$$\begin{cases} c_1=1 \\ c_2=-2 \end{cases}$$

所以有：

$$y_{zi}(n)=(-1)^n-2(-2)^n \quad (n\geqslant 0)$$

解毕。

例 7.5.4 继续求解例 7.4.2。在例 7.4.2 中已列出描述兔子繁殖问题的差分方程为：

$$y(n)-y(n-1)-y(n-2)=0$$

并且，其初始条件是 $y(0)=0, y(1)=1$。该方程是一个二阶、常系数、线性、后向齐次差分方程。应用减序算子 E^{-1} 可得：

$$y(n)-E^{-1}y(n)-E^{-2}y(n)=0$$

$$(1-E^{-1}-E^{-2})y(n)=0$$

$$(E^2-E-1)y(n)=0$$

特征方程为：

$$E^2-E-1=0$$

特征根为：

$$E_{1,2}=\frac{1\pm\sqrt{5}}{2}$$

零输入响应为：

$$y(n)=c_1\left(\frac{1+\sqrt{5}}{2}\right)^n+c_2\left(\frac{1-\sqrt{5}}{2}\right)^n$$

代入初始条件后可得：
$$\begin{cases} c_1 + c_2 = 0 \\ c_1\left(\dfrac{1+\sqrt{5}}{2}\right) + c_2\left(\dfrac{1-\sqrt{5}}{2}\right) = 1 \end{cases}$$

解之得：
$$c_1 = \frac{1}{\sqrt{5}}, c_2 = -\frac{1}{\sqrt{5}}$$

故
$$y(n) = \frac{1}{\sqrt{5}}\left(\frac{1+\sqrt{5}}{2}\right)^n - \frac{1}{\sqrt{5}}\left(\frac{1-\sqrt{5}}{2}\right)^n$$

将 $y(n)$ 代入原方程检验，等式成立，因此，对于一切整数，$y(n)$ 都是差分方程的解。但对于兔子问题的解，当 $n \geqslant 0$ 时成立。

因为差分方程的右边为零，所以在本题中零输入响应和齐次解相等，齐次解又称为自由响应。

此题中得到的序列 $y(n) = y(n-1) + y(n-2)$ 的特点是序列的某一项的值等于其前两项的值之和，该序列名为斐波那契(Fibonacci) 数列。当给定不同的初始值时，可以得到不同的数列。

例 7.5.4 已知系统的差分方程为：$y(n) + 4y(n-1) + 4y(n-2) = 3x(n)$，且起始状态为 $y(-1) = 2, y(-2) = 1$，求零输入响应。

解 当激励为零时，系统的差分方程为：
$$y(n) + 4y(n-1) + 4y(n-2) = 0$$

用移序算子表示为：$(1 + 4E^{-1} + 4E^{-2})y(n) = 0$

特征方程为：$1 + 4E^{-1} + 4E^{-2} = 0$

即：$E^2 + 4E + 4 = 0,\ (E+2)^2 = 0$

特征根为：$E_1 = E_1 = -2$，为二重根。

故零输入响应为：
$$y_{zi}(n) = c_1(-2)^n + c_2 n(-2)^n \quad ①$$

因为激励在 $n = 0$ 时加入，所以起始状态 $y(-1) = 2, y(-2) = 1$ 即为：
$$y_{zi}(-1) = 2, y_{zi}(-2) = 1$$

将此条件代入 ① 式得：
$$\begin{cases} c_1(-2)^{-1} + c_2(-1)(-2)^{-1} = 2 \\ c_1(-2)^{-2} + c_2(-2)(-2)^{-2} = 1 \end{cases}$$

即：
$$\begin{cases} -\dfrac{1}{2}c_1 + \dfrac{1}{2}c_2 = 2 \\ \dfrac{1}{4}c_1 - \dfrac{1}{2}c_2 = 1 \end{cases} \quad ②$$

解之得：
$$c_1 = -12, c_2 = -8$$

故零输入响应为：
$$y_{zi}(n) = -12(-2)^n - 8n(-2)^n$$

特别要指出的是，当特征方程的特征根 α_1 是 k 重根时，可以证明，对应于 k 重特征根 α_1 的零输入响应的函数形式是：
$$y_{zi}(n) = (c_{11} + c_{12}n + c_{13}n^2 + \cdots + c_{1k}n^{k-1})\alpha_1^n$$

这就是上面解题时取零输入响应为 ① 式的理论根据。

例 7.5.5 已知系统的差分方程为：
$$y(n) - 2y(n-1) + 2y(n-2) - y(n-3) + 4y(n-4) = x(n)$$

且边界条件 $y(1)=1, y(2)=0, y(3)=1, y(5)=1$。求零输入响应。

解 当系统为零输入时，差分方程为：

$$y(n)-2y(n-1)+2y(n-2)-2y(n-3)+4y(n-4)=0$$

用移序算子表示为：

$$y(n)-2E^{-1}y(n)+2E^{-2}y(n)-2E^{-3}y(n)+4E^{-4}y(n)=0$$

$$(1-2E^{-1}+2E^{-2}-2E^{-3}+4E^{-4})y(n)=0$$

特征方程为： $1-2E^{-1}+2E^{-2}-2E^{-3}+4E^{-4}=0$

两边同乘以 E^4： $E^4-2E^3+2E^2-2E+4=0$

因式分解后： $(E-1)^2(E^2+1)=0$

特征根为： $E_1=E_2=1$（二重根），$E_3=\mathrm{j}, E_4=-\mathrm{j}$（共轭复根）

于是有： $y_{zi}(n)=(c_1n+c_2)(1)^n+c_3(\mathrm{j})^n+c_4(-\mathrm{j})^n$

代入边界条件后，得到一个关于待定系数 c_1、c_2、c_3、c_4 的四元一次方程组如下：

$$\begin{cases}c_1+c_2+\mathrm{j}c_3-\mathrm{j}c_4=1\\2c_1+c_2-c_3-c_4=0\\3c_1+c_2-\mathrm{j}c_3+\mathrm{j}c_4=1\\5c_1+c_2+\mathrm{j}c_3-\mathrm{j}c_4=1\end{cases}$$

用矩阵或消元法解这个方程组得 $c_1=0, c_2=1, c_3=c_4=\frac{1}{2}$，于是有：

$$y_{zi}(n)=1+\frac{1}{2}(\mathrm{j})^n+\frac{1}{2}(-\mathrm{j})^n$$

$$=1+\frac{1}{2}(\mathrm{e}^{\mathrm{j}\frac{\pi}{2}n}+\mathrm{e}^{-\mathrm{j}\frac{\pi}{2}n})=1+\cos\left(\frac{\pi}{2}n\right)$$

此例说明，求系统的零输入响应时，如果特征根为共轭复根，其对应的零输入响应一定要利用欧拉公式化简成正弦或余弦序列。这时得到的正弦（或余弦）序列可能是增幅的，也可能是减幅的，也可能是等幅的。这要看共轭复根是在单位圆外，还是在单位圆内，或是单位圆上而定。本例的共轭复根在单位圆上，故对应的是等幅的余弦序列 $\cos\frac{\pi}{2}n$。

7.6 线性时不变离散时间系统及零状态响应

求零状态响应的时域方法有时域经典法和时域现代法。本书只讨论求零状态响应的时域现代法，此方法是建立在线性时不变离散时间系统的基础上的，因此本节首先讨论线性时不变离散时间系统的定义及其性质。

7.6.1 线性时不变离散时间系统及其性质

在 2.7 节讨论了线性时不变连续时间系统及其性质，线性时不变离散时间系统也有类似的定义和性质，本节讨论线性时不变离散时间系统的定义和性质，线性时不变离散时间系统又称为线性移不变离散时间系统。

因为可以从不同的角度来考虑系统的分类，因此系统分类的方法很多，系统的种类也多，一个系统可以同时有几个名称。如何判定一个系统是否为线性时不变离散时间系统？线性时不变离散时间系统又有哪些性质？可以从不同的方面给出定义，且这些定义都是等价的。一个系统，只要满足这些定义中的任何一个，它就是线性时不变离散时间系统。

定义一 如果描述系统工作过程的数学模型是一个线性常系数差分方程，那么这个系统就是一个线性时不变离散时间系统。

定义二 如果系统的完全响应可以分解为零输入响应和零状态响应之和，并且分别具有零输入线性和零状态线性，那么这个系统就是一个线性时不变离散时间系统。

所谓零输入线性是指零输入响应与产生零输入响应的起始状态之间同时具有叠加性和比例性。

所谓零状态线性是指零状态响应与产生零状态响应的激励之间同时具有叠加性和比例性。

关于零输入线性和零状态线性可用如下的方法进行数学描述。用方框图表示系统，用 $H[\cdot]$ 表示线性时不变离散时间系统的运算功能，$H[\cdot]$ 可称为线性时不变离散时间系统运算符，于是线性时不变离散时间系统的性质可以描述如下。

1. 完全响应可以分解为零输入响应和零状态响应之和

系统的完全响应可以分解为零输入响应和零状态响应之和，可以用图 7.6.1 来表示。

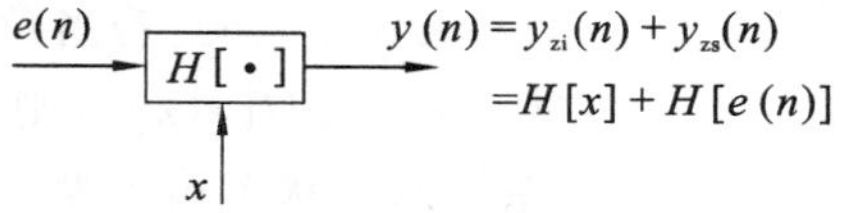

$e(n)$ → $H[\cdot]$ → $y(n)=y_{zi}(n)+y_{zs}(n)$
$=H[x]+H[e(n)]$
x

图 7.6.1 完全响应分解为零输入响应和零状态响应之和

在图 7.6.1 中，$e(n)$ 表示系统的输入信号，x 表示系统的起始状态，$y(n)$ 表示系统的完全响应，$y_{zi}(n)=H[x]$ 表示由系统的起始状态 x 所产生的零输入响应，$y_{zs}(n)=H[e(n)]$ 表示由系统的输入信号 $e(n)$ 所产生的零状态响应，则有：

$$y(n)=y_{zi}(n)+y_{zs}(n)=H[x]+H[e(n)]$$

其表示系统的完全响应可以分解为零输入响应和零状态响应之和。

2. 零输入线性

零输入线性如图 7.6.2 所示。

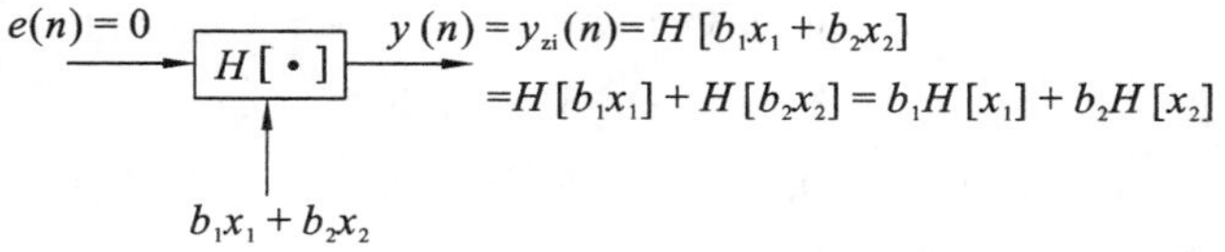

$e(n)=0$ → $H[\cdot]$ → $y(n)=y_{zi}(n)=H[b_1x_1+b_2x_2]$
$=H[b_1x_1]+H[b_2x_2]=b_1H[x_1]+b_2H[x_2]$
$b_1x_1+b_2x_2$

图 7.6.2 零输入线性性质

在图 7.6.1 中，$e(n)=0$ 表示系统无输入信号，$b_1x_1+b_2x_2$ 表示系统有两个不同的起始储能，即有两个不同的起始状态，而

$$\begin{aligned}y(n)&=y_{zi}(n)=H[b_1x_1+b_2x_2]\\&=H[b_1x_1]+H[b_2x_2]=b_1H[x_1]+b_2H[x_2]\end{aligned}$$

表示在这种情况下，系统的完全响应等于零输入响应，并且零输入响应等于两个起始状态分别产生的响应 $H[x_1]$ 和 $H[x_2]$ 按比例的叠加，即零输入线性。

3. 零状态线性

零状态线性如图 7.6.3 所示。

在图 7.6.3 中，$x=0$ 表示系统的起始状态为零，$a_1e_1(n)+a_2e_2(n)$ 表示系统有两个不同的输入信号，而

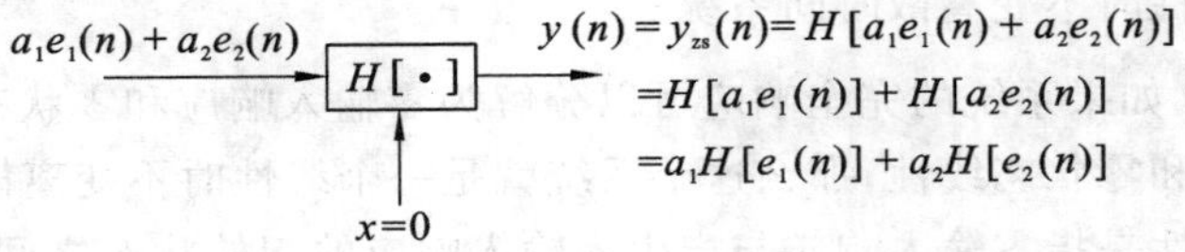

$a_1e_1(n)+a_2e_2(n)$ → $H[\cdot]$ → $y(n)=y_{zs}(n)=H[a_1e_1(n)+a_2e_2(n)]$
$=H[a_1e_1(n)]+H[a_2e_2(n)]$
$=a_1H[e_1(n)]+a_2H[e_2(n)]$
$x=0$

图 7.6.3　零状态线性性质

$$\begin{aligned}y(n)=y_{zs}(n)&=H[a_1e_1(n)+a_2e_2(n)]\\&=H[a_1e_1(n)]+H[a_2e_2(n)]\\&=a_1H[e_1(n)]+a_2H[e_2(n)]\end{aligned}$$

表示在这种情况下，系统的完全响应等于零状态响应，并且零状态响应等于两个不同的输入信号分别产生的响应 $H[e_1(n)]$ 和 $H[e_2(n)]$ 按比例的叠加，即零状态线性。

4. 移不变特性

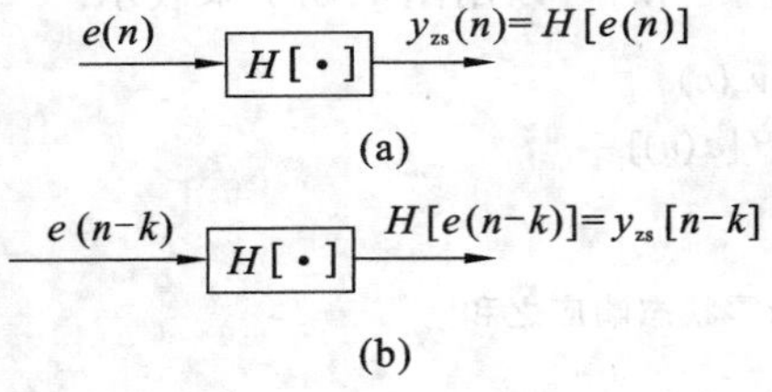

(a) $e(n)$ → $H[\cdot]$ → $y_{zs}(n)=H[e(n)]$

(b) $e(n-k)$ → $H[\cdot]$ → $H[e(n-k)]=y_{zs}[n-k]$

图 7.6.4　移不变特性

系统的移不变特性，如图 7.6.4 所示。

图 7.6.4 表明：若当激励为 $e(n)$ 时，系统的零状态响应 $y(n)=H[e(n)]$，则当激励为延时信号 $e(n-k)$ 时，系统的零状态响应为 $H[e(n-k)]=y(n-k)$。

例 7.6.1　某线性移不变离散时间系统具有一定的起始状态 B，当激励为 $e(n)$ 时，响应 $y_1(n)=[(0.5)^n+(0.2)^n]\varepsilon(n)$；起始状态不变，激励为 $-e(n)$ 时，响应为 $y_2(n)=[(-0.5)^n-(0.2)^n]\varepsilon(n)$，试求当起始状态为 $2B$，激励为 $4e(n)$ 时系统的响应 $y_3(n)$。

解　设起始状态 B 产生的零输入响应为 $y_{zi}(n)$，$e(n)$ 产生的零状态响应为 $y_{zs}(n)$。根据题意，可列方程组：

$$\begin{cases}y_1(n)=y_{zi}(n)+y_{zs}(n)=[(0.5)^n+(0.2)^n]\varepsilon(n) & ①\\ y_2(n)=y_{zi}(n)-y_{zs}(n)=[(-0.5)^n-(0.2)^n]\varepsilon(n) & ②\end{cases}$$

解这个方程组得：

$$\begin{cases}y_{zi}(n)=[0.5(0.5)^n+0.5(-0.5)^n]\varepsilon(n) & ③\\ y_{zs}(n)=[0.5(0.5)^n-0.5(-0.5)^n+(0.2)^n]\varepsilon(n) & ④\end{cases}$$

根据线性移不变离散时间系统的性质，得：

$$\begin{aligned}y_3(n)&=2y_{zi}+4y_{zs}(n)\\&=[3(0.5)^n-(-0.5)^n+4(0.2)^n]\varepsilon(n)\end{aligned}$$

解毕。

7.6.2　离散时间系统的单位样值响应

定义　激励信号为单位样值信号 $\delta(n)$ 时系统的零状态响应，称为单位样值响应，并且以专用符号 $h(n)$ 表示。

离散时间系统的单位样值响应相当于连续时间系统的单位冲激响应。正如单位样值信号 $\delta(n)$ 在离散信号的分解中有着重要作用一样，单位样值响应 $h(n)$ 在系统分析和研究系统性质时也有着重要作用。单位样值响应取决于系统的结构和参数。通过单位样值响应可以分析系统的因果性、稳定性，通过单位样值响应可以求任意信号作用下的零状态响应。单位样值响应和离散时间系统的系统函数 $H(z)$ 是一对 z 变换。

求单位样值响应的简便方法是对系统函数求逆 z 变换，在时域中如何求单位样值响应，通过下面的例题来说明和总结。

例 7.6.2 系统的差分方程为：$y(n)-y(n-1)-2y(n-2)=e(n)$，求系统的单位样值响应。

解 根据单位样值响应的定义，$h(n)$ 应满足方程：

$$h(n)-h(n-1)-2h(n-2)=\delta(n) \quad ①$$

由于当 $n>0$ 时，方程 ① 变为：

$$h(n)-h(n-1)-2h(n-2)=0 \quad ②$$

这样就把求单位样值响应 $h(n)$ 的问题转化为求零输入响应的问题。又由方程 ② 可得特征方程为：

$$r^2-r-2=(r+1)(r-2)=0$$

$$h(n)=C_1\ (-1)^n+C_2\ (2)^n \quad (n>0) \quad ③$$

为了求得上式中的两个待定系数 C_1，C_2，需要知道两个初始条件 $h(0)$，$h(1)$。由 ① 式有：

$$h(n)=h(n-1)+2h(n-2)+\delta(n) \quad ④$$

再利用初始状态 $h(-1)=h(-2)=0$ 和 ④ 式，分别令 $n=0$、1，并考虑到 $\delta(0)=1$，$\delta(1)=0$，可得：

$$h(0)=h(-1)+2h(-2)+\delta(0)=1$$

$$h(1)=h(0)+2h(-1)+\delta(1)=1$$

将初始值 $h(0)=1$，$h(1)=1$ 代入 ③ 式，有：

$$\begin{cases}C_1+C_2=1\\-C_1+2C_2=1\end{cases}$$

解得：$C_1=\dfrac{1}{3}$，$C_2=\dfrac{2}{3}$。

代入 ③ 式得：

$$h(n)=\frac{1}{3}\ (-1)^n+\frac{2}{3}\ (2)^n \quad (n>0)$$

当 $n=0$ 时，$h(0)=\dfrac{1}{3}(-1)^0+\dfrac{2}{3}(2)^0=1$，代入 ① 式也能成立，故所求的单位样值响应为：

$$h(n)=h\ (n-1)+2h\ (n-2)+\delta(n)$$

解毕。

由上例可总结出时域中求单位样值响应的方法是：先把求单位样值响应 $h(n)$ 的问题转化为求零输入响应的问题；再把系统的初始状态 $h(-1)=h(-2)=0$ 转换成两个初始条件 $h(0)$，$h(1)$；最后确定零输入响应中的待定系数即可。

7.6.3 离散时间系统的因果性与稳定性

与连续时间系统类似，离散时间系统的基本性质，如因果性、稳定性、频率响应特性等性质都是由系统本身的结构和参数决定的，与外界的因素无关。

因为单位样值响应是一种特殊的零状态响应，因此常用单位样值响应来判断离散时间系统的性质。

根据因果系统的定义，因果系统的响应只能产生于激励信号作用之后或同时，否则就是非因果系统。例如，激励信号 $\delta(n)$ 是在 $n=0$ 时加入的，因此如果 $n<0$ 时，$h(n)=0$，则该系统是因果系统，否则就是非因果系统。

根据系统稳定性的定义，如果对于一个有界的输入，系统的响应也是有界的，则系统是稳定的，否则就是不稳定的。激励信号 $\delta(n)$ 是有界的，因此可通过单位样值响应来判断系统的稳定性。若$\lim\limits_{n\to\infty}h(n)=0$，则系统是稳定的，或$\lim\limits_{n\to\infty}h(n)=$有限值，则系统是临界稳定的，否则就是不稳定的。

因为单位样值响应和特征根的关系是$h(n)=\sum\limits_{i=1}^{k}C_i(\gamma)^n$。故另一种判定方法是：若特征根$\gamma$在单位圆内，系统是稳定的；在单位圆上，是临界稳定的；在单位圆外，则是不稳定的。

例 7.6.3 已知系统的单位样值响应分别为：

(1) $h(n)=\left[\frac{1}{3}(-1)^n+\frac{2}{3}(2)^n\right]\varepsilon(n)$；

(2) $h(n)=\left[\frac{1}{3}(-0.1)^n+\frac{2}{3}(0.2)^n\right]\varepsilon(n)$；

(3) $h(n)=\left[\frac{1}{3}(-1)^n+\frac{2}{3}(2)^n\right]\varepsilon(-n)$。

试判断系统的因果性和稳定性。

解 (1) 因为$h(n)=\left[\frac{1}{3}(-1)^n+\frac{2}{3}(2)^n\right]\varepsilon(n)$，$\lim\limits_{n\to\infty}h(n)=\infty$，所以系统不稳定。

因为$n<0$时，$h(n)=0$，故系统为因果系统。

(2) 由$h(n)=\left[\frac{1}{3}(-0.1)^n+\frac{2}{3}(0.2)^n\right]\varepsilon(n)$可知系统方程的特征根分别为$-0.1$和$0.2$均在单位圆内，故系统稳定。当$n<0$时，$h(n)=0$，所以该系统为因果系统。

(3) 由$h(n)=\left[\frac{1}{3}(-1)^n+\frac{2}{3}(2)^n\right]\varepsilon(-n)$可知，系统方程的特征根有一个为2，故系统不稳定。又因为当$n<0$时，$h(n)\neq 0$，所以该系统为非因果系统。

7.6.4 零状态响应的时域现代法求解

在掌握了线性时不变离散时间系统的基本性质和其单位样值响应的求解方法后，就可以来讨论零状态响应的时域现代求解方法了，即卷积和法，简称卷积法。下面用系统的方框图表示法来分析在时域中如何求零状态响应。因为当单位样值信号$\delta(n)$作用于零状态系统时，系统产生单位样值响应$h(n)$，如图7.6.5所示。当单位样值移序信号$\delta(n-j)$作用于零状态系统时，根据线性时不变离散时间系统的移不变性质，则系统产生的零状态响应为$h(n-j)$，如图7.6.6所示。当激励信号为任意信号$e(n)$时，系统的零状态响应如图7.6.7所示。

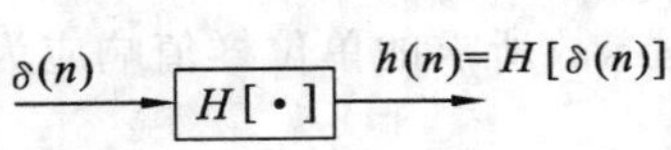

$\delta(n)$ → $H[\cdot]$ → $h(n)=H[\delta(n)]$

图 7.6.5 单位样值响应

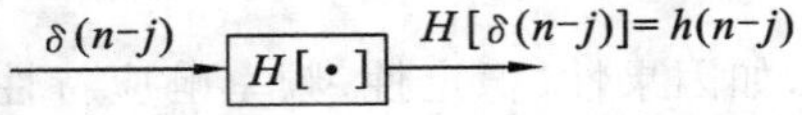

$\delta(n-j)$ → $H[\cdot]$ → $H[\delta(n-j)]=h(n-j)$

图7.6.6 激励为$h(n-j)$时的零状态响应

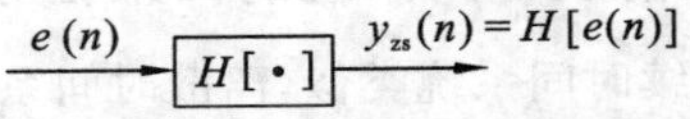

$e(n)$ → $H[\cdot]$ → $y_{zs}(n)=H[e(n)]$

图 7.6.7 激励信号为任意信号$e(n)$时零状态响应

根据离散时间信号的分解(7.2.19)式，有：

$$f(n)=\sum_{j=-\infty}^{+\infty}f(j)\delta(n-j)$$

可得

$$e(n)=\sum_{j=-\infty}^{+\infty}e(j)\delta(n-j)$$

运用线性时不变离散时间系统运算符$H[\cdot]$，可求得激励信号为任意信号$e(n)$时，系统的零状态响应为：

$$y_{zs}(n)=H[e(n)]=H[\sum_{j=-\infty}^{+\infty}e(j)\delta(n-j)]=\sum_{j=-\infty}^{+\infty}e(j)H[\delta(n-j)]$$

$$=\sum_{j=-\infty}^{+\infty}e(j)h(n-j)=e(n)*h(n)$$

这就证明了，激励信号为任意信号 $e(n)$ 时，系统的零状态响应为：

$$y_{zs}(n)=\sum_{j=-\infty}^{+\infty}e(j)h(n-j)=e(n)*h(n) \tag{7.6.1}$$

也就是说，线性时不变离散时间系统的零状态响应等于激励和系统单位样值响应的卷积和。卷积和也可简称卷积。7.7 节将专门讨论卷积和的有关问题。

7.7 卷积和

卷积和在数学课程中已有详细的讨论和研究，本节将结合相关研究成果来讨论卷积和在本课程中的应用。

7.7.1 卷积和的数学定义

设有两个序列 $f_1(n)$，$f_2(n)$，则和式

$$f(n)=\sum_{j=-\infty}^{+\infty}f_1(j)f_2(n-j) \tag{7.7.1}$$

称为 $f_1(n)$ 与 $f_2(n)$ 的卷积和，也称离散卷积或简称卷积。卷积常用符号“ * ”表示，即：

$$f(n)=f_1(n)*f_2(n)\overset{\text{def}}{=\!=\!=}\sum_{j=-\infty}^{+\infty}f_1(j)f_2(n-j) \tag{7.7.2}$$

7.7.2 卷积和的性质

卷积和具有如下性质。

1）交换律

$$f_1(n)*f_2(n)=f_2(n)*f_1(n) \tag{7.7.3}$$

2）结合律

$$f_1(n)*f_2(n)*f_3(n)=f_1(n)*[f_2(n)*f_3(n)] \tag{7.7.4}$$

3）分配律

$$f_1(n)*[f_2(n)+f_3(n)]=f_1(n)*f_2(n)+f_1(n)*f_3(n) \tag{7.7.5}$$

4）单位样值函数 $\delta(n)$ 的卷积和

$$\delta(n)*f(n)=f(n)*\delta(n)=f(n) \tag{7.7.6}$$

证明

$$\begin{aligned}\delta(n)*f(n)&=\sum_{j=-\infty}^{+\infty}\delta(j)f(n-j)\\&=\cdots+\delta(-1)f(n+1)+\delta(0)f(n)+\delta(1)f(n-1)+\cdots\\&=\cdots+0+f(n)+0+\cdots\\&=f(n)\end{aligned}$$

按卷积和的定义，还可以证明：

$$\delta(n-k)*f(n)=f(n-k)*\delta(n)=f(n-k) \tag{7.7.7}$$

若令 $k=0$，则式(7.7.7) 就变成了式(7.7.6)。因此式(7.7.6) 是式(7.7.7) 的特例。

5）延时性质

若 $f(n)=f_1(n)*f_2(n)$，则有：

$$f_1(n-m)*f_2(n-k)=f(n-m-k) \tag{7.7.8}$$

证明 根据式(7.7.7)，有：

$$f_1(n-m)=f_1(n)*\delta(n-m)$$
$$f_2(n-k)=f_2(n)*\delta(n-k)$$

所以有：

$$\begin{aligned}&f_1(n-m)*f_2(n-k)\\&=f_1(n)*\delta(n-k)*f_2(n)*\delta(n-k)\\&=f_1(n)*f_2(n)*\delta(n-m)*\delta(n-k)\\&=f(n)*\delta(n-m)*\delta(n-k)\\&=f(n-m-k)\end{aligned}$$

证毕。

6）两个有始序列的卷积

$$\begin{aligned}&f_1(n)\varepsilon(n-k_1)*f_2(n)\varepsilon(n-k_2)\\&=\sum_{j=-\infty}^{+\infty}f_1(j)\varepsilon(j-k_1)f_2(n-j)\varepsilon(n-j-k_2)\\&=[\sum_{j=k_1}^{n-k_2}f_1(j)f_2(n-j)]\varepsilon(n-k_1-k_2)\end{aligned} \tag{7.7.9}$$

7）两个因果序列的卷积

在式(7.7.9)中令 $k_1=k_2=0$，即可得到：

$$f_1(n)\varepsilon(n)*f_2(n)\varepsilon(n)=[\sum_{j=0}^{n}f_1(j)f_2(n-j)]\varepsilon(n) \tag{7.7.10}$$

上式表明，两个因果序列的卷积依然是一个因果序列。在求因果系统的零状态响应时，要用到这个公式。为了简化书写，在求因果系统的零状态响应时，可以省略 $\varepsilon(n)$ 不写。即：

$$r_{zs}(n)=e(n)*h(n)=\sum_{j=0}^{n}e(j)h(n-j) \tag{7.7.11}$$

7.7.3 卷积和的应用举例

例 7.7.1 求卷积和 $g(n)=2^n\varepsilon(n-2)*3^n\varepsilon(n-3)$，并计算 $g(4)$、$g(5)$ 的值。

解 $g(n)=2^n\varepsilon(n-2)*3^n\varepsilon(n-3)$

$$=\sum_{j=-\infty}^{\infty}2^j\varepsilon(j-2)\cdot 3^{n-j}\cdot\varepsilon(n-j-3)\quad\text{（卷积和定义）}$$

$$=\left[\sum_{j=2}^{n-3}2^j\times 1\times 3^{n-j}\times 1\right]\cdot\varepsilon(n-5)$$

（当 $2\leqslant j\leqslant n-3$ 时，$\varepsilon(j-2)=\varepsilon(n-j-3)=1$）

$$=\left[\sum_{j=2}^{n-3}\left(\frac{2}{3}\right)^j\cdot 3^n\right]\cdot\varepsilon(n-5)$$

（求和号的下限是2，上限是 $n-3$，上限必须大于下限，因此加上 $\varepsilon(n-5)$，其他为数学化简过程）

$$=3^n\left[\sum_{j=2}^{n-3}\left(\frac{2}{3}\right)^j\right]\cdot\varepsilon(n-5)$$

$$= 3^n\left[\left(\frac{2}{3}\right)^2+\left(\frac{2}{3}\right)^3+\left(\frac{2}{3}\right)^4+\cdots+\left(\frac{2}{3}\right)^{n-3}\right]\cdot\varepsilon(n-5)\text{(将和式展开)}$$

$$= 3^n\cdot\frac{\left(\frac{2}{3}\right)^2\left[1-\left(\frac{2}{3}\right)^{n-4}\right]}{1-\frac{2}{3}}\cdot\varepsilon(n-5)\quad\text{(等比级数求和)}$$

$$= 3^{n+1}\cdot\left(\frac{2}{3}\right)^2\left[1-\left(\frac{2}{3}\right)^{n-4}\right]\cdot\varepsilon(n-5)$$

$$= 4\times 3^{n-1}\left[1-\left(\frac{2}{3}\right)^{n-4}\right]\cdot\varepsilon(n-5)$$

即为所求。

$$g(4)=0,g(5)=4\times 3^{5-1}\left[1-\left(\frac{2}{3}\right)^{5-4}\right]\cdot\varepsilon(5-5)$$

$$=4\times 3^4\left(1-\frac{2}{3}\right)=4\times 3^4\times\frac{1}{3}=108$$

讲评：此题是求两个有始序列的卷积和，求和过程中除了要按定义计算有限项等比级数和之外，结果还要乘以 $\varepsilon(n-5)$，这一步骤往往被忽视。结果乘以 $\varepsilon(n-5)$ 的含意是，对 j 求和时，从 $j=2$ 开始，一个一个地加，加到 $n-3$ 为止，但 $n-3$ 必须大于等于 2，即 $n-3\geqslant 2$，否则求和结果就是零，这一含意可以用乘以 $\varepsilon(n-5)$ 来表达。当 $n=4$ 时，因为 $\varepsilon(n-5)=\varepsilon(-1)=0$，所以 $g(4)=0$，同理 $g(3)=g(2)=0$。如果省去 $\varepsilon(n-5)$，就不会有 $n<5$ 时，$g(n)=0$ 的结论。

例 7.7.2 求卷积和 $g(n)=[a^n\varepsilon(n)]*[n\varepsilon(n)]$

解 $g(n)=[a^n\varepsilon(n)]*[n\varepsilon(n)]$

$$=\sum_{j=-\infty}^{\infty}a^j\varepsilon(j)\cdot(n-j)\varepsilon(n-j)=\left[\sum_{j=0}^{n}a^j(n-j)\right]\cdot\varepsilon(n)$$

$$=[a^0(n-0)+a^1(n-1)+a^2(n-2)+\cdots+a^n(n-n)]\cdot\varepsilon(n)\qquad①$$

$$=(a^0+a^1+a^2+\cdots+a^n)\cdot n\cdot\varepsilon(n)-(a^1+2\cdot a^2+\cdots+na^n)\cdot\varepsilon(n)\qquad②$$

将 ① 式展开，再按正负项归类合并，即得到 ② 式，下面再分别计算 ② 式中两个级数的和。

$$S_1=a^0+a^1+a^2+\cdots+a^n=\frac{1-a^{n+1}}{1-a}\qquad③$$

$$S_2=a^1+2a^2+\cdots+na^n\qquad④$$

$$aS_2=a^2+2a^3+\cdots+(n-1)a^n+na^{n+1}\qquad⑤$$

④—⑤ 得： $S_2-aS_2=a^1+a^2+\cdots+a^n-na^{n+1}$

于是有：

$$S_2=\frac{a(1-a^n)}{(1-a)^2}-\frac{na^{n+1}}{1-a}\qquad⑥$$

将 ③、⑥ 式代入 ② 式，并化简即可得：

$$g(n)=\left[\frac{1-a^{n+1}}{1-a}\cdot n+\frac{na^{n+1}}{1-a}-\frac{a-a^{n+1}}{(1-a)^2}\right]\varepsilon(n)$$

$$=\left[\frac{n}{1-a}-\frac{a-a^{n+1}}{(1-a)^2}\right]\varepsilon(n)$$

解毕。

例 7.7.3 已知系统的直接模拟图如图 7.7.1 所示，初始条件为 $y(0)=2, y(1)=4$，且 $e(n)=\varepsilon(n)$，求系统的差分方程及系统的全响应，并判断系统是否稳定。

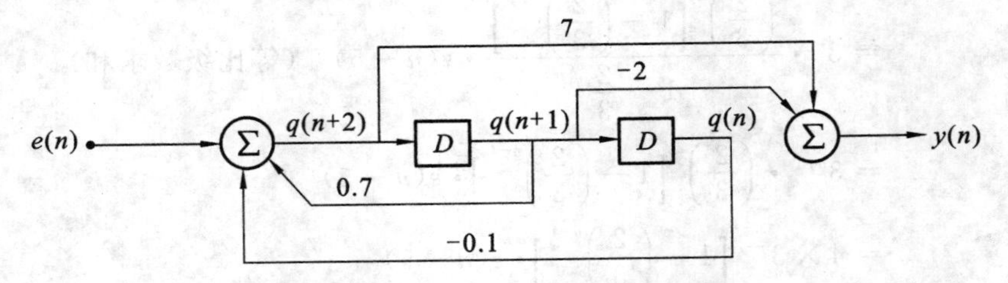

图 7.7.1 例 7.7.3 系统的直接模拟图

解 (1) 求差分方程。设辅助函数 $q(n)$，并标于图 7.7.1 中，由两个加法器的输出端可分别写出：

$$q(n+2)=e(n)+0.7q(n+1)-0.1q(n)$$
$$y(n)=7q(n+2)-2q(n+1)$$

用移序算子将上两式分别改写成：

$$q(n)(E^2-0.7E+0.1)=e(n)$$
$$y(n)=(7E^2-2E)q(n)$$

从上两式中消去 $q(n)$ 得：

$$(E^2-0.7E+0.1)y(n)=(7E^2-2E)e(n) \qquad ①$$

因此，系统的差分方程为：

$$y(n+2)-0.7y(n+1)+0.1y(n)=7e(n+2)-2e(n+1)$$

(2) 求零输入响应。

由 ① 式可知系统的特征方程为：

$$E^2-0.7E+0.1=0,$$

特征根为： $\alpha_1=0.2, \alpha_2=0.5$

故零输入响应为：

$$y_{zi}(n)=[c_1(0.2)^n+c_2(0.5)^n]\cdot\varepsilon(n) \qquad ②$$

将初始条件 $y_{zi}(0)=y(0)=2, y_{zi}(1)=y(1)=4$ 代入 ② 式得：

$$\begin{cases}C_1+C_2=2\\0.2C_1+0.5C_2=4\end{cases}$$

解之得：

$$\begin{cases}C_1=-10\\C_2=12\end{cases}$$

故零输入响应为：

$$y_{zi}(n)=[12(0.5)^n-10(0.2)^n]\cdot\varepsilon(n)$$

(3) 求零状态响应、全响应。

由 ① 式可以求得系统的传输算子为：

$$H(E)=\frac{7E^2-2E}{E^2-0.7E+0.1}$$

令 $$Q(E)=\frac{H(E)}{E}=\frac{7E-2}{(E-0.5)(E-0.2)}=\frac{K_1}{E-0.5}+\frac{K_2}{E-0.2}$$

求得 $K_1 = 5, K_2 = 2$，代回上式后可得：

$$H(E) = \frac{5E}{E-0.5} + \frac{2E}{E-0.2}$$

根据第 8 章相关内容，因为 $h(n)$ 和 $H(z)$ 是一对 z 变换，所以有：

$$h(n) = [5\,(0.5)^n + 2\,(0.2)^n]\varepsilon(n) \quad ③$$

系统的零状态响应为：

$$\begin{aligned} y_{zs}(n) &= h(n) * e(n) \\ &= [5\,(0.5)^n + 2\,(0.2)^n]\varepsilon(n) * \varepsilon(n) \\ &= [12.5—5\,(0.5)^n - 0.5\,(0.2)^n] \cdot \varepsilon(n) \end{aligned}$$

系统的完全响应为：

$$y(n) = y_{zi}(n) + y_{zi}(n) = [12.5 + 7\,(0.5)^n - 10.5\,(0.2)^n] \cdot \varepsilon(n)$$

(4) 判定系统的稳定性。

由 ③ 式可知：

$$\lim_{n\to\infty} h(n) = \lim_{n\to\infty} [5\,(0.5)^n + 2\,(0.2)^n]\varepsilon(n) = 0$$

故系统是稳定的。

习　　题　7

7-1　试简要论述离散时间系统与连续时间系统的异同点。

7-2　离散时间信号的获取方法有哪些？离散时间信号的表示方法有几种，试分别举例说明。

7-3　分别画出以下各序列的图形：① $2^n\varepsilon(n)$；② $(-2)^n\varepsilon(n)$；③ $2^{n-1}\varepsilon(n-1)$；④ $n\varepsilon(n)$；⑤ $-n\varepsilon(-n)$；⑥ $2^{n+1}\varepsilon(n+1)$。

7-4　离散时间信号的基本运算有哪几种，试分别举例说明。

7-5　典型的离散时间信号有哪几种？

7-6　试证明：任一离散时间信号都可表示为无数加权延时的单位函数之和。

7-7　叙述并证明时域抽样定理。

7-8　对下列连续时间信号进行抽样，为满足抽样定理，试确定最低抽样频率 f_s 和最大抽样间隔 T_s。(1) $Sa(100t)$；(2) $Sa^2(100t)$；(3) $Sa(100t)+Sa(50t)$；(4) $Sa(100t)+Sa^2(60t)$

7-9　实际的时域抽样与信号恢复和理想的时域抽样与信号恢复有何区别？实际的时域抽样与信号恢复是否违背时域抽样定理？

7-10　已知系统方程为下列各式，试写出其传输算子并画出系统的直接模拟图。

(1) $y(n+2)+3y(n+1)+2y(n) = 2e(n+1)+3e(n)$；

(2) $y(n+2)+4y(n) = 3e(n+1)+2e(n)$；

(3) $y(n+2)+2y(n+1) = 2e(n+1)+e(n)$；

(4) $y(n+2)-5y(n+1)+6y(n) = 2e(n+1)$；

(5) $y(n+2)+3y(n+1)+2y(n) = 3e(n)$；

(6) $y(n)+3y(n-1)+2y(n-2) = 2e(n)+3e(n-1)$；

(7) $y(n)-4y(n-2) = 2e(n)+3e(n-1)$；

(8) $y(n)+3y(n-1)+2y(n-2) = 3e(n-1)$。

7-11　已知系统的直接模拟图如题 7-11 图所示，试分别列写系统的差分方程。

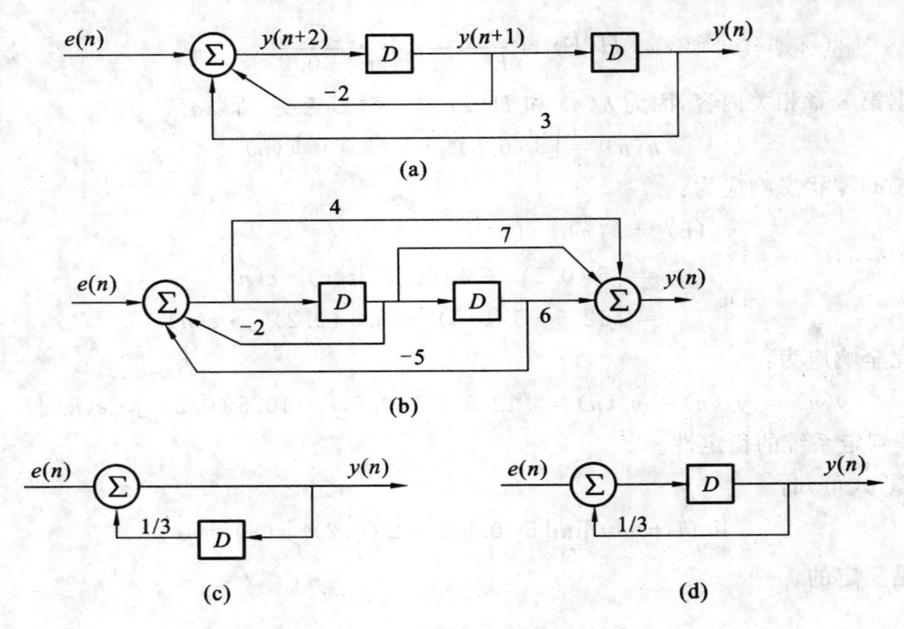

题 7-11 图

7-12　已知下列各系统方程及初始状态，分别求其零输入响应。

(1) $y(n+1)+3y(n)=e(n), y(0)=1$；

(2) $y(n+2)+4y(n+1)+3y(n)=e(n), y(0)=1, y(1)=2$；

(3) $y(n+2)+4y(n)=e(n), y(0)=4, y(1)=0$；

(4) $y(n+2)+2y(n+1)+2y(n)=e(n), y(0)=0, y(1)=1$

(5) $y(n)+0.5y(n-1)=3e(n), y(-1)=1$；

(6) $y(n)+5y(n-1)+6y(n-2)=3e(n), y(-1)=0, y(-2)=1$。

7-13　线性时不变离散时间系统有哪些重要性质，试分别用框图和线性时不变离散时间系统运算符 $H[\cdot]$ 来描述。

7-14　某线性移不变离散时间系统具有一定的起始状态 x，当激励为 $e(n)$ 时，响应 $y_1(n)=[(0.5)^n+(0.2)^n]\varepsilon(n)$；起始状态不变，激励为 $-e(n)$ 时，响应为 $y_2(n)=[(-0.5)^n-(0.2)^n]\varepsilon(n)$。试求当起始状态为 $2x$，激励为 $e(n-2)$ 时系统的完全响应 $y_3(n)$。

7-15　已知下列各系统方程，分别求其单位样值响应。

(1) $y(n+3)-2\sqrt{2}y(n+2)+2y(n+1)=e(n)$；

(2) $y(n+2)+y(n)=e(n)$；

(3) $y(n+2)-y(n)=e(n+1)-e(n)$；

(4) $y(n+2)-2y(n+1)+2y(n)=e(n+2)+e(n+1)$。

7-16　如何判断离散时间系统的因果性？如何判断离散时间系统的稳定性？

7-17　已知系统的单位样值响应分别如下列各式所示，试分别判断各系统的因果性和稳定性。

(1) $h(n)=(0.7)^n\varepsilon(n)$　　(2) $h(n)=(0.7)^n\varepsilon(-n)$

(3) $h(n)=(2)^n\varepsilon(n)$　　(4) $h(n)=(2)^n\varepsilon(-n)$

(5) $h(n)=\cos\left(\frac{\pi}{2}n\right)\varepsilon(n)$　　　　(6) $h(n)=\cos\left(\frac{\pi}{2}n\right)\varepsilon(-n)$

7-18　试证明线性时不变离散时间系统的零状态响应等于其单位样值响应与激励信号的卷积和。

7-19　给出卷积和的定义。卷积和有哪些基本性质？

7-20　证明卷积和的三大定律：交换律，分配律，结合律。

7-21　根据卷积和的定义计算下列卷积和。

(1) $\delta(n)*a^n\varepsilon(n)$　　　　(2) $\delta(n)*a^n\varepsilon(n-2)$

(3) $a^n\varepsilon(n)*\delta(n)$　　　　(4) $\delta(n-1)*a^n\varepsilon(n)$

(5) $a^n\varepsilon(n-2)*\delta(n)$　　　　(6) $a^n\varepsilon(n)*\delta(n-1)$

7-22　叙述并证明卷积和的延时性质。

7-23　求下列卷积和，并计算 $g(0)$，$g(2)$ 的值。

(1) $g(n)=2^n\varepsilon(n)*3^n\varepsilon(n-1)$　　　　(2) $g(n)=3^n\varepsilon(n-1)*4^n\varepsilon(n)$

(3) $g(n)=2^n\varepsilon(n-1)*3^n\varepsilon(n-1)$　　　　(4) $g(n)=4^n\varepsilon(n-1)*3^n\varepsilon(n-1)$

7-24　一个乒乓球从 H 米高自由下落至地面，每次弹跳起的最高值为前一次的 2/3。以 $y(n)$ 表示第 n 次跳起的最高值，试列出描述此过程的差分方程。若给定 $H=2m$，解此差分方程。

7-25　如果在第 n 个月初向银行存款 $x(n)$ 元，月利息为 a，每月利息不取出，试用差分方程写第 n 个月初的本利和 $y(n)$。设 $x(n)=10$ 元，$a=0.003$，$y(0)=20$ 元，求 $y(n)$。若 $n=12$，$y(12)$ 为多少？

7-26　本题为汉落塔问题。有若干个直径逐次增大的中心有孔的圆盘。起初，它们都套在同一个木桩上（见题 7-26 图），尺寸最大的位于最下面，随尺寸减小依次向上排列。现在，将圆盘按下述规则转移到另外两个桩上：(1) 每次只准移动一个；(2) 在移动过程中不允许大盘子位于小盘子之上；(3) 可以在三个木桩之间任意移动。为使个盘子转移到另一木桩，而保持其原始的方程式并求解。（提示：$y(0)=0$，$y(1)=1$，$y(2)=3$，$y(3)=7$，…）

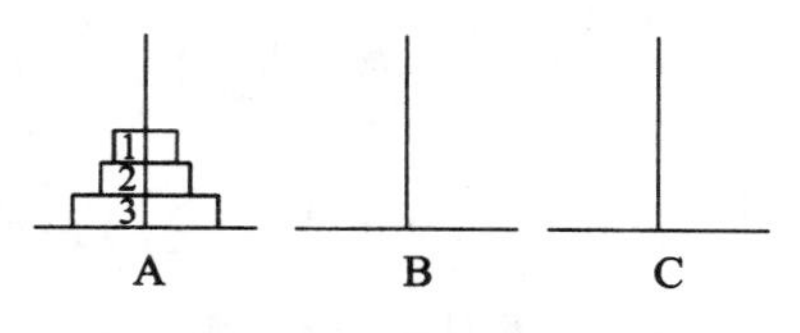

题 7-26 图

第8章 z变换与离散时间系统的z域分析

本章主要内容 (1) 从拉普拉斯变换导出z变换的过程;(2) z变换的定义,收敛域的含义;(3) 典型序列的z变换;(4) 序列的分类及各类序列z变换的收敛域;(5) z变换的主要性质及其证明;(6) 利用z变换的性质和典型序列的z变换求更多序列的z变换;(7) 常用序列的z变换表;(8) 用部分分式展开法求逆z变换;(9) 离散时间系统的系统函数的定义及其应用;(10) 系统函数与各个方面的互求关系;(11) 用z变换解差分方程;(12) 系统函数的极点分布与系统特性的关系。

*8.1 从拉普拉斯变换推导出z变换

在连续时间系统中,为了避开解微分方程的困难,可以通过拉普拉斯变换把微分方程转换为代数方程。出于同样的目的,也可以通过一种称为z变换的数学工具,把差分方程转换为代数方程。

实际上,在时域(序域)解差分方程并不困难,特别是求零输入响应。但是,求零状态响应时,用z变换就要容易一些。有了z变换,更便于研究系统的性质。

由第7章可知,对连续时间信号进行均匀冲激抽样后,就得到离散时间信号。设连续时间信号为$f(t)$,每间隔时间T抽样一次,这相当于连续时间信号$f(t)$乘以冲激序列$\delta_T(t)$。抽样信号$f_s(t)$可写为:

$$f_s(t)=f(t)\delta_T(t)=f(t)\sum_{n=-\infty}^{+\infty}\delta(t-nT)$$

对上式取双边拉普拉斯变换得,并考虑到冲激函数的抽样性质,得:

$$\begin{aligned}F_d(s)&=\int_{-\infty}^{+\infty}f_s(t)e^{-st}dt=\int_{-\infty}^{+\infty}\Big[f(t)\sum_{n=-\infty}^{+\infty}\delta(t-nT)\Big]e^{-st}dt\\&=\int_{-\infty}^{+\infty}\Big\{\sum_{n=-\infty}^{+\infty}[f(t)e^{-st}\delta(t-nT)]\Big\}dt=\int_{-\infty}^{+\infty}\Big\{\sum_{n=-\infty}^{+\infty}[f(nT)e^{-snT}\delta(t-nT)]\Big\}dt\\&=\sum_{n=-\infty}^{+\infty}\Big\{f(nT)e^{-snT}\int_{-\infty}^{+\infty}[\delta(t-nT)]dt\Big\}=\sum_{n=-\infty}^{+\infty}\{f(nT)e^{-snT}\cdot 1\}\end{aligned}$$

在上式中令$e^{-sT}=z$,$f(nT)=f(n)$,z也是一复数,则得到:

$$F_d(s)=\sum_{n=-\infty}^{+\infty}\{f(n)z^{-n}\}\overset{def}{=}F_d(z)$$

这就从抽样信号$f_s(t)$的双边拉普拉斯变换,经过恒等变形导出了代表抽样信号$f_s(t)$的序列$f(n)$的双边z变换,即:

$$F_d(z)=\sum_{n=-\infty}^{+\infty}\{f(n)z^{-n}\}\tag{8.1.1}$$

式(8.1.1)就是对序列$f(n)$求双边z变换的定义式。由于在实际问题中,遇到的大多是因果序列,因果序列在$n<0$时等于零,因此在式(8.1.1)求和号的下端是从$n=0$开始,这样一来,就引出了单边z变换的定义,如式(8.1.2)所示。

$$F(z)=\sum_{n=0}^{+\infty}\{f(n)z^{-n}\}\tag{8.1.2}$$

对序列 $f(n)$ 求双边 z 变换，用符号 $\mathscr{Z}_{\mathrm{d}}$表示，于是有：

$$\mathscr{Z}_{\mathrm{d}}[f(n)] = \sum_{n=-\infty}^{+\infty}\{f(n)z^{-n}\} = F_{\mathrm{d}}(z) \tag{8.1.3}$$

也可以简记为：

$$f(n) \leftrightarrow F_{\mathrm{d}}(z) \tag{8.1.4}$$

而对序列 $f(n)$ 求单边 z 变换，用符号 $\mathscr{Z}$表示，于是有

$$\mathscr{Z}[f(n)] = \sum_{n=0}^{+\infty}\{f(n)z^{-n}\} = F(z) \tag{8.1.5}$$

也可以简记为

$$f(n) \leftrightarrow F(z) \tag{8.1.6}$$

对因果序列 $f(n)\varepsilon(n)$ 求双边 z 变换，按定义求和有：

$$\mathscr{Z}_{\mathrm{d}}[f(n)\varepsilon(n)] = \sum_{n=-\infty}^{+\infty}\{f(n)\varepsilon(n)z^{-n}\} = \sum_{n=0}^{+\infty}\{f(n)z^{-n}\} = F(z) \tag{8.1.7}$$

由此可见，因果序列 $f(n)\varepsilon(n)$ 的双边z变换等于原序列$f(n)$ 的单边z变换。在以后的讨论中，如无特别说明，求 z 变换都是指求单边 z 变换。

还要指出的是，s 和 z 都是复数，二者之间有下列关系：

$$z = \mathrm{e}^{sT} \tag{8.1.8}$$

$$s = \frac{1}{T}\ln z \tag{8.1.9}$$

复数 z 所在的平面称为 z 平面，复数 s 所在的平面称为 s 平面，都是复平面。上两式给出了两个复平面的映射关系。

8.2 典型序列的 z 变换

现在按单边 z 变换的定义求几个典型序列的 z 变换，注意求解过程中等号成立的条件。

8.2.1 单位函数 $\delta(n)$ 的 z 变换

根据 z 变换的定义有：

$$\begin{aligned} F(z) &= \sum_{n=0}^{+\infty}\delta(n)z^{-n} = \delta(0) + \delta(1)z^{-1} + \delta(2)z^{-2} + \cdots \\ &= 1 + 0 + 0 + \cdots = 1 \end{aligned} \tag{8.2.1}$$

在上式运算过程中，对复数z在复平面的位置没有任何限制，因此式(8.2.1)在z平面全平面成立，也可说全平面收敛。

式(8.2.1)也可简记为：

$$\delta(n) \leftrightarrow 1 \quad （全平面成立） \tag{8.2.2}$$

式(8.2.2)表明单位样值序列 $\delta(n)$ 和 z 域常数 $F(z) = 1$ 是一对 z 变换。

8.2.2 单位阶跃函数 $\varepsilon(n)$ 的 z 变换

根据 z 变换的定义有：

$$\begin{aligned} F(z) &= \sum_{n=0}^{+\infty}\varepsilon(n)z^{-n} = \varepsilon(0) + \varepsilon(1)z^{-1} + \varepsilon(2)z^{-2} + \cdots \\ &= 1 + z^{-1} + z^{-2} + \cdots \end{aligned}$$

这是一个首项为1，公比为 z^{-1}的无穷等比级数列。当公比的模 $|z^{-1}| < 1$ 时，此级数收敛。因此当$|z^{-1}| < 1$，即$|z| > 1$ 时有：

$$F(z)=1+z^{-1}+z^{-2}+\cdots=\frac{1}{1-z^{-1}}=\frac{z}{z-1} \tag{8.2.3}$$

在上式运算过程中，对复数 z 在复平面上位置的限制是 $|z|>1$，因此式(8.2.3) 在 z 平面上是单位圆外成立，也可说在 z 平面的单位圆外收敛。

式(8.2.3) 也可简记为：

$$\varepsilon(n)\leftrightarrow\frac{z}{z-1}\quad(|z|>1) \tag{8.2.4}$$

8.2.3 指数函数 $a^n\varepsilon(n)$ 的 z 变换

根据 z 变换的定义有：

$$\begin{aligned}F(z)&=\sum_{n=0}^{+\infty}a^n\varepsilon(n)z^{-n}=a^0\varepsilon(0)+a^1\varepsilon(1)z^{-1}+a^2\varepsilon(2)z^{-2}+\cdots+a^n\varepsilon(n)z^{-n}+\cdots\\&=a^0+a^1z^{-1}+a^2z^{-2}+\cdots+a^nz^{-n}+\cdots\end{aligned}$$

这是一个首项为1，公比为 az^{-1} 的无穷等比级数列。当公比的模 $|az^{-1}|<1$ 时，此级数收敛。因此当 $|az^{-1}|<1$，即 $|z|>|a|$ 时有：

$$F(z)=1+az^{-1}+a^2z^{-2}+\cdots=\frac{1}{1-az^{-1}}=\frac{z}{z-a}\quad(|z|>|a|) \tag{8.2.5}$$

在上式运算过程中，对复数 z 在复平面上位置的限制是 $|z|>|a|$，因此式(8.2.3) 在 z 平面上是在以原点为圆心，$|a|$ 为半径的圆之外部成立，或者说 z 变换的收敛域为($|z|>|a|$)。

式(8.2.5) 也可简记为：

$$a^n\varepsilon(n)\leftrightarrow\frac{z}{z-a}\quad(|z|>|a|) \tag{8.2.6}$$

在上式中，分别令 $a=e^{\beta T}$，$a=e^{-\beta T}$，$a=e^{j\beta T}$，$a=e^{-j\beta T}$ 则分别可得

$$e^{\beta Tn}\varepsilon(n)\leftrightarrow\frac{z}{z-e^{\beta T}}\quad(|z|>|e^{\beta T}|) \tag{8.2.7}$$

$$e^{-\beta Tn}\varepsilon(n)\leftrightarrow\frac{z}{z-e^{-\beta T}}\quad(|z|>|e^{-\beta T}|) \tag{8.2.8}$$

$$e^{j\beta Tn}\varepsilon(n)\leftrightarrow\frac{z}{z-e^{j\beta T}}\quad(|z|>|e^{j\beta T}|=1) \tag{8.2.9}$$

$$e^{-j\beta Tn}\varepsilon(n)\leftrightarrow\frac{z}{z-e^{-j\beta T}}\quad(|z|>|e^{-j\beta T}|=1) \tag{8.2.10}$$

8.3 z 变换的收敛域

8.3.1 收敛域的定义、单边 z 变换的收敛域

通过上节计算三个典型序列的单边 z 变换的过程，可归纳总结出 z 变换的收敛域的定义如下。

定义 对于序列 $f(n)$，使得 $f(n)$ 的 z 变换存在的 z 值范围称为 z 变换的收敛域。

对于单边 z 变换来说，因为：

$$F(z)=\sum_{n=0}^{+\infty}f(n)z^{-n}=f(0)z^0+f(1)z^{-1}+f(2)z^{-2}+\cdots+f(n)z^{-n}+\cdots$$

是一个 z 的负幂次的无穷级数，要该无穷级数的和式存在，除对序列 $f(n)$ 有一定的限制外，

且必然要求：

$$\left|\frac{f(n+1)}{f(n)}z^{-1}\right|<1,\text{也即}\quad \left|\frac{f(n+1)}{f(n)}\right|<|z| \tag{8.3.1}$$

上式表明，序列 $f(n)$ 的单边 z 变换的收敛域，一定是以原点为圆心的某个圆的外部。而圆的半径，则根据序列 $f(n)$ 的不同情况而定，特殊情况下，圆的半径可缩小为零。

单边 z 变换的收敛域，可在 z 平面上表示，如图 8.3.1 所示。

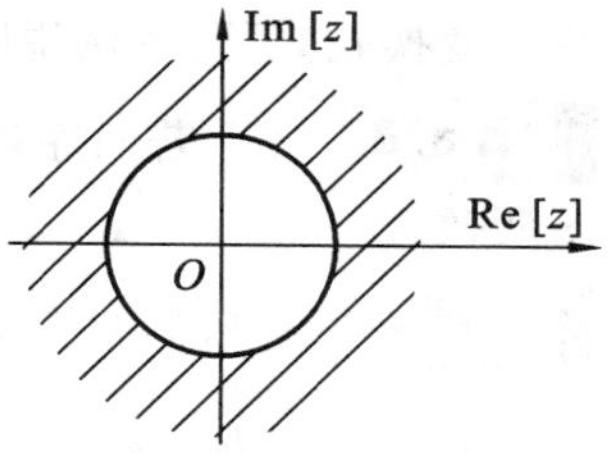

图 8.3.1　单边 z 变换的收敛域

＊8.3.2　双边 z 变换的收敛域

求序列 $f(n)$ 的双边 z 变换时，讨论其收敛域的情况比单边 z 变换要复杂一些，要根据序列的不同类型，分别进行讨论。但是分析问题的基本方法是一样的，即判定级数和存在的条件以及设法求出级数和的表达式。

当序列 $f(n)$ 为双边序列时，其双边 z 变换的计算可转换成两个求和式来计算，如果这两个求和式的收敛域都存在，且有公共的部分，则双边序列 $f(n)$ 的双边 z 变换一定是以原点为圆心的同心圆环，特殊情况下，内圆的半径可缩小为零，而外圆的半径可为无穷大。

例 8.3.1　求序列 $f(n)=a^n\varepsilon(n)-b^n\varepsilon(-n-1)$ 的双边 z 变换。

解　令 $f_1(n)=a^n\varepsilon(n)$，$f_2(n)=-b^n\varepsilon(-n-1)$，根据双边 z 变换的定义式有：

$$F_{1d}(z)=\sum_{n=-\infty}^{+\infty}f_1(n)z^{-n}=\sum_{n=-\infty}^{+\infty}a^n\varepsilon(n)z^{-n}=\sum_{n=0}^{+\infty}a^nz^{-n}$$

利用 8.2.3 节的结果可得：

$$F_{1d}(z)=\frac{z}{z-a}\quad(|z|>|a|) \tag{①}$$

同样，根据双边 z 变换的定义式有：

$$\begin{aligned}F_{2d}(z)&=\sum_{n=-\infty}^{+\infty}f_2(n)z^{-n}=\sum_{n=-\infty}^{+\infty}[-b^n\varepsilon(-n-1)z^{-n}]=\sum_{n=-\infty}^{-1}[-b^nz^{-n}]\\&=\cdots+(-b^{-3}z^3)+(-b^{-2}z^2)+(-b^{-1}z)\\&=-[\cdots+b^{-3}z^3+b^{-2}z^2+b^{-1}z]\end{aligned}$$

上式方括号内可看成一个首项为 $b^{-1}z$，公比也为 $b^{-1}z$ 的无穷等比级数，当 $|b^{-1}z|<1$ 时，即 $|z|<|b|$ 时，级数收敛，且有：

$$F_{2d}(z)=-\frac{b^{-1}z}{1-b^{-1}z}=-\frac{z}{b-z}=\frac{z}{z-b}\quad(|z|<|b|) \tag{②}$$

如果 $|b|>|a|$，则 $F_{1d}(z)$ 和 $F_{2d}(z)$ 有公共的收敛域 $|a|<|z|<|b|$，序列的双边 z 变换存在，且有：

$$\begin{aligned}F(z)&=F_{1d}(z)+F_{2d}(z)=\frac{z}{z-a}+\frac{z}{z-b}\\&=\frac{z(2z-a-b)}{(z-a)(z-b)}\quad(|a|<|z|<|b|)\end{aligned} \tag{③}$$

此时，序列双边 z 变换的收敛域可在 z 平面上表示，如图 8.3.2 所示。

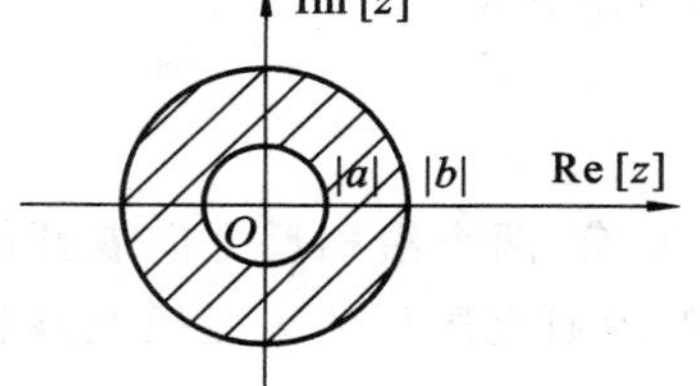

图 8.3.2　例 8.3.1 双边 z 变换的收敛域

如果 $|b|<|a|$，则 $F_{1d}(z)$ 和 $F_{2d}(z)$ 没有公共的收

敛域，则序列的双边 z 变换不存在。

解毕。

对于双边 z 变换，还可能出现一种情况，即不同的序列在不同的收敛域条件下可能映射为同一个变换式。下面举例说明。

例 8.3.2 若两序列分别为 $f_1(n)=a^n\varepsilon(n)$，$f_2(n)=-a^n\varepsilon(-n-1)$，试分别求其双边 z 变换。

解 根据双边 z 变换的定义式有：

$$F_{1d}(z)=\sum_{n=-\infty}^{+\infty}f_1(n)z^{-n}=\sum_{n=-\infty}^{+\infty}a^n\varepsilon(n)z^{-n}=\sum_{n=0}^{+\infty}a^nz^{-n}$$

利用 8.2.3 节的结果可得：

$$F_{1d}(z)=\frac{z}{z-a}\quad(|z|>|a|) \qquad ①$$

从上述求解过程和结果可知，因果序列的单边 z 变换和其双边 z 变换相等，且收敛域也相同。

同样，根据双边 z 变换的定义式有：

$$\begin{aligned}F_{2d}(z)&=\sum_{n=-\infty}^{+\infty}f_2(n)z^{-n}=\sum_{n=-\infty}^{+\infty}[-a^n\varepsilon(-n-1)z^{-n}]=\sum_{n=-\infty}^{-1}[-a^nz^{-n}]\\&=\cdots+(-a^{-3}z^3)+(-a^{-2}z^2)+(-a^{-1}z)\\&=-[\cdots+a^{-3}z^3+a^{-2}z^2+a^{-1}z]\end{aligned}$$

上式方括号内可看成一个首项为 $a^{-1}z$，公比也为 $a^{-1}z$ 的无穷等比级数，当 $|a^{-1}z|<1$ 时，即 $|z|<|a|$ 时，级数收敛，且有：

$$F_{2d}(z)=-\frac{a^{-1}z}{1-a^{-1}z}=-\frac{z}{a-z}=\frac{z}{z-a}\quad(|z|<|a|) \qquad ②$$

比较式 ① 和式 ② 两式的结果可知，不同的两个序列 $f_1(n)$ 和 $f_2(n)$ 在不同的收敛域条件下，其双边 z 变换映射为同一个变换式 $F_{1d}(z)=F_{2d}(z)=\frac{a}{z-a}$。因此，在求解双边 z 变换时，一定要注明其收敛域。这里，$f_1(n)=a^n\varepsilon(n)$ 称为因果序列，而 $f_2(n)=-a^n\varepsilon(-n-1)$ 称为反因果序列。因果序列是有始无终的序列，反因果序列是无始有终的序列，且反因果序列的尾项和因果序列的首项正好相衔接，反因果序列与因果序列的和是双边序列。这三种序列的关系可用图 8.3.3 来表示。

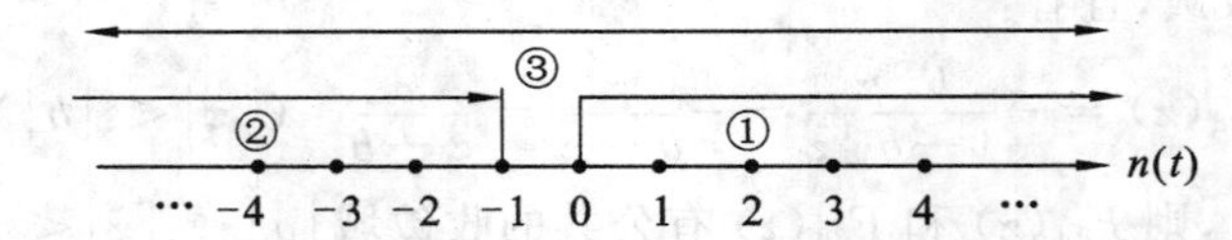

图 8.3.3 因果序列、反因果序列与双边序列的关系

*8.3.3 序列的分类及各类序列 z 变换的收敛域

在例 8.3.2 中给出了因果序列和反因果序列的双边 z 变换，两个沿相反方向展开的序列，虽然收敛域不同，却得到了完全相同的变换式。为了更好地研究序列的 z 变换及其收敛域等性质，有必要讨论序列的分类问题。一般来说，按序列在时间轴 t(或序轴 n) 上所占的区间分类，如图 8.3.4 所示。

- 序列按在时间轴上所占区间的分类
  - 有序长序列（n_1 为首项，n_2 为尾项）
    - 左边序列（$n_1 < n_2 < 0$）
    - 右边序列（$0 \leqslant n_1 < n_2$）
    - 双边序列（$n_1 < 0, 0 < n_2$）
  - 无限长序列
    - 左边序列（无始有终的序列）
    - 右边序列（有始无终的序列）
    - 双边序列（无始无终的序列）

图 8.3.4　序列按在时间轴（或序轴）上所占的区间分类

1. 有限长序列及其 z 变换的收敛域

由图 8.3.4 可以看出，按序列在时间轴 t（或序轴 n）上所占的区间分类，可分为有限长序列和无限长序列。有限长序列又分为三种情况，即左边序列、右边序列和双边序列。它们在时间轴 t（或序轴 n）上所占的区间如图 8.3.5 所示。图 8.3.5 中，① 代表左边序列，其首项和尾项的序号均小于零；② 代表右边序列，其首项和尾项的序号均大于零；③ 代表双边序列，其首项的序号小于零，而尾项的序号大于零。

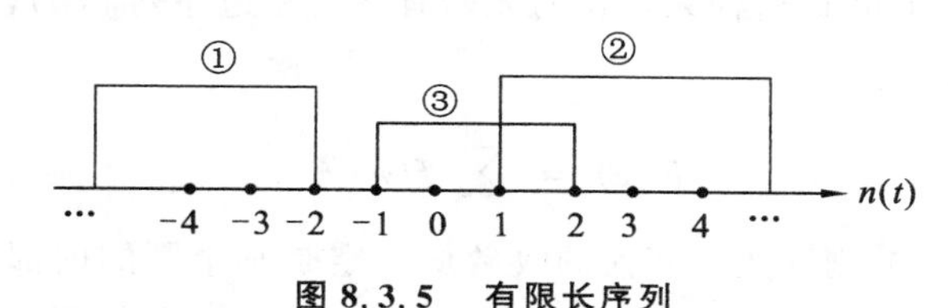

图 8.3.5　有限长序列

有限长序列 $f(n)$ 只在有限区间（$n_1 \leqslant n \leqslant n_2$）具有有限值，其双边 z 变换为：

$$F(z) = \sum_{n=n_1}^{n_2} f(n) z^{-n} \tag{8.3.2}$$

是一个有限项极数，收敛域至少为：$0 < |z| < \infty$。其具体情况，读者可自行分析，或参见例 8.3.3。其单边 z 变换为：

$$F(z) = \sum_{n=0}^{n_2} f(n) z^{-n} \tag{8.3.3}$$

也是一个有限项极数，收敛域至少为：$0 < |z|$。其具体情况，可参见例 8.3.3 或自行分析。

例 8.3.3　已知有限长序列 $f(n) = a^n[\varepsilon(n+2) - \varepsilon(n-2)]$，分别求其单边 z 变换及双边 z 变换，并标明收敛域。

解　其单边 z 变换为：

$$F(z) = \sum_{n=0}^{+\infty} f(n) z^{-n} = \sum_{n=0}^{+\infty} a^n[\varepsilon(n+2) - \varepsilon(n-2)] z^{-n}$$

$$= 1 + az^{-1} + a^2 z^{-2} = \frac{1 - (az^{-1})^3}{1 - az^{-1}} = \frac{z^3 - a^3}{z^2(z-a)} = 1 + \frac{a(z+a)}{z^2}$$

由上述结果可知，其收敛域为除 $z = 0$ 外的全平面，可表示为 $0 < |z|$。

该序列的双边 z 变换为：

$$F_{\mathrm{d}}(z) = \sum_{n=-\infty}^{+\infty} f(n) z^{-n}$$

$$= \sum_{n=-\infty}^{+\infty} a^n[\varepsilon(n+2) - \varepsilon(n-2)] z^{-n}$$

$$= a^{-2}z^2 + a^{-1}z + 1 + az^{-1} + a^2 z^{-2} = \frac{a^{-2}z^2[1 - (az^{-1})^5]}{1 - az^{-1}} = \frac{a^{-2}z^2 - a^3 z^{-3}}{1 - az^{-1}}$$

$$= \frac{z^5 - a^5}{a^2 z^2 (z-a)} = \frac{z^4 + az^3 + a^2 z^2 + a^3 z + a^4}{a^2 z^2} \quad (0 < |z| < \infty)$$

为了使表达式有意义，z 的取值不能为 0 和 ∞，故收敛域为：$0 < |z| < \infty$，解毕。

2. 无始有终的左边序列及其 z 变换的收敛域

由图 8.3.4 还可以看出，无限长序列又可分为三种情况，即左边序列、右边序列和双边序列。这种无限长的左边序列是无始有终的序列，根据尾项的序号是大于、等于还是小于负 1，又分为三种情况，如图 8.3.6 所示。

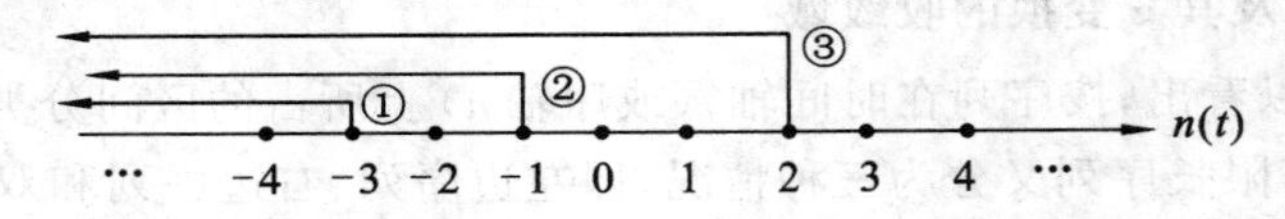

图 8.3.6 无始有终的左边序列

图 8.3.6 中，① 代表尾项的序号小于 -1；② 代表尾项的序号等于 -1，又称为反因果序列；③ 代表尾项序号大于负 1。这种无限长的无始有终的左边序列 $f(n)$，当 $n > n_2$ 时，$f(n) = 0$，故其双边 z 变换为：

$$F(z) = \sum_{n=-\infty}^{n_2} f(n) z^{-n} \tag{8.3.4}$$

如果和式存在，且 $n_2 < 0$，则双边 z 变换的收敛域一定是某个圆的内部，分析过程可参见例 8.3.1；若 $n_2 > 0$，则双边 z 变换的收敛域是某个圆的内部但不包括原点，分析可见例 8.3.4。而其单边 z 变换为：

$$F(z) = \sum_{n=0}^{n_2} f(n) z^{-n} \tag{8.3.5}$$

只有在尾项序号 $n_2 > 0$ 时才存在，且是一个有限项极数，收敛域至少为：$0 < |z|$，其具体分析与有限长序列是相同的。

例 8.3.4 已知无限长左边序列 $f(n) = a^n \varepsilon(-n+2)$，分别求其单边 z 变换及双边 z 变换，并标明收敛域。

解 其单边 z 变换为：

$$F(z) = \sum_{n=0}^{+\infty} f(n) z^{-n} = \sum_{n=0}^{+\infty} a^n \varepsilon(-n+2) z^{-n}$$

$$= 1 + az^{-1} + a^2 z^{-2} = \frac{1-(az^{-1})^3}{1-az^{-1}} = \frac{z^3 - a^3}{z^2(z-a)} = 1 + \frac{a(z+a)}{z^2}$$

由上述结果可知，其收敛域为除 $z = 0$ 外的全平面，可表示为 $0 < |z|$。

该序列的双边 z 变换为：

$$F_{\mathrm{d}}(z) = \sum_{n=-\infty}^{+\infty} f(n) z^{-n} \sum_{n=-\infty}^{+\infty} a^n \varepsilon(-n+2) z^{-n}$$

$$= \cdots + a^{-2} z^2 + a^{-1} z + 1 + az^{-1} + a^2 z^{-2}$$

$$= a^2 z^{-2} + az^{-1} + 1 + a^{-1} z + a^{-2} z^2 + \cdots$$

当 $|z| < |a|$ 时，得：

$$F_{\mathrm{d}}(z) = \frac{a^2 z^{-2}}{1 - a^{-1} z} = \frac{a^3}{z^2(a-z)}$$

考虑到表达式成立的条件和结果，其收敛域为：$0 < |z| < |a|$。解毕。

3. 有始无终的右边序列及其 z 变换的收敛域

无限长的右边序列是有始无终的序列，根据首项的序号是大于、等于还是小于零，又分为三种情况，如图 8.3.7 所示。

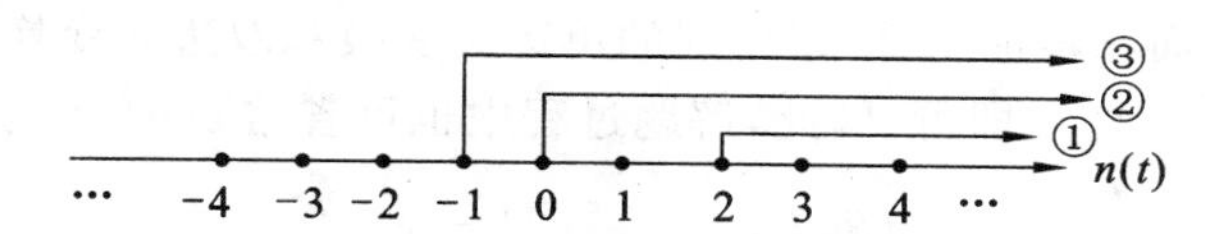

图8.3.7　三种有始无终的右边序列和无始无终的双边序列

图 8.3.7 中，① 代表首项的序号大于零；② 代表首项的序号等于零，其又称为因果序列；③ 代表首项的序号小于零。对于 ①、② 两种右边序列，首项序号大于或等于零，其双边 z 变换和单边 z 变换的结果是同一表达式，且收敛域也相同，都是某个圆的外部。对于 ③ 所示的右边序列，首项序号小于零，其单边 z 变换的收敛域依然是某个圆的外部，而其双边 z 变换的收敛域则为 $R<|z|<\infty$，即收敛域依然是某个圆的外部，但不包括无穷远点。

例 8.3.5　已知无限长右边序列 $f(n)=a^n\varepsilon(n+2)$，分别求其单边 z 变换及双边 z 变换，并标明收敛域。

解　其单边 z 变换为：

$$F(z)=\sum_{n=0}^{+\infty}f(n)z^{-n}=\sum_{n=0}^{+\infty}a^n\varepsilon(n+2)z^{-n}$$

$$=1+az^{-1}+a^2z^{-2}+\cdots=\frac{1}{1-az^{-1}}=\frac{z}{z-a}\quad(|a|<|z|)$$

这个结果和因果序列 $a^n\varepsilon(n)$、双边序列 a^n 的单边 z 变换是完全相同的。

该序列的双边 z 变换为：

$$F_{\mathrm{d}}(z)=\sum_{n=-\infty}^{+\infty}f(n)z^{-n}\sum_{n=-\infty}^{+\infty}a^n\varepsilon(n+2)z^{-n}$$

$$=a^{-2}z^2+a^{-1}z+1+az^{-1}+a^2z^{-2}+\cdots$$

$$=\frac{a^{-2}z^2}{1-az^{-1}}=\frac{z^3}{a^2(z-a)}\quad(|a|<|z|<\infty)$$

解毕。

本书主要讨论单边 z 变换，仅在此节简要介绍双边 z 变换，以下对 z 变换的讨论，若无特别说明，则都仅针对单边 z 变换。

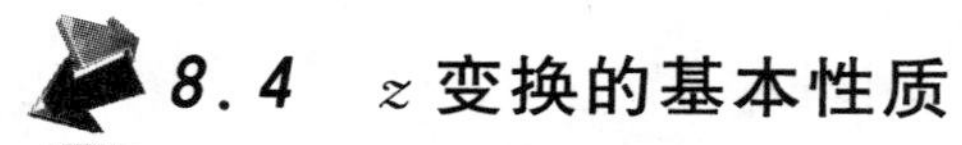

8.4　z 变换的基本性质

根据 z 变换的定义，可导出 z 变换的若干基本性质。这些性质反映了序域(时域)和 z 域的内在联系与对应关系。利用 z 变换的基本性质和典型序列的 z 变换可方便地求得一些较复杂的序列的 z 变换。利用 z 变换的位移性质，可以将差分方程变换成 z 域的代数方程。因为系统的单位样值响应和系统函数是一对 z 变换，故可以通过系统函数来研究系统的性质。

8.4.1　线性性质

线性性质包括齐次性与叠加性，具体介绍如下。

若 $f_1(n)\leftrightarrow F_1(z)$，$f_2(n)\leftrightarrow F_2(z)$，$a,b$ 为常数，则有：

$$af_1(n)+bf_2(n)\leftrightarrow aF_1(z)+bF_2(z)\tag{8.4.1}$$

此性质根据定义即可证明，这个工作由读者自己完成。

例 8.4.1 求单边正弦序列 $\sin(\beta nT)\varepsilon(n)$ 及单边余弦序列 $\cos(\beta nT)\varepsilon(n)$ 的 z 变换。

解 前面已经证明，因果序列的单边 z 变换和双边 z 变换相等，故问题中求 z 变换，可以只用求单边 z 变换即可。因此，解题过程中也可省略 $\varepsilon(n)$ 不写。

因为：
$$\sin(\beta nT)=\frac{1}{2\mathrm{j}}[\mathrm{e}^{\mathrm{j}\beta nT}-\mathrm{e}^{-\mathrm{j}\beta nT}]$$

由式(8.2.9)
$$\mathrm{e}^{\mathrm{j}\beta Tn}\varepsilon(n)\leftrightarrow\frac{z}{z-\mathrm{e}^{\mathrm{j}\beta T}}\quad(|z|>|\mathrm{e}^{\mathrm{j}\beta T}|=1)$$

及式(8.2.10)
$$\mathrm{e}^{-\mathrm{j}\beta Tn}\varepsilon(n)\leftrightarrow\frac{z}{z-\mathrm{e}^{-\mathrm{j}\beta T}}\quad(|z|>|\mathrm{e}^{-\mathrm{j}\beta T}|=1)$$

再根据线性性质得：
$$\mathscr{Z}[\sin(\beta nT)]=\frac{1}{2\mathrm{j}}\mathscr{Z}[\mathrm{e}^{\mathrm{j}\beta nT}-\mathrm{e}^{-\mathrm{j}\beta nT}]=\frac{1}{2\mathrm{j}}\left[\frac{z}{z-\mathrm{e}^{\mathrm{j}\beta T}}-\frac{z}{z-\mathrm{e}^{-\mathrm{j}\beta T}}\right]$$
$$=\frac{z\sin(\beta T)}{z^2-2z\cos(\beta T)+1}\quad(|z|>1)$$

简记为：
$$\sin(\beta Tn)\varepsilon(n)\leftrightarrow\frac{z\sin(\beta T)}{z^2-2z\cos(\beta T)+1}\quad(|z|>1)\tag{8.4.2}$$

用同样的方法可求得：
$$\mathscr{Z}[\cos(\beta nT)]=\frac{z^2-z\cos(\beta T)}{z^2-2z\cos(\beta T)+1}\quad(|z|>1)$$

简记为：
$$\cos(\beta Tn)\varepsilon(n)\leftrightarrow\frac{z^2-z\cos(\beta T)}{z^2-2z\cos(\beta T)+1}\quad(|z|>1)\tag{8.4.3}$$

例 8.4.2 求序列 $f(n)=a^n\varepsilon(n)-a^n\varepsilon(n-1)$ 的 z 变换。

解 解法一 $f_1(n)=a^n\varepsilon(n),f_2(n)=a^n\varepsilon(n-1)$

根据线性性质，有：
$$F(z)=F_1(z)-F_2(z)\tag{①}$$

上式中，由式(8.2.6)知：$a^n\varepsilon(n)\leftrightarrow\dfrac{z}{z-a}\quad(|z|>|a|)$，

即：
$$F_1(z)=\frac{z}{z-a}\quad(|z|>|a|)\tag{②}$$

而
$$F_2(z)=\sum_{n=0}^{+\infty}a^n\varepsilon(n-1)z^{-n}=\sum_{n=1}^{+\infty}a^nz^{-n}$$
$$=a^1\varepsilon(1)z^{-1}+a^2\varepsilon(2)z^{-2}+\cdots+a^n\varepsilon(n)z^{-n}+\cdots$$
$$=a^1z^{-1}+a^2z^{-2}+\cdots+a^nz^{-n}+\cdots$$

这是一个首项为 az^{-1}，公比为 az^{-1} 的无穷等比级数列。当公比的模 $|az^{-1}|>1$ 时，此级数发散；当 $|az^{-1}|<1$ 时，此级数收敛。因此当 $|az^{-1}|<1$，即 $|z|>|a|$ 时，有：
$$F_2(z)=az^{-1}+a^2z^{-2}+\cdots=\frac{az^{-1}}{1-az^{-1}}=\frac{a}{z-a}\quad(|z|>|a|)\tag{③}$$

将 ② 式与 ③ 式代入 ① 式得：

$$F(z)=F_1(z)-F_2(z)=\frac{z}{z-a}-\frac{a}{z-a}=1 \quad (|z|>|a|)$$

解毕。

在此例的求解过程中，还得到一对有用的 z 变换：

$$a^n\varepsilon(n-1)\leftrightarrow \frac{a}{z-a} \quad (|z|>|a|) \tag{8.4.4}$$

解法二　先将序列在时域化简，有：

$$f(n)=a^n\varepsilon(n)-a^n\varepsilon(n-1)=a^n[\varepsilon(n)-\varepsilon(n-1)]=a^2[\delta(n)]$$
$$=a^0[\delta(n)]=\delta(n)$$

所以有：　$F(z)=\mathscr{Z}[f(n)]=\mathscr{Z}[\delta(n)]=1$　（全平面收敛）

解毕。

讲评：比较两种解法，可见解法二简单得多。还要指出的是，两种解法得到的收敛域是不一样的，这是因为收敛域和求解过程有关，也即和路径有关。

8.4.2　序列的指数加权与 z 域尺度变换特性

若 $F(z)=\mathscr{Z}[f(n)]=\sum_{n=0}^{\infty}f(n)z^{-n}$　$(|z|>R)$，则有：

$$\mathscr{Z}[a^nf(n)]=F\left(\frac{z}{a}\right) \quad \left(\left|\frac{z}{a}\right|>R\right)$$

证明　$\mathscr{Z}[a^nf(n)]=\sum_{n=0}^{\infty}[a^nf(n)]z^{-n}=\sum_{n=0}^{\infty}f(n)\left(\frac{z}{a}\right)^{-n}=F\left(\frac{z}{a}\right)$

得证。

该性质的含义是，序列乘以 a^n，即序列的指数加权，导致的结果是 z 域平面尺度（收敛域）的压缩或扩展。当 $|a|>1$ 时，收敛域压缩；当 $|a|<1$ 时，收敛域扩展。特别地，当 $a=-1$ 时，$\mathscr{Z}[(-1)^nf(n)]=F(-z)$，即：

$$\mathscr{Z}[(-1)^n\varepsilon(n)]=\frac{-z}{-z-1}=\frac{z}{z+1} \quad (|z|>1) \tag{8.4.5}$$

例 8.4.3　根据 $\sin(\beta Tn)\varepsilon(n)\leftrightarrow \dfrac{z\sin(\beta T)}{z^2-2z\cos(\beta T)+1}$　$(|z|>1)$

由序列的指数加权与 z 域尺度变换特性可得：

$$e^{aTn}\sin(\beta Tn)\varepsilon(n)\leftrightarrow \frac{\frac{z}{e^{aT}}\sin(\beta T)}{\left(\frac{z}{e^{aT}}\right)^2-2\left(\frac{z}{e^{aT}}\right)\cos(\beta T)+1} \quad (|z|>|e^{aT}|)$$

化简后为：

$$e^{aTn}\sin(\beta Tn)\varepsilon(n)\leftrightarrow \frac{ze^{aT}\sin(\beta T)}{z^2-2ze^{aT}\cos(\beta T)+e^{2aT}} \quad (|z|>|e^{aT}|) \tag{8.4.6}$$

同理，根据：　$\cos(\beta Tn)\varepsilon(n)\leftrightarrow \dfrac{z^2-z\cos(\beta T)}{z^2-2z\cos(\beta T)+1}$　$(|z|>1)$

可得

$$e^{aTn}\cos(\beta Tn)\varepsilon(n)\leftrightarrow \frac{z^2-ze^{aT}\cos(\beta T)}{z^2-2ze^{aT}\cos(\beta T)+e^{2aT}} \quad (|z|>|e^{aT}|) \tag{8.4.7}$$

8.4.3 序列的线性加权(时域乘 n)和 z 域微分

若 $F(z)=\mathscr{Z}[f(n)]=\sum_{n=0}^{\infty}f(n)z^{-n}\quad(|z|>R)$,则有:

$$\mathscr{Z}[nf(n)]=-z\frac{\mathrm{d}F(z)}{\mathrm{d}z}\quad(|z|>R)$$

证明 由已知: $F(z)=\sum_{n=0}^{\infty}f(n)z^{-n}$

上式对 z 求导得 $\frac{\mathrm{d}F(z)}{\mathrm{d}z}=\sum_{n=0}^{+\infty}f(n)\frac{\mathrm{d}(z^{-n})}{\mathrm{d}z}$,

即: $\frac{\mathrm{d}F(z)}{\mathrm{d}z}=\sum_{n=0}^{+\infty}-nf(n)z^{-n-1}$

上式两边同时乘以 $-z$ 后,得: $-z\frac{\mathrm{d}F(z)}{\mathrm{d}z}=\sum_{n=0}^{+\infty}[nf(n)]z^{-n}$

此式的含义即: $Z[nf(n)]=-z\frac{\mathrm{d}F(z)}{\mathrm{d}z}$

得证。

例 8.4.4 已知 $F(z)=\mathscr{Z}[\varepsilon(n)]=\frac{z}{z-1}$,求 $\mathscr{Z}[n\varepsilon(n)]$。

解 由已知,再根据序列的线性加权性质得:

$$\mathscr{Z}[n\varepsilon(n)]=-z\frac{\mathrm{d}}{\mathrm{d}z}\left[\frac{z}{z-1}\right]=\frac{z}{(z-1)^2}\tag{8.4.8}$$

解毕。

对式(8.4.8)再用一次序列的线性加权性质得:

$$\mathscr{Z}[n^2\varepsilon(n)]=-z\frac{\mathrm{d}}{\mathrm{d}z}\left[\frac{z}{(z-1)^2}\right]=-z\frac{(z-1)^2-2(z-1)z}{(z-1)^4}=\frac{z(z+1)}{(z-1)^3}\tag{8.4.9}$$

8.4.4 移位性质

对不同的情况,移位性质有不同的结论。这里,只考虑单边 z 变换移位性质的四种情况。

(1) 双边序列左移。设 $f(n)$ 是双边序列,已知其单边 z 变换 $F(z)=\sum_{n=0}^{\infty}f(n)z^{-n}$,则其左移序列 $f(n+k)$ 的单边 z 变换:

$$\mathscr{Z}[f(n+k)]=z^k\left[F(z)-\sum_{n=0}^{k-1}f(n)z^{-n}\right]\tag{8.4.10}$$

证明 根据单边 z 变换的定义,有:

$$\mathscr{Z}[f(n+k)]=\sum_{n=0}^{+\infty}f(n+k)z^{-n}$$

$$=z^k\sum_{n=0}^{+\infty}f(n+k)z^{-(n+k)}$$

进行变量置换,令 $m=n+k$。则当 $n=0$ 时,$m=k$;当 $n=+\infty$ 时,$m=+\infty$。于是原式变换为:

$$z^k\sum_{m=k}^{+\infty}f(m)z^{-m}=z^k\left[\sum_{m=0}^{+\infty}f(m)z^{-m}-\sum_{m=0}^{k-1}f(m)z^{-m}\right]$$

再把上式中的 m 换成 n,等式依然成立,即得:

$$原式 = z^k[F(z) - \sum_{n=0}^{k-1} f(n)z^{-n}]$$

得证。

当 $k = 1$ 时，$\mathscr{Z}[f(n+1)] = zF(z) - zf(0)$ 。

当 $k = 2$ 时，$\mathscr{Z}[f(n+2)] = z^2F(z) - z^2f(0) - zf(1)$ 。

用 z 变换解二阶前向差分方程时，要用到移位性质的这两个公式。

(2) 双边序列右移。设 $f(n)$ 是双边序列，已知其单边 z 变换 $F(z) = \sum_{n=0}^{\infty} f(n)\cdot z^{-n}$，则其右移序列 $f(n-k)$ 的单边 z 变换为：

$$\mathscr{Z}[f(n-k)] = \sum_{n=0}^{+\infty} f(n-k)z^{-n} = z^{-k}\left[F(z) + \sum_{n=-k}^{-1} f(n)z^{-k}\right] \tag{8.4.11}$$

证明 根据单边 z 变换的定义，有：

$$\mathscr{Z}[f(n-k)] = \sum_{n=0}^{+\infty} f(n-k)z^{-n}$$

对上式进行变量置换，令 $m = n-k$。则当 $n = 0$ 时，$m = -k$；当 $n = +\infty$ 时，$m = +\infty$，且 $n = m+k$。将上述结果代入上式得：

$$\begin{aligned}\mathscr{Z}[f(n-k)] &= \sum_{m=-k}^{+\infty} f(m)z^{-(m+k)} = z^{-k}[\sum_{m=-k}^{+\infty} f(m)z^{-m}] \\ &= z^{-k}[\sum_{m=-k}^{-1} f(m)z^{-m} + \sum_{m=0}^{+\infty} f(m)z^{-m}] \\ &= z^{-k}[F(z) + \sum_{n=-k}^{-1} f(n)z^{-n}]\end{aligned}$$

得证。

当 $k = 1$ 时，$\mathscr{Z}[f(n-1)] = z^{-1}F(z) + f(-1)$。

当 $k = 2$ 时，$\mathscr{Z}[f(n-2)] = z^{-2}F(z) + z^{-1}f(-1) + f(-2)$。

用 z 变换解后向二阶差分方程时，需要用到移位性质的这两个公式。

(3) 因果序列右移。因果序列的一般表示法是 $f(n)\cdot\varepsilon(n)$。已知因果序列 $f(n)\cdot\varepsilon(n)$ 的 z 变换为 $F(z) = \sum_{n=0}^{\infty} f(n)\cdot\varepsilon(n)\cdot z^{-n} = \sum_{n=0}^{\infty} f(n)\cdot z^{-n}$，则其右移序列 $f(n-k)\cdot\varepsilon(n-k)$ 的单边 z 变换为：

$$\mathscr{Z}[f(n-k)\varepsilon(n-k)] = \sum_{n=0}^{+\infty}[f(n-k)\varepsilon(n-k)]z^{-n} = z^{-k}F(z)$$

证明方法同样是根据已知和定义，并作变量置换 $n-k = m$，这个工作留给读者完成。

(4) 因果序列左移。已知因果序列 $f(n)\cdot\varepsilon(n)$ 的 z 变换为：

$$F(z) = \sum_{n=0}^{\infty} f(n)\cdot\varepsilon(n)\cdot z^{-n} = \sum_{n=0}^{\infty} f(n)\cdot z^{-n}$$

则其左移序列 $F(n+k)\varepsilon(n+k)$ 的单边 z 变换为：

$$\mathscr{Z}[f(n+k)\varepsilon(n+k)] = z^k[F(z) - \sum_{n=0}^{k-1} f(n)z^{-n}]$$

这种情况的证明方法和结论与双边序列左移是一样的，不再赘述。

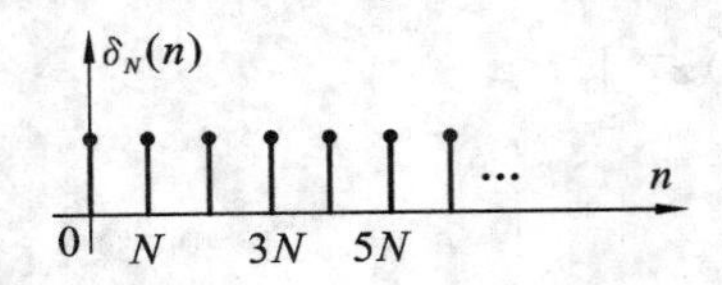

图 8.4.1　因果周期性单位样值序列的波形

例 8.4.5　求周期为 N 的因果周期性单位样值序列 $\delta_N(n)=\sum_{m=0}^{+\infty}\delta(n-mN)$ 的 z 变换。

解　画出 $\delta_N(n)$ 的波形如图 8.4.1 所示。

因为：

$$\delta_N(n)=\sum_{m=0}^{+\infty}\delta(n-mN)=\delta(n)+\delta(n-N)+\delta(n-2N)+\cdots$$

根据 $\mathscr{Z}[\delta(n)]=1$ 及移位特性，求得 $\delta(n)$ 的各右移序列的 z 变换为：

$$\mathscr{Z}[\delta(n-mN)]=z^{-mN}$$

于是，周期为 N 的因果周期性单位样值序列的 z 变换为：

$$\mathscr{Z}\left[\sum_{m=0}^{+\infty}\delta(n-mN)\right]=1+z^{-N}+z^{-2N}\cdots$$

这是一个首项为 1，公比为 z^{-N} 的无穷等比级数列。当公比的模 $|z^{-N}|>1$ 时，此级数发散；当 $|z^{-N}|<1$ 时，此级数收敛。因此当 $|z^{-N}|<1$ 时，即 $|z^N|>1$，也即 $|z|>1$ 有：

$$\mathscr{Z}[\delta_N(n)]=\frac{1}{1-z^{-N}}=\frac{z^N}{z^N-1}\quad(|z|>1)\tag{8.4.12}$$

8.4.5　时域卷积定理

若 $\mathscr{Z}[f_1(n)]=F_1(z)=\sum_{n=0}^{\infty}f_1(n)z^{-n}$，$\mathscr{Z}[f_2(n)]=F_2(z)=\sum_{n=0}^{\infty}f_2(n)z^{-n}$，则有：

$$\mathscr{Z}[f_1(n)*f_2(n)]=F_1(z)F_2(z)$$

证明　$\mathscr{Z}[f_1(n)*f_2(n)]=\sum_{j=-\infty}^{+\infty}[f_1(n)*f_2(n)]z^{-n}$　（单边 z 变换的定义）

$=\sum_{j=-\infty}^{+\infty}f_1(j)[\sum_{n=0}^{+\infty}f_2(n-j)z^{-n}]$　（卷积和的定义）

$=\sum_{j=-\infty}^{+\infty}f_1(j)\left[\sum_{n=0}^{+\infty}f_2(n-j)z^{-n}\right]$　（交换求和次序）

$=\sum_{j=-\infty}^{+\infty}[f_1(j)]z^{-j}F_2(z)$　（由已知和 z 变换右移性质）

$=F_1(z)F_2(z)$　（将 $F_2(z)$ 提取到求和号外后，根据已知和 z 变换的定义）

得证。

z 变换除了以上重要性质之外，还有初值定理、终值定理，以及 z 域卷积定理等性质，因为使用较少，故不再讨论。

例 8.4.6　已知系统单位样值响应的 z 变换 $\mathscr{Z}[h(n)]=H(z)$ 和激励的 z 变换 $\mathscr{Z}[e(n)]=E(z)$，求系统零状态响应的 z 变换。

解　因为系统零状态响应为：　$y_{zs}(n)=e(n)*h(n)$

对上式两边取 z 变换有：　$\mathscr{Z}[y_{zx}(n)]=\mathscr{Z}[h(n)*e(n)]$

由卷积定理可得：　$\mathscr{Z}[y_{zs}(n)]=Y_{zx}(z)=H(z)E(z)$

上式表明，系统零状态响应的 z 变换等于系统单位样值响应的 z 变换与激励的 z 变换的乘积。

8.5 逆 z 变换

如例 8.4.6 所述，若知道系统单位样值响应的 z 变换与激励的 z 变换之乘积，就可通过求逆 z 变换来求系统的零状态响应。从理论上来说，求逆 z 变换的方法有三种：幂级数展开法(又称长除法)，部分分式展开法和围线积分法(又称留数法)。但常用的是部分分式展开法，下面就来讨论这个问题。

一般情况下，序列 $f(n)$ 的 z 变换的函数式 $F(z)$ 是一个有理分式，如式(8.5.1)所示。

$$F(z)=\frac{b_{\mathrm{m}}z^{m}+b_{m-1}z^{m-1}+\cdots+b_{0}}{z^{n}+a_{n-1}z^{n-1}+\cdots+a_{0}} \tag{8.5.1}$$

因为 $a^{n}\varepsilon(n)\leftrightarrow\dfrac{z}{z-a}$，为了在进行部分分式分解后得到形如$\dfrac{z}{z-a}$的基本有理分式，通常是先将$\dfrac{F(z)}{z}$展开，然后得到 $F(z)$ 的展开式。这一步是逆 z 变换进行部分分式展开的特点。可根据有理分式 $F(z)$ 极点的不同情况，分别讨论如下。

部分分式展开法，实际是以查常用 z 变换表为基础的，因此在讨论部分分式展开法之前，整理一下常用的 z 变换对是必要的，具体如下。

8.5.1 常用序列的 z 变换对

(1) $\delta(n)\leftrightarrow 1$

(2) $\varepsilon(n)\leftrightarrow\dfrac{z}{z-1}$

(3) $a^{n}\varepsilon(n)\leftrightarrow\dfrac{z}{z-a}$

(4) $\delta(n-1)\leftrightarrow z^{-1}$

(5) $n\varepsilon(n)\leftrightarrow\dfrac{Z}{(z-1)^{2}}$

(6) $na^{n}\varepsilon(n)\leftrightarrow\dfrac{az}{(z-a)^{2}}$

(7) $\mathrm{e}^{\beta Tn}\varepsilon(n)\leftrightarrow\dfrac{z}{z-\mathrm{e}^{\beta T}}$

(8) $\mathrm{e}^{-\beta Tn}\varepsilon(n)\leftrightarrow\dfrac{z}{z-\mathrm{e}^{-\beta T}}$

(9) $\mathrm{e}^{\mathrm{j}\beta Tn}\varepsilon(n)\leftrightarrow\dfrac{z}{z-\mathrm{e}^{\mathrm{j}\beta T}}$

(10) $\mathrm{e}^{-\mathrm{j}\beta Tn}\varepsilon(n)\leftrightarrow\dfrac{z}{z-\mathrm{e}^{-\mathrm{j}\beta T}}$

(11) $\sin(\beta Tn)\varepsilon(n)\leftrightarrow\dfrac{z\sin(\beta T)}{z^{2}-2z\cos(\beta T)+1}$

(12) $\cos(\beta Tn)\varepsilon(n)\leftrightarrow\dfrac{z^{2}-z\cos(\beta T)}{z^{2}-2z\cos(\beta T)+1}$

(13) $\mathrm{e}^{atn}\sin(\beta Tn)\varepsilon(n)\leftrightarrow\dfrac{z\mathrm{e}^{aT}\sin(\beta T)}{z^{2}-2z\mathrm{e}^{aT}\cos(\beta T)+\mathrm{e}^{2aT}}$

(14) $\mathrm{e}^{aTn}\cos(\beta Tn)\varepsilon(n)\leftrightarrow\dfrac{z^{2}-z\mathrm{e}^{aT}\cos(\beta T)}{z^{2}-2z\mathrm{e}^{aT}\cos(\beta T)+\mathrm{e}^{2aT}}$

(15) $n^{2}\varepsilon(n)\leftrightarrow\dfrac{z(z+1)}{(z-1)^{3}}$

8.5.2 $F(z)$ 只含单阶极点

先通过例子来说明求 $F(z)$ 只含单阶极点逆 z 变换的方法和步骤。

例 8.5.1 已知 $F(z)=\dfrac{z^{2}}{(z+1)(z-2)}$ $(|z|>2)$，求 $f(n)$。

解 令：

$$Q(z)=\frac{F(z)}{z}=\frac{z}{(z+1)(z-2)}=\frac{B_1}{z+1}+\frac{B_2}{z-2} \quad ①$$

则：

$$B_1=Q(z)(z+1)\big|_{z=-1}=\frac{z}{z-2}\bigg|_{z=-1}=\frac{1}{3}B_2=Q(z)(z-2)\big|_{z=2}=\frac{z}{z+1}\bigg|_{z=2}=\frac{2}{3}$$

将 B_1,B_2 代回 ① 式，得： $F(z)=\dfrac{\frac{1}{3}z}{z+1}+\dfrac{\frac{2}{3}z}{z-2}$

对上式取逆变换，查表得： $f(n)=[\frac{1}{3}(-1)^n+\frac{2}{3}(2)^n]\varepsilon(n)$

解毕。

8.5.3 $F(z)$ 含有重极点

例 8.5.2 已知 $F(z)=\dfrac{z^3+z^2}{(z-1)^3}$ $(|z|>1)$，求 $f(n)$。

解 令：

$$Q(z)=\frac{F(z)}{z}=\frac{z^2+z}{(z-1)^3}=\frac{B_3}{(z-1)^3}+\frac{B_2}{(z-1)^2}+\frac{B_1}{z-1} \quad ①$$

这里，$z=1$ 是三重极点，由数学可知，$Q(z)$ 的展开式只能具有 ① 式那样的形式。① 式是一个恒等式，即 z 可取任何值，只要不使分母为零，等式均成立。可利用这一性质来求出 ① 式中的待定系数 B_1,B_2,B_3。

为了书写简洁，设：$Q_1(z)=Q(z)(z-1)^3=(z^2+z)$。由 ① 式可得：

$$B_3=Q(z)(z-1)^3\big|_{z=1}=(z^2+z)\big|_{z=1}=2$$

为了求得 B_2，将(1) 式两边同乘以$(z-1)^3$，得：

$$Q_1(z)=B_3+B_2(z-1)+B_1(z-1)^2 \quad ②$$

对 ② 式两边求导一次后，令 $Z=1$ 即可求得 B_2。对 ② 式两边求导得：

$$\frac{\mathrm{d}Q_1(z)}{\mathrm{d}z}=2z+1=B_2+2B_1(z-1) \quad ③$$

在 ③ 式中令 $Z=1$ 即可求得 $B_2=3$。

对③式两边再求导一次得：$2=2B_1$，于是 $B_1=1$。将所求得的 B_1,B_2,B_3 之值代回①式得：

$$F(z)=\frac{2z}{(z-1)^3}+\frac{3z}{(z-1)^2}\frac{z}{z-1} \quad ④$$

现在，先对上述三个分式分别求逆变换，查表可得(见 8.5.1 节)：

$$\varepsilon(n)\leftrightarrow\frac{z}{z-1},\quad n\varepsilon(n)\leftrightarrow\frac{z}{(z-1)^2},\quad n^2\varepsilon(n)\leftrightarrow\frac{z^2+z}{(z-1)^3}$$

因此，根据上述后两个公式又可导出：$(n^2-n)\varepsilon(n)\leftrightarrow\dfrac{2z}{(z-1)^3}$。

再对 ④ 求逆变换可得： $f(n)=(n^2-n)\varepsilon(n)+3n\varepsilon(n)+\varepsilon(n)=(n+1)^2\varepsilon(n)$

解毕。

8.5.4 $F(z)$ 含有一对共轭积点

对于 $F(z)$ 含有一对共轭积点的情况，开始可按单积点的情况处理，待求出指数形式的解以后，必须运用欧拉公式将一对指数形式的解化成正弦余弦序列。

例 8.5.3 已知序列 $f(n)$ 的单边 z 变换 $F(z)=\dfrac{z^2+z}{(z-1)(z^2-z+1)}$，求 $f(n)$。

解 令 $Q(z)=\dfrac{F(z)}{z}$，得：

$$Q(z)=\frac{z+1}{(z-1)z-\left(\frac{1}{2}+\frac{\sqrt{3}}{2}\mathrm{j}\right)\left[z-\left(\frac{1}{2}-\frac{\sqrt{3}}{2}\mathrm{j}\right)\right]}$$

将 $Q(z)$ 进行部分分式展开，得：

$$Q(z)=\frac{2}{z-1}+\frac{-1}{z-\left(\frac{1}{2}+\frac{\sqrt{3}}{2}\mathrm{j}\right)}+\frac{-1}{z-\left(\frac{1}{2}-\frac{\sqrt{3}}{2}\mathrm{j}\right)}$$

所以，有：

$$F(z)=Q(z)z=\frac{2z}{z-1}+\frac{-z}{z-\left(\frac{1}{2}+\frac{\sqrt{3}}{2}\mathrm{j}\right)}+\frac{-z}{z-\left(\frac{1}{2}-\frac{\sqrt{3}}{2}\mathrm{j}\right)}$$

对上式求逆变换，根据 z 变换的基本公式，可得：

$$f(n)=2\varepsilon(n)-\left[\left(\frac{1}{2}+\frac{\sqrt{3}}{2}\mathrm{j}\right)^n+\left(\frac{1}{2}-\frac{\sqrt{3}}{2}\mathrm{j}\right)^n\right]\varepsilon(n) \qquad ①$$

到这一步，解题并没有结束，还应该将 ① 式中方括号内的两个指数项序列利用欧拉公式进一步化简成正弦或余弦序列，即将复数的直角坐标表示法改用极坐标表示。

由于

$$\left(\frac{1}{2}+\frac{\sqrt{3}}{2}\mathrm{j}\right)^n=(\mathrm{e}^{\mathrm{j}\frac{\pi}{3}})^n=\mathrm{e}^{\mathrm{j}\frac{\pi}{3}n}$$

$$\left(\frac{1}{2}-\frac{\sqrt{3}}{2}\right)^n=(\mathrm{e}^{-\mathrm{j}\frac{\pi}{3}})^n=\mathrm{e}^{-\mathrm{j}\frac{\pi}{3}n}$$

可得：

$$\left[\left(\frac{1}{2}+\frac{\sqrt{3}}{2}\mathrm{j}\right)^n+\left(\frac{1}{2}-\frac{\sqrt{3}}{2}\mathrm{j}\right)^n\right]=(\mathrm{e}^{\mathrm{j}\frac{\pi}{3}n}+\mathrm{e}^{-\mathrm{j}\frac{\pi}{3}n})=2\cos\left(\frac{\pi}{3}n\right) \qquad ②$$

将 ② 式代入 ① 式即得：

$$f(n)=\left[2-2\cos\left(\frac{\pi}{3}n\right)\right]\varepsilon(n)=2\left[1-\cos\left(\frac{\pi}{3}n\right)\right]\varepsilon(n)$$

解毕。

8.6 离散时间系统的系统函数

与连续时间系统类似，离散时间系统也有系统函数。与连续时间系统的系统函数类似，离散时间系统的系统函数只取决于系统的结构和元件参数，因此它从 z 域反映了系统的性质。

8.6.1 系统函数的定义

因为系统的零状态响应为： $y_{zs}(n)=e(n)*h(n)$

对上式两边取 z 变换有：$\mathscr{Z}[y_{zx}(n)]=\mathscr{Z}[h(h)*e(h)]$

由卷积定理可得：

$$\mathscr{Z}[y_{zs}(n)]=Y_{zx}(z)=H(z)E(z) \qquad (8.6.1)$$

上式中 $H(z)=\mathscr{Z}[h(n)]$，$E(z)=\mathscr{Z}[E(n)]$

由式(8.6.1)得：

$$H(z)=\frac{Y_{zs}(z)}{E(z)} \qquad (8.6.2)$$

式(8.6.2)就是系统函数 $H(z)$ 的定义式。上式表明,系统函数 $H(z)$ 等于系统零状态响应的 z 变换与激励的 z 变换之比。因此,可以根据定义式来求系统函数。

而式(8.6.1)则表明,系统零状态响应的 z 变换等于系统单位样值响应的 z 变换与激励的 z 变换之乘积。可以对式(8.6.1)两边取逆 z 变换来求系统的零状态响应。

8.6.2 系统函数 $H(z)$ 与传输算子 $H(E)$ 的关系

除了可以根据定义式来求系统函数之外,还可以通过系统方程,进而通过传输算子 $H(E)$ 来获取系统函数。下面以二阶后向差分方程为例,来证明 $H(z) = H(E)|_{E=z}$。
设二阶后向差分方程为:

$$y(n) + a_1 y(n-1) + a_2 y(n-2) = b_0 x(n) + b_1 x(n-1) + b_2 x(n-2)$$

用移序算子 E 表示差分方程,则有:

$$y(n) + a_1 E^{-1} y(n) + a_2 E^{-2} y(n) = b_0 x(n) + b_1 E^{-1} x(n) + b_2 E^{-2} x(n)$$

提公因式后:

$$(1 + a_1 E^{-1} + a_2 E^{-2})y(n) = (b_0 + b_1 E^{-1} + b_2 E^{-2})x(n).$$

所以:

$$y(n) = \frac{b_0 + b_1 E^{-1} + b_2 E^{-2}}{1 + a_1 E^{-1} + a_2 E^{-2}} x(n) = \frac{b_0 E^2 + b_1 E + b_2}{E^2 + a_1 E + a_2} x(n)$$

由此可知:

$$H(E) = \frac{b_0 E^2 + b_1 E + b_2}{E^2 + a_1 E + a_2} \tag{8.6.3}$$

求系统函数 $H(z)$ 时,可对式(8.6.2)在因果激励、零状态条件下取 z 变换,根据双边序列单边 z 变换的右移性质,以及因果系统的因果性,可知 $x(-1), x(-2), y(-1), y(-2)$ 等均为零值,所以有:

$$y_{zs}(z) + a_1 z^{-1} y_{zs}(z) + a_2 z^{-2} y_{zs}(z) = b_0 x(z) + b_1 z^{-1} x(z) + b_z z^{-2} x(z)$$

解之得:

$$H(z) = \frac{y_{zs}(z)}{X(z)} = \frac{b_0 + b_1 z^{-1} + b_2 z^{-2}}{1 + a_1 z^{-1} + a_2 z^{-2}} = \frac{b_0 z^2 + b_1 z + b_2}{z^2 + a_1 z + a_2} \tag{8.6.4}$$

比较(8.6.3)、(8.6.4)两式,可知 $H(z) = H(E)|_{E=z}$ 成立。对于高阶情形,证明方法是一样的,关系式依然成立。

对于前向二阶差分方程,同样可以证明上述关系式成立。只是由于求系统函数 $H(z)$ 时,涉及的初始条件 $y_{zs}(0)$、$y_{zs}(1)$、$y_{zs}(2)$ 并不为零,要消去它们,进行运算的过程要复杂一些。

系统函数 $H(z)$ 和离散时间系统各方面的互求关系如图 8.6.1 所示。

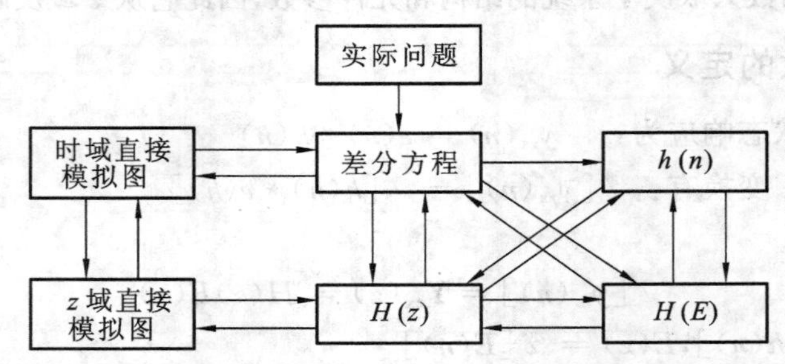

图 8.6.1　系统函数 $H(z)$ 和各方面的相互推导关系图

例 8.6.1　已知系统的单位样值响应为 $h(n) = 0.7\,(0.4)^n \varepsilon(n)$,画出系统的直接

模拟图。

解 因为：$H(z)=\mathscr{Z}[h(n)]=\dfrac{0.7z}{z-0.4}$

故：
$$H(E)=H(z)\mid_{z=E}=\frac{0.7E}{E-0.4}$$

又由于：
$$y(n)=H(E)\cdot e(n)=\frac{0.7E}{E-0.4}e(n) \qquad ①$$

所以 $(E-0.4)y(n)=0.7Ee(n)$，即系统方程为：
$$y(n+1)-0.4y(n)=0.7e(n+1) \qquad ②$$

此方程为前向差分方程，且属于一般情况，根据7.4.3节“离散时间系统的数学模拟”所介绍的方法，设置辅助函数 $q(n)$，令：
$$q(n+1)-0.4q(n)=e(n) \qquad ③$$

将③式代入①式，可得：
$$y(n)=0.7q(n+1) \qquad ④$$

根据③④两式先后画图即可得系统的直接模拟图如图8.6.2所示。

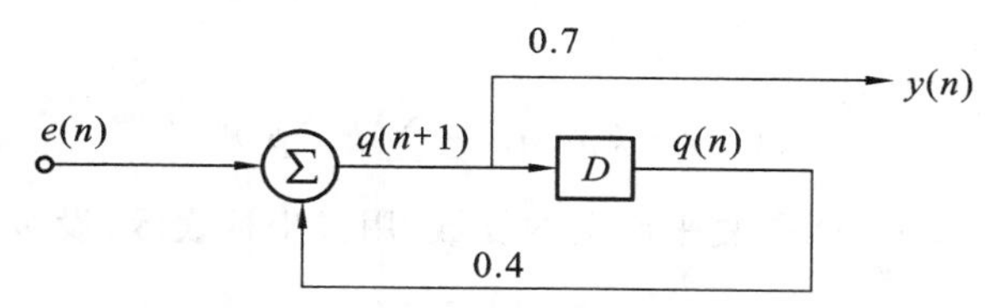

图8.6.2 例8.6.1所求的直接模拟图

此题的解题路径为：已知 $h(n)\to H(z)\to H(E)\to$ 系统的差分方程 $\to$ 判断是何种情况 $\to$ 设置辅助函数 $\to$ 两个简单情形差分方程 $\to$ 画图。

例8.6.2 已知系统的差分方程为：$y(n)-y(n-1)-2y(n-2)=e(n)$，求系统的单位样值响应 $h(n)$。

解 用移序算子表示差分方程，得：
$$y(n)-E^{-1}y(n)-2E^{-2}y(n)=e(n)$$
$$(1-E^{-1}-2E^{-1})y(n)=e(n),$$

可得：
$$y(n)=\frac{1}{1-E^{-1}-2E^{-2}}e(n),$$

令
$$H(E)=\frac{1}{1-E^{-1}-2E^{-2}}=\frac{E^2}{E^2-E-2}$$

于是，有：
$$H(z)=H(E)\mid_{E=z}=\frac{z^2}{z^2-z-2}$$

令：
$$Q(z)=\frac{H(z)}{z}=\frac{z}{(z-2)(z+1)}=\frac{B_1}{z-2}+\frac{B_2}{z+1}$$

解得：$B_1=\dfrac{2}{3}$，$B_2=\dfrac{1}{3}$。

所以：
$$H(z)=\frac{2z/3}{z-2}+\frac{z/3}{z+1}$$

对上式求逆变换，查表得：$h(n)=\left[\dfrac{2}{3}(2)^n+\dfrac{1}{3}(-1)^n\right]\varepsilon(n)$。

解毕。

8.6.3 系统函数 $H(z)$ 的极点与系统的稳定性

在"7.6.3 离散时间系统的因果性与稳定性"一节，已讨论过系统性质与单位样值响应 $h(n)$ 的关系。因为 $h(n)$ 和 $H(z)$ 是一对 z 变换，所以也可以通过系统函数 $H(z)$ 来判断系统的稳定性。

离散时间系统的系统函数 $H(z)$ 是一个有理分式，一般可表示为：

$$H(z)=\frac{b_m z^m+b_{m-1}z^{m-1}+\cdots+b_1 z+b_0}{z^k+a_{k-1}z^{k-1}+\cdots+a_1 z+a_0} \tag{8.6.5}$$

因为单位样值响应 $h(n)$ 和系统函数 $H(z)$ 是一对 z 变换，为了对 $H(z)$ 求逆变换而获得 $h(n)$，令：

$$Q(z)=\frac{H(z)}{z}=\frac{b_m z^m+b_{m-1}z^{m-1}+\cdots+b_1 z+b_0}{z(z^k+a_{k-1}z^{k-1}+\cdots+a_1 z+a_0)} \tag{8.6.6}$$

设 $H(z)$ 有 k 个单极点为 $p_i(i=1,2,\cdots,k)$，则由部分分式展开法可知：

$$H(z)=k_0+\frac{k_1 z}{z-p_1}+\cdots+\frac{k_k z}{z-p_k}=k_0+\sum_{i=1}^{k}\frac{k_i z}{z-p_i} \tag{8.6.7}$$

对上式求逆变换得：

$$h(n)=k_0\delta(n)+\sum_{i=1}^{k}k_i\,(p_i)^n \tag{8.6.8}$$

各极点 $p_i(i=1,2,\cdots,k)$ 是复平面上的复数，用极坐标表示，设 $p_i=r_i\mathrm{e}^{\varphi_i}$，则有：

$$h(n)=k_0\delta(n)+\sum_{i=1}^{k}k_i\,(r_i)^n\mathrm{e}^{n\varphi_i} \tag{8.6.9}$$

由式(8.6.9)可以得出如下结论。

(1) 如果有极点在单位圆外，则当 $n\to\infty$ 时，$h(n)\to\infty$，系统不稳定。

(2) 如果所有极点都在单位圆内，则当 $n\to\infty$ 时，$h(n)\to 0$，系统稳定。

(3) 如果有极点在单位圆上，即有 $r=1$ 的情况，进一步分析有关 z 变换对后可知若是一阶极点，则系统是临界稳定的；若是二阶极点，则系统是不稳定的。

例 8.6.3 已知离散系统的差分方程为：$y(n+2)+1.2y(n+1)-0.64y(n)=e(n+1)+e(n)$，试判断系统的稳定性。

解 解法一 用移序算子表示原差分方程，得：

$$E^2y(n)+1.2Ey(n)-0.64y(n)=Ee(n)+e(n)$$

化简后为：

$$y(n)=\frac{E+1}{E^2+1.2E-0.64}e(n)$$

由此可知传输算子为：

$$H(E)=\frac{E+1}{E^2+1.2E-0.64}$$

因此系统函数为：

$$H(z)=H(E)\big|_{E=z}=\frac{z+1}{z^2+1.2z-0.64}$$

令系统函数的分母多项式等于零，求得两个极点分别是：$p_1=-1.6$，$p_2=0.4$，因为有一个极点 -1.6 在单位圆外，故系统不稳定。

解法二 由原差分方程的左边可得特征方程为：

$$E^2+1.2E-0.64=0$$

两特征根为：$E_1=-1.6$，$E_2=0.4$。

与连续时间系统类似，特征方程的特征根就是系统函数的极点，因此可知有一个极点

-1.6 在单位圆外，故系统不稳定。

比较两种解法，可见解法二要简洁许多。

8.7 用 z 变换解差分方程

用拉普拉斯变换可以将微积分方程变成代数方程，而用 z 变换则可以将差分方程变成代数方程。二者都是先求出变换域的解之后，再通过求逆变换获得时域解。本节将通过实例来讨论用 z 变换解差分方程的步骤和方法。

8.7.1 用 z 变换求零输入响应

用 z 变换求零输入响应时经常要用到的是 z 变换的位移性质。用 z 变换求前向差分方程的零输入响应时，经常要用到的 z 变换的两条位移性质如下。

$$\mathscr{Z}[f(n+1)] = zF(z) - zf(0), \quad \mathscr{Z}[f(n+2)] = z^2F(z) - z^2f(0) - zf(1)$$

例 8.7.1 已知离散系统的传输算子为：$H(E) = \dfrac{E(7E-2)}{(E-0.5)(E-0.2)}$，初始条件为 $y(0) = 2, y(1) = 4$，求系统的零输入响应。

解 (1) 求系统的差分方程。

根据：
$$y(n) = H(E) \cdot e(n) = \frac{E(7E-2)}{(E-0.5)(E-0.2)}e(n)$$

可得系统方程为：
$$y(n+2) - 0.7y(n+1) + 0.1y(n) = 7e(n+2) - 2e(n+1) \qquad ①$$

(2) 求 $y_{zi}(n)$。

求 $y_{zi}(n)$ 时，差分方程右边的激励项为零，$y_{zi}(n)$ 应满足如下方程：
$$y_{zi}(n+2) - 0.7y_{zi}(n+1) + 0.1y_{zi}(n) = 0 \qquad ②$$

对上式两边取 z 变换得：
$$z^2Y_{zi}(z) - z^2y_{zi}(0) - zy_{zi}(1) - 0.7[zy_{zi}(0) - zy_{zi}(0)] + 0.1y_{zi}(z) = 0$$

根据约定，已知 $y(0) = y_{zi}(0) = 2, y(1) = y_{zi}(1) = 4$，代入上式后解得：
$$Y_{zi}(z) = \frac{2z^2 + 4z - 1.4z}{z^2 - 0.7z + 0.1} = \frac{z(2z + 2.6)}{(z-0.5)(z-0.2)} \qquad ③$$

令：
$$Q(z) = \frac{Y_{zi}(z)}{z} = \frac{2z + 2.6}{(z-0.5)(z-0.2)}$$

可分解为：
$$Q(z) = \frac{12}{z-0.5} + \frac{-10}{z-0.2}$$

所以 $Y_{zi}(z) = \dfrac{12z}{z-0.5} - \dfrac{10z}{z-0.2}$，对此式取逆变换可得：
$$Y_{zi}(n) = [12\,(0.5)^n - 10\,(0.2)^n] \cdot \varepsilon(n)$$

解毕。

用 z 变换求后向差分方程的零输入响应时，经常要用到的 z 变换的两条位移性质如下。

$$\mathscr{Z}[f(n-1)] = z^{-1}F(z) + f(-1), \quad \mathscr{Z}[f(n-2)] = z^{-2}F(z) + z^{-1}f(-1) + f(-2)$$

例 8.7.2 已知离散系统的差分方程为 $y(n) + 3y(n-1) + 2y(n-2) = e(n)$，且

初始状态 $y(-1)=0, y(-2)=0.5$，求系统的零输入响应。

解 零输入响应 $y_{zi}(n)$ 应满足方程：

$$y_{zi}(n)+3y_{zi}(n-1)+2y_{zi}(n-2)=0 \quad ①$$

对 ① 式两边取 z 变换，有：

$$y_{zi}(z)+3[z^{-1}y_{zi}(z)+y_{zi}(-1)]+2[z^{-2}y_{zi}(z)+z^{-1}y_{zi}(-1)+y_{zi}(-2)]=0 \quad ②$$

因为 $y_{zi}(-1)=y(-1)=0, y_{zi}(-2)=y(-2)=0.5$，将初始状态的值代入 ② 式，解得：

$$y_{zi}(z)=\frac{-1}{1+3z^{-1}+2z^{-2}}=\frac{-z^2}{z^2+3z+2} \quad ③$$

令：

$$Q(z)=\frac{y_{zi}(z)}{z}=\frac{-z}{z^2+3z+2}=\frac{-z}{(z+2)(z+1)}=\frac{B_1}{z+2}+\frac{B_2}{z+1} \quad ④$$

求得：$B_1=-2, B_2=1$。代回 ④ 式后，可得：

$$y_{zi}(z)=\frac{-2z}{z+2}+\frac{z}{z+1} \quad ⑤$$

对 ⑤ 式取逆 z 变换，得： $y_{zi}(n)=[-2(-2)^n+(-1)^n]\varepsilon(n)$

解毕。

讲评：如果采用时域方法求解，过程会是怎样的？这里是用 z 变换法求解，二者哪个更好一些？读者可自己比较。用 z 变换求解差分方程时，必须牢记有关 z 变换的移序性质的公式，不能用错或混淆。对于后向差分方程来说，初始条件或称初始状态 $y(-1), y(-2)\cdots\cdots$ 就是指系统的起始储能，即零输入时的起始条件 $y_{zi}(-1), y_{zi}(-2),\cdots\cdots$ 因为激励 $e(n)$ 是在 $n=0$ 时加入的，而 $n=-1,-2,\cdots\cdots$ 时，激励还没有加入。但对于前向差分方程来说，初始条件是用 $y(0), y(1),\cdots\cdots$ 来表示的，这时要分清 $y(0)$ 是表示 $y_{zi}(0)$ 还是表示 $y(0)=y_{zi}(0)+y_{zs}(0)$。一般来说，这时仍然是 $y(0)=y_{zi}(0), y(1)=y_{zi}(0)$。实际上，求零输入响应用时域法要简单一些。

8.7.2 用 z 变换求零状态响应

由第 7 章离散时间系统的时域分析可知，系统零状态响应为：

$$y_{zs}(n)=e(n)*h(n)$$

对上式两边取 z 变换有：$\mathscr{Z}[y_{zs}(n)]=\mathscr{Z}[h(n)*e(n)]$

由卷积定理可得： $\mathscr{Z}[y_{zs}(n)]=Y_{zx}(z)=H(z)E(z)$

上式表明，系统零状态响应的 z 变换等于系统单位样值响应的 z 变换 $H(z)$ 与激励的 z 变换之乘积。反之，若已知系统函数 $H(z)$ 和激励的 z 变换 $\mathscr{Z}[e(n)]=E(z)$，则可通过求逆 z 变换来求系统的零状态响应，即：

$$y_{zs}(n)=\mathscr{Z}^{-1}[Y_{zs}(z)]=\mathscr{Z}^{-1}[H(z)E(z)] \quad (8.7.1)$$

无论是前向差分方程还是后向差分方程，都可以根据式(8.7.1)来求零状态响应。

例 8.7.3 已知离散系统的传输算子 $H(E)=\dfrac{E(7E-2)}{(E-0.5)(E-0.2)}$，试求激励为阶跃序列 $\varepsilon(n)$ 时的零状态响应。

解 当 $e(n)=\varepsilon(n)$ 时，$E(z)=\dfrac{z}{z-1}$，又由已知：

$$H(E)=\frac{E(7E-2)}{(E-0.5)(E-0.2)}$$

可得：$H(z)=H(E)\big|_{E=z}=\dfrac{z(7z-2)}{(z-0.5)(z-0.2)}$

根据卷积定理知：

$$Y_{zs}(z)=H(z)\cdot E(z)=\frac{z(7z-2)}{(z-0.5)(z-0.2)}\cdot\frac{z}{z-1}$$

令：

$$Q(z)=\frac{Y_{zs}(z)}{z}=\frac{z(7z-2)}{(z-1)(z-0.5)(z-0.2)}=\frac{B_1}{z-1}+\frac{B_2}{z-0.5}+\frac{B_3}{z-0.2}$$

解之得：

$$B_1=Q(z)(z-1)\Big|_{z=1}=\frac{5}{0.5\times0.8}=12.5$$

$$B_2=Q(z)(z-0.5)\Big|_{z=0.5}=\frac{0.75}{-0.5\times0.3}=-5$$

$$B_3=Q(z)(z-0.2)\Big|_{z=0.2}=\frac{-0.12}{-0.8\times(-0.3)}=-0.5$$

于是，部分分式分解后得：

$$Y_{zs}(z)=\frac{12.5z}{z-1}-\frac{5z}{z-0.5}-\frac{0.5z}{z-0.2}$$

所以，求逆变换后得： $y_{zs}(n)=[12.5-5\,(0.5)^n-0.5\,(0.2)^n]\cdot\varepsilon(n)$

解毕。

例 8.7.4 已知描述系统工作特性的差分方程为：

$$y(n)+0.2y(n-1)-0.24y(n-2)=e(n)+e(n-1)$$

求激励 $e(n)=\varepsilon(n)$ 时的零状态响应。

解 用移序算子表示差分方程，有：

$$y(n)+0.2E^{-1}y(n)-0.24E^{-2}y(n)=e(n)+E^{-1}e(n)$$

化简后可得：

$$y(n)=\frac{(1+E^{-1})}{(1+0.2E^{-1}-0.24E^{-2})}e(n)$$

由上式可求得系统函数为：

$$H(z)=\frac{z^2+z}{z^2+0.2z-0.24}$$

激励 $e(n)=\varepsilon(n)$ 的 z 变换为：

$$E(z)=\frac{z}{z-1}$$

于是有：

$$Y_{zs}(z)=H(z)E(z)=\frac{z^2+z}{z^2+0.2z-0.24}\cdot\frac{z}{z-1}$$

令：

$$Q(z)=\frac{Y_{zw}(z)}{z}=\frac{z^2+z}{z^2+0.2z-0.24}\cdot\frac{1}{z-1}$$

部分分式分解后可得：

$$Y_{zs}(z)=\frac{2.08z}{z-1}-\frac{0.93z}{z-0.4}-\frac{0.15z}{z+0.6}$$

取逆变换后即得：

$$y_{zs}(n) = [2.08 - 0.93(0.4)^n - 0.15(-0.6)^n]\varepsilon(n)$$

解毕。

8.7.3 用时域法和 z 变换法共同求完全态响应

通过前面的例子可以看出，对于求零输入响应，一般情况下时域法比 z 变换法简便易行；而对于求零状态响应，一般情况下 z 变换法比时域法简便易行，故可用时域法和 z 变换法共同求完全态响应。

例 8.7.5 已知描述系统工作特性的差分方程为：

$$y(n) - y(n-1) - 2y(n-2) = e(n) + 2e(n-2)$$

且初始状态 $y(-1) = 2$，$y(-2) = -\frac{1}{2}$，激励 $e(n) = \varepsilon(n)$，求系统的完全响应。

解 解法一 (1) 求零输入响应。

差分方程的特征方程为：$E^2 - E - 2 = 0$，特征根为 $E_1 = 2, E_2 = -1$。故零输入响应为：$y_{zi}(n) = c_1 2^n + c_2(-1)^n$，代入初始状态后可得：

$$\begin{cases} c_1 2^{-1} + c_2(-1)^{-1} = 2 \\ c_1 2^{-2} + c_2(-1)^{-2} = -\frac{1}{2} \end{cases}$$

解之得：

$$\begin{cases} c_1 = 2 \\ c_2 = -1 \end{cases}$$

于是得：

$$y_{zi}(n) = [2(2)^n - (-1)^n]\varepsilon(n)$$

(2) 求零状态响应。

由系统方程可得系统函数为 $H(z) = \frac{z^2 + 2}{z^2 - z - 2}$，而 $E(z) = \frac{z}{z-1}$。

于是有：

$$Y_{zs}(z) = H(z)E(z) = \frac{z^2 + 2}{(z^2 - z - 2)} \frac{z}{z-1}$$

令：

$$Q(z) = \frac{Y_{zs}}{z} = \frac{z^2 + 2}{(z^2 - z - 2)} \frac{1}{z-1} = \frac{B_1}{z-2} + \frac{B_2}{z+1} + \frac{B_3}{z-1}$$

解得：

$$B_1 = 2, B_2 = \frac{1}{2}, B_3 = -\frac{3}{2}$$

于是有：

$$Y_{zs}(z) = \frac{2z}{z-2} + \frac{\frac{1}{2}z}{z+1} - \frac{\frac{3}{2}z}{z-1}$$

求逆变换后得：

$$y_{zs}(n) = \left[2(2)^n + \frac{1}{2}(-1)^n - \frac{3}{2}\right]\varepsilon(n)$$

(3) 求完全响应。

系统的完全响应为：

$$y(n) = y_{zi}(n) + y_{zs}(n) = \left[4(2)^n - \frac{1}{2}(-1)^n - \frac{3}{2}\right]\varepsilon(n)$$

解毕。

解法二 因题目只要求完全响应，故可直接对差分方程两边取 z 变换，根据移序性质可得：

$$Y(z) - [z^{-1}Y(z) + y(-1)] - 2[z^{-2}Y(z) + z^{-1}y(-1) + y(-2)] = E(z) + 2z^2E(z)$$

将 $y(-1) = 2, y(-2) = -\frac{1}{2}$ 代入上式，进行运算，整理可得：

$$Y(z)=\frac{z(z+4)}{(z-2)(z+1)}+\frac{z^2+2}{(z^2-z-2)}\frac{z}{z-1}$$

部分分式分解后得：

$$Y(z)=\frac{2z}{z-2}-\frac{z}{z+1}+\frac{2z}{z-2}+\frac{\frac{1}{2}z}{z+1}-\frac{\frac{3}{2}z}{z-1}$$

$$=\frac{4z}{z-2}-\frac{\frac{1}{2}z}{z+1}-\frac{\frac{3}{2}z}{z-1}$$

对上式求逆变换即得完全响应： $y(n)=[4\,(2)^n-\frac{1}{2}\,(-1)^n-\frac{3}{2}]\varepsilon(n)$

解毕。

注意：比较两种解法，可知解法二的计算过程要繁复得多，故一般可采用时域法和 z 变换法结合来共同求完全态响应。

8.7.4 离散时间系统的实际应用

例 8.7.6 个人向银行借贷购房，实行按月等额均还办法，即每个月以相同的还款数 R 归还本金与利息，N 个月还清本息。设贷款总额为 P，月利率为 K，求计算 R 的公式。若 $P=10$(万元)，$N=120$(10 年)，$K=0.004275$，求 R 之值。

解 求解这类问题的方法和兔子生育问题是类似的，即依据题意，逐月计算，寻找规律，列表如下：

表 8.7.1 例 8.7.6 表

第 n 个月	欠款余额表达式
0	$y(0)=P$
1	$y(1)=P(1+K)-R$
2	$y(2)=y(1)(1+K)-R=P\,(1+K)^2-R(1+K)-R$
3	$y(3)=y(2)(1+K)-R=P\,(1+K)^3-R\,(1+K)^2-R(1+K)-R$
⋮	⋮
n	$y(n)=P\,(1+K)^n-R\,(1+K)^{n-1}-R\,(1+K)^{n-2}-\cdots-R$

下面用例子来说明上表的含义，若 $y(0)$ 代表 2006 年 12 月 5 日向银行借贷 P 元，则 $y(1)$ 表示 2007 年 1 月 5 日按月均还 R 元后的欠款余额，其余类推。依据“按月等额均还”办法的含义，应该有：

第 n 个月的欠款余额 = 上个月的欠款余额 ×(1 + K)— 每月的还款额 R

所以，描述此法贷款的差分方程是：

$$y(n)=y(n-1)\cdot(1+K)-R\varepsilon(n-1) \quad ①$$

整理后成为： $y(n)-(1+K)y(n-1)=-R\varepsilon(n-1)$ ②

且初始条件是：$y(0)=P$，对方程 ② 两边取 z 变换：

$$Y(z)-(1+K)[z^{-1}Y(z)+y(-1)]=-\frac{R}{z-1} \quad ③$$

为了获得初始条件 $y(-1)$，可令 $n=0$，代入②式，得 $y(0)-(1+K)y(-1)=0$，因为 $y(0)=P$，所以 $y(-1)=\frac{P}{1+K}$，将 $y(-1)$ 代入③式后得：

$$y(z)-(1+k)[z^{-1}y(z)+\frac{p}{1+k}]=\frac{-R}{z-1} \quad ④$$

从④式中解得：

$$\begin{aligned}Y(z)&=\frac{pz}{z-(1+K)}-\frac{Rz}{[z-(1+K)(z-1)]}\\&=\frac{pz}{z-(1+K)}-\frac{R}{K}\cdot\frac{z}{z-(1+K)}+\frac{R}{K}\cdot\frac{z}{z-1}\end{aligned} \quad ⑤$$

对⑤式两边取逆变换得：

$$y(n)=[P(1+K)^n-\frac{R}{K}(1+K)^n+\frac{R}{K}]\varepsilon(n) \quad ⑥$$

到第 N 个月还清本息，故在⑥式中，$n=N$ 时，$y(N)=0$，故可得：

$$P(1+K)^N-\frac{R}{K}(1+K)^N+\frac{R}{K}=0 \quad ⑦$$

从⑦式中解出：

$$R=P\cdot\frac{K(1+K)^N}{(1+K)^N-1} \quad ⑧$$

⑧式就是所求每月还款数目的计算公式。

当 $P=10$ 万元，$N=120$，$K=0.004275$ 时，代入公式⑧，可以求得 $R=1067.2$ 元，即每月还款 1067.2 元，连续还 120 个月，共计还款额为 12.8064 万元。

例 8.7.7 一种地球物理探矿方法是，由发射机不断地向地表发射单位样值信号 $\delta(n)$，地表的响应信号 $y_{zs}(n)$ 由接收机收到后，接收机的输出信号为 $r_{zs}(n)=\left[\frac{4}{3}\left(\frac{1}{3}\right)^n-\frac{1}{3}\left(\frac{1}{2}\right)^n\right]\cdot\varepsilon(n)$。已知接收机的单位样值响应为 $h_2(n)=\left(\frac{1}{2}\right)^n\cdot\varepsilon(n)$，求表征地表特征的 $h_1(n)$。

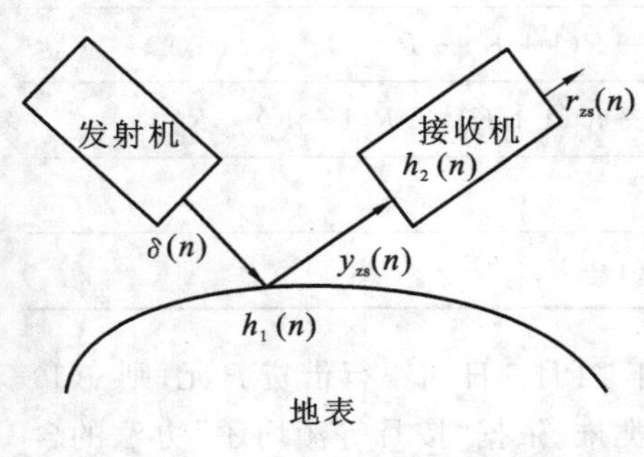

图 8.7.1 地球物理探矿示意图

解 根据题意，可画出由 $\delta(n)$ 转变成 $r_{zs}(n)$ 的过程如图 8.7.1 所示，由图可知：

$$y_{zs}(n)=\delta(n)*h_{1(n)} \quad ①$$

$$r_{zs}(n)=y_{zs}(n)*h_2(n) \quad ②$$

将①式代入②式得：

$$r_{zs}(n)=\delta(n)*h_1(n)*h_2(n)=h_1(n)*h_2(n) \quad ③$$

对③式两边取 z 变换得：

$$R_{zs}(z)=H_1(z)\cdot H_2(z)$$

所以，有：
$$H_1(z)=\frac{R_{zs}(z)}{H_2(z)} \quad ④$$

由已知条件，可求得：

$$R_{zs}(z)=\mathscr{Z}[r_{zs}(n)]=\frac{4}{3}\cdot\frac{z}{z-\frac{1}{3}}-\frac{1}{3}\cdot\frac{z}{z-\frac{1}{2}} \quad ⑤$$

$$H_2(z)=\mathscr{Z}[h_2(n)]=\frac{z}{z-1/2} \qquad ⑥$$

将 ⑤、⑥ 两式代入 ④ 式，可求得：

$$H_1(z)=\frac{5}{3}-\frac{\frac{2}{3}z}{z-\frac{1}{3}} \qquad ⑦$$

所以有：
$$h_1(n)=\mathscr{Z}^{-1}[H_1(z)]=\frac{5}{3}\delta(n)-\frac{2}{3}\left(\frac{1}{3}\right)^n\cdot\varepsilon(n)$$

解毕。

习　题　8

8-1　试从拉普拉斯变换推导出 z 变换。

8-2　z 平面和 s 平面有何映射关系？试证明 s 平面上的虚轴（$s=\mathrm{j}\omega$）映射到 z 平面上是单位圆（$|z|=1$），s 平面上的右半平面映射到 z 平面上是单位圆外，而 s 平面上的左半平面映射到 z 平面上是单位圆内。

8-3　求下列序列的 z 变换 $X(z)$，并标明收敛域，画出 $X(z)$ 的零极点图。

(1) $x(n)=\left(\frac{1}{2}\right)^n\varepsilon(n)$　　(2) $x(n)=\left(-\frac{1}{4}\right)^n\varepsilon(n)$

(3) $x(n)=\left(\frac{1}{3}\right)^{-n}\varepsilon(n)$　　(4) $x(n)=\left(\frac{1}{3}\right)^n\varepsilon(-n)$

(5) $x(n)=-\left(\frac{1}{2}\right)^n\varepsilon(-n-1)$　　(6) $x(n)=\delta(n+1)$

8-4　为什么单边 z 变换的收敛域一定是 z 平面上某个圆的外部区域？特殊情况呢？

8-5　为什么双边 z 变换的收敛域一定是 z 平面上的一个圆环内部区域？特殊情况呢？

8-6　序列按在时间轴 t（或序轴 n）上所占的区间分类，一共有多少种？它们的单边 z 变换与双边 z 变换的收敛域各是怎样的。

8-7　给出几个常用典型序列的 z 变换，并根据 z 变换的定义求解验证。

8-8　利用典型序列的 z 变换，求下列序列的 z 变换：

(1) $\mathrm{e}^{\beta Tn}\varepsilon(n)$　(2) $\mathrm{e}^{-\beta Tn}\varepsilon(n)$　(3) $\mathrm{e}^{\mathrm{j}\beta Tn}\varepsilon(n)$　(4) $\mathrm{e}^{-\mathrm{j}\beta Tn}\varepsilon(n)$

(5) $(\mathrm{j})^n$　(6) $(-\mathrm{j})^n$　(7) $(\mathrm{j})^n+(-\mathrm{j})^n$　(8) $(-1)^n$

8-9　z 变换的基本性质有几条？试分别给出论叙和证明。

8-10　利用 z 变换的基本性质和典型序列的 z 变换，求下示各序列的 z 变换：

(1) $\sin(\beta nT)$　(2) $\cos(\beta nT)$　(3) $\mathrm{e}^{aTn}\sin(\beta Tn)$　(4) $\mathrm{e}^{aTn}\cos(\beta Tn)$

(5) n　(6) n^2　(7) na^n　(8) n^2a^n

8-11　求逆 z 变换的方法有几种，常用的是哪一种？

8-12　求下列 $X(z)$ 的逆变换 $x(n)$。

(1) $X(z)=\dfrac{1}{1+0.5z^{-1}}$　　(2) $X(z)=\dfrac{1-0.5z^{-1}}{1+0.75z^{-1}+0.125z^{-2}}$

(3) $X(z)=\dfrac{1-0.5z^{-1}}{1-0.25z^{-2}}$　　(4) $X(z)=\dfrac{1-az^{-1}}{z^{-1}-a}$

(5) $X(z)=\dfrac{z^{-1}}{(1-6z^{-1})^2}$　　(6) $X(z)=\dfrac{z^{-2}}{1+z^{-2}}$

(7) $X(z)=\dfrac{z^2+2z+1}{(z-1)^2}$

8-13　给出离散时间系统的系统函数 $H(z)$ 的定义，为什么说系统函数 $H(z)$ 只取决于离散时间系统的结构和参数而与激励无关。

8-14　求系统函数 $H(z)$ 的方法有几种？系统函数 $H(z)$ 与单位样值响应 $h(n)$、传输算子、系统的直接模拟图、系统方程等各方面的相互推导关系如何？

8-15　已知系统的直接模拟图如题 8-15 图所示，求系统函数 $H(z)$。

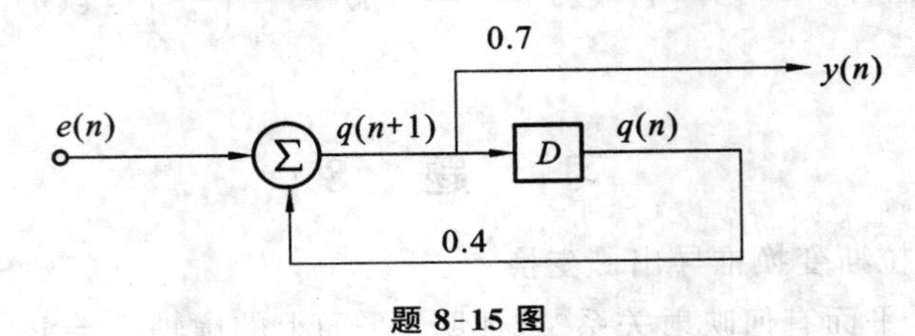

题 8-15 图

8-16　已知离散系统的差分方程为：

$$y(n)+y(n-1)=x(n)$$

(1) 求系统函数 $H(z)$ 及单位样值响应 $h(n)$，并说明系统的稳定性。

(2) 若系统起始状态为零，如果 $x(n)=10\varepsilon(n)$，求系统的响应。

8-17　系统的差分方程为 $y(n+2)-0.7y(n+1)+0.1y(n)=7e(n+2)-2e(n+1)$，激励为 $e(n)=\varepsilon(n)$。求系统的传输算子 $H(E)$、系统函数 $H(z)$、零状态响应。

8-18　用 z 变换求解下列差分方程，再用时域法解，并对两种方法进行比较。

(1) $y(n+2)+y(n+1)+y(n)=\varepsilon(n),y(0)=1,y(1)=2$；

(2) $y(n)+0.1y(n-1)-0.02y(n-2)=10\varepsilon(n),y(-1)=4,y(-2)=6$；

(3) $y(n)-0.9y(n-1)=0.05\varepsilon(n),y(-1)=0$；

(4) $y(n)-0.9y(n-1)=0.05\varepsilon(n),y(-1)=1$；

(5) $y(n)+5y(n-1)=n\varepsilon(n),y(-1)=0$；

(6) $y(n)+2y(n-1)=(n-2)\varepsilon(n),y(-1)=0$。

8-19　离散系统的差分方程为：

$$y(n)-\frac{4}{3}y(n-1)+\frac{1}{8}y(n-2)=e(n)+\frac{1}{3}e(n-1)$$

试求：(1) 系统函数 $H(z)$；(2) 单位样值响应 $h(n)$；(3) 画系统函数的零极点图并判断系统的稳定性；(4) 画系统的直接模拟图。

8-20　已知离散系统的差分方程为：

$$y(n)-\frac{1}{3}y(n-1)=e(n)$$

试求：(1) 系统函数 $H(z)$；(2) 单位样值响应 $h(n)$；(3) 若系统的零状态响应为：$y_{zs}(n)=3\left[\left(\frac{1}{2}\right)^2-\left(\frac{1}{3}\right)^2\right]\varepsilon(n)$，求激励信号 $e(n)$。

8-21　已知系统的差分方程为 $y(n+2)-0.7y(n+1)+0.1y(n)=7e(n+2)-2e(n+1)$，初始条件为 $y(0)=2,y(1)=4$，且 $e(n)=\varepsilon(n)$。则：(1) 用 z 变换法求完全响应；(2) 用时域法求零输入响应，用 z 变换法求零状态响应，再相加得完全响应。试比较两种方法的优缺点。

部分习题答案

第 1 章

1-10　题 1-10 图(a) 的解析表达式为：

$$f(t)=\varepsilon(t+2)-\varepsilon(t)+\left(-\frac{1}{2}t+1\right)[\varepsilon(t)-\varepsilon(t-2)]$$

分段表达式为：

$$f(t)=\begin{cases}1 & (-2<t\leqslant 0)\\ -\frac{1}{2}t+1 & (0\leqslant t\leqslant 2)\end{cases}$$

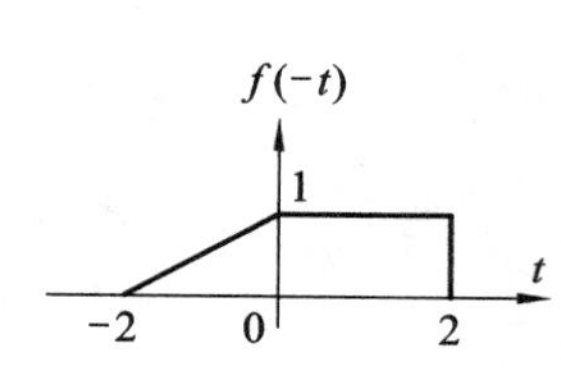

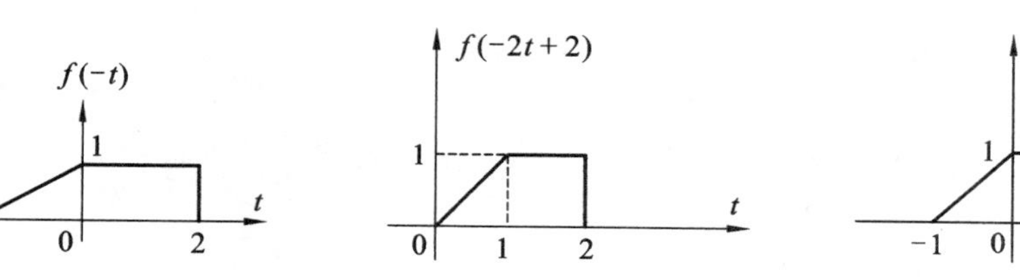

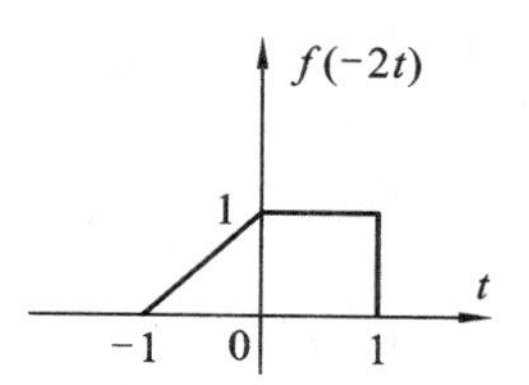

1-11　题 1-11 图(b) 的解析表达式为：

$$f(t)=\left(\frac{1}{2}t+1\right)[\varepsilon(t+2)-\varepsilon(t)]+\left(-\frac{1}{4}t+1\right)[\varepsilon(t)-\varepsilon(t-4)]$$

$$\begin{aligned}f'(t)&=\frac{1}{2}[\varepsilon(t+2)-\varepsilon(t)]+\left(\frac{1}{2}t+1\right)[\delta(t+2)-\delta(t)]\\&\quad+\left(-\frac{1}{4}\right)[\varepsilon(t)-\varepsilon(t-4)]+\left(-\frac{1}{4}t+1\right)[\delta(t)-\delta(t-4)]\\&=\frac{1}{2}[\varepsilon(t+2)-\varepsilon(t)]-\frac{1}{4}[\varepsilon(t)-\varepsilon(t-4)]\end{aligned}$$

$$\begin{aligned}f''(t)&=\frac{1}{2}\delta(t+2)-\frac{1}{2}\delta(t)-\frac{1}{4}\delta(t)+\frac{1}{4}\delta(t-4)\\&=\frac{1}{2}\delta(t+2)-\frac{3}{4}\delta(t)+\frac{1}{4}\delta(t-4)\end{aligned}$$

所求波形为：

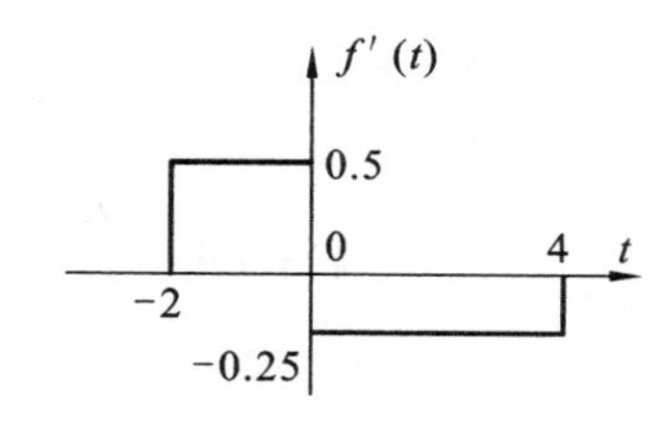

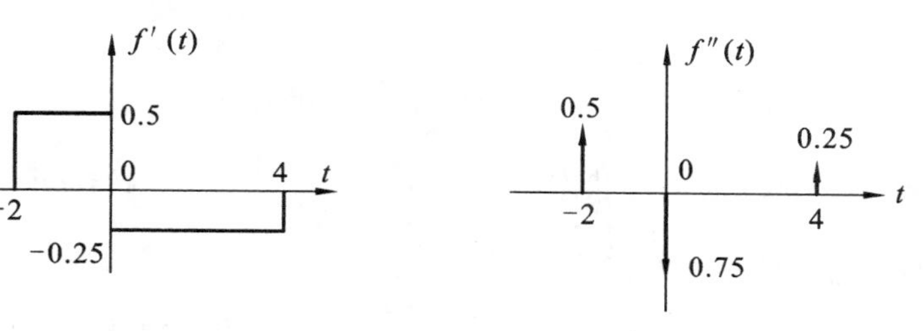

1-19　求下列积分：

(1) $\int_{-\infty}^{+\infty}f(t)\delta(t)\mathrm{d}t=\int_{-\infty}^{+\infty}f(0)\delta(t)\mathrm{d}t=f(0)\int_{-\infty}^{+\infty}\delta(t)\mathrm{d}t=f(0)$

(2) $\int_{-\infty}^{+\infty} f(t-t_0)\delta(t)\mathrm{d}t = f(-t_0)$

(3) $\int_{-\infty}^{+\infty} f(t)\delta(t-t_0)\mathrm{d}t = f(t_0)$

(4) $\int_{-\infty}^{+\infty} \varepsilon\left(t-\frac{t_0}{2}\right)\delta(t-t_0)\mathrm{d}t = \varepsilon\left(\frac{t_0}{2}\right)$

(5) $\int_{-\infty}^{+\infty} \varepsilon(t-1)\delta(t-2)\mathrm{d}t = 1$

(6) $\int_{-\infty}^{+\infty} (t+\sin t)\delta\left(t-\frac{\pi}{6}\right)\mathrm{d}t = \frac{\pi}{6}+\frac{1}{2}$

(7) $\int_{-\infty}^{+\infty} (t+\cos t)\delta\left(t-\frac{\pi}{3}\right)\mathrm{d}t = \frac{\pi}{3}+\frac{1}{2}$

第 2 章

2-4 (1) $H(p) = \frac{3}{p+2}$

(2) $H(p) = \frac{p+3}{p^2+3p+2}$

(3) $H(p) = \frac{p^2+2p+1}{p^3+3p^2+3p+1}$

2-6 (1) 微分方程为：$2v'''_o(t) + 5v''_o(t) + 5v'_o(t) + 3v_o(t) = 2e'(t)$

传输算子为：$H(p) = \frac{2p}{2p^3+5p^2+5p+3}$

(2) 微分方程为：

$$(L^2-M^2)v''''_0(t) + 2RLv'''_0(t) + \left(\frac{2L}{C}+R^2\right)v''_0(t) + \frac{2R}{c}v'_0 + \frac{1}{C^2}v_0(t) = MRe''(t)$$

传输算子为：
$$H(p) = \frac{MRp^2}{(L^2-M^2)p^4 + 2RLp^3 + \left(\frac{2L}{C}+R^2\right)p^2 + \frac{2R}{C}p + \frac{1}{C^2}}$$

2-7 微分方程为： $i'''_i + 2i''_1 + 2i'_1 + 3i_1 = e'' + 2e' + e$

传输算子为： $H(p) = \frac{p^2+2p+1}{p^3+2p^2+2p+3}$

2-9 零输入响应为： $r_{zi}(t) = (1-\mathrm{e}^{-t}-t\mathrm{e}^{-t})\varepsilon(t)$

自然频率为： $\lambda_1 = 0, \lambda_2 = \lambda_3 = -1$

2-12 零状态响应为：

$$r_{zs}(t) = (1-t-\mathrm{e}^{-2t})\varepsilon(t)$$

2-15 所求 $e(t) = 4\varepsilon(t)$ 时的零状态响应为：$r_{zs}(t) = \frac{1}{2}(\mathrm{e}^{2t}-1)\varepsilon(t)$

2-21 (1) $f_1(t) * f_2(t) = \varepsilon(t)$

(2) $$f_1(t) * f_2(t) = \begin{cases} 0 & (t \leqslant 0, \pi+1 \leqslant t) \\ 2[1\text{-}\cos(t)] & (0 \leqslant t \leqslant 1) \\ -2[\cos(t)-\cos(t-1)] & (1 \leqslant t \leqslant \pi) \\ 2[1+\cos(t-1)] & (\pi \leqslant t \leqslant \pi+1) \end{cases}$$

2-22 $f(t)*f(t)=\begin{cases} 0 & \left(t\leqslant -\frac{\tau}{2},\frac{\tau}{2}\leqslant t\right) \\ \frac{2E}{\tau}\left(t+\frac{\tau}{2}\right) & \left(-\frac{\tau}{2}\leqslant t\leqslant 0\right) \\ \frac{2E}{\tau}\left(-t+\frac{\tau}{2}\right) & \left(0\leqslant t\leqslant \frac{\tau}{2}\right) \end{cases}$

2-23 输出电压 $v_0(t)$ 的完全响应为：$v_o(t)=(Ee^{-\frac{t}{RC}}-Ri_s e^{-\frac{t}{RC}}+Ri_s)\varepsilon(t)$

2-24 （1）$r_{zs}(t)=\frac{1}{2}(e^{2t}-1)\varepsilon(t)$

2-25 电阻 R_1 两端电压 $V_{R1}(t)$ 的完全响应：$V_{R1}(t)=\left(\frac{8}{5}+\frac{4}{3}e^{-2t}-\frac{2}{15}e^{-5t}\right)\varepsilon(t)$

2-26 图中电流 $i(t)$ 的零输入响应、零状态响应及完全响应分别为：

$i_{zi}(t)=-5e^{-t}\varepsilon(t)$；　$i_{zs}(t)=\frac{1}{2}[(\cos t+\sin t)-e^{-t}]\varepsilon(t)$；

$i(t)=\left[\frac{1}{2}(\cos t+\sin t)-5\frac{1}{2}e^{-t}\right]\varepsilon(t)$。

2-27 （1）$T=4$ 时，$y(t)=\sum_{k=-\infty}^{+\infty}h(t-4k)$。

其波形为：

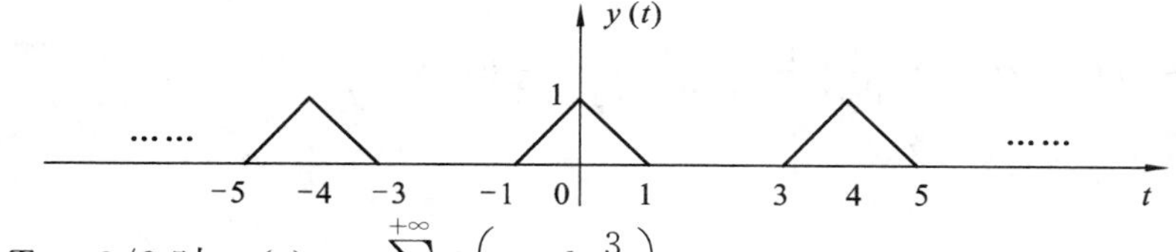

（2）当 $T=3/2$ 时，$y(t)=\sum_{k=-\infty}^{+\infty}h\left(t-k\frac{3}{2}\right)$。

其波形为：

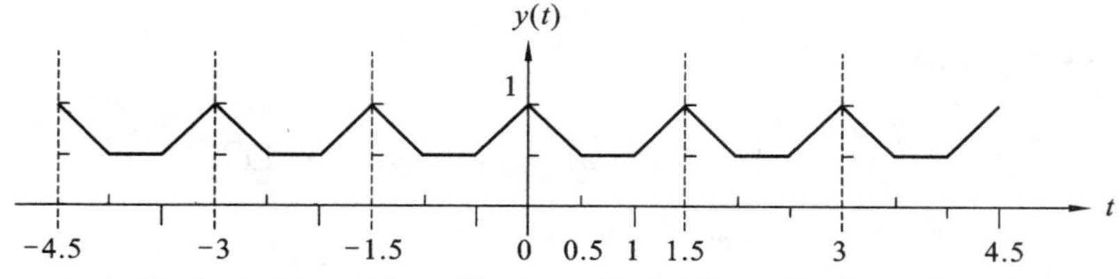

2-28 $f(t)=(t+2)\varepsilon(t+2)-4(t-2)\varepsilon(t-2)+4(t-4)\varepsilon(t-4)-(t-6)\varepsilon(t-6)$

$=\begin{cases} 0 & (t\leqslant -2,6\leqslant t) \\ t+2 & (-2\leqslant t\leqslant 2) \\ -3t+10 & (2\leqslant t\leqslant 4) \\ t-6 & (4\leqslant t\leqslant 6) \\ & f(2)=4 \end{cases}$

$f(t)$ 的波形为：

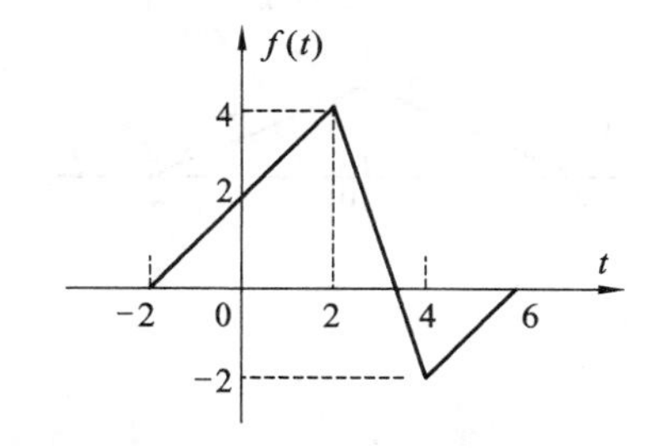

第3章

3-10　直流分量大小为1.00伏,基波的有效值为1.39伏,二次谐波的有效值为1.32伏。

3-17　$f(t)$ 在一个周期内的波形为:

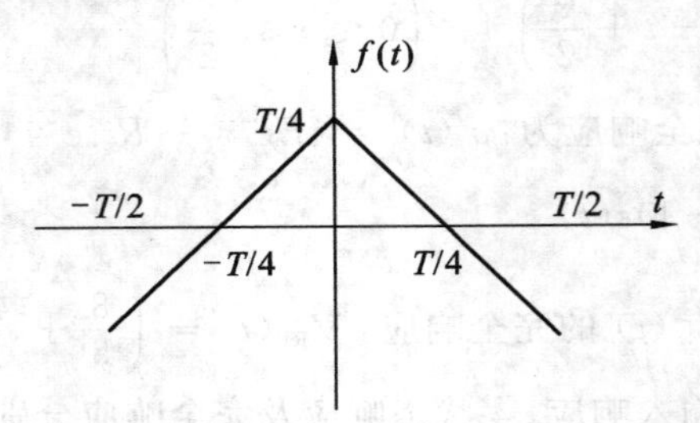

3-24　(1) $\dfrac{e^{-j\omega}}{j\omega+2}$;　　(2) $\dfrac{e^{2}}{j\omega+2}$

3-25　$X_0(\omega)=\dfrac{1}{1+j\omega}[1-e^{-(1+j\omega)}]$　　$X_1(\omega)=\dfrac{2}{1+\omega^2}[1+e^{-1}(\omega\sin\omega-\cos\omega)]$

3-27　$F(\omega)=2\pi\delta(\omega)+\dfrac{4\sin\omega-2\sin2\omega}{\omega}$

3-29　(1) $tf(-2t)\leftrightarrow \dfrac{j}{2}\dfrac{d}{d\omega}\left[F\left(-\dfrac{\omega}{2}\right)\right]$

(2) $[(t-3)f(-2t)]\leftrightarrow j\dfrac{d}{d\omega}\left[\dfrac{1}{2}F\left(-\dfrac{\omega}{2}\right)\right]-\dfrac{3}{2}F\left(-\dfrac{\omega}{2}\right)$

(3) $[f(3t-7)]\leftrightarrow \dfrac{1}{3}F\left(\dfrac{\omega}{3}\right)e^{-j\omega\frac{7}{3}}$

(4) $tf'(t)\leftrightarrow -F(\omega)-\omega F'(\omega)$

3-30　(1) $e^{-3|t|}\leftrightarrow \dfrac{6}{9+\omega^2}$　　(2) $\dfrac{6}{9+t^2}\leftrightarrow 2\pi e^{-3|\omega|}$

3-31　$\mathrm{Sa}(2t)\leftrightarrow \dfrac{\pi}{2}g_4(\omega)$

3-32　$F(\omega)=\dfrac{\pi}{8}[(\omega+4)\varepsilon(\omega+4)-2\omega\varepsilon(\omega)+(\omega-4)\varepsilon(\omega-4)]$

$$=\begin{cases}0 & (\omega\leqslant-4)\\ \dfrac{\pi}{8}(\omega+4) & (-4\leqslant\omega\leqslant0)\\ \dfrac{\pi}{8}(-\omega+4) & (0\leqslant\omega\leqslant4)\\ 0 & (4\leqslant\omega)\end{cases}$$

幅度谱如下图所示。

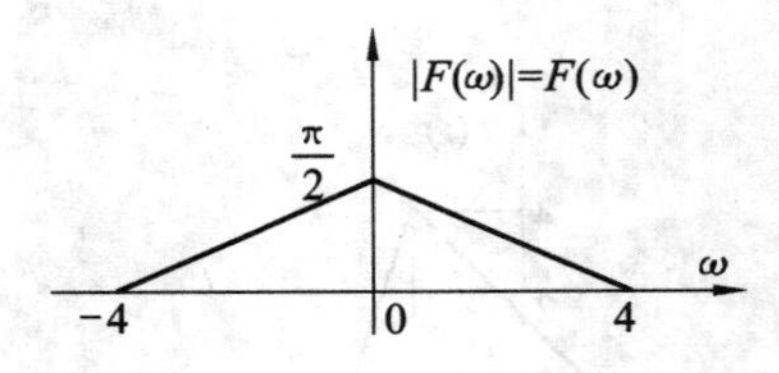

3-34　令 $\Omega=\dfrac{2\pi}{T}$,则

$$F(\omega)=\sum_{n=-\infty}^{-1}\frac{4E}{n^2\pi}\sin^2\left(\frac{n\pi}{2}\right)\delta(\omega-n\Omega)+\pi E\delta(\omega)+\sum_{n=0}^{+\infty}\frac{4E}{n^2\pi}\sin^2\left(\frac{n\pi}{2}\right)\delta(\omega-n\Omega)$$

第 4 章

4-4 (1) $H(\mathrm{j}\omega)=\dfrac{5+2\mathrm{j}\omega}{6+5\mathrm{j}\omega-\omega^2}$ (2) $H(\mathrm{j}\omega)=\dfrac{R}{R+\mathrm{j}\omega L}$

(3) $H(\mathrm{j}\omega)=\dfrac{\mathrm{j}\omega L}{R+\mathrm{j}\omega L}$ (4) $H(\mathrm{j}\omega)=\dfrac{4+6\mathrm{j}\omega-\omega^2}{10+7\mathrm{j}\omega-\omega^2}$

4-5 $H(\mathrm{j}\omega)=\dfrac{1}{C}\left[\dfrac{1}{\mathrm{j}\omega}+\pi\delta(\omega)\right]$

4-6 $v(t)=E(1\text{-}\mathrm{e}^{-\frac{t}{RC}})\varepsilon(t)-E(1\text{-}\mathrm{e}^{-\frac{t-\tau}{RC}})\varepsilon(t-\tau)$，波形与参数 RC，τ 的相对大小有关，具体波形如下。

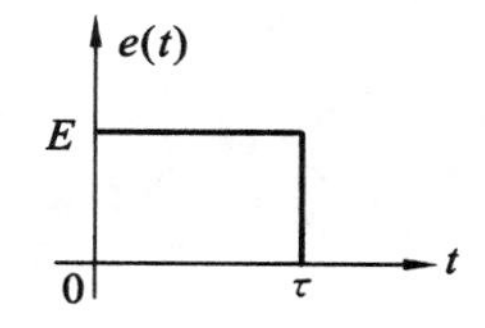

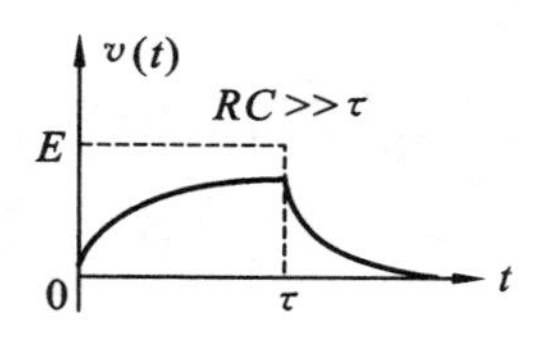

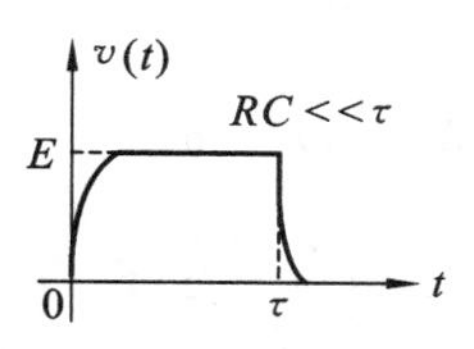

4-7 (1) $r''(t)+r'(t)+r(t)=e(t)$ (2) $H(\mathrm{j}\omega)=\dfrac{1}{1+\mathrm{j}\omega-\omega^2}$

(3) $r(t)=-\cos(t)$

4-8 理想高通滤波器的幅频特性与相频特性如下图所示。

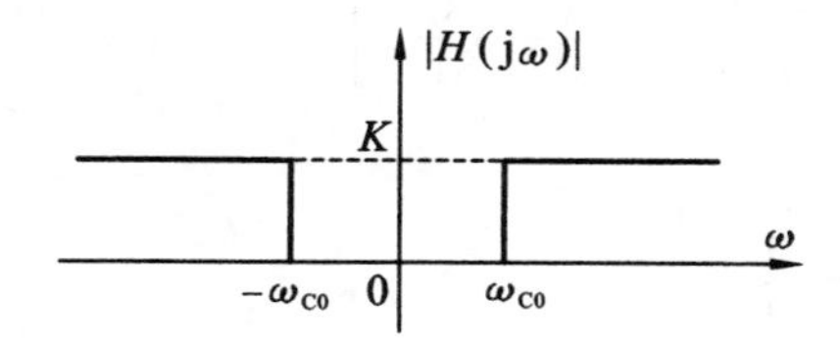

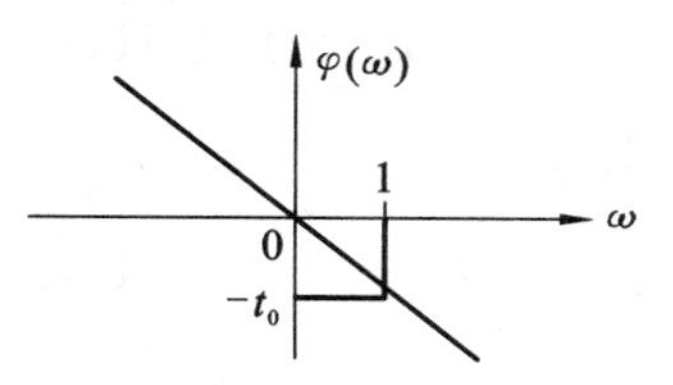

其冲激响应为：

$$h(t)=K\delta(t-t_0)-\frac{K\omega_{C0}}{\pi}\mathrm{Sa}[\omega_{C0}(t-t_0)]$$

其波形为：

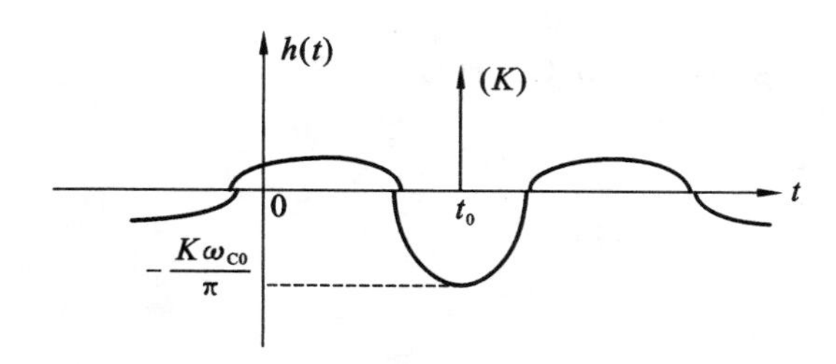

理想高通滤波器是违背因果律的，为非因果系统，在物理上是不可实现的。

4-10 理想低通滤波器的阶跃响应为：

$$r_\varepsilon(t)=\frac{1}{2}+\frac{1}{\pi}\int_0^{\omega_C}\frac{\sin[\omega(t-t_0)]}{\omega}\mathrm{d}\omega$$

第 5 章

5-3 (1) $f(t)=\mathrm{e}^{-3t}$；$F(s)=\frac{1}{(s+3)}(\sigma>-3)$

(2) $f(t)=\mathrm{e}^{3t}$；$F(s)=\frac{1}{(s-3)}(\sigma>3)$

(3) $f(t)=\sin t+2\cos t$

(4) $F(s)=\frac{2s+1}{s^2+1}\quad(\sigma>0)$

(5) $f(t)=\cos\left(2t+\frac{\pi}{4}\right)$；$F(s)=\frac{\sqrt{2}}{2}\frac{s-2}{s^2+2^2}\quad(\sigma>0)$

(6) $f(t)=\varepsilon(t-2)$； $F(s)=\frac{1}{s}\mathrm{e}^{-2s}\quad(\sigma>0)$

(7) $f(t)=\delta(t-2)$； $F(s)=\frac{s+3}{(s+1)^2}\quad(\sigma>1)$

(8) $f(t)=\cos^2(t)$； $F(s)=\frac{1}{2}\left(\frac{1}{s}+\frac{s}{s^2+4}\right)\quad(\sigma>0)$

5-9 (10) $f(t)=t^2\cos(2t)$； $F(s)=\frac{2s^3-24s}{(s^2+4)^3}$

(11) $f(t)=\frac{\sin(2t)}{t}$； $F(s)=\frac{\pi}{2}-\arctan(\frac{s}{a})$

(12) $f(t)=t\cos^3(3t)$； $F(s)=\frac{1}{4}\left[\frac{3s^2-27}{(s^2+9)^2}+\frac{s^2-81}{(s^2+81)^2}\right]$

5-10 (1) $f(t)=(3-\mathrm{e}^{-2t})\varepsilon(t)$

(2) $f(t)=\left[\frac{7}{5}\mathrm{e}^{-2t}-\frac{2}{5}\mathrm{e}^{-t}(\cos 2t+2\sin 2t)\right]\varepsilon(t)$

(3) $f(t)=\frac{4}{3}(1-\mathrm{e}^{-\frac{3}{2}t})\varepsilon(t)$

(4) $f(t)=\sin(t)\varepsilon(t)+\delta(t)$

(5) $f(t)=\frac{1}{6}\left[\frac{\sqrt{3}}{3}\sin(\sqrt{3}t)-t\cos(\sqrt{3}t)\right]\varepsilon(t)$

(6) $f(t)=\frac{1}{2}[\mathrm{e}^{-t}+\sin(t)-\cos(t)]\varepsilon(t)$

(7) $f(t)=[(t^2-t+1)\mathrm{e}^{-t}-\mathrm{e}^{-2t}]\varepsilon(t)$

5-11 (1) $h(t)=\frac{3}{2}(\mathrm{e}^{-2t}-\mathrm{e}^{-4t})\varepsilon(t)$

(2) $h(t)=(6\mathrm{e}^{-4t}-3\mathrm{e}^{-2t})\varepsilon(t)$

(3) $h(t)=(7\mathrm{e}^{-3t}-3\mathrm{e}^{-2t})\varepsilon(t)$

(4) $h(t)=\frac{100}{199}(49\mathrm{e}^{-t}+150\mathrm{e}^{-200t})\varepsilon(t)$

5-14 $v_C(t)=\frac{R_2E}{R_1+R_2}(1-\mathrm{e}^{-\frac{R_1+R_2}{R_1R_2C}t})\varepsilon(t)$

5-15 $v_2(t)=E\left[\frac{R_2}{R_1+R_2}+\left(\frac{C_1}{C_1+C_2}-\frac{R_2}{R_1+R_2}\right)\mathrm{e}^{-\frac{R_1+R_2}{R_1R_2(C_1+C_2)}t}\right]\varepsilon(t)$

(1) 当 $R_1C_1 = R_2C_2$ 时，$v_2(t) = \dfrac{ER_2}{R_1 + R_2}\varepsilon(t)$；

(2) 当 $R_1C_1 > R_2C_2$ 时，$v_2(t) > \dfrac{ER_2}{R_1 + R_2}\varepsilon(t)$；

(3) 当 $R_1C_1 < R_2C_2$ 时，$v_2(t) < \dfrac{ER_2}{R_1 + R_2}\varepsilon(t)$。

5-16 $v_r(t) = E(1 + \dfrac{R}{r}e^{-\frac{R}{L}t})\varepsilon(t)$，$R$ 越大，$v_r(t)$ 就衰减得越快。

5-17 $v_2(t) = -0.1te^{-t}\varepsilon(t)$

5-18 $v_2(t) = \dfrac{E}{2}e^{-20t}\varepsilon(t) - \dfrac{E}{40T}\{(1-e^{-20t})\varepsilon(t) - [1-e^{-20(t-T)}]\varepsilon(t-T)\}$

5-19 $v_{R2zi}(t) = (2e^{-2t} - \dfrac{4}{5}e^{-5t})\varepsilon(t)$，$v_{R2zs}(t) = \left(\dfrac{12}{5} - 4e^{-2t} + \dfrac{8}{5}e^{-5t}\right)\varepsilon(t)$

$v_{R2}(t) = v_{R2zi}(t) + v_{R2zs}(t) = \left(\dfrac{12}{5} - 2e^{-2t} + \dfrac{4}{5}e^{-5t}\right)\varepsilon(t)$

5-20 $i_{zi}(t) = -5e^{-t}\varepsilon(t)$

$i_{zs}(t) = \dfrac{1}{2}[(\cos t + \sin t) - e^{-t}]\varepsilon(t)$

$i(t) = i_{zi}(t) + i_{zs}(t) = \left[\dfrac{1}{2}(\cos t + \sin t) - 5\dfrac{1}{2}e^{-t}\right]\varepsilon(t)$

5-21

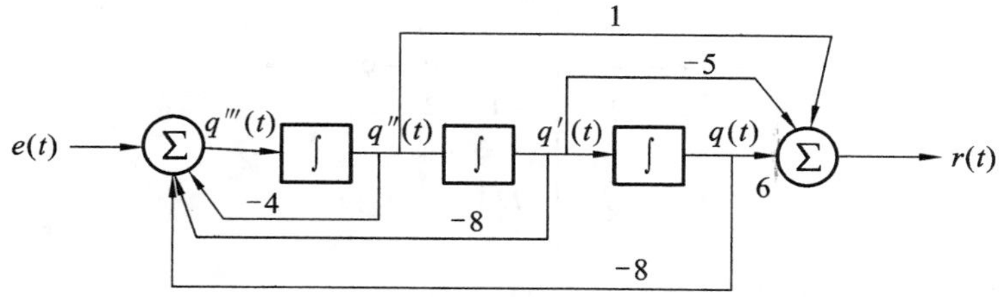

5-22

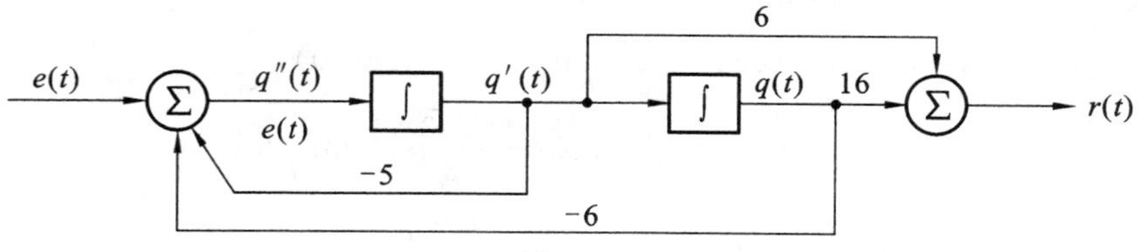

第 6 章

6-4 (1) $H(s) = \dfrac{2s}{s+3}$，$H(j\omega) = H(s)\Big|_{s=j\omega}$ 成立。

(2) $H(s) = \dfrac{s+1}{s^2+s+1}$，$H(j\omega) = H(s)\Big|_{s=j\omega}$ 成立。

(3) $H(s) = \dfrac{s+2}{s^2+5s+8}$，$H(j\omega) = H(s)\Big|_{s=j\omega}$ 成立。

(4) $H(s) = \dfrac{s+2}{s^2+2s-8}$，$H(j\omega) = H(s)\Big|_{s=j\omega}$ 不成立，$H(j\omega)$ 不存在。

6-5 (1) $H(s) = \dfrac{2s+11}{s+7}$，$H(j\omega) = H(s)\Big|_{s=j\omega}$ 成立。

(2) $H(s) = \dfrac{s+3}{(s+1)^3(s+2)}$，$H(j\omega) = H(s)\Big|_{s=j\omega}$ 成立。

6-6 (1) $H(s)=\dfrac{s}{RC\left(s^2+\dfrac{3}{RC^3}+\dfrac{1}{R^2C^2}\right)}$, $H(j\omega)=H(s)\Big|_{s=j\omega}$ 成立。

(2) $H(s)=-\dfrac{s-\dfrac{1}{RC}}{s+\dfrac{1}{RC}}$, $H(j\omega)=H(s)\Big|_{s=j\omega}$ 成立。

6-7 (1) $H(s)=\dfrac{2s+3}{s^2+5s+6}$, $H(j\omega)=H(s)\Big|_{s=j\omega}$ 成立。

(2) $H(s)=\dfrac{2s+5}{s^2-s+6}$, $H(j\omega)=H(s)\Big|_{s=j\omega}$ 不成立，$H(j\omega)$ 不存在。

6-8 (1) $r'''(t)+4r''(t)+8r'(t)+8r(t)=e''(t)-5e'(t)+6e(t)$

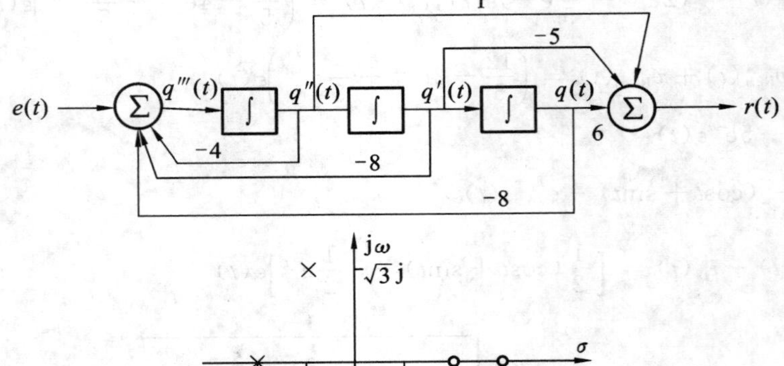

(2)

因为三个极点均在左半平面，故系统是稳定的。

(3) $h(t)=5e^{-2t}-e^{-t}[4\cos(\sqrt{3}t)+\sqrt{3}\sin(\sqrt{3}t)]\quad(t\geqslant 0)$

(4) $r_{zs}(t)=\left[4e^{-t}-5e^{-2t}+2e^{-t}\left(\dfrac{1}{2}\cos\sqrt{3}t-\dfrac{2\sqrt{3}}{3}\sin\sqrt{3}t\right)\right]\varepsilon(t)$

6-9 (1) $H(s)=\dfrac{2s+8}{s^2+8s+15}$, $H(j\omega)=\dfrac{8+j2\omega}{(15-\omega^2)+j8\omega}$

(2) $r''(t)+8r'(t)+15r(t)=2e'(t)+8e(t)$

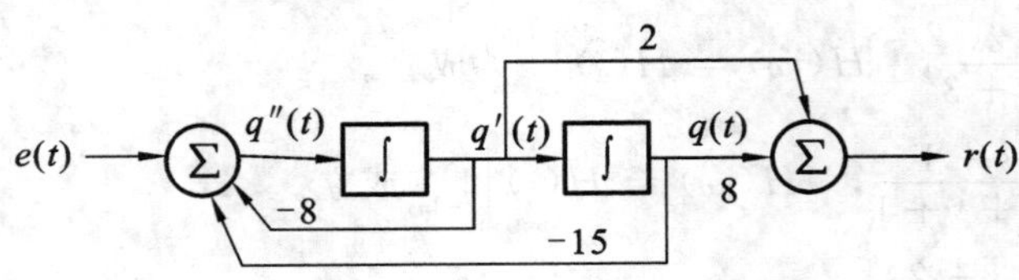

6-10 (a) $H(s)=\dfrac{s+1}{2s+1}$, $v_2(t)=\dfrac{1}{2}\delta(t)+\dfrac{1}{4}e^{-\frac{t}{2}}\varepsilon(t)$

(b) $H(s)=\dfrac{L_2}{L_1+L_2}\dfrac{s}{s+\dfrac{R}{L_1+L_2}}$, $v_2(t)=\dfrac{L_2}{L_1+L_2}\left[\delta(t)-\dfrac{R}{L_1+L_2}e^{-\frac{Rt}{L_1+L_2}}\varepsilon(t)\right]$

(c) $H(s)=\dfrac{s}{10s^2+s+10}$, $v_2(t)=\dfrac{1}{10}e^{-\frac{t}{20}}\left[\cos\left(\dfrac{\sqrt{399}}{20}t\right)-\dfrac{1}{\sqrt{399}}\sin\left(\dfrac{\sqrt{399}}{20}t\right)\right]\varepsilon(t)$

(d) $H(s)=\dfrac{0.1s}{s+1}$，　$v_2(t)=0.1\delta(t)-0.1\mathrm{e}^{-t}\varepsilon(t)$

6-14　(1) 稳定；(2) 不稳定；(3) 稳定；(4) 不稳定。

6-18　(1) $h(t)=(\mathrm{e}^{-2t}-\mathrm{e}^{-3t})\varepsilon(t)$

(2) 零输入响应的函数形式为 $r_{zi}(t)=(C_1\mathrm{e}^{-2t}+C_2\mathrm{e}^{-3t})\varepsilon(t)$

(3) 零状态响应：$r_z(t)=\left(-\mathrm{e}^{-2t}+\dfrac{1}{2}\mathrm{e}^{-3t}+\dfrac{1}{2}\mathrm{e}^{-t}\right)\varepsilon(t)$

式中，$\left(-\mathrm{e}^{-2t}+\dfrac{1}{2}\mathrm{e}^{-3t}\right)\varepsilon(t)$ 为自由响应的一部分，而 $\left(\dfrac{1}{2}\mathrm{e}^{-t}\right)\varepsilon(t)$ 则为强迫响应。

6-21　$K>2$ 时系统稳定。

6-22　(a) $H(\mathrm{j}\omega)=\dfrac{V_o(\mathrm{j}\omega)}{V_i(\mathrm{j}\omega)}=\dfrac{1}{1+j(f/f_2)}$，　$|H(\mathrm{j}\omega)|=\dfrac{1}{\sqrt{1+(f/f_2)^2}}$，

$\varphi(\omega)=-\arctan(f_1/f)$

(b) $H(\mathrm{j}\omega)=\dfrac{V_o(\mathrm{j}\omega)}{V_i(\mathrm{j}\omega)}=\dfrac{1}{1+\mathrm{j}(f/f_2)}$，　$|H(\mathrm{j}\omega)|=\dfrac{1}{\sqrt{1+(f/f_2)^2}}$，

$\varphi(\omega)=-\arctan(f/f_2)$

(c) $H(\mathrm{j}\omega)=\dfrac{V_o(\mathrm{j}\omega)}{V_i(\mathrm{j}\omega)}=\dfrac{1}{1-\mathrm{j}(f_1/f)}\cdot\dfrac{1}{1+(f/f_2)}$

当 $0\leqslant f\leqslant 10f_1$ 时，$|H(\mathrm{j}\omega)|=\dfrac{1}{\sqrt{1+(f_1/f)^2}}$，　$\varphi(\omega)=-\arctan(f_1/f)$

当 $0.1f_2\leqslant f$ 时，$|H(\mathrm{j}\omega)|=\dfrac{1}{\sqrt{1+(f/f_2)^2}}$，　$\varphi(\omega)=-\arctan(f/f_2)$

当 $10f_1\leqslant f\leqslant 0.1f_2$ 时，$|H(\mathrm{j}\omega)|=1$，$\varphi(\omega)=0$

第 7 章

7-8　(1) $f_s=\dfrac{100}{\pi}$ Hz，$T_s=\dfrac{\pi}{100}$ s

(2) $f_s=\dfrac{200}{\pi}$ Hz，$T_s=\dfrac{\pi}{200}$ s

(3) $f_s=\dfrac{100}{\pi}$ Hz，$T_s=\dfrac{\pi}{100}$ s

(4) $f_s=\dfrac{120}{\pi}$ Hz，$T_s=\dfrac{\pi}{120}$ s

7-10　(1) $H(E)=\dfrac{2E+3}{E^2+3E+2}$

(2) $H(E)=\dfrac{3E+2}{E^2+4}$

(3) $H(E)=\dfrac{2E+1}{E^2+2E}$

(4) $H(E)=\dfrac{2E}{E^2-5E+6}$

(5) $H(E)=\dfrac{3}{E^2+3E+2}$

(6) $H(E)=\dfrac{2+3E^{-1}}{1+3E^{-1}+2E^{-2}}=\dfrac{2E^2+3E}{E^2+3E+2}$

(7) $H(E)=\dfrac{2+3E^{-1}}{1-4E^{-2}}=\dfrac{2E^2+3E}{E^2-4}$

(8) $H(E)=\dfrac{3E^{-1}}{1+3E^{-1}+2E^{-2}}=\dfrac{3E}{E^2+3E+2}$

7-11 (1) $y(n+2)+2y(n+1)-3y(n)=e(n)$

(2) $y(n+2)+2y(n+1)+5y(n)=4e(n=2)+7e(n+1)-6e(n)$

(3) $y(n)-\dfrac{1}{3}y(n-1)=e(n)$

(4) $y(n+1)+\dfrac{1}{3}y(n)=e(n)$

7-12 (1) $y_{zi}(n)=(-3)^n\varepsilon(n)$

(2) $y_{zi}(n)=\left[\dfrac{5}{2}(-1)^n-\dfrac{3}{2}(-3)^n\right]\varepsilon(n)$

(3) $y_{zi}(n)=(2)^{n+2}\cos\left(\dfrac{\pi}{2}n\right)\varepsilon(n)$

(4) $y_{zi}(n)=(\sqrt{2})^2\cos\left(\dfrac{3\pi}{4}n+\dfrac{3}{2}\pi\right)\varepsilon(n)$

(5) $y_{zi}(n)=(-0.5)^{n+1}\varepsilon(n)$

(6) $y_{zi}(n)=[12(-2)^n-18(-3)^n]\varepsilon(n)$

(7) $y_3(n)=4(0.5)^n\varepsilon(n)+[(0.2)^{n-2}-(0.5)^{n-2}]\varepsilon(n-2)$

7-14 $y_3(n)=4(0.5)^n\varepsilon(n)+[(0.2)^{n-2}-(0.5)^{n-2}]\varepsilon(n-2)$

7-15 (1) $h(n)=(n-2)(\sqrt{2})^{n-3}\varepsilon(n-2)$

(2) $h(n)=\cos\left[\dfrac{\pi}{2}(n-2)\right]\varepsilon(n-2)$

(3) $h(n)=(-1)^{n-1}\varepsilon(n-1)$

(4) $h(n)=(\sqrt{2})^n\cos\left(\dfrac{3\pi}{4}n\right)\varepsilon(n)$

7-17 (1) 因果,稳定;(2) 非因果,稳定;(3) 因果,不稳定;(4) 非因果,不稳定;(5) 因果,临界稳定;(6) 非因果,临界稳定。

7-21 (1) $a^n\varepsilon(n)$; (2) $a^n\varepsilon(n-2)$; (3) $a^n\varepsilon(n)$; (4) $a^{n-1}\varepsilon(n-1)$ (5) $a^n\varepsilon(n-2)$; (6) $a^{n-1}\varepsilon(n-1)$。

7-23 (1) $g(n)=(3^{n+1}-3\times 2^n)\varepsilon(n-1)$, $g(0)=0, g(2)=15$

(2) $g(n)=(3\times 4^n-3^{n+1})\varepsilon(n-1)$, $g(0)=0, g(2)=21$

(3) $g(n)=(2\times 3^n-3\times 2^n)\varepsilon(n-2)$, $g(0)=0, g(2)=6$

(4) $g(n)=(3\times 4^n-4\times 3^n)\varepsilon(n-2)$, $g(0)=0, g(2)=12$

7-24 $y(n)-\left(\dfrac{2}{3}\right)y(n-1)=0$, $y(n)=2\left(\dfrac{2}{3}\right)^n$

7-25 差分方程为:$y(n)-(1+a)y(n-1)=x(n)$,解得:$y(n)=\left(20+\dfrac{10}{a}\right)(1+a)^n-\dfrac{10}{a}$,

$y(12)=142.73$ 元

7-26　差分方程为：$y(n)-2y(n-1)=1$，解得：$y(n)=2^n-1$

第8章

8-3　(1) $X(z)=\dfrac{2z}{2z-1}\quad\left(|z|>\dfrac{1}{2}\right)$

(2) $X(z)=\dfrac{4z}{4z+1}\quad\left(|z|>\dfrac{1}{4}\right)$

(3) $X(z)=\dfrac{z}{z-3}\quad(|z|>3)$

(4) $X(z)=\dfrac{1}{1-3z}\quad\left(|z|<\dfrac{1}{3}\right)$

(5) $X(z)=\dfrac{2z}{2z-1}\quad\left(|z|<\dfrac{1}{2}\right)$

(6) $X(z)=z\quad(|z|<\infty)$

8-8　(1) $\dfrac{z}{z-e^{\beta T}}$　(2) $\dfrac{z}{z-e^{-\beta T}}$

(3) $\dfrac{z}{z-e^{j\beta T}}$　(4) $\dfrac{z}{z-e^{-j\beta T}}$

(5) $\dfrac{z}{z-j}$　(6) $\dfrac{z}{z+j}$

(7) $\dfrac{2z}{z^2+1}$　(8) $\dfrac{z}{z+1}$

8-10　(1) $\dfrac{z\sin(\beta T)}{z^2-2z\cos(\beta T)+1}$　(2) $\dfrac{z^2-z\cos(\beta T)}{z^2-2z\cos(\beta T)+1}$

(3) $\dfrac{ze^{aT}\sin(\beta T)}{z^2-2ze^{aT}\cos(\beta T)+e^{2aT}}$　(4) $\dfrac{z^2-ze^{aT}\cos(\beta T)}{z^2-2ze^{aT}\cos(\beta T)+e^{2aT}}$

(5) $\dfrac{z}{(z-1)^2}$　(6) $\dfrac{z(z+1)}{(z-1)^3}$

(7) $\dfrac{az}{(z-a)^2}$　(8) $\dfrac{az(z+a)}{(z-a)^{32}}$

8-12　(1) $x(n)=(-0.5)^n\varepsilon(n)$　(2) $x(n)=[4(-0.5)^n-3(-0.25)^n]\varepsilon(n)$

(3) $x(n)=(-0.5)^n\varepsilon(n)$　(4) $x(n)=-a\delta(n)+\left(a-\dfrac{1}{a}\right)\left(\dfrac{1}{a}\right)^n\varepsilon(n)$

(5) $x(n)=n6^{n-1}\varepsilon(n)$　(6) $\delta(n)-\cos\left(\dfrac{n\pi}{2}\right)\varepsilon(n)$ (7) $x(n)=\delta(n)-4n\varepsilon(n)$

8-15　$H(z)=\dfrac{0.7z}{z-0.4}$

8-16　$H(z)=\dfrac{z}{z+1}$，$h(n)=(-1)^n\varepsilon(n)$，系统是临界稳定；

系统的响应为：$y_{zs}(n)=5[1+(-1)^n]\varepsilon(n)$

8-17　$H(z)=H(E)|_{E=z}=\dfrac{z(7z-2)}{(z-0.5)(z-0.2)}$

$y_{zs}(n)=[12.5-5(0.5)^n-0.5(0.2)^n]\cdot\varepsilon(n)$

8-18　(1) $y(n)=\left[\dfrac{1}{3}+\dfrac{2}{3}\cos\left(\dfrac{2n\pi}{3}\right)+\dfrac{4\sqrt{3}}{3}\sin\left(\dfrac{2n\pi}{3}\right)\right]\varepsilon(n)$

(2) $y(n) \approx [9.26 + 0.66(-0.2)^n - 0.2(0.1)^n]\varepsilon(n)$

(3) $y(n) = [0.5 - 0.45(0.9)^n]\varepsilon(n)$

(4) $y(n) = [0.5 + 0.45(0.9)^n]\varepsilon(n)$

(5) $y(n) = [\frac{n}{6} + \frac{5}{36} - \frac{5}{36}(-5)^n]\varepsilon(n)$

(6) $y(n) = \frac{1}{9}[3n - 4 + 13(-2)^n]\varepsilon(n)$

8-19 (1) $H(z) = \frac{10}{3}.\frac{z}{z-\frac{1}{2}} - \frac{7}{3}.\frac{z}{z-\frac{1}{4}} \quad \left(z > \frac{1}{2}\right)$

(2) $h(n) = [\frac{10}{3}\left(\frac{1}{2}\right)^n - \frac{7}{3}\left(\frac{1}{4}\right)^n]\varepsilon(n)$

(3) 零点位于 $z_1 = 0$， $z_2 = -\frac{1}{3}$

极点位于 $p_1 = \frac{1}{2}$， $p_2 = \frac{1}{4}$， 系统是稳定的。

(4) 系统的直接模拟图如下。

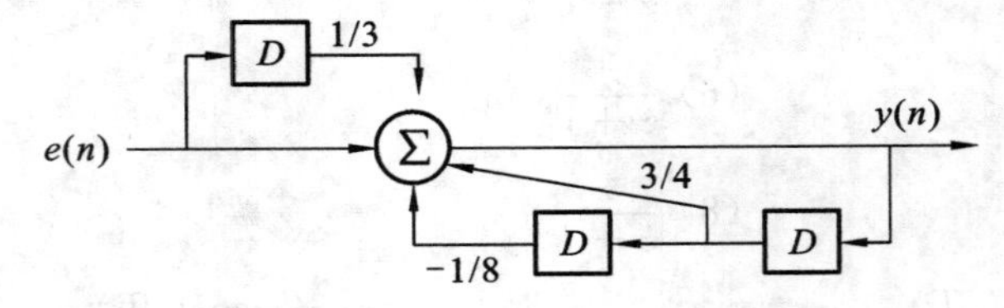

8-20 (1) $H(z) = \frac{z}{z-\frac{1}{3}} \quad \left(z > \frac{1}{3}\right)$ (2) $h(n) = \left(\frac{1}{3}\right)^n \varepsilon(n)$

(3) $e(n) = \left(\frac{1}{2}\right)^n \varepsilon(n-1) = -\delta(n) + \left(\frac{1}{2}\right)^n \varepsilon(n)$

8-21 (1) 完全响应为：$y(n) = [12.5 + 7(0.5)^n - 10.5(0.2)^n]\varepsilon(n)$

(2) 零输入响应为：$y_{zi}(n) = [12(0.5)^n - 10(0.2)^n]\varepsilon(n)$

零状态响应为：$y_{zs}(n) = [12.5 - 5(0.5)^n - 0.5(0.2)^n]\varepsilon(n)$

参考文献

[1] 郑君里,应启珩,杨为理. 信号与系统[M]. 3 版,北京:高等教育出版社,2011.
[2] 容太平,谭文群. 信号与系统[M]. 武汉:华中科技大学出版社,2010.
[3] 管致中,夏恭格,孟桥. 信号与线性系统[M]. 5 版. 北京:高等教育出版社,2011.
[4] 吴大正. 信号与线性系统分析[M]. 3 版,北京:高等教育出版社,2007.
[5] 容太平,何兆湘,魏晓云,等. 信号与系统实验指导[M]. 武汉:华中科技大学出版社,2009.
[6] 康华光. 电子技术基础(模拟部分)[M]. 6 版. 北京:高等教育出版社,2013.